入门实战与提高

UG
NX 5.0 中文版

UG

林琳　李江　代勇　编著
飞思数码产品研发中心　监制

入门实战与提高

GETTING STARTED WITH THE ACTUAL RAISING

电子工业出版社
Publishing House of Electronics Industry
北京·BEIJING

内容简介

　　UG NX 5.0是UG NX系列的最新版本，是新一代的三维参数化设计软件。本书按照自学者的学习特点，从基础入手，突出了"基本功能"和"工程应用"，不仅讲解了常用的基本知识，使读者能够系统认识和掌握软件的基本操作，还通过大量典型实例讲解软件在工程上的实践应用，阐述了工程项目的设计理念和分析方法，使读者能够把基本知识、基础技能和设计思想有机地结合起来，面对实际设计工作，能够有一个清晰的思路，真正做到"为用而学、学以致用"。

　　本书图文并茂，系统全面，是UG NX 5.0初级读者理想的自学教程，也可作为大专院校相关专业的培训教材和参考工具。

图书在版编目（CIP）数据

UG NX 5.0中文版入门实战与提高 ／ 林琳，李江，代勇编著. —北京：电子工业出版社，2009.1
（入门实战与提高）
ISBN 978-7-121-07466-0

I. U… II. ①林…②李…③代… III. 计算机辅助设计－应用软件，UG NX5.0 IV.TP391.72

中国版本图书馆CIP数据核字（2008）第151621号

责任编辑：王树伟　杨　源
印　　刷：北京东光印刷厂
装　　订：三河市鹏成印业有限公司
出版发行：电子工业出版社
　　　　　北京市海淀区万寿路173信箱　邮编：100036
开　　本：787×1092　1/16　印张：28　字数：828千字
印　　次：2009年1月第1次印刷
印　　数：5 000册　　定价：49.80元（含光盘1张）

　　凡所购买电子工业出版社图书有缺损问题，请向购买书店调换。若书店售缺，请与本社发行部联系，联系及邮购电话：（010）88254888。

　　质量投诉请发邮件至zlts@phei.com.cn。盗版侵权举报请发邮件至dbqq@phei.com.cn。

　　服务热线：（010）88258888。

关于丛书

在竞争日趋激烈的今天，不懂电脑，就好像缺少一件取胜的法宝，无论在职场，还是日常生活中，都会遇到与电脑亲密接触的机会。鉴于此，我们特别设计了本套丛书，从电脑的基础知识到办公自动高效，从图形图像处理到网页制作，从Flash动画到三维图形设计……涵盖了在人们的日常生活工作中电脑的方方面面应用。

特色一览

➡ 知识全面，内容丰富

我们采用知识点与实例相结合的方式，突破传统讲解的束缚，根据实例的具体操作需要，将各项功能充分融合到实例中，使实例和知识点功能达到完美的融合。同时在每章最后还有针对每章内容的大量习题，帮助读者通过填空、选择、判断等多种复习方式，重温本章所学重点知识，以此帮助读者巩固并掌握本章的相关知识点，提升读者解决实际问题的能力。

➡ 视频教学，书盘互动

考虑到读者朋友们的学习兴趣与习惯，本套书绝大部分图书均配有多媒体视频讲解，基本上每个实例配一个视频文件。读者在看书学习的过程中，如果遇到疑难问题，可以通过观看配书视频文件来解决学习过程中遇到的难点，同时还可以在学习之余，换一种方式来轻松掌握各个知识点的内容。

➡ 双栏排版，超大容量

本套书采用了双栏排版方式，版面既美观，同时又超出了430页内容的范畴，该套书目前的知识容纳了600页的内容，使读者既节省了费用，又得到了超值的实惠。我们在有限的篇幅内，通过科学的排版加工，来为读者奉献更多的知识与实例。

➡ 光盘饱满，融会精华

本套书的光盘采用两种方式，即DVD与CD，图形图像类图书基本采用DVD方式，包括了实例视频讲解、各种使用技巧、各式各样的素材，真正做到了物有所值、物超所值的双值理念；而基础类图书基本采用CD方式，包括大量实例视频讲解、大量来源于实际工作的经典模板等内容。本套书的配套光盘采用了全程语音讲解、详细的图文对照等方式，紧密结合书中的内容对各个知识点进行了深入的讲解，大大扩充了本书的知识范围。

 光盘运行方式：

（1）将光盘放入光驱中，注意有字的一面朝上，几秒钟后，光盘会自动运行，读者可根据运行画面中的提示来进行操作。

（2）如果没有自动运行光盘，请双击桌面上的"我的电脑"图标，打开"我的电脑"窗口，双击光盘图标，或者在光盘图标上单击鼠标右键，在弹出的菜单中选择【自动播放】命令，光盘就会运行了。

提示：

光盘所配的文件中，除视频讲解文件外，其他文件如实例源文件、各式素材、模板等，需要复制到硬盘上方可正常使用，否则在使用过程中，是无法存盘的，但可以另存到硬盘上。

本书介绍了UG NX 5.0常用基本功能，按照自学者的学习特点，从基础入手，以实例为引导，突出了"基本功能"和"工程应用"，阐述了工程项目的设计理念和分析方法，使读者能够系统认识和掌握软件的基本操作，把基本知识、基础技能和设计思想有机地结合起来。在面对实际设计任务时，能够有一个清晰的思路，真正做到"为用而学、学以致用"。本书结合了作者多年使用UG进行教学和设计的工作经验，理论与实践相结合，由浅入深，对解决实际问题有很好的指导意义。

本书的写作思想是立足于实际问题的应用设计，对所介绍的命令都通过代表性的实例进行讲解，每章的综合实例能够将当章介绍的操作方法综合利用创建实体模型，通过循序渐进的练习使读者真正掌握UG NX 5.0，使其成为CAD辅助设计的得力工具。

本书特色

本书由国内资深办公软件应用专家精心编著

全面的知识点讲解 + 220个经典实例 + 48个光盘演示讲解实例 +
实用技巧 = **超值**

- 至少240分钟实例视频讲解，全方位学习软件各个知识点。
- 150种实用技巧，使本书真正物超所值。
- 100种以上的不同样式的练习题，便于读者理解和深入地学习。

读者对象

- 学习UG NX 的初级读者
- 学习机械设计的在校大、中专学生
- 从事设计工作的工程技术人员

为了方便读者的学习，我们将书中的实例零件和综合实例的操作录像都收录到本书的配套光盘中，相信会为大家的学习和创作带来帮助。

林琳编写了本书的第2~9章；李江编写了第1，11~14章；代勇编写了第10、15章；此外参与编写的还有刘钦辉、管殿柱、宋一兵、温建民、曹立文、张春丽、赵秋玲、张宪海、赵景伟、周同、张轩、赵景波、张洪信、王玉甲、李伟刚、付本国、林晶等。

编 著 者

e 联系方式

咨询电话：（010）88254160 88254161-67
电子邮件：support@fecit.com.cn
服务网址：http://www.fecit.com.cn http://www.fecit.net
通用网址：计算机图书、飞思、飞思教育、飞思科技、FECIT

目　录

Contents

第1章 UG NX 5.0 概述

学习要点

UG NX 5.0 是 UG NX 系列的最新版本，是新一代的数字产品开发软件。为了使读者熟悉 UG NX 5.0 系统，并为下一步的学习打下良好的基础。本章将介绍 UG NX 5.0 的主要技术特点、操作界面，以及默认参数的设定等基本情况。

学习提要

- UG NX 5.0 的主要技术特点及各模块介绍
- UG NX 5.0 的操作界面
- 环境设置方法
- 默认参数设置方法

01
Chapter

1.1
1.2
1.3
1.4
1.5
1.6

1.1 UG NX 5.0 的主要技术特点

Unigraphics（简称 UG）为美国 UGS（Unigraphics Solutions）公司的五大产品（UG、Parasolid、iMan、SolidEdge、ProductVision）之一，以集计算机辅助设计、计算机辅助制造和计算机辅助工程分析（CAD/CAM/CAE）于一体而著称，广泛应用于航空航天、汽车、电子、医疗设备、通用机械以及其他领域的机械设计和模具加工。UG NX 5.0 以基本特征操作为交互操作的基础单位，用户可以在更高层次上进行产品设计、模具设计、数控加工编程和工程分析，实现并行工程 CAID/CAD/CAE/CAM 的集成与联动。UG NX 5.0 可完成从产品设计到产品工程分析，最后进行产品加工的整个产品开发过程。

1．UG NX 5.0 主要功能

UG NX 5.0 主要功能包括：

（1）工业设计和造型（CAID）功能

UG NX 5.0 集成了工业设计和造型的解决方案，用户能够利用一个更大的工具包，涵盖建模、装配、模拟、制造和产品生命周期管理等功能。CAID 与传统的 CAD、CAE 和 CAM 工具相结合，提供最完整的工业设计和最高级的表面处理解决方案。

（2）产品设计（CAD）功能

UG NX 5.0 拥有世界上最强大、最广泛的产品设计（CAD）应用模块。优于通用的设计工具，具有建模模块（实体建模、特征建模和自由形状建模）、装配模块（装配模块、高级装配模块、虚拟现实模块和漫游模块）和制图模块等基本模块，还具有专业的管路和线路设计系统、钣金模块、专用塑料件设计模块和其他行业设计所需的专业应用程序。

（3）产品工程（CAE）分析功能

UG NX 5.0 的产品辅助工程工具包含了有限元分析、机构学和注塑模分析等分析功能，能够实现设计仿真和设计验证等，能够满足关键的工程计算需求，以越来越短的设计周期创建安全、可靠和优化的设计。

（4）产品制造（CAM）功能

UG NX 5.0 具有的产品辅助制造主要包括车加工、三轴加工、五轴加工、高速加工、后置处理和型芯、型腔铣削等功能，可以改善 NC 编程和加工过程，并进行加工仿真。

此外，UG NX 5.0 还具有二次开发和 Internet 发布等功能。

2．UG NX 5.0 主要技术特点

UG NX 5.0 主要技术特点包括：

（1）集成性

通过 UG NX 5.0 主要功能的介绍可以发现 UG NX 5.0 是集成 CAID/CAD/CAE/CAM 的软件集，通过这些功能模块可以实现产品的概念设计、详细设计、结构与运动分析，乃至数据加工的全部过程。

（2）支持并行与协同工作

企业还可以应用 UG NX 5.0 系统实现并行设计与协同设计。UG NX 5.0 具有统一的数据库，可以真正实现 CAD/CAE/CAM 等模块之间无数据交换的自由切换。在设计过程中，企业不同部门的设计人员可以同时进行不同的设计任务，可以同时对同一个产品的不同零部件同时进行设计和修改，而且这种修改可以立即被其他设计人员获得。

（3）开放性

UG NX 5.0 对其他 CAD 系统是开放的，甚至为其他计算机辅助工具提供了基础技术，可以实现 UG NX 5.0 与其他软件的数据共享。UG NX 5.0 还提供了多种用户开发工具，如二次开发工具 UG/Open GRIP 和 UG/Open API 等。

（4）全局相关性

在 UG NX 5.0 中建立的主模型与装配、制图、数控加工以及运动分析模块中的模型具有相关性，主模型的变动会自动反应到其他模块中，而不用手动更改，提高了产品开发设计的效率与准确性。

1.2　UG NX 5.0 的主要应用模块

UG NX 5.0

UG NX 5.0 是由大量的功能模块组成的，各模块集成于基础环境模块中，并相互联系、作用，使 UG NX 5.0 成为功能强大的软件系统，现介绍其主要应用模块。

1.2.1　基础环境模块

UG NX 5.0 基础环境模块（UG/Gateway）是集成了其他应用模块的应用平台，也是连接所有 UG 模块的基础。基础环境模块是所有其他模块的一个必要条件，当启动 UG NX 5.0 时，它是第一个启动的。基础环境模块允许用户打开、创建、存储、着色和绘制工程图、部件和装配件，还有屏幕布局、视图定义、模型显示、消隐、放大、旋转、漫游和模块使用权浮动管理等关键功能，此外，支持各种文件类型的读入和写出、导航、着色等动画功能、层功能和对象信息查询和分析。基础环境模块的基本功能可以由添加附加的应用如建模、制图、制造、分析和转换器来扩大，使用户能够定制环境以适合于专门的需求，基础环境模块还包括以下功能：

（1）对象信息查询和分析功能

包括表达式查询、特征查询、模型信息查询、坐标查询、距离测量、曲线曲率分析、曲面光顺分析和实体物理特征自动计算等功能。

（2）方便用户使用与学习的辅助功能

包括快速视图弹出菜单、用户自定义热键和主题相关自动查找联机帮助等功能。

（3）电子表格功能

用于定义标准化系列部件族。

（4）绘图功能

按可用于 Internet 主页的图片格式生成零件或装配模型的图片文件，包括 CGM、JPEG、BMP、VRML、TIFF、EMF 和 PNG 等文件格式。

（5）操作记录功能

包括操作记录的录制、播放和编辑等功能。

（6）打印功能

可以打印到文件或用打印机直接打印。

（7）用户自定义图形菜单功能

使用户可以快速访问其他常用功能或二次开发功能。

（8）导入导出功能

可以输入或输出 CGM、Remax、Inventor 和 Parasolid 等格式的几何数据。

1.2.2 产品设计 CAD 模块

CAD 模块是 UG NX 5.0 最重要、最基本的组成模块之一，包含了一系列综合的计算机辅助设计应用软件，如 Modeling（几何建模）、人体建模（Human Modeling）、装配设计（Assembly Design）、工程制图（Drafting）、基于系统的建模（System-based Modeling）、用户自定义特征（User-defined Features）、管路和电缆系统设计（Routed Systems Design）以及钣金设计（Sheet Metal Design）等。UG NX 5.0 为复杂机械产品设计提供了一套广泛的 CAD 解决方案以更低的成本提供更高的效率和更短的设计周期，CAD 模块的效率和成本节约远远超出了设计过程，而是延伸到产品开发的所有阶段。UG NX 5.0 以动态方式把 CAD 设计与规划、仿真、制造集其他开发过程集成在一起，帮助确保更快地做出设计决策，并且提供关于产品性能以及任何潜在功能问题的详细信息。

下面简要介绍 UG NX 5.0 产品设计模块的主要功能。

（1）实体建模（Solid Modeling）模块

实体建模模块是所有其他几何建模产品的基础，将基于约束的特征建模和显示几何建模方法无缝结合起来，使用户可以充分利用传统的实体、面、线框造型优势，在该模块中可以建立二维和三维线框模型、扫描和旋转实体以及进行布尔运算及参数化编辑。

（2）特征建模（Features Modeling）模块

特征建模模块用工程特征定义设计信息，提供了多种常用设计特征，如孔、槽、型腔和柱体等，并可建立薄壁件。各设计特征可以用参数化定义，其尺寸大小和位置可以被编辑。

（3）自由形状建模（Freeform Modeling）模块

自由形状建模模块将实体建模和曲面建模融合成一个功能强大的建模工具组，用于设计高级的自由形状外形，该模块可以生成、编辑和评估复杂曲面。

（4）用户自定义特征（User-Defined Features）模块

用户自定义特征模块以互操作方式捕捉、存储并重复使用各个特征，可以形成用户专用的自定义特征库和零件族，实现设计过程自动化，使细节设计变得简单，从而让设计人员能够轻松、快速执行多步设计任务。

（5）工程制图（Drafting）模块

工程制图模块用于绘制和管理二维工程和技术图纸，并与其他解决方案之间进行无缝集成。用户可以高效地创建与三维模型相关的、高质量、全面符合要求的零件图和装配图，保证随实体模型的改变，同步更新工程图中的相关内容。

（6）人体建模（Human Modeling）模块

人体建模模块可以快速创建准确的人体模型，用人体测量数据库来准确地确定人体模型的尺寸，允许在产品建模环境里面快速编辑人体模型并对其进行定位，为人体模型创建触及区，帮助确定余隙和干扰；姿势预测软件包还可以确定一辆汽车里面的驾驶员、前面乘客或后面乘客就座后的位置。

（7）装配建模（Assembly Modeling）模块

装配建模模块支持自上而下、自下而上和混合装配三种装配设计方法，提供高级装配管理和导航，使团队始终处于有组织的状态并按计划执行任务，同时支持协同、高层次的设计方法；装配模块拥有最好的部件简化功能，可以在几秒钟内上载并显示数万个部件；装配环境里面的干涉、间隙和质量特性分析工具可以检测拟合、重量以及重心问题，保证第一次就设计正确，减少对物理样机的依赖。

（8）基于系统的建模（WAVE）模块

基于系统的建模模块提供了一种自上而下、模块化的产品开发方法，可以最大程度地重复使用所有产品的子系统设计，特别适用于汽车、飞机等复杂产品的设计。

（9）线路系统设计（Routed Systems Design）模块

线路系统设计模块为电气和机械线路子系统提供了定制化的设计环境，其生产力远远超过了通用工具。

（10）钣金设计（Sheet Metal Design）模块

钣金设计模块为专业设计人员提供了一整套工具，根据材料特性和制造过程创建并管理钣金零件，利用基于参数、特征方式的钣金零件建模功能，可生成复杂钣金零件，并对其进行参数化编辑。

（11）可视化（Visualization）模块

可视化模块可以快速完成对概念设计的可视化处理，通过设置场景和灯光，分配材料和纹理，确定透视图并选择环境和特殊效果，最后形成的高质量图像，从而加强了CAD 模型的可视化效果。

除了以上的 CAD 模块，UG NX 5.0 还有标准件库（FAST）和几何公差（Geometric Tolerancing）等设计模块。

1.2.3　数控加工 CAM 模块

UG NX 5.0 CAM 模块为数控机床编程提供了一套经过证明的完整解决方案，即先进的编程技术和一个完整 NC 编程系统所需的一切组件，改善了 NC 编程和加工过程，提高了产品加工制造效率，减少了产品加工制造时间。CAM 模块在关键加工领域（包括高速加工、五轴加工等）提供了关键功能，并且支持铣削、车削等多功能机床，使数控机床的产出最大化。UG NX 5.0 CAM 模块具有非常广泛的加工能力，从自动粗加工到用户定义的精加工等都可以实现，能够满足包括航空航天、国防、汽车、通用机械和医疗设备等各行业的需求。

下面简要介绍 UG NX 5.0 数控加工模块的主要功能。

（1）CAM 基础（CAM Base）模块

CAM 基础模块是连接所有 UG NX 5.0 加工模块的基础，所有的加工模块都集成在这个界面友好的图形化窗口环境中。用户可以在图形方式下通过观察刀具运动，用图形编辑刀具的运动轨迹，有延伸、缩短和修改刀具轨迹等编辑功能。

（2）车削（Turning）模块

车削模块提供了一个既容易编程又全面特征化的完整车削解决方案，可以实现回转类零件加工所需的全部功能，包括粗车、多次走刀精车、车沟槽、车螺纹和中心钻等功能。零件的几何模型和刀具轨迹完全相关，刀具轨迹能随几何模型的改变而自动更新。

（3）后置处理（Postprocessing）模块

后置处理模块使用户可以针对大多数数控机床和加工中心定制自己的后置处理程序，适用于 2-5 轴或更多轴的铣削加工、2-4 轴的车削加工和电火花切割加工。

（4）型芯和型腔铣削（Core & Cavity Milling）模块

型芯和型腔铣削模块提供粗加工单个或多个型腔、沿任意形状切去毛坯余量以及加工出芯的全部功能，其中最突出的功能是

UG NX 5.0 中文版入门实战与提高

01

Chapter

1.1

1.2

1.3

1.4

1.5

1.6

在很复杂的形状上生成刀具运动轨迹和确定走刀方式。容差型腔铣允许加工松散的设计形状，可以有间隙和重叠，当检测到反常时，它可以纠正错误或在用户规定的公差内加工型腔。

（5）固定轴-铣削（Fixed-Axis Milling）模块

固定轴-铣削模块提供用于产生 3 轴运动的刀具轨迹，实际可以加工任一曲面模型或实体模型。

（6）可变轴铣削（Variable Axis Milling）模块

可变轴铣削模块提供应用固定轴和多轴铣削加工任意曲面的功能，可加工 UG NX 5.0 造型模块中生成的任何几何体，并保持主模型相关性。

（7）顺序铣切削（Sequential Milling）模块

顺序铣切削模块用于在切削过程中须对刀具每一步路径生成都要进行控制的场合，与几何模型完全相关。用交互方式可以逐段地建立刀具路径，但处理过程的每一步都受总控制的约束，顺序铣切削模块支持固定轴乃至 5 轴的铣削编程。

（8）流通切削（Flow Cut）模块

流通切削模块又称清根切削模块，用于生成预粗加工、预精加工和精加工刀轨，可大幅度地缩短半精加工和精加工时间。该模块和固定轴轮廓铣模块配合使用，能自动找出待加工零件上满足"双相切条件"的区域。

（9）线切割（Wire EDM）模块

线切割模块是一个新的制造模块，为电火花切削机床提供编程能力，支持各种电火花线切割机床。

（10）加工仿真（Machining Simulation）模块

加工仿真模块利用仿真和验证功能在 NC 编程中检验刀具路径，并提供了一个通用的零件、刀具、夹具和机床模型知识库，其中机床仿真可以根据机床的全运动仿真来验证 NC 程序。

1.2.4　性能分析 CAE 模块

CAE（Computer Aided Engineering），即计算机辅助工程，又被称为数字仿真，主要指产品生命周期中的仿真分析，包括线性静力分析、模态分析、稳态热分析、运动学分析、动力学分析和设计仿真等功能。使用数字化仿真可以大大降低产品设计、制造成本和风险，帮助企业管理者做出最好的决策，生产性能最佳的产品，最终获得最大的利润。要使数字仿真价值最大化，关键在于尽早采用该技术并将其应用于整个开发过程。为了在产品开发环境中实现最优的数字仿真水平，UG NX 5.0 提供了一套综合的 CAE 解决方案，旨在满足各级用户的需求，UG NX 5.0 CAE 模块主要包括以下模块。

（1）有限元分析

有限元分析模块是一个集成化的有限元建模及解算工具。该模块可以将几何模型转换为有限元分析模型，对 UG NX 5.0 零件和装配体进行前、后置处理，用于工程学仿真和性能评估；该模块含有有限元分析求解器 FEA，可以进行线性静力分析、模态分析和稳态热分析，还支持装配体的间隙分析，并可以对薄壁结构和梁的尺寸进行优化。有限元分析作为设计过程的一个集成部分，用于评估各种设计方案，其分析结果可以优化产品设计、提高产品质量、缩短产品上市时间。

（2）机构分析

机构分析模块能够实现对任何二维或三维机构进行复杂的运动学分析、动力学分析和设计仿真,还能对机械系统的大位移复杂运动进行建模、模拟和评估,提供了对静态、运动学和动力学(动态)模拟的支持。通过使用运动副、弹簧、阻尼器等运动单元来创建和评估虚拟样机,还可以对刚体的自由运动和刚体接触进行建模和模拟。用户可以创建和评估多个设计方案,并在此基础上进行修正,直至符合优化系统的要求为止。

1.2.5　二次开发模块

UG NX 5.0 二次开发模块提供了一系列业界最先进的用于二次开发的编程工具集,便于用户进行二次开发工作,使用该模块可以对 UG NX 5.0 进行定制化开发和裁剪,以满足一个企业的需要,UG NX 5.0 二次开发模块包括以下主要工具集。

(1)UG NX 5.0/Open API 开发工具提供了一种直接编程接口,允许用户建立客户化的应用,该模块使用当今最流行的编程语言,包括 C/C++、.NET 和 Java。

(2)UG NX 5.0/ Open GRIP 是为了自动化 CAD/CAM/CAE 任务的一种脚本语言。

(3)UG NX 5.0/ Open User Interface Styler 是为了构建 UG 风格对话框的一个直观可视化的编辑器。

(4)UG NX 5.0/ MenuScript 允许用户或第三方开发者应用 ASCII 文件编辑 NX 菜单,创建定制菜单。

1.3　UG NX 5.0 操作界面

U G NX 5.0 的操作界面是用户与 UG NX 5.0 系统交互的主要场所,就像想了解一个人首先看他外貌一样,想了解、学习 UG NX 5.0 系统就首先要熟悉 UG NX 5.0 系统的操作界面。

1.3.1　启动

在 Windows XP 或 Windows Vista 系统中,执行【开始】→【所有程序】→【UGS NX 5.0】→【NX 5.0】命令,启动 UG NX 5.0,进入 UG NX 5.0 系统基本环境,即基础环境模块,同时也是系统主界面,如图 1-1 所示。该界面是其他应用模块的基础平台,通过创建或打开应用模块文件可以进入相应模块操作界面,如图 1-2 所示为建模模块界面。

在 UNIX 平台上,输入 Ugmenu 命令,在弹出的菜单中选择应用模块,可以进入 UG 工作站版主界面。不同系统平台上 UG 界面基本是相同的,而且各菜单和图标的使用方法也基本相似,本书主要以 Windows XP 系统为例介绍 UG NX 5.0 系统。

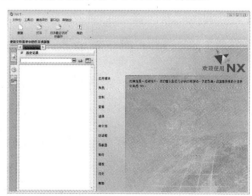

图 1-1　UG NX 5.0 主界面

01

Chapter

1.1

1.2

1.3

1.4

1.5

1.6

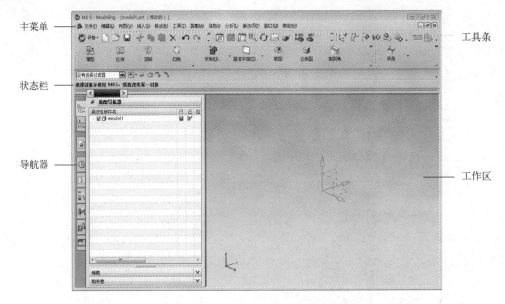

主菜单

状态栏

导航器

工具条

工作区

图 1-2 UG NX 5.0 建模模块界面

1.3.2 主菜单

UG NX 5.0 系统主菜单是用来实现 UG NX 5.0 系统功能和对系统进行设置的。UG NX 5.0 系统的主菜单由多个菜单项组成，而且随应用模块的不同，菜单项也有差别。如在 UG NX 5.0 系统主界面中只有【文件】、【工具】、【首选项】、【窗口】和【帮助】5 个菜单项，如图 1-3 所示，而建模应用模块

中除上述菜单项外，还具有【编辑】、【视图】、【插入】、【格式】、【装配】、【信息】以及【分析】7 个菜单项，如图 1-4 所示。

文件(F) 工具(T) 首选项(P) 窗口(O) 帮助(H)

图 1-3 基础环境模块主菜单

文件(F) 编辑(E) 视图(V) 插入(S) 格式(R) 工具(T) 装配(A) 信息(I) 分析(L) 首选项(P) 窗口(O) 帮助(H)

图 1-4 建模模块主菜单

随应用模块的不同，相同菜单项的下拉菜单中也会有所不同，如图 1-5 所示为基础环境模块【工具】菜单项的下拉菜单，如图 1-6 所示为建模应用模块【工具】菜单项的下拉菜单。

用户还可以根据自己的喜好与需要定制 UG NX 5.0 系统主菜单。

图 1-5 基础环境模块【工具】菜单项的下拉菜单

图1-6 建模模块【工具】菜单项下拉菜单

1．主菜单的显示与消隐

执行【工具】→【定制】命令，弹出"定制"对话框，如图1-7所示，通过选择或者取消"菜单条"复选框可以显示或者隐藏当前应用模块中的主菜单。

2．主菜单菜单项的增删

"定制"对话框"命令"选项卡如图1-8所示。通过选择左边的"类别"列表框中的相关类别，可以通过拖曳的方式将属于该类别的、出现在"命令"列表框中的菜单项拖到主菜单中，形成新的顶层菜单项、下拉菜单选项或者子菜单项；还可以通过选择"类别"列表框中的"新建按钮"选项来创建自己的顶层菜单项及其下拉菜单选项。

图1-7 "定制"对话框"工具条"选项卡

图1-8 "定制"对话框"命令"选项卡

如果想删除某个菜单项，则首先选中该菜单项，然后单击鼠标右键，弹出如图1-9所示的右键快捷菜单，选择【删除】命令，则可以实现该菜单项的删除；如果该菜单项为顶层菜单项，或者拥有子菜单项，则其下层所有菜单皆被删除。

图1-9 "定制"右键菜单

3．主菜单的其他设置

除前面介绍的定制内容外，还可以进行如图1-10所示的个性化显示设置和如图1-11所示的布局设置等主菜单的定制内容。

01
Chapter

1.1

1.2

1.3

1.4

1.5

1.6

图 1-10 "定制"对话框"选项"选项卡

图 1-11 "定制"对话框"布局"选项卡

个性化显示设置在"定制"对话框"选项"选项卡中进行，主要包括完整菜单显示方式选择与重置、菜单上屏幕消息显示与否以及菜单图标大小设置等选项。

布局设置在"定制"对话框"布局"选

项卡中进行，可以保持当前布局到当前角色，也可以重置当前布局，使菜单恢复为默认状态。

上述介绍的主菜单的定制主要通过"定制"对话框来完成，而主菜单的定制方法并不是唯一的，还可以通过悬浮菜单条上的"添加或移除按钮"来定制，如图 1-12 所示。

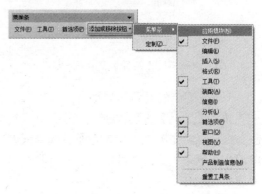

图 1-12 "菜单条"对话框"角色"选项卡

下面，简单介绍一下下拉菜单的一些特点。

- 下拉菜单中靠近右侧有黑色小三角形的菜单项为级联菜单，即其具有子菜单。
- 当选择下拉菜单中紧跟菜单选项名称后面有省略号的菜单项时，会弹出一个对话框。
- 下拉菜单选项名称后括号中带下划线的字母称作菜单项的助记符，在选择下拉菜单后再按此字母键，可以实现与选择该下拉菜单项相同的功能。
- 某些下拉菜单选项具有快捷键，通过执行该快捷键可以实现与选择该下拉菜单选项相同的功能，而不必打开该下拉菜单。

1.3.3 工具栏

在默认方式下，UGS NX 5.0 只显示一 | 些与当前模块相关的常用工具条，用户可以

根据自己的喜好与需要定制工具条。

执行定制命令有多种方法：

- 执行【工具】|【定制】命令。
- 右键单击工具栏的任何位置，弹出如图 1-13 所示的右键快捷菜单，选择【定制】命令。
- 执行任意一个工具栏的【工具条选项】|【添加或移除按钮】|【定制】命令。

都可以弹出如图 1-7 所示的"定制"对话框。

图 1-13　定制右键菜单

使用该对话框可以实现显示或隐藏某些工具条或某工具条的某些图标，改变图标的尺寸和颜色，装入自己的工具条，以及创建布局和角色等定制内容，下面详细介绍"定制"对话框各选项卡定制内容。

1．工具条定制

"工具条"选项卡如图 1-7 所示，主要用于显示或隐藏系统工具条。

- "工具条"文件列表框：列出了当前系统载入的所有工具条，通过选中或取消工具条名称前的复选框，可以显示或隐藏该工具条，但对于菜单工具条，不能选择或者清除该复选框。

- 【新建】按钮：单击 新建 按钮，弹出如图 1-14 所示的"工具条属性"对话框，可以创建新的工具条。"工具条属性"对话框各选项功能说明如下：

图 1-14　"工具条属性"对话框

- "名称"文本编辑框用来输入新工具条的名称，或者使用默认名称。
- "应用"列表框中用来选择可使用该工具条的应用模块。
- 选中"始终可用"复选框可使所有系统应用模块都可以使用该工具条。
- 单击 确定 按钮，则新建工具条名称出现在"工具条"选项卡文件列表框中，此时该工具条中没有任何命令，可以通过下面介绍的"命令"选项卡添加命令。
- 【属性】按钮：用来查看和更改自定义工具栏属性。单击 属性 按钮，弹出如图 1-14 所示的"工具条属性"对话框，可更改自定义工具条的属性，但是，不能重命名内建工具条。
- 【删除】按钮：用来删除自定义的工具条。单击 删除 按钮，弹出如图 1-15 所示的"删除工具条"消息框，提醒将要删除所选工具条；需要注意一点，如果对于现有的默认工具条按【删除】按钮，NX 将会隐藏该工具条而不会删除它。

UG NX 5.0 中文版入门实战与提高

01

Chapter

1.1

1.2

1.3

1.4

1.5

1.6

图 1-15 "删除工具条" 消息框

- 【重置】按钮：用来恢复系统内置工具条的默认（初始）设置。要激活【重置】按钮，需要高亮显示列表中的第一个工具条——菜单条。
- 【加载】按钮：用来加载工具条 TBR 文件，一般不建议加载，因为此操作可以使用【新建】按钮来交互完成。
- "文本在图标下面"复选框：用来控制工具条中命令名称是否出现在命令图标下面。

2. 工具条命令定制

"命令"选项卡如图 1-8 所示，用来添加、删除、重命名和排列工具条上的命令，还可以用来添加、删除菜单选项，甚至创建新的命令。在"类别"列表框中选择要操作命令或菜单的类型，然后就可以将"命令"列表框中相应命令拖到工具条或菜单上。

> ○ 小技巧
>
> 按住 Ctrl 键然后选择下拉菜单选项，可以将该选项拖到新的工具条中，但必须先打开"定制"对话框才能使用此方法。

3. 工具条选项定制

"选项"选项卡如图 1-10 所示，可以用来定制个性化菜单、图标尺寸、系统提示和快捷键提示等。

- "个性化菜单"选项：设定菜单的显示方式。其中"始终显示完整的菜单"复选框控制是否在菜单条上显示所有菜单条，默认情况下，不选中该复选框以便隐藏不经常使用的项目；"在短暂的延迟后显示完整

的菜单"复选框被选中时，当选中顶层菜单后不久就可以使不经常使用的菜单项出现；单击 重置折叠的菜单 按钮可恢复菜单中的默认设置。

- "工具提示"选项：设定菜单、工具条上屏幕提示以及工具条上命令快捷键提示的显示与隐藏。复选框选中时显示菜单和工具条上的屏幕信息。"显示屏幕提示"和"显示快捷键"两复选框分别控制是否显示屏幕提示和在屏幕提示中显示快捷键，默认情况下，这两个复选框都是被选中的，其中"显示快捷键"复选框只有在"显示屏幕提示"被选中的情况下才可用。
- "工具条图标大小"选项：选择工具条图标的大小，可以选择"特别小"、"小"、"中"和"大"4 种大小。
- "菜单图标大小"选项：选择菜单图标的大小，可以选择"特别小"、"小"、"中"和"大"4 种大小。
- "显示工具条选项中的单个工具条"复选框：在执行【工具条选项】|【添加或移除按钮】命令时，如果只想见到仅用于当前已停靠的工具条的命令，请选择此复选框。默认情况下，不选此复选框，也就是说，停靠多个工具条时，可以从一组工具条中进行选择。

4. 工具条布局定制

"布局"选项卡如图 1-11 所示，可以保存或编辑屏幕布局，也可以通过将布局设置保存在单独的文件中与其他人共享工具条的布局。

- 【保存布局】按钮：单击 保存布局 按钮，则弹出"新建工作空间文件"对话框，如图 1-16 所示，可以将当前应用模块的屏幕布局保存成一个

文件。对于每个应用模块，NX 将文件保存为以".rws"为后缀的文件。如果在 NX Open 目录中保存屏幕布局，则 NX 不会将其视为已定制，而将视其为内建的设置；当退出时，布局和内容也是自动保存的。

图 1-16　"New Workspace File" 对话框

- 【重置布局】按钮：将所有内建的工具条和菜单条重置为其默认设置。
- "提示/状态位置"选项：决定提示栏和状态栏是位于屏幕上部还是屏幕下部，仅适用于 Windows 操作系统。
- "停靠优先级"选项：确定在将浮动工具栏放置到一个固定位置时，工具栏优先靠近系统窗口的水平还是垂直边，仅适用于 Windows 操作系统。

5．工具条角色定制

"角色"选项卡如图 1-17 所示，用来创建角色和加载角色。

6．其他

定制键盘加速键：单击 键盘 按钮弹出如图 1-18 所示的"定制键盘"对话框，可以定制键盘加速键（也称为键盘快捷键），以节省时间，定制自己的加速键使其更容易记忆。

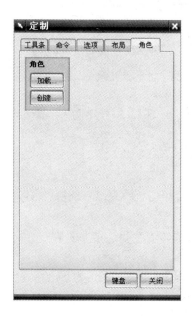

图 1-17　"角色"选项卡

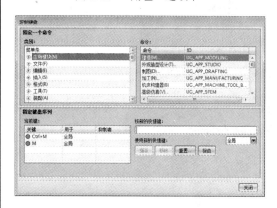

图 1-18　"定制键盘"对话框

在工具条中插入分隔线：若想在工具条中插入分割线，有两个方法可供选择：

- 在想放置分隔线的点上右键单击菜单，然后在弹出的右键快捷菜单上选择开始分组。
- 单击命令图标并微微地将其拖到右侧以便在命令的左侧插入分隔线。

要移除分隔线，将分隔线靠右边的命令图标拖向分隔线，直至看到拖放条，然后松开鼠标，则分隔线消失。

而无论插入还是删除分割线，都必须在打开定制对话框的情况下才能实现。

01

Chapter

1.1

1.2

1.3

1.4

1.5

1.6

1.4 UG NX 5.0 系统的基本设置

UG NX 5.0

我们可以对 UG NX 5.0 系统环境如单位、背景和字体等进行设置，以符合应用需要或满足个人喜好，下面就简要介绍 UG NX 5.0 系统环境和默认参数的设置。

1.4.1 UG NX 5.0 系统环境设置

系统环境主要是指 UG NX 5.0 系统软件所在操作系统为软件正常运行所提供的环境，在 Windows NT 或 Windows XP 系统中，UG NX 5.0 系统的工作路径是由系统注册表和环境变量来设置的。在安装了 UG NX 5.0 系统后，操作系统会自动建立一些系统环境变量，如 UGII_BASE_DIR、UGII_LANG、UGS_LICENSE_SERVER 和 UGII_ROOT_DIR 等。通过修改这些变量可以实现对系统的环境进行定制，下面介绍通过修改环境变量来修改 UG NX 5.0 系统界面语言的方法。

01 在操作系统桌面右键单击"我的电脑"图标，弹出如图 1-19 所示的"系统属性"对话框。

02 在"系统属性"对话框中选择"高级"选项卡，弹出如图 1-20 所示的"环境变量"对话框。

图 1-20 "环境变量"对话框

03 在"环境变量"对话框中的"系统变量"文件列表中，使用鼠标左键双击变量"UGII_LANG"所在的行，或选择要修改的变量"UGII_LANG"所在的行，然后单击 编辑(I) 按钮，可弹出如图 1-21 所示的"编辑系统变量"对话框。

图 1-21 "编辑系统变量"对话框

图 1-19 "系统属性"对话框

04 将"编辑系统变量"对话框中"变量值"文本框中的值"simpl_chinese"改为"English",单击 确定 按钮,则完成了对 UG 系统界面语言的修改。

　　UG NX 5.0 环境变量还可以通过修改环境文件来完成,环境文件位于 UG 安装主目录的 UGII 子目录下,文件名为"ugii_env.dat",

例如"C:\Program Files\UGS\NX 5.0\"。使用该文件可以定置运行 UG 的相关参数,如定义用户工具菜单、定义文件的路径、图案文件的目录、机床数据文件存放路径、UG 使用的默认字体等,修改方法是用记事本打开环境文件"UGII\ ugii_env.dat",修改相应的参数。

1.4.2　UG NX 5.0 **系统默认参数设置**

　　UG 系统中有许多默认参数,如尺寸的单位、字体的大小、对象的颜色等,UG NX 5.0 系统默认参数的设置是通过"用户默认设置"对话框来完成的。

　　在 UG NX 5.0 系统中执行【文件】|【实用工具】|【用户默认设置】命令,可以弹出"用户默认设置"对话框,如图 1-22 所示。

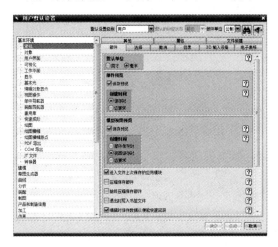

图 1-22　"用户默认设置"对话框

> ○ **小技巧**
>
> 　　在"ugii_env.dat"文件被修改后,若想恢复为原来的设置,只需要将相同文件夹下的"ugii_env.dat_default"文件更名为"ugii_env.dat",重启 UG 即可。

　　需要注意的是,用户默认设置的更改要到下一次 NX 会话才会生效,必须关闭再重新打开 NX,才能看到那些更改。而且,要更改用户默认设置,应该使用"用户默认设置"对话框,而不是如以往 UG 版本那样修改用户默认值文件本身;如果试图修改这些默认值文件,它们可能会被毁坏,从而使系统无法正常运行。

1.4.3　UG NX 5.0 **文件操作**

　　文件操作包括新建文件、打开文件、保存文件、关闭文件以及导入导出文件等工作,可以通过如图 1-23 所示的菜单栏中的【文件】下拉菜单,或标准工具条中的图标来进行文件管理操作。

1. 新建文件

执行新建文件命令可以有以下 3 种方式:
- 执行【文件】|【新建】命令。
- 单击标准工具栏中的 按钮。
- 按【Ctrl+N】快捷键。

UG NX 5.0 中文版入门实战与提高

01
Chapter

1.1
1.2
1.3
1.4
1.5
1.6

图 1-23 【文件】下拉菜单

执行上述任何一种命令，都会弹出"文件新建"对话框，如图 1-24 所示。

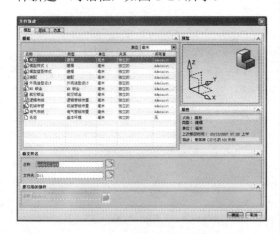

图 1-24 "文件新建"对话框

UG NX 5.0 的"文件新建"对话框中主要包括模板类型选择、单位设定、新文件名称命名、保存路径设定以及指定要引用文件等操作内容。

模板类型主要包括模型、图纸和仿真三大类，而在每类模板中又包含了具体的模板类别。用户可以根据需要选择合适的模板类型，并通过"预览"和"属性"两个选项查

看被选模板的基本信息，以确定是否选择了正确的模板，此时，可以通过"单位"下拉列表来设定该模板的单位为毫米或者英寸。

"新文件名"选项包括了"名称"和"文件夹"两个文本编辑框，用来分别设定新文件的名称与保存路径。新文件名称在"名称"文本编辑框中直接输入，也可以通过单击该文本编辑框后面的 按钮弹出"选择新文件名"对话框，来查找与该文件同名的文件，如图 1-25 所示。

图 1-25 "选择新文件名"对话框

通过"选择新文件名"对话框来设定新文件名称时，同时也设定了该文件的保存目录，若不再更改此目录，则应该输入一个新文件名称，否则会弹出"文件已存在"的出错提示；若想更改新文件保存路径，可以在"文件夹"文本编辑框中直接输入保存路径，也可以通过单击该文本编辑框后面的 按钮弹出"选择目录"对话框，如图 1-26 所示，来查找保存路径。

"要引用的部件"选项用来指明与新建文件相关的部件。

设定好各选项后，单击 确定 按钮即可创建新文件，并进入与被选择模板相对应的应用模块界面。

2．打开文件

首先，可以通过简单的拖放功能打开已存在部件文件。将在资源管理器中或者其他

文件列表中的部件文件直接拖放到 UG NX 5.0 的图形界面，UG NX 5.0 系统就可以根据该文件类型自动启动相应的应用模块，并打开该文件。

图 1-26　"选择目录"对话框

其次，可通过下面 3 种方式执行打开文件操作：

- 执行【文件】|【打开】命令。
- 单击"标准"工具栏中的 按钮。
- 按【Ctrl+O】快捷键。

执行上述 3 种操作之一，都会弹出"打开部件文件"对话框，如图 1-27 所示。

图 1-27　"打开部件文件"对话框

再次，还可以通过执行【文件】|【最近打开的部件】命令来打开最近打开过的文件，如图 1-28 所示。

"打开部件文件"对话框的文件列表中列出了当前工作目录下与所选文件类型相匹配的所有文件；在"文件名"下拉列表框中输入"*.*"，然后按【Enter】键或者单击 确定 按钮，可以列出当前工作目录下的所有文件；直接选择要打开的文件，或者在"查找范围"下拉列表框中指定文件所在的路径，然后再单击 确定 按钮，可打开选定文件，并启动相应的应用模块界面。

图 1-28　【最近打开的部件】菜单

对话框中主要选项说明如下：

（5）"文件类型"选项："文件类型"下拉列表框默认状况下显示"部件文件（*.prt）"选项，此外，"文件类型"下拉列表框还包括 UG NX 5.0 可以打开的"FEM 文件（*.fem）"、"仿真文件（*.sim）"、"用户定义特征文件（*.udf）"等 23 个文件类型选项。

（6）"预览"选项：默认状况下，此复选框被选中，如果要打开的文件在上一次存盘时保存了显示文件，那么可以预览文件的内容，如图 1-27 所示，以免选错部件。

（7）"不载入组件"选项：默认状况下，此复选框不被选中，打开装配体文件时打开所有组件；如果选中该选项，则在打开一个装配体文件时，将不调用其中的组件。

（8）"装配加载选项"选项：单击 选项… 按钮弹出"装配加载选项"对话框，如图 1-29 所示，其中包括"部件版本"、"范围"、"加载行为"、"引用集"和"已保存加载选项"等 5 个选项,来设定装配体加载方式。

图 1-29 "装配加载选项"对话框

- "部件版本"选项中的"加载"下拉列表框包括"按照保存的"、"从文件夹"和"从搜索文件夹"3 个选项,分别表示从部件存储目录加载部件、从装配部件所在目录加载部件和从用户定义的搜索目录加载部件。

- "范围"选项包括"加载"下拉列表框、"使用部分加载"单选按钮和"加载部件间数据"单选按钮。"加载"下拉列表框包括"所有组件"、"仅限于结构"、"按照保存的"、"重新评估上一个组件组"和"指定组件组"5 个可选项,分别表示加载装配中的所有组件、只打开装配结构而不加载组件、按照保存的组建加载组件、返回上一个保存的组件组和按用户指定组件组进行加载;"使用部分加载"单选按钮控制部件信息是完全加载还是部分加载;而"加载部件间数据"可选项控制

是否加载部件间的数据。

- "加载行为"选项中,"允许替换"单项按钮控制如果在装配体中存在相同名称组件是否替换该组件;"生成缺少的部件族成员"单项按钮控制在加载时如果缺少一个部件族成员是否寻找新的部件族模板,并按此模板进行加载;"失败时取消加载"单项按钮用于指定加载失败时如何处理。

- "引用集"选项主要用来定义打开装配时需要搜索的默认引用集,用户可以添加新引用集、删除已有引用集和调整引用集顺序。"应用于所有装配级"单项按钮控制是否在各级装配中搜索引用集。

- "已保存加载选项"选项主要用来设定和恢复默认装配加载方案,还可以将装配加载方案保存到文件和打开已保存的装配加载方案。

3. 保存文件

UG NX 5.0 系统"文件"下拉菜单中主要包括"保存"、"仅保存工作部件"、"另存为"、"全部保存"和"保存书签"共 5 个保存可选项,如图 1-23 所示。还可以执行【文件】|【选项】|【保存选项】命令,弹出"保存选项"对话框,如图 1-30 所示,对保存方式和保存内容加以定制。

图 1-30 "保存选项"对话框图

（1）保存当前文件

执行【文件】|【保存】命令，或单击标准工具栏中的 按钮，或按【Ctrl+S】快捷键，保存当前编辑的装配文件中所有组件；而当执行【文件】|【仅保存工作部件】命令时，则只保存当前工作部件，而不同时保存装配中的所有组件；如果该部件文件名称为系统默认，则此时会弹出"命名部件"对话框，如图 1-31 所示，用户可以命名该文件。

图 1-31　"命名部件"对话框

（2）另存文件

执行【文件】|【另存为】命令，弹出"部件文件另存为"对话框，在该对话框中输入新文件名，并选择文件要保存的目录，单击 确定 按钮，即可实现将当前工作部件用新名称在新目录保存。

（3）保存所有文件

执行【文件】|【全部保存】命令，可实现所有打开部件文件的存盘。

（4）保存书签

执行【文件】|【保存书签】命令，弹出"保存书签"对话框，可将书签保存在指定目录，以利于以后重复当前装配状态。

4．关闭文件

通过执行【文件】|【关闭】下拉菜单中的命令来实现关闭文件操作，如图 1-32 所示。

（1）"选定的部件"

选择该菜单选项，弹出如图 1-33 所示的"关闭部件"对话框，从文件列表框中选择一个或多个文件，单击 确定 按钮，即可

关闭所选文件。若所选部件修改后未存盘，则弹出警告信息，如图 1-34 所示。

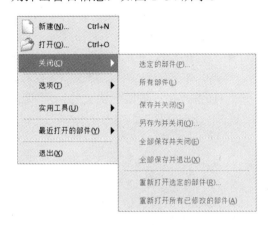

图 1-32　【关闭】子菜单

图 1-33　"关闭部件"对话框

图 1-34　"关闭部件"警告信息

"关闭部件"对话框中的选项说明如下：

● "顶级装配部件"和"会话中的所有部件"单选按钮组成"过滤器"选项，控制文件列表中只列出顶级装配部件或列出当前进程中所有部件文件。

● "仅部件"和"部件和组件"单选按

UG NX 5.0中文版入门实战与提高

01

Chapter

1.1
1.2
1.3
1.4
1.5
1.6

钮控制文件关闭的方式。前者选中时，只关闭所选择的部件；后者选中时，如果所选择的为装配文件，则关闭属于该装配的所有部件文件。

● "如果修改则强制关闭"选项选中时，如果选定文件已修改但未保存，则系统强行关闭选定文件，而不给出警告信息。

（2）所有部件

选择该菜单选项，则关闭所有已打开部件文件；若存在修改文件而未存盘，则弹出如图 1-35 所示的警告信息。

图 1-35 "关闭所有部件"警告信息

（3）保存并关闭

选择该菜单选项，则保存当前部件文件，并将其关闭。

（4）另存为并关闭

选择该菜单选项，则弹出"部件另存为"对话框，当指定新文件名和保存目录后，保存当前工作部件文件，并将其关闭。

（5）全部保存并关闭

选择该菜单选项，则保存并关闭所有部件文件。

（6）全部保存并退出

选择该菜单选项，则保存所有部件文件，并退出 UG NX 5.0 系统。

5. 导入导出文件

UG NX 5.0 系统具有与 SolidWorks、ProE、CATIA 和 AutoCAD 等其他软件系统进行数据交换的能力，通过执行【文件】下拉菜单【导入】和【导出】命令实现部件文件的导入与导出。

（1）导入

选择【文件】|【导入】选项，弹出如图 1-36 所示的【导入】子菜单。菜单上列出了 UG NX 5.0 系统可以导入的文件格式，主要包括部件（UG 文件）、Parasolid（SolidWorks 文件）、VRML（网络虚拟现实格式文件）、IGES（ProE 文件）、MODEL（CATIA 文件）和 DXF/DWG（AutoCAD 文件）等。

（2）导出

选择【文件】|【导出】选项，弹出如图 1-37 所示的【导出】子菜单。菜单上列出了 UG NX 5.0 系统可以导入的文件格式；与【导入】子菜单相比，【导出】格式要更加丰富，如可以导出 JPEG 和 GIF 等图片格式文件。

图 1-36 【导入】子菜单　　图 1-37 【导出】子菜单

1.5 本章技巧荟萃

UG NX 5.0

● 按住【Ctrl】键然后选择下拉菜单选项，可以将该选项拖到新的工具条，但必须先打开"定制"对话框才能使用此方法。

- 在"ugii_env.dat"文件被修改后，若想恢复为原来的设置，只需要将相同文件夹下的"ugii_env.dat_default"文件更名为"ugii_env.dat"，重启 UG 即可实现默认参数的恢复。
- 可以应用快捷键【Ctrl+Shift+S】实现文件"另存为"操作。

1.6　学习效果测试

1．概念题

（1）UG NX 5.0 主要具有哪 4 个主要功能？

（2）UG NX 5.0 系统主界面具有几个菜单项？

2．操作题

（1）将系统的背景颜色设置为白色。

（2）将工具栏设置为大图标，并隐藏提示栏。

读书笔记

第 2 章　UG NX 5.0 基本操作

学习要点

在UG 建模过程中，常用到一些辅助建模工具。这些工具提供了以适当的方式显示、管理和定位几何模型的方法，熟练掌握这些工具，对学习 UG 建模大有益处。此外，UG 还提供了对模型进行几何和物理分析计算的工具，并以直观、形象的方式显示工程计算和几何体分析结果，丰富的功能极大提高了工程设计效率。

学习提要

- 设置视图的布局
- 坐标系的创建和变换
- 设置对象的选择方式
- 掌握建模环境的预设置方法

02

Chapter

2.1

2.2

2.3

2.4

2.5

2.6

2.7

2.8

2.9

2.10

2.1 视图布局

UG NX 5.0

UG NX 5.0 提供多视图方式显示对象功能。一个视图区域中最多可排列 9 个视图，每个视图的显示角度可自定义，在旋转或移动一个视图中的模型时，其他视图保持不变。

【例 2-1】 新建模型

01 打开 UG NX 5.0 软件，系统进入如图 2-1 所示的界面。

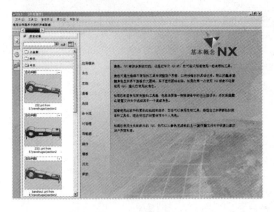

图 2-1 UG 界面

02 选择【文件】|【新建】菜单，系统弹出"文件新建"对话框，如图 2-2 所示。

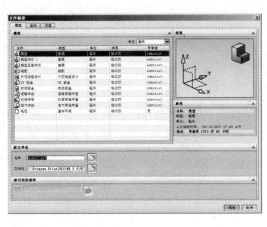

图 2-2 "文件新建"对话框

03 选择零件存放位置，键入零件名称，单击 确定 按钮，进入建模状态，如图 2-3 所示。

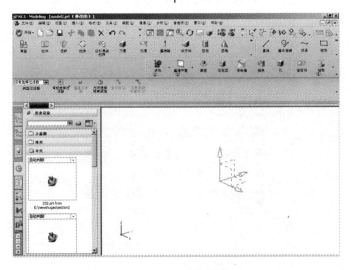

图 2-3 UG 建模界面

2.1.1　布局功能

布局功能可用多个不同视角的视图来显示同一个零件,在建模时可同时观察模型不同位置的形状。

【例2-2】　以4个不同角度视图显示正方体

01 单击"特征"工具栏中的 ![按钮] 按钮,系统弹出"长方体"对话框,选择默认设置,单击 确定 按钮,在视图中创建一个正方体,如图2-4所示。

图 2-4　创建正方体

02 选择【视图】|【布局】|【新建】命令,弹出"新建布局"对话框,如图 2-5 所示。

图 2-5　"新建布局"对话框

03 在布局"名称"中输入布局名称"newlay",在"布置"中选择L4布

置,此时对话框如图 2-6 所示。

图 2-6　设置L4视图布置图

04 单击 俯视图 按钮,在列表框中选择"TFR-ISO",此时 俯视图 按钮变成 正等测视图 按钮,表示右上视图的视角变为正等测视角。依次选择其他按钮,然后在列表框中选择视角方向,设置4个视图的不同视角。

05 将 ☑适合所有视图 选项选中,此项的含义是将4个视图中的模型以最大方式显示在视图中。

06 单击 确定 按钮,此时模型视图变为如图2-7所示。

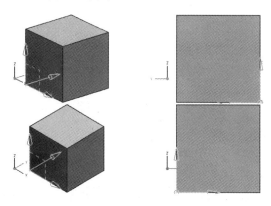

图 2-7　4个不同角度显示正方体

UG NX 5.0 中文版入门实战与提高

02
Chapter

2.1
2.2
2.3
2.4
2.5
2.6
2.7
2.8
2.9
2.10

07 选择【视图】|【布局】|【打开】命令，系统弹出如图 2-8 所示的"打开布局"对话框，选择"L1-single view"项，单击 确定 按钮，系统此时恢复为单一视图显示状态。

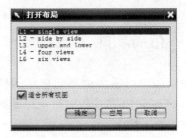

图 2-8　4 个不同角度显示正方体

2.1.2　布局操作

【视图】|【布局】下拉菜单包括：

● 打开：系统弹出"打开布局"对话框，可选择已有的视图方式布置当前视图显示方式。

● 适合所有视图：将窗口中所有视图中的模型以最大化方式显示到视图中。

● 更新显示：更新视图。

● 重新生成：重新生成布局视图，删除视图中的临时对象。

● 替换视图：用一个视图角度替换现有视图角度。

● 删除：删除用户自定义的视图布置，当前正在显示的用户视图无法删除。

● 保存：保存视图布置。

● 另存为：将当前视图布置另存为一个新的视图布置。

2.2 图层设置

UG NX 5.0

为了有效管理和操作模型中的众多对象，UG NX 5.0 采用分层管理方法。一般而言，视图中的模型是将多个处于透明图层中的对象叠加组成的。UG NX 5.0 中可设置 256 个图层，设置图层的状态包括：工作层、可选择层、不可选择层、可见层或不可见层。在建模时，只能有一个图层工作（工作层），可将其他图层设置为隐藏、或不可选，使得建模过程中的选择操作简单、高效，所有图层管理命令都在菜单【格式】的下拉菜单中，如图 2-9 所示。

图 2-9　图层管理菜单

2.2.1　布局操作

选择【格式】|【图层设置】命令，系统弹出如图 2-10 所示的"图层设置"对话框。

1．工作

设置目前工作图层。修改编辑框内数字

后按【Enter】键，此时系统将工作层设置为编辑框内数字（1～256）标识图层。

图 2-10　"图层设置"对话框

2．范围或类别

按图层组名称选择图层。在此编辑框中键入图层组名称（例如：CURVES），按【Enter】键，此时在"图层/状态"列表中显示该组中所有图层的状态，如 SKETCHES 为针对模型中所有草图的图层设置，SOLIDS 为针对模型中所有实体的图层设置。

3．编辑类别

编辑现有图层组的名称、描述信息或者删除该图层组。单击此选项，弹出如图 2-11 所示的"图层类别"对话框。

"图层类别"对话框中的各项功能如下：

● 创建/编辑：在类别中键入新图层组名称，单击此按钮进入新图层创建状态；如果选择现有图层组，则进入图层组编辑状态，单击此按钮进入如图 2-12 所

示的"图层类别"对话框，可编辑图层组所包含的图层。

图 2-11　"图层类别"对话框

图 2-12　"图层类别"对话框

● 删除：删除选中图层组。
● 重命名：对选中图层组重新命名。
● 描述：编辑图层组的描述信息。
● 加入描述：将描述信息加到图层组名称后面。

UG NX 5.0 中文版入门实战与提高

02
Chapter

2.1
2.2
2.3
2.4
2.5
2.6
2.7
2.8
2.9
2.10

4. 可选/作为工作层/不可见/只可见

设置"图层/状态"列表中各个图层的状态。

5. 显示对象数量

设置"图层/状态"列表中是否显示各个图层包含对象的数量。

6. 显示类别名

设置"图层/状态"列表中是否显示各个图层所属图层组名称。

7. 全部适合后显示

选中此项，系统将选中图层中的对象最大化到视图区域。

【例 2-3】 设置工作图层

01 选择【格式】|【图层设置】命令，系统弹出如图 2-10 所示的"图层设置"对话框，在"工作"编辑框内键入 2 后按【Enter】键，单击 确定 或 应用 按钮将工作图层设置为第 2 层。

02 单击"特征"工具栏中的 按钮，系统弹出"长方体"对话框，选择默认设置，在窗口中用鼠标选择一点，单击 确定 按钮，在视图中创建一个正方体。

03 选择【格式】|【图层设置】命令，系统弹出如图 2-10 所示"图层设置"对话框，在"工作"编辑框内键入 3 后按【Enter】键，单击 确定 或 应用 按钮此时将工作图层设置为第 3 层。

04 单击"特征"工具栏中的 按钮，系统弹出"长方体"对话框，选择默认设置，在窗口中用鼠标选择一点（该点离步骤 2 创建的正方体有一定距离），单击 确定 按钮，在视图中创建另一个正方体，此时窗口中的图形如图 2-13 所示。

图 2-13　创建正方体

05 选择【格式】|【图层设置】命令，系统弹出"图层设置"对话框，在"图层/状态"列表框中选择"2 Selectable"（图层 2），使之处于高亮显示状态，如图 2-14 所示；选择 不可见 按钮，设置图层 2 为不可见，单击 确定 按钮，此时窗口中处于图层 2 中的正方体将不可见。

06 选择【格式】|【图层设置】命令，系统弹出"图层设置"对话框，在"图层/状态"列表框中选择"2"项（图层 2），使之处于高亮显示状态；选择 可选 按钮，设置图层 2 为可选择状态，如图 2-15 所示，单击 确定 按钮，此时窗口中处于图层 2 中的正方体重新出现。

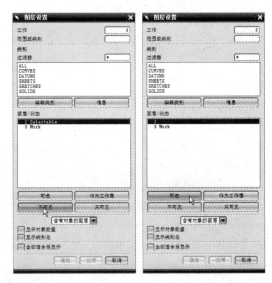

图 2-14　选择图层 2　　图 2-15　修改图层状态

2.2.2　图层的其他操作

UG NX 5.0 可将对象移动或复制到指定图层，移动复制后的对象将根据指定图层属性修改显示状态。

【例2-4】　设置工作图层

01 选择【格式】|【图层设置】命令，系统弹出如图 2-10 所示的"图层设置"对话框，在"工作"编辑框内键入 1 后按【Enter】键，此时将工作图层设置为第 1 层。

02 在"过滤器"中选择 ALL 项，此时"图层/状态"显示了所有图层的状态，选择"2 Selectable"（图层 2），选择 不可见 按钮，设置图层 2 为不可见方式，如图 2-16 所示，单击 确定 按钮。

03 单击"特征"工具栏中的 长方体 按钮，系统弹出"长方体"对话框，选择默认设置，在窗口中用鼠标选择一点，单击 确定 按钮，在视图中创建一个正方体。

04 选择【格式】|【移动至图层】命令，系统弹出"类选择"对话框，选择已建立的正方体，单击"类选择"对话框中的 确定 按钮。

05 系统弹出"图层移动"对话框，如图 2-17 所示。在"目标图层或类别"编辑框中键入 2（移动到图层 2），单击 确定 按钮，此时在视图中的正方体不可见了。

图 2-16　"图层设置"对话框

图 2-17　"图层移动"对话框

2.3　图层设置

UG NX 5.0 建模时，一般使用两种坐标系：绝对坐标系（ACS）和工作坐标系（WCS）。绝对坐标系是不能改变其位置和方向的；而工作坐标系可以根据需要创建新坐标系或者改变现有工作坐标系完成坐标系的变换。

2.3.1　坐标系的变换

【格式】|【WCS】下拉菜单提供坐标系转换功能，菜单项包括：

1. 原点(O)...

系统通过改变现有工作坐标系的原点

02
Chapter

2.1
2.2
2.3
2.4
2.5
2.6
2.7
2.8
2.9
2.10

完成坐标系的变换。选择【格式】|【WCS】|【原点】命令，弹出"点"对话框，可指定一点为新坐标系的原点，单击 确定 或 应用 按钮，完成新坐标系的平移。

2. [图标] 动态(D)...

选择此菜单，系统通过鼠标拖动控制点方式或者输入数值方式进行坐标系的动态设置。

3. [图标] 旋转(R)...

系统通过旋转方式完成现有工作坐标系的变换。选择【格式】|【WCS】|【旋转】命令，弹出如图 2-18 所示的"旋转 WCS 绕…"对话框，可指定旋转方式，单击 确定 或 应用 按钮，完成新坐标系的旋转。

图 2-18 "旋转 WCS 绕…"对话框

4. [图标] 更改 XC 方向...

系统通过改变 XC 轴方向实现现有工作坐标系的变换。选择【格式】|【WCS】|【改变 XC 轴方向】命令，弹出"点"对话框，可指定一点，则原点与指定点所确定的矢量为新坐标系的 XC 轴，单击 确定 或 应用 按钮，完成坐标系的变换。

5. [图标] 更改 YC 方向...

系统通过改变 YC 轴方向实现现有工作坐标系的变换。选择【格式】|【WCS】|【改变 YC 轴方向】命令，弹出"点"对话框，可指定一点，则原点与指定点所确定的矢量为新坐标系的 YC 轴，单击 确定 或 应用 按钮，完成新坐标系的变换。

【例 2-5】 改变工作坐标系

01 选择【格式】|【WCS】|【原点】命令，系统弹出"点"对话框，提示选择新的坐标原点。

02 在绘图窗口中选择一点（注意不要选择原点），如图 2-19 所示。

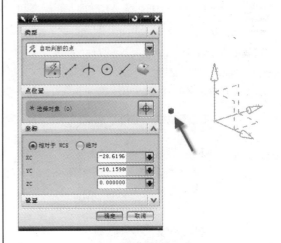

图 2-19 设置新的坐标原点

03 单击"点"对话框中的 确定 按钮（对话框此时不会关闭，可以选择 取消 按钮关闭对话框）。

04 选择【格式】|【WCS】|【显示】命令，绘图窗口中显示已经移动原点后的坐标系，如图 2-20 所示。

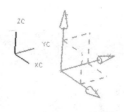

图 2-20 显示新坐标系

05 选择【插入】|【基准/点】|【点】命令，系统弹出"点"对话框，将"设置"项中的 □关联 选空，此时 ⊙相对于 WCS 处于可选状态，选中该项，在 XC、YC、ZC 编辑框内输入 0，0，0，如图 2-21 所示。

图 2-21　"点"对话框

06 单击"点"对话框中的 ⬜确定 按钮，则在变换后的坐标系原点处新建了一个点。

2.3.2　坐标系的创建

UG 提供创建新坐标系统功能。选择【格式】|【WCS】|【定向】命令，弹出如图 2-22 所示的"CSYS"对话框。

图 2-22　"CSYS"对话框

坐标构造器提供如下方法进行新坐标系的构造：

1.  动态

对应图标为 🗾，可通过鼠标拖动控制点方式或者输入数值方式进行坐标系的动态设置，如图 2-23 所示。

2. 自动判断

对应图标为 🗾，可通过输入/选择坐标的各个矢量（可通过点、面等方式创建矢量）自动生成一个新的坐标系。

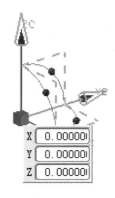

图 2-23　动态调整坐标系

3. 原点, X 点, Y 点

对应图标为 🗾，可通过输入/选择坐标系中的原点，*XC* 轴上点以及 *YC* 轴方向定位点生成一个坐标系。新生成的坐标系原点过指定原点，*XC* 轴过原点和输入/选择的 *XC* 轴上点，新 *YC* 轴过坐标原点与新 *XC* 轴垂直，其正向和输入/选择 *YC* 轴方向定位点在新 *XC* 轴的同侧。

4. X 轴, Y 轴

可通过输入/选择 *XC* 轴和 *YC* 轴创建新坐标系。

5. X 轴, Y 轴, 原点

对应图标为 🗾，可通过输入/选择 *XC*

轴、YC 轴和原点方式生成一个新坐标系。新生成的坐标系原点过指定原点，XC 轴过原点与输入/选择 XC 轴平行，XC-YC 平面与输入/选择 YC 轴平行，YC 轴与输入/选择 YC 轴正向夹角为锐角。

6. `Z 轴，X 点`

可通过输入/选择 ZC 轴和 XC 轴上的一点生成一个新坐标系。新生成的坐标系 ZC 轴与输入/选择 ZC 轴平行，XC 轴正向过第一个输入/选择指定点，并以第二个点为新坐标系的原点。

7. `对象的 CSYS`

可通过选择平面对象生成新坐标系。新生成坐标系的 XC-YC 与对象所在平面的 XC-YC 平行，原点与对象关键点重合。

8. `点，垂直于曲线`

可指定曲线和点生成新坐标系。新生成的坐标系 YC 轴过指定点，ZC 轴与指定曲线相切于新坐标系原点。

9. `平面和矢量`

可通过指定平面和矢量方式生成新坐标系。新生成的坐标系原点是指定矢量与指定平面的交点，XC 轴与平面的法线方向平行，YC 与指定矢量在指定平面上的投影平行。

10. `三平面`

可通过指定三个平面生成新坐标系。新生成的坐标原点是三个平面的交点，XC 轴与第一个指定平面的法线平行，ZC 与第一个平面和第二个平面的交线平行。

11. `绝对 CSYS`

可按照绝对坐标系方式创建新坐标系。

12. `当前视图的 CSYS`

可根据当前视图的属性生成一个新的坐标系。新生成的坐标系原点为视图中心，XC 轴与视图水平方向平行，YC 与视图竖直方向平行。

13. `偏置 CSYS`

对应图标为，系统提供根据选定坐标系的位置偏置或者角度偏置生成一个新的坐标系。

【例 2-6】 创建工作坐标系（X 轴，Y 轴，原点方式）

01 选择【格式】|【WCS】|【显示】命令，此时系统中显示出坐标系，如图 2-24 所示。

图 2-24 显示 CSYS

02 选择【格式】|【WCS】|【定向】命令，系统弹出"CSYS"对话框，选择对话框中的（X 轴，Y 轴，原点）按钮，此时"CSYS"对话框的状态变成如图 2-25 所示。

图 2-25 "CSYS"对话框

03 单击"CSYS"对话框中"X 轴"下的按钮，系统弹出"矢量"构造器如

图 2-26 所示，提示选择一个方向作为新创建的 X 轴的方向。

图 2-26　"矢量"对话框

04 在"矢量"构造器的"类型"选项中选择 两点 选项，此时"矢量"构造器转变为如图 2-27 所示，系统提示选择两点构造矢量作为新 X 轴方向。

图 2-27　"矢量"对话框

05 用鼠标在屏幕中选择两点构造新 X 轴方向，如图 2-28 所示。

06 单击 确定 按钮返回"CSYS"对话框，参考 3～5 步骤，设置新的 Y 轴的大致方向。设置完成后，界面中出现两个矢量方向表示新坐标系下的 X 轴、Y 轴（大致）方向，如图 2-29 所示。

图 2-28　选择两点作为新 X 轴矢量方向

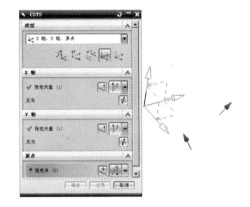

图 2-29　新坐标系中的 X、Y 轴方向

07 用鼠标在屏幕中选择一点作为新坐标系的原点，此时系统生成新坐标系。新坐标系的原点为所选择点，X 轴与所设置的 X 轴的方向平行，新 XC-YC 平面与设置的 YC 轴平行，YC 轴与设置的 YC 轴正向夹角为锐角，如图 2-30 所示。

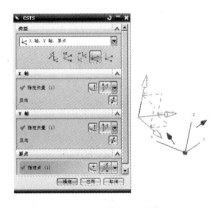

图 2-30　新坐标系状态

02
Chapter

2.1
2.2
2.3
2.4
2.5
2.6
2.7
2.8
2.9
2.10

2.4 选择对象的方法

UG NX 5.0 建模时，经常要选择视图区中的几何对象，UG NX 5.0 提供了丰富的对象选择方式，可根据需要灵活地设置对象选择方式，正确设置选择对象方式是提高建模效率的方法之一。

2.4.1 "类选择"对话框

"类选择"对话框在建模时，会自动出现，可通过单击"标准"工具栏中的 ✕ 弹出类选择器，如图 2-31 所示。

图 2-31 "类选择"对话框

可选择以下几种方式进行对象的过滤选择：

1. 类型过滤器

可指定过滤对象类型。指定过滤类型后，用鼠标选择对象时只能选中指定类型对象。单击 ✛ 按钮，弹出"根据类型选择"对话框（如图 2-32 所示），可同时按住【Ctrl】键或者【Shift】键进行多项选择；单击"细节过滤"，弹出如图 2-33 所示的"曲线过滤器"对话框，可采用同样方式进行多项选择。

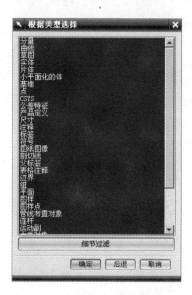

图 2-32 "根据类型选择"对话框

图 2-33 "曲线过滤器"对话框

2. 图层过滤器

可指定过滤图层。指定过滤图层后，用鼠标选择对象时只能选中指定图层中的指定对象。单击 按钮，弹出如图 2-34 所示的"根据图层选择"对话框，可在"过滤器"中选择指定的对象类型，在"图层"中选择对象可选择的图层（可多选）。

图 2-34　"根据图层选择"对话框

3.　颜色过滤器

指定过滤颜色。一旦指定了颜色，则在用鼠标选择对象时只能选中指定颜色的对象，单击 ██████，弹出如图 2-35 所示的"颜色"对话框，可在对话框中选择颜色。

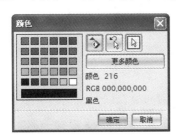

图 2-35　"颜色"对话框

4.　属性过滤器

可指定过滤对象属性。一旦指定了对象规定属性，在用鼠标选择对象时只能选中指定属性的对象。单击 ▣ 按钮，弹出如图 2-36 所示的"按属性选择"对话框，在对话框中选择对象的属性；单击 ▭用户定义属性▭ 按钮，弹出"属性过滤器"对话框，如图 2-37 所示，用户可按照具体参数值定义对象属性。

图 2-36　"按属性选择"对话框

图 2-37　"属性过滤器"对话框

5.　重置过滤器

恢复默认选择形式，即可以选择所有对象，单击 ▣ 按钮完成系统默认配置。

【例 2-7】　隐藏草图和曲线

01 打开光盘 section2\cover.prt，如图 2-38 所示，在三维模型中显示了建模过程中创建的草图、曲线以及基准轴等。

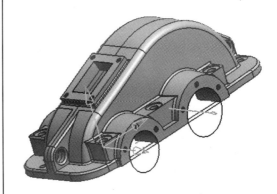

图 2-38　减速器机盖

UG NX 5.0 中文版入门实战与提高

02
Chapter

2.1
2.2
2.3
2.4
2.5
2.6
2.7
2.8
2.9
2.10

02 选择【编辑】|【显示和隐藏】|【隐藏】命令，系统弹出如图 2-31 所示的"类选择"对话框；单击【类型选择器】按钮 ，系统弹出"根据类型选择"对话框，将草图、曲线和基准项选中，如图 2-39 所示，单击 确定 按钮。

图 2-39　根据类型选择

03 重新回到"类选择"对话框，单击 按钮（全选），此时，系统将所有曲线、草图和基准选中，如图 2-40 所示。

04 单击 确定 按钮，此时系统中将所有的草图、曲线和基准隐藏，只显示三维实体，

如图 2-41 所示。

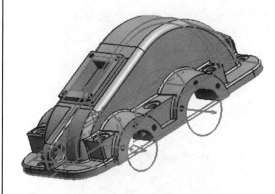

图 2-40　选中减速器机盖曲线、草图和基准轴

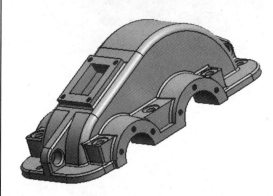

图 2-41　减速器机盖

2.4.2 "选择杆"工具栏

一般情况下 UG NX 5.0 在建模时，"选择杆"工具栏根据需要自动处于激活状态，并显示在工具栏区域的最下方，如图 2-42 所示。如果"选择杆"工具栏没有显示，可在工具栏区域中弹出右键菜单，如图 2-43 所示，将【选择杆】菜单选中。"选择杆"工具栏中的工具项能根据建模时的实际情况自动扩展出需要过滤的选项，可在建模时选中或选空来控制鼠标捕捉项。

图 2-42　"选择杆"工具栏

- 类型过滤器：可设置选择的类型。在建模时可设置某一选择对象类型，用鼠标选择时只能选择设置类型的对象。

- 常规选择过滤器：单击此项，可弹出【细节过滤】、【颜色过滤器】、【图层过滤器】等菜单，设置方法同2.4.1 节中"类选择"对话框中的相同选项。

- 重置过滤器：当"类型过滤器"或者"常规选择过滤器"中的设置项中的内容发生改变时，可选此项，用于恢复两个选项的默认值。

图 2-43　右键菜单

- 允许选择隐藏线框：选择此项可选择已经隐藏的曲线或者边。
- 全不选：取消目前已经选择的对象，此项只有已经选择了对象后才处于激活状态。
- 在导航器中查找：在导航器中找到视图中已经选择的对象，并将其处于高亮显示状态。

【例 2-8】　绘制直线

01 单击"特征"工具栏中的 按钮，系统弹出"长方体"对话框，选择默认设置，在窗口中用鼠标选择一点，单击 确定 按钮，在视图中创建一个正方体。

02 选择【插入】|【曲线】|【直线】命令，系统弹出如图 2-44 所示的"直线"对话框，同时"选择杆"工具栏扩展出点捕捉选项，如图 2-45 所示。

03 选中"选择杆"工具栏中的 和 按钮，其余点捕捉项按钮选空。

04 慢慢移动鼠标，在接近长方体顶点时，鼠标变成捕捉顶点图标，如图 2-46 所示，单击鼠标选中正方体的一个顶点作为直线的起始点。

05 慢慢移动鼠标，接近长方体另一个顶点时，鼠标变成捕捉顶点图标，如图 2-47 所示，单击鼠标选中正方体的另一个顶点作为直线的终点，完成直线的绘制。

图 2-44　"直线"对话框

图 2-45　"选择杆"工具栏

02
Chapter

2.1
2.2
2.3
2.4
2.5
2.6
2.7
2.8
2.9
2.10

图 2-46　捕捉到正方体顶点

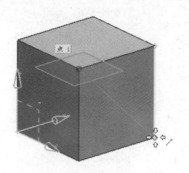

图 2-47　捕捉到正方体顶点

2.4.3　"快速拾取"对话框

当鼠标停留在几何对象上时,可能产生多种选择结果时,超过一定时间(时间设置参见例 2-24 中)光标下部就会出现省略号。单击鼠标左键,系统弹出"快速拾取"对话框,可选择对话框中的一个对象作为选择的结果。

【例 2-9】　"快速拾取"对话框的使用

01 单击"特征"工具栏中的 ![按钮] 按钮,系统弹出"长方体"对话框,选择默认设置。在窗口中用鼠标选择一点,单击 确定 按钮,在视图中创建一个正方体。

02 选择【插入】|【基准/点】|【点】命令,系统弹出"点"对话框,同时"选择杆"工具栏扩展出点捕捉选项,选择默认设置。

03 鼠标移动到正方体的一个端点,当光标显示为 ╱ 形状时,停止移动鼠标,3 秒钟后光标下部出现了省略号,如图 2-48 所示。

图 2-48　捕捉顶点时出现省略号

04 单击鼠标左键,系统出现"快速拾取"对话框,如图 2-49 所示,"快速拾取"对话框中显示了该位置可能的选择对象。

05 选择其中的一个选项,单击鼠标左键,选择一个几何对象作为捕捉点,完成点的创建。

图 2-49　"快速拾取"对话框

2.4.4　部件导航器

当 UG NX 5.0 处于建模状态时，单击系统右侧标签视窗的 标签，系统弹出"部件导航器"视图，如图 2-50 所示。

【例 2-10】　在部件导航器中显示特征父子关系

01 打开光盘 section2\chugui.prt 零件，视图右侧出现了"部件导航器"视图，如图 2-50 所示。

○ **小技巧**

打开零件后，"部件导航器"中如没有显示出"相关性"和"细节"视图，可双击图 2-50 中箭头所指的按钮。

02 "部件导航器"视图用树型结构显示所建零件的特征结构，选中树型结构中的条目，绘图视窗中对应特征项高亮显示（可多选）。在"部件导航器"中通过选中和选空条目前面的检查框，使对应项在压缩状态（不可视）与非压缩状态（可见）之间切换。

03 "相关性"视图用于显示"名称"窗口中选中对象的相关父子特征，图 2-51 显示了图 2-50 中选中的"Body(12)"特征的子特征"Shell(24)"。

04 "细节"视图显示并可编辑"名称"窗口中选中对象的参数，图 2-52 显示了"名称"窗口中选中"Extrude(14)"中的表达式。

图 2-50　"部件导航器"视图

图 2-51　显示特征的相关性

图 2-52　显示特征的表达式

2.5　对象操作

UG NX 5.0

对象操作命令主要包括：对象显示操作、对象隐藏和删除操作以及对象的几何变换操作，其中比较重要的是对象的几何变换操作，在后面的建模过程中经常要用到。

2.5.1 编辑对象的显示方式

UG NX 5.0 提供编辑对象显示方式的功能。单击【编辑】|【对象显示】命令，如果图形视窗中没有选中的对象，系统弹出"类选择"对话框提示选择对象，系统弹出"编辑对象显示"对话框，如图 2-53 所示。系统提供如下显示编辑：

图 2-53 "编辑对象显示"对话框

1. 图层
编辑所选对象所处的图层。

2. 颜色
编辑对象显示的颜色。

3. 线型
编辑对象中所有的边或者边框的线型

和线宽。

4. 透明度
编辑对象的透明程度，0 为不透明，100 为完全透明，拉动滚动条编辑对象的透明程度。

5. 局部着色
编辑对象的着色方式，选中此项时系统根据计算结果对部分模型表面着色，其他表面用线框方式显示。

6. 面分析
编辑对象的着色方式，选中此项时系统根据计算结果对模型表面上各处的应变以不同颜色表示。

7. 线框显示
编辑经纬方向（U,V）的网格值，对象以线框显示时，U、V 方向的网络数量为编辑框内的数值。

【例 2-11】 用网格线框显示正方体

01 单击"特征"工具栏中的 按钮，系统弹出"长方体"对话框，选择默认设置，在窗口中用鼠标选择一点，单击 确定 按钮，在视图中创建一个正方体。

02 单击"视图"工具栏（如图 2-54 所示）中的 按钮旁的倒三角符号，在弹出的显示菜单中选择 （静态线框）按钮，使正方体处于线框显示状态。

○ **小技巧**

面分析显示方式在系统进行面分析时自动切换，具体参考 2.7.5 节的内容。

图 2-54 视图工具栏

03 选择【编辑】|【对象显示】命令，在弹出的"编辑对象显示"对话框中选

择"常规"标签项，设置"常规"标签项中的"线框显示"项的 U,V 值为 5，5。

04 单击 确定 按钮，则系统用网格形式显示正方体，如图 2-55 所示。

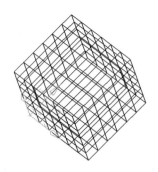

图 2-55　U=5,V=5 时正方体线框图

2.5.2　隐藏与显示对象

UG NX 5.0 提供了视图中对象显示和隐藏的多种方法，选择【编辑】|【显示与隐藏】命令，系统弹出如图 2-56 所示的菜单项。

图 2-56　【显示和隐藏】菜单

1. 显示和隐藏(O)...

设置不同类型的显示和隐藏方式。单击此项，系统弹出如图 2-57 所示的"显示与隐藏"对话框。

单击对话框内每种对象后面的+/-符号改变对象的隐藏和显示状态，父节点的显示状态可覆盖子节点的显示状态。

2. 显示和隐藏(O)...

选择此菜单，隐藏所选择的对象。

3. 颠倒显示和隐藏(I)

选择此菜单，所有处于显示状态的对象

8.　继承

单击该按钮，弹出"继承"对话框，提示用户选择一个对象,则当前对象的显示属性继承了所选对象的显示属性。

9.　重新高亮显示对象

单击该按钮，系统重新高亮显示对象。

10.　选择新的对象

单击该按钮,系统重新选择要编辑显示方式的对象。

隐藏，或所有隐藏的对象显示。

图 2-57　"显示和隐藏"对话框

4. 显示(S)...

单击此项，系统弹出对象选择对话框，此时系统中已经隐藏的对象处于显示状态。

5. 显示所有此类型的(T)...

选择此菜单，系统弹出如图 2-58 所示的"选择方式"对话框，通过设置类型、图层和其他选项来显示对象，注意，此时显示

02
Chapter

2.1
2.2
2.3
2.4
2.5
2.6
2.7
2.8
2.9
2.10

的对象是事先已经隐藏的对象。

图 2-58 "选择方式" 对话框

2.5.3 对象的删除

选择【编辑】|【删除】命令，系统弹出"类选择"对话框提示进行对象选择，可以通过鼠标左键来选择，也可以通过类选择器设置分类选择,选择对象后，单击 确定 按

2.5.4 对象的几何变换

UG NX 5.0 提供了复杂的几何变换形式，选择需要变换的对象后选择【编辑】|【变换】命令，弹出如图 2-60 所示的"变换"对话框。

1. 平移 ：为对象提供平移和复制变换

【例 2-12】 平移和复制对象

01 单击"特征"工具栏中的 长方体 按钮，系统弹出"长方体"对话框，选择默认设置，在窗口中用鼠标选择一点，单击 确定 按钮，在视图中创建一个正方体。

02 在视图中选中对象（这里是长方体），选择【编辑】|【变换】命令，弹出如图 2-59 所示的变换对话框。

03 单击"变换"对话框中的 平移 按钮，弹出如图 2-60 所示的"变换"对话框。

04 单击 至一点 按钮，系统弹出"点"对话框，提示选择参考点，选择长方体上一点后，系统又弹

6. 🔍 全部显示(A)

选择此菜单，将视图中所有隐藏对象显示。

钮后，系统将所选对象删除；如果被选对象是其他对象的载体，则单击 确定 按钮后，系统将提示要将关联对象也删除的信息。

出一个"点"对话框，此时需要选择所要移至的位置点，如图 2-61 所示，用鼠标选择目标点。

图 2-59 "变换" 对话框

图 2-60　"变换"对话框

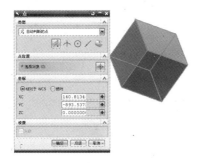

图 2-61　至一点方式移动对象时显示情况

05 单击"点"对话框中的 确定 按钮，系统弹出"变换"对话框，如图 2-62 所示。

图 2-62　"变换"对话框

图 2-63 所示"变换"对话框中的按钮选项含义如下：

图 2-63　"变换"对话框

- 重新选择对象 ：撤销当前所有对象，重新选择对象。

- 变换类型 -平移 ：选择平移变换模式，此时重新弹出图 2-60 所示的"变换"对话框，重新进行平移位置的选择。

- 目标图层 -原点 ：重新设置所选对象图层。单击此按钮，弹出如图 2-63 所示的对话框；单击【工作】、【原始】、【指定】按钮，将当前对象设置到所选图层中。

- 追踪状态 -关 ：单击此按钮改变对象追踪状态。追踪状态打开时，在曲线的复制过程中，原曲线和复制曲线间存在连接线，如图 2-64 所示多边形复制时出现连接线情况。注意草图没有复制功能，实体不产生连接线。

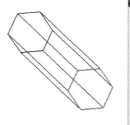

图 2-64　"变换"对话框

- 细分 -1 ：单击此按钮系统将平移距离按照设置的细分数量进行等分，进行移动和复制时实际移动的距离为平移距离与细分数量的比值。

- 移动 ：移动对象。

- 复制 ：复制对象。

- 多个副本 -可用 ：编辑复制的对象数量。

- 撤消上一个 -不可用 ：撤消最后一次变换。

2.  比例 ：为对象提供对指定点的按比例缩放或缩放复制

【例2-13】 按比例缩放和缩放复制对象

01 在视图中选中对象（这里是长方体），选择【编辑】|【变换】命令，弹出如图2-59所示的"变换"对话框。

02 单击"变换"对话框中的 比例 按钮，系统弹出"点"对话框，提示选择缩放中心点，选择点后，系统弹出如图2-65所示的"变换"对话框，编辑缩放比例；如果单击 非均匀比例 按钮，系统弹出如图2-66所示的"变换"对话框，可指定在各个方向上的缩放比例。

图2-65 "变换"对话框

图2-66 "变换"对话框

03 单击 确定 按钮后，系统弹出图2-62所示的"变换"对话框，选择 复制 按钮，系统显示按比例缩放的复制长方体，如图2-67所示。

图2-67 按比例放大的长方体

3.  绕点旋转 ：为对象提供对过指定点 *ZC* 轴线方向的矢量旋转操作

【例2-14】 对指定点的旋转操作

01 在视图中选中对象（这里是不规则几何体），选择【编辑】|【变换】命令，弹出如图2-59所示的"变换"对话框。

02 单击"变换"对话框中的 绕点旋转 按钮，系统弹出"点"对话框，提示选择旋转中心，选择参考点后，系统弹出如图2-68所示的"变换"对话框，编辑旋转角度，输入90°；如选择 两点方式 按钮，系统弹出"点"对话框，可指定两个点，则此时对象的旋转角度为参考点与两点组成的角度。

图2-68 "变换"对话框

03 单击 确定 按钮后，系统弹出如图2-62所示的"变换"对话框，选择 复制 按钮，系统绕过参考点的 *ZC* 方向轴旋转复制几何体，如图2-69所示。

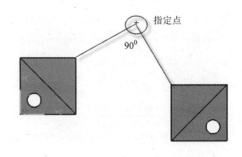

图2-69 绕点旋转复制几何体

4. ：为对象
提供对矢量的镜像操作

【例2-15】　用直线做镜像

01 在视图中选中对象（这里是不规则几何体），选择【编辑】|【变换】命令，弹出如图2-59所示的"变换"对话框。

02 单击"变换"对话框中的 用直线做镜像 按钮，系统弹出如图2-70所示的"变换"对话框，其中选项功能如下：

图2-70　"变换"对话框

● 两点 ：通过"点"对话框构造两点确定一个矢量。

● 现有的直线 ：单击此按钮，弹出如图2-71所示的"变换"对话框，选择视图中现有的直线。

图2-71　"变换"对话框

● 点和矢量 ：系统通过指定点和矢量方式生成新矢量，新矢量过点与所选矢量平行。

03 单击 现有的直线 按钮，选择图2-72中的直线，系统显示图2-62所示的"变换"对话框，选择 复制 按钮完成不规则几何体的直线镜像复制，光标所指实体为原

实体。

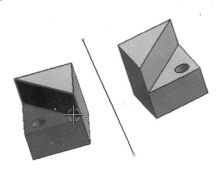

图2-72　镜像复制几何体

5. 矩形阵列 ：为对象提供矩形阵列

【例2-16】　对对象进行矩形阵列

01 在视图中选中对象（这里是不规则几何体，基础特征是边长100mm的正方体），选择【编辑】|【变换】命令，弹出如图2-59所示的"变换"对话框。

02 单击"变换"对话框中的 矩形阵列 按钮，系统弹出"点"对话框，提示通过点构造器创建参考点和目标点，选择两点（坐标：0，0，0；300，300，0），系统弹出如图2-73所示的"变换"对话框，其中选项功能如下：

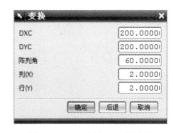

图2-73　"变换"对话框

● DXC：阵列对象的列间距。

● DYC：阵列对象的行间距。

● 阵列角：阵列方向与XC轴正向逆时针夹角。

● 列：对象阵列的列数。

● 行：对象阵列的行数。

03 单击 确定 按钮，系统弹出如图2-62所示的"变换"对话框，选择

UG NX 5.0中文版入门实战与提高

02
Chapter

2.1
2.2
2.3
2.4
2.5
2.6
2.7
2.8
2.9
2.10

[复制]按钮，几何体首先由参考点移动复制到目标点，然后进行矩形阵列，阵列方向与 XC 轴正向夹角为 $60°$，如图 2-74 所示。

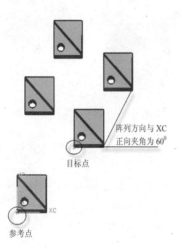

图 2-74 矩形阵列几何体

6. [圆形阵列]：为对象提供圆形阵列

【例 2-17】 对对象进行圆形阵列

01 在视图中选中对象（基础特征是边长 100mm 的正方体），选择【编辑】|【变换】命令，弹出如图 2-59 所示的变换对话框。

02 单击 " 变换 " 对话框中的 [圆形阵列]，系统弹出 "点"对话框，提示通过点构造器创建目标点和参考点。

○ **小技巧**

如果角度增量与数量之间的乘积大于 $360°$，则发生实体覆盖。

03 系统弹出"变换"对话框，如图 2-75 所示，输入圆形阵列的半径、起始角、对象间夹角以及阵列的数量。

04 单击 [确定] 按钮，系统弹出如图 2-62 所示的 " 变换 " 对话框，单击 [复制] 按钮，系统以过

目标点且与 ZC 轴方向平行的矢量为轴进行长方体的圆周阵列，如图 2-76 所示。

图 2-75 "变换"对话框

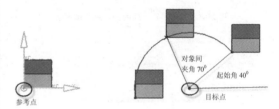

图 2-76 几何体圆形阵列

7. [绕直线旋转]：为对象提供绕直线旋转功能

【例 2-18】 对对象进行绕直线旋转

01 在视图中选中对象（这里是不规则几何体，基础特征是边长 100mm 的正方体），选择【编辑】|【变换】命令，弹出如图 2-59 所示的变换对话框。

02 单击 " 变换 " 对话框中的 [绕直线旋转] 按钮，系统弹出如图 2-70 所示的对话框，单击 [现有的直线] 按钮，选择视图中已有的直线。

03 旋转轴选择后，系统弹出如图 2-77 所示的 "变换"对话框，输入旋转角度 $135°$。

图 2-77 "变换"对话框

04 单击 [确定] 按钮，系统弹出如图 2-62 所示的 " 变换 " 对话框，单击

按钮。

05 单击 确定 按钮，系统以所选直线为轴进行几何体的旋转阵列，如图 2-78 所示。

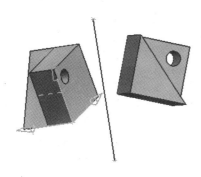

图 2-78　几何体绕直线旋转

8. 用平面做镜像 **：为对象提供平面镜像功能**

【例 2-19】　对对象用平面做镜像

01 在视图中选中对象（这里是球体），选择【编辑】|【变换】命令，弹出如图 2-59 所示的"变换"对话框。

02 单击"变换"对话框中的 用平面做镜像 按钮，系统弹出"平面"对话框，提示选择镜像平面。

03 镜像平面选择后，系统弹出如图 2-62 所示的"变换"对话框，单击 复制 按钮，球体用平面做镜像，如图 2-79 所示。

图 2-79　球体用平面做镜像情况

9. 重定位 **：为对象提供按坐标系重新定位功能**

单击图 2-59 所示"变换"对话框中的 重定位 按钮，弹出

"CSYS"对话框。先为对象设定一个参考坐标系，系统提示再设定一个坐标系作为对象的目标坐标系，设定后，系统弹出如图 2-62 所示的"变换"对话框，选择变换方式，则对象从参考坐标系变换到目标坐标系中。

【例 2-20】　对对象进行重定位

01 在视图中选中对象（这里是球体），选择【编辑】|【变换】命令，弹出如图 2-59 所示的"变换"对话框。

02 单击"变换"对话框中的 重定位 按钮，系统弹出"CSYS"对话框，创建参考坐标系。

03 参考坐标系立后，系统弹出"CSYS"对话框，提示创建目标坐标系。

04 目标坐标系创建后，系统弹出如图 2-62 所示的"变换"对话框，单击 复制 按钮，对象从参考坐标系复制到目标坐标系，如图 2-80 所示。

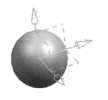

图 2-80　球体重定位

10. 在两轴间旋转 **：为对象提供在两轴之间旋转的功能**

【例 2-21】　对对象进行在两轴之间旋转

01 打开 section2/221.prt 文件。

02 在视图中选中对象，选择【编辑】|【变换】命令，弹出如图 2-59 所示的命令"变换"对话框。单击"变换"对话框中的 在两轴间旋转 按钮，系

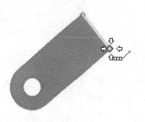

02

Chapter

2.1
2.2
2.3
2.4
2.5
2.6
2.7
2.8
2.9
2.10

统弹出"点"对话框，提示旋转中心点。

03 选择如图 2-81 所示的特征的点作为旋转中心，注意此时将选择杆上的 选中处于激活状态。

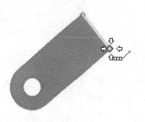

图 2-81　选择特征顶点作为旋转中心

04 中心点选择后，系统弹出"矢量构造"对话框，提示选择参考矢量方向和目标矢量方向，分别选择 XC 轴和 YC 轴作为参考轴方向和目标轴方向，系统出现如图 2-82 所示的旋转参考方向和目标方向。

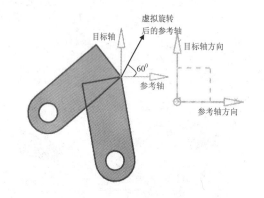

图 2-82　几何体在两轴之间旋转

05 系统弹出如图 2-83 所示的"变换"对话框，输入 60°，单击 确定 按钮。

图 2-83　"变换"对话框

06 系统弹出如图 2-62 所示的"变换"对话框，单击 复制 。

按钮，对象从参考轴复制旋转到目标轴，如图 2-83 所示。

11. 点拟合 ：为对象提供在 3 点或 4 点之间的拟合功能

【例 2-22】 对对象进行拟合

01 在视图中选中对象（这里是五边形），选择【编辑】|【变换】命令，弹出如图 2-59 所示的"变换"对话框。

02 单击"变换"对话框中的 点拟合 按钮，系统弹出"变换"对话框，如图 2-84 所示。

图 2-84　"变换"对话框

03 单击 3-点拟合 按钮后，选择参考点 3 个和目标点 3 个，系统根据参考点和目标点的选择顺序进行匹配。系统弹出如图 2-62 所示的"变换"对话框，单击 复制 按钮，系统将根据参考 3 点变换到目标 3 点，可能变换方式与比例、重定位或参考点和目标点重合，如图 2-85 所示的多边形 3 点拟合方式（追踪状态开）。

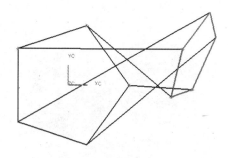

图 2-85　多边形点拟合

12. 增量编辑

选择此项后，系统弹出如图 2-62 所示的"变换"对话框，其使用方法已经说明。

2.6　参数预设置

参数预设置用于设定默认公共参数，统一改变操作模式和显示模式，参数预设置操作全部在菜单【首先项】的下拉菜单中。

1.【对象】菜单

定义默认实体或薄片体的颜色和线型。要求改变视图中某一个对象的颜色时，选择【编辑】|【对象显示】命令。

2.【用户界面】菜单

修改对话框内显示的小数点位数和其他用户界面选择。

【例 2-23】　设置对话框中小数的显示位数

01　选择【首选项】|【用户界面】命令，系统弹出"用户界面首选项"对话框，如图 2-86 所示。

图 2-86　"用户界面首选项"对话框

02　设置"对话框"编辑框内的数字为 1，"跟踪条"编辑框内的数字为 2，单击 确定 按钮。

03　选择【首选项】|【选择】命令，系统弹出"选择首选项"对话框，如图 2-87 所示，注意图中椭圆中的数字只显示了 1 位小数点，而后面的 8 位小数都没有显示。

图 2-87　"选择首选项"对话框

3.【选择】菜单

修改选择范围和行为。

【例 2-24】　设置弹出"快速拾取"对话框的延迟时间

01　选择【首选项】|【选择】命令，系统弹出"选择首选项"对话框，如图 2-87 所示。

02　在"快速拾取"中的"延迟"编辑框内数字，单击 确定 按钮完成延迟时间的设置。

UG NX 5.0中文版入门实战与提高

02
Chapter

2.1
2.2
2.3
2.4
2.5
2.6
2.7
2.8
2.9
2.10

4.【可视化】菜单

设置视图和显示的默认参数。

【例2-25】 设置绘制视图的底色

01 选择【首选项】|【可视化】命令，系统弹出"可视化首选项"对话框，如图2-88所示。

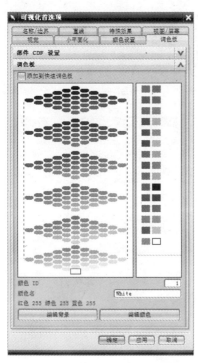

图2-88 "可视化首选项"对话框

02 选择"调色板"标签项，单击 编辑背景 按钮，系统弹出对话框，如图2-89所示。

图2-89 "编辑背景"对话框

03 单击"着色视图"中的【顶部】████按钮，系统弹出"颜色"对话框，如图2-90所示，选择椭圆中的白色，系统返回"编辑背景"对话框，此时顶部的颜色变为白色。

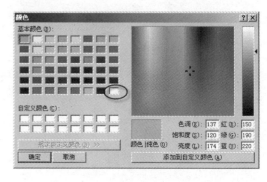

图2-90 "颜色"对话框

04 重复步骤3，将"着色视图"中的底部颜色变为白色；"线框视图"中的"顶部"和"底部"颜色变成白色。

05 单击"编辑背景"对话框中的 确定 按钮，返回到"可视化首选项"对话框，单击 确定 按钮，完成视图底色的设置。

5.【可视化性能】菜单

可通过设置一些选项来提高显示性能。

【例2-26】 测试图形性能

01 选择【首选项】|【可视化性能】命令，系统弹出"可视化性能首选项"对话框，如图2-91所示。

02 选择"一般图形"标签视图，单击 评估图形性能 按钮，系统将对图形性能进行评估，最终显示出目前的性能信息，如图2-92所示。

6.【草图】菜单

设置捕捉角度，显示小数点位数和文字高度等信息，具体使用方法将在第4章中说明。

7.【建模】菜单

设置建模误差和密度单位。

图 2-91　"可视化性能首选项"对话框

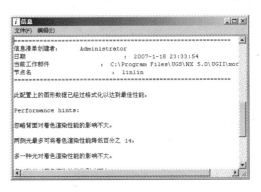

图 2-92　可视化性能信息

2.7　分析

UG NX 5.0 提供了对模型进行几何和物理计算与分析的功能，对工程设计提供了适当的辅助支持。

2.7.1　几何属性

"几何属性"对曲面或曲线上的点进行几何分析。

【例 2-27】　曲面上点的动态几何分析

01 打开光盘中的 section1\227.prt 文件。

02 选择【分析】|【几何属性】命令，系统弹出"几何属性"对话框，如图 2-93 所示。

03 在"分析类型"中选择 动态 ，此时"几何属性"对话框转化为如图 2-94 所示，此时高亮条自动跳到"分析点"选项，提示选择曲面或曲线上的分析点。

图 2-93　"几何属性"对话框

04 选中"选择杆"工具栏中的 按钮，关闭其余点的捕捉项。

05 用鼠标在曲面移动，此时"几何属性"对话框中的"结果"选项随着鼠标在

UG NX 5.0 中文版入门实战与提高

02
Chapter

2.1
2.2
2.3
2.4
2.5
2.6
2.7
2.8
2.9
2.10

曲面上移动，点的分析结果动态更新，如图
2-95 所示。

图 2-94 处于动态分析类型的"几何属性"对话框

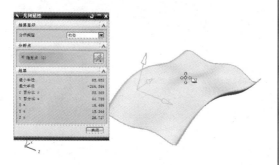

图 2-95 曲面上点的几何分析结果

【例 2-28】 曲面上点的静态几何分析
打开光盘中的 section1\227.prt 文件。

01

02 选择【分析】|【几何属性】命令，系统弹出"几何属性"对话框，如图 2-93 所示。在"分析类型"中选择 静态 ，此时"几何属性"对话框转化为如图 2-96 所示，高亮条自动跳到"用于分析的曲线或面"选项，提示选择曲面。

03 选择系统视图窗中的曲面，选择"几何属性"对话框中的"分析点"选项，如图 2-97 所示。

04 选中"选择杆"工具栏中的 按钮，关闭其余点的捕捉项。

05 用鼠标选择曲面上一点，系统弹出信息窗口显示曲面上点的几何信息，如图 2-98 所示。

图 2-96 "几何属性"对话框

图 2-97 选择分析点选项

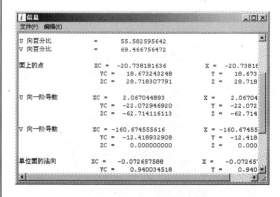

图 2-98 曲面上点的几何信息

2.7.2 检查几何体

"检查几何体"提供对实体、面或边进行错误或者产生警告的几何信息检测。系统不对错误信息进行自动更正，但对其进行高亮显示，提示几何体中存在错误的几何信息。

【例 2-29】 对曲面进行几何检查

01 打开光盘中的 section1\229.prt 文件。

02 选择【分析】|【检查几何体】命令，系统弹出"检查几何体"对话框，如图 2-99 所示，单击对话框中的 全部设置 按钮。

图 2-99 "检查几何体"对话框

○ **小技巧**

如果操作中选不中曲面，则可观察是否在"选择杆"中将曲面过滤掉了。

03 选择视图窗中的曲面，单击对话框下端的 检查几何体 按钮，"检查几何体"对话框显示为如图 2-100 所示的状态。

04 单击对话框下端的 全部高亮显示 按钮，此时视图中的曲面中的自相交处高亮显示，如图 2-101 所示。

图 2-100 "检查几何体"对话框检查后的状态

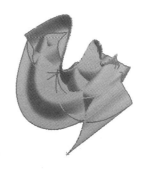

图 2-101 曲面上相交处高亮显示

2.7.3 快速检查

【快速检查】菜单中包括【表达式检查】、【距离检查】、【大小检查】和【质量检查】菜单项。

● 表达式检查：显示零件中的所有已

用表达式，并对所选表达式进行检查。

- 距离检查：检测两个以上对象之间的距离是否在规定范围内。在进行该项检查时，必须选择两个以上的对象。
- 大小检查：检测所选曲线、圆弧、实体边或者样条曲线的总长度是否在规定范围内。如果所选对象是面，则检测对象是面积和，如果所选对象是实体，则检测对象是体积和。
- 质量检查：检测所选的实体、片体的质量和是否在规定范围内。
- 快速检查：菜单不是默认菜单项，可通过例2-30将菜单显示出来。

【例2-30】　添加非默认菜单项

01 右击工具栏区域，弹出右键菜单，选择最下面的【定制】命令，如图2-102所示，系统弹出"定制"对话框，如图2-103所示。

图 2-102　右键菜单

图 2-103　"定制"对话框

02 选择"定制"对话框中的"命令"标签项，在"类别"列表框中选择【分析】菜单，此时"命令"列表框中显示【分析】菜单中所有的命令项，如图2-103所示。

03 在"命令"列表框中找到【快速检查】菜单，用鼠标拖动该项到界面中的【分析】菜单项，此时下拉菜单项，将鼠标移动到适当的位置，松开鼠标后菜单将添加到【分析】菜单中，如图2-104所示。

图 2-104　添加快速检查菜单到分析菜单中

【例2-31】　检测边长是否在规定范围内

01 单击"特征"工具栏中的 ![] 按钮，系统弹出"长方体"对话框，选择默认设置，在窗口中用鼠标选择一点，单击 确定 按钮，在视图中创建一个正方体。

02 选择【分析】|【快速检测】|【大小检测】命令，系统弹出"大小检测"对话框，如图 2-105 所示，系统提示选择对象。

图 2-105　"检查大小"对话框

03 选择正方体的两个边，单击"大小检测"对话框中的 应用 按钮，此时"大小检测"对话框上端计算得出边的长度（椭圆标识处），系统弹出如图 2-106 所示的"快速检测"信息框。

图 2-106　显示跨速检测信息

2.7.4　曲线分析

曲线分析对所选的曲线和边进行分析，分析结果包括：曲率梳、极值点、拐点等。

【例 2-32】　对曲线进行分析

01 打开光盘中的 section1\230.prt 文件。

> ○ **小技巧**
>
> 【曲线】菜单是非默认菜单项，其添加方法参见例 2-30。

02 选中曲线。选择【分析】|【曲线】|【峰值】命令，此时视图中的曲线上的各个极值点用三角符号标出，如图 2-107 所示。

图 2-107　曲线中的极值点

03 使曲线处于选中状态，选择【分析】|【曲线】|【拐点】命令，此时视图中的曲线上的各个拐点用叉号标出，如图 2-108 所示。

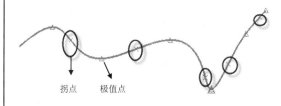

拐点　　极值点

图 2-108　曲线上的拐点

04 使曲线处于选中状态,选择【分析】| 【曲线】|【曲率梳】命令,此时视图中的曲线上绘出曲率梳,如图2-109所示。

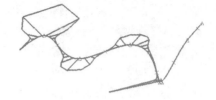

图2-109 曲线上的曲率梳

2.7.5 曲面分析

曲面分析对曲面进行半径分析、斜率分析、反射分析和距离分析等。

- 半径分析:显示曲面上所有点的曲率,以检测拐点或缺陷。
- 斜率分析:可视化曲面上所有点的曲面法向和垂直于参考矢量的平面之间的夹角,主要针对模具设计。
- 反射分析:仿真曲面上的所有反射光,检测曲面的光滑性和缺陷。
- 距离分析:显示曲面上所有点到参考平面的距离。

【例2-33】 对曲面进行分析

01 打开光盘中的section2\233.prt文件。

02 选择【分析】|【形状】|【面】|【斜率】命令,系统提示选择参考矢量。此时,用鼠标在视图中选择两点确定参考矢量,如图2-110所示,单击"矢量"对话框中的 确定 按钮。

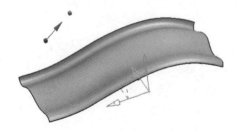

图2-110 确定参考矢量

03 系统弹出"面分析-斜率"对话框,如图2-111所示,此时,曲面处于面分析状态(线框图状态)。选中曲面,单击"面分析-斜率"对话框中的 应用 按钮,此时视图用云图显示了曲面上各点法向和垂直于参考矢量平面之间的夹角分布情况,如图2-112所示。

图2-111 "面分析-斜率"对话框

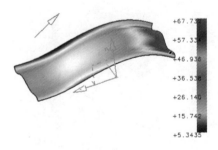

图2-112 面分析-斜率分析结果

2.7.6　模型比较

　　"模型比较"提供对零件和特征进行比较的功能，并显示零件或特征的相似处。选择【分析】|【模型比较】命令，系统弹出"模型比较"对话框，如图 2-113 所示。

图 2-113　"模型比较"对话框

- ⊡：指定零件 1 和零件 2 中相同的面或者边在对照视窗中的显示方式，选择该项后，在部件 1 和部件 2 中设置零件 1 和零件 2 中相同的面和边的显示颜色。

- ⊡：指定零件 1 和零件 2 中改变（有部分不同）的面或者边在对照视窗中的显示方式，选择该项后，在部件 1 和部件 2 中设置零件 1 和零件 2 中改变的面和边的显示颜色。

- ⊡：指定零件 1 和零件 2 中惟一（完全不同）的面或者边在对照视窗中的显示方式，选择该项后，在部件 1 和部件 2 中设置零件 1 和零件 2 中相互惟一的面和边的显示颜色。

- ☑选择各部件中的所有体：设置是否对零件中所有的体都进行相似性比较。

- ☑比较特征和表达式：设置是否对特征或表达式进行相似性比较。

- ⟳：重新布置零件在对照视窗中的位置。

- ▤：设置面之间的相似规则。

- ◣：打开匹配模式，选择该项，在一个零件中选择一边或面后，另一个零件中相对应的边或面高亮显示。

- ◣：关闭匹配模式。

- ▤：产生零件比较细节报表。

- ▼▲：显示或关闭可见性和透明性选项窗口。

- ▦▦：分别设置零件 1，零件 2 或在对照窗口中的重叠零件的可见性或透明性，选择其中一个按钮后，可选择☑可见选项来设置所选零件视图是否可见。

- ☑反置透明度：对零件 1 和零件 2 进行透明度反置，例如：选中此项，第一个零件中面是非透明的，则第二个零件中对应相似面是透明的。

【例 2-34】　　对零件进行模型比较

01 打开光盘中的 section2\banshou1.prt 文件。

02 选择【分析】|【模型比较】命令，系统弹出"模型比较"对话框，单击⊡（相同的）按钮，将部件 1 和部件 2 中的 4 个选项都选中，选择视图中的零件，如图 2-114 所示。

图 2-114　选中 banshou1.prt 零件

UG NX 5.0 中文版入门实战与提高

02
Chapter

2.1
2.2
2.3
2.4
2.5
2.6
2.7
2.8
2.9
2.10

03 选择"标准"工具栏中的 按钮，打开光盘中的 section2\banshou2.prt 文件，选中视图中新打开的 banshou2.prt，如图 2-115 所示。

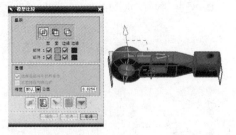

图 2-115　选中 banshou2.prt 零件

04 系统出现三个视图，左上视图是 banshou1.prt 文件，右上视图是 banshou2.prt，下视图是两个零件的叠加视图，如图 2-116 所示。单击"模型比较"对话框中的 应用 按钮，视图显示了零件的相似状态，如图 2-117 所示，其中，零件 1 视图中的茶色部分和零件 2 中的黄色部分是改变的（相似的），蓝色部分为相同的。

图 2-116　转化为零件比较视图

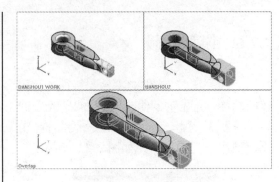

图 2-117　相似比较状态

05 单击"模型比较"对话框中的 按钮，对话框中显示了可见性和透明度选项，选中 （部件 1）按钮，同时将 反置透明度 项选中，拉动透明度滑动杆，会发现零件 1 与零件 2 相同部分的透明度是相反的，如图 2-118 所示。

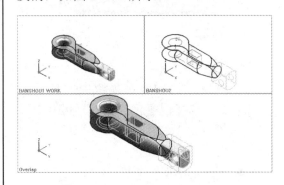

图 2-118　相似部分透明度相反

2.8　信息

UG NX 5.0

此项显示所选对象的一般信息，所选对象包括零件、表达式、图层等。

【例 2-35】　显示新建模型的图层信息

01 新建一个模型文件，使 UG NX 5.0 进入建模状态。

02 选择【信息】|【其他】|【图层】命令，系统弹出"信息"窗口，显示了当前状态的图层信息，如图 2-119 所示。

图 2-119　信息窗口

2.9　本章技巧荟萃

UG NX 5.0

- 打开零件后，"部件导航器"中如果没有显示出"相关性"和"细节"视图，可双击图 2-50 中箭头所指的按钮。
- 面分析显示方式在系统进行面分析时自动切换，具体参考 2.7.5 节的内容。
- 进行圆周阵列变换时，如果角度增量与数量之间的乘积大于 360°，则发生实体覆盖。
- 如果操作中选不中曲面，观察是否在"选择杆"中将曲面过滤掉了。
- 【曲线】菜单是非默认菜单项，非默认菜单的添加方法参见例 2-30。
- 如果新建零件文件后，如果系统没有在建模状态，即没有曲线等建模工具栏，可选择 🌀 开始 | 🔧 建模(M)... 菜单。
- 如果希望删除大部分内容，而少部分内容不删除时，可先隐藏部分内容，然后用【Ctrl+A】快捷键全选，此时只能选中显示的，然后进行删除。
- 在选择对象时，可通过按【Atl】键使得鼠标在捕捉和非捕捉状态之间进行切换。

2.10　学习效果测试

UG NX 5.0

1．概念题

（1）UG NX 5.0 中提供了哪几种常用建模工具？

（2）打开例 2-10 中的 chugui.prt 文件，在部件导航器中选择一个特征，查看右键菜单中提供了哪些常用工具的快捷方式？

（3）选择杆中提供了几种点捕捉方式或线捕捉方式？

2．操作题

（1）使用类选择器将 section2\banshou1.prt 中的曲线、草图和基准隐藏。

（2）对象的几何变换是比较常用的变换工具，请查看例 2-10 中的 chugui.prt 用了几种变换方式。

读书笔记

第 3 章　UG NX 5.0 曲线操作

学习要点

在 UG NX 5.0 中，二维图形的绘制是 CAD 基础，只有熟练地使用各种绘图命令绘制出二维图形，才能更好地制作出三维实体。本章对二维制图中经常用到的曲线工具：直线、圆及圆弧、矩形、点、样条曲线等进行详细地讲解。在创建基本曲线后，通过曲线编辑工具能够完成曲线的细节绘制，也可通过曲线操作工具利用原有曲线创建新曲线。

学习提要

- 曲线创建常用工具
- 基本曲线的绘制方法
- 基于基本曲线的操作方法
- 曲线的编辑操作

03

Chapter

3.1

3.2

3.3

3.4

3.5

3.6

3.7

3.8

3.1 曲线功能概述

UG NX 5.0

UG NX 5.0 提供了创建平面曲线和空间曲线的工具集，包括：直线、圆弧、圆、椭圆、抛物线、样条曲线、多边形、矩形、点、点集以及文字等。曲线工具集中在曲线工具栏中，如图 3-1 所示，也可通过选择【插入】|【曲线】命令选择这些曲线绘制实体工具。

图 3-1 "曲线"工具栏

系统处于建模状态时，可以使用曲线绘制工具在视图区域里绘制曲线。曲线可以作为模型中的一个特征存在，也可以作为一个普通曲线通过扫掠特征（包括：拉伸、旋转、

扫描和管道）操作完成实体建模。当所建立的曲线作为特征存在时，在"部件导航器"中是可见的，通过鼠标双击"部件导航器"中的曲线特征，系统弹出"创建曲线"对话框，通过编辑参数可重新建立曲线。曲线是曲线特征还是普通曲线是根据曲线的关联性来确定的，关联性设置一般在"创建曲线"对话框的"设置"选项内，如图 3-2 所示，选中此项，则绘制的曲线具有关联性，为曲线特征，否则为普通曲线；关联曲线一般用于绘制三维空间中具有几何关系的曲线集合，如果绘制二维曲线，采用草图绘制工具是比较好的选择。

图 3-2 关联属性位置

3.2 常用工具

UG NX 5.0

使用 UG NX 5.0 建模时，经常涉及到一些常用工具的使用，这里专门对它们的使用方法进行详细介绍，以便使后面的叙述简明、清晰。在学习过程中也可先跳过该章，当后面具体涉及到的时候再回来查看这部分内容。

3.2.1 点构造器

草图绘制或特征建模时，经常需要确定模型尺寸、位置以及能够建立几何关系的基

准点。点构造器就是辅助进行点的选择和建立的通用工具。点构造器会在建模过程中适

时出现，也可以通过执行【插入】|【基准/点】|【点】命令，弹出如图 3-3 所示的"点"对话框。

图 3-3　"点"对话框

"点"对话框中提供了 13 种创建和选择点的方式：输入坐标创建点、自动判断的点、光标位置、现有点、端点、控制点、交点、圆弧中心/椭圆中心/球心、圆弧/椭圆上的角度、象限点、点在曲线/边上、面上的点、两点之间，下面通过具体实例介绍几种常用方式的操作方法。

1. 输入坐标创建点

根据在"坐标"中的 X、Y、Z（XC、YC、ZC）输入值确定点的位置，单击 确定 按钮完成点的创建。可选择在绝对坐标系下输入点的坐标，也可在工作坐标系（WCS）下输入点的坐标，系统会根据具体坐标系确定点的位置；坐标值也可以通过系统的计算得出：单击 X、Y、Z（XC、YC、ZC）编辑框后的 ▼ 按钮，弹出如图 3-4 所示的坐标值计算选择菜单。

图 3-4　坐标值计算选择菜单

（1）选择【= 公式】时，弹出如图 3-5 所示的对话框，双击某个表达式，将表达式的名称初始化到"名称"编辑框内，并将公式或计算结果初始到"公式"编辑框内，单击 确定 按钮退回到点构造器对话框。

图 3-5　"表达式"对话框

（2）选择【f(x) 函数】时，弹出如图 3-6 所示的"插入函数"对话框，双击某个函数名字（如 abs），系统会弹出"函数参数"对话框（如图 3-7 所示），输入函数参数数值，单击 确定 按钮退回到点构造器对话框。

图 3-6　"插入函数"对话框

（3）选择【参考】时，系统弹出"参数选择"对话框，可选择已建立的特征，将特征的参数初始化到"参数选择"对话框中，

03
Chapter

3.1
3.2
3.3
3.4
3.5
3.6
3.7
3.8

如图 3-8 所示，选中特征参数，单击 确定 按钮退回到点构造器对话框。

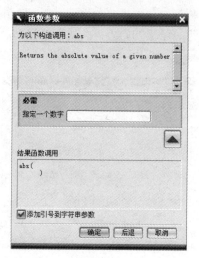

图 3-7 "函数参数"对话框

图 3-8 "参数选择"对话框

2．自动判断的点

在"类型"中选择"自动判断的点"方式时（对应图标），系统根据光标所处的位置智能推测出所选择的点，这些点一般都是特殊的点，比如：中心点、交点、控制点、现存点等。

3．光标位置

在"类型"中选择"光标位置"方式时，系统根据当前光标所在位置坐标生成点。

4．现有点

在"类型"中选择"现有点"方式时，系统根据选择的图形区中现有点来生成一个新的点。

5．端点

在"类型"中选择"端点"方式时，系统根据选择曲线或特征边端点位置生成一个新的点。

6．控制点

在"类型"中选择"控制点"方式时，系统根据选择曲线控制点（样条曲线的控制点）位置生成一个新的点。

7．交点

在"类型"中选择"交点"方式时（对应图标），系统根据选择曲线与曲线的交点、曲线和曲面的交点生成一个新的点，如果两个曲线未相交，则系统会选择两者延长线上的相交点创建新点。

8．圆弧中心/椭圆中心/球心

在"类型"中选择"圆弧中心/椭圆中心/球心"方式时（对应图标），系统根据选择的圆弧中心/椭圆中心/球心处生成一个新的点。

9．圆弧/椭圆上的角度

在"类型"中选择"圆弧/椭圆上的角度"方式时，系统根据选择的圆弧/椭圆，在与坐标轴 *XC* 正向成输入角度的圆弧/椭圆上生成一个新点。

10．象限点

在"类型"中选择"象限点"方式时，系统根据选择的圆弧/椭圆上距离光标最近的四分点处生成一个新点。

11．点在曲线/边上

在"类型"中选择"点在曲线/边上"方式时（对应图标），系统根据选择的曲线/特征边上距离光标最近处生成一个新点。

12．面上的点

在"类型"中选择"面上的点"方式时（对应图标），系统根据选择的曲面上距离光标最近处生成一个新点。

13．两点之间

在"类型"中选择"两点之间"方式时（对应图标），系统根据选择的两个点之间按输入的位置比例生成一个新点。

【例3-1】 在长方体上利用"两点之间"方式创建一个点。

01 执行【插入】|【基准/点】|【点】命令，在图3-3所示的"点"对话框中的"类型"中选择 。

02 选择长方体的两个顶点，如图3-9所示，在"点"对话框中点之间位置编辑框 中输入新建点的位置比例为50后按【Enter】键，系统在预定位置生成新点，如图3-10所示。

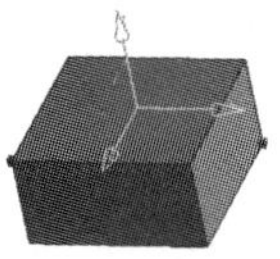

图3-9 选择长方体的两个顶点

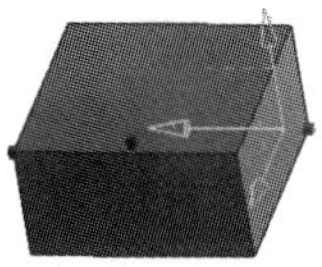

图3-10 按照"两点之间"方式生成新点

03 单击 确定 或 应用 按钮，完成新点的创建。

【例3-2】 在圆弧上利用"圆弧/椭圆上的角度"方式创建新点

01 执行【插入】|【基准/点】|【点】命令，在图3-3所示的"点"对话框的"类型"中选择 圆弧/椭圆上的角度 。

3.2.2 矢量构造器

矢量用来在建模操作中确定对象方位。在建模过程中很多操作要用到矢量构造器，比如确定拉伸特征的拉伸方向，确定旋转特征操作的中心轴、投影方向等。为方便学习，这里以一个简单的例子说明其使用方法。

02 选择圆弧，在"圆弧/椭圆上的角度"编辑框内输入角度值（图3-11），系统将生成如图3-12所示的新点。

03 单击 确定 或 应用 按钮，完成新点的创建。

图3-11 在点构造器中输入角度界面

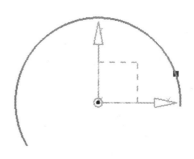

图3-12 按照"圆弧/椭圆上的角度"方式生成新点

小技巧

矢量构造器构造的是单位矢量。

【例3-3】 创建圆柱体

01 在"特征"工具栏执行 ，则系统出现如图3-13所示的"圆柱"对话框，选择 轴、直径和高度 方式建立圆柱体。

03
Chapter

3.1
3.2
3.3
3.4
3.5
3.6
3.7
3.8

○ **小技巧**

圆柱图标可通过单击"特征"工具栏后面的倒三角弹出【添加或移出按钮】菜单。

图 3-13 "圆柱"对话框

02 单击 按钮，弹出如图 3-14 所示的"矢量"对话框，可选择 16 种方式构造圆柱的拉伸方向。

图 3-14 "矢量"对话框

03 选择 XC 轴方式构造矢量，在"圆柱"对话框的"属性"中输入"直径"和"高度"值，单击 确定 或 应用 按钮，完成圆柱的创建，如图 3-15 所示。

图 3-15 生成的圆柱体

在"矢量"对话框中，其类型选项有

多种：

● 固定：根据目前系统已显示的矢量构造矢量。

● 自动判断的矢量：系统根据选择的对象，智能生成一个新的矢量，可以是平面的法线、曲线的切线、坐标轴或者回转体的中心线方向。

● 两点：系统根据选择的两个点（通过点构造器）生成一个矢量，方向由 1 点指向 2 点。

● 与 XC 成一角度：系统在 XC-YC 平面中生成与 XC 成一定角度的矢量。

● 边缘/曲线矢量：系统根据选择的曲线起始点处的切线构造一个矢量，如果选择的是一个圆弧，则按照圆心位置的法线方向构造一个矢量。

● 在曲线矢量上：系统根据曲线上的光标位置处的切线方向生成新矢量。

● 面的法线上：系统根据选择的平面法线方向或者圆柱面的轴线方向生成新矢量。

● 平面法向：系统根据选择的基准平面的法线方向生成新的矢量。

● 基准轴：系统根据选择的基准轴方向构造新的矢量。

● XC 轴：系统根据 XC 基准轴方向构造一个新的矢量。

● YC 轴：系统根据 YC 基准轴方向构造一个新的矢量。

● ZC 轴：系统根据 ZC 基准轴方向构造一个新的矢量。

● -XC 轴：系统根据-XC 基准轴方向构造一个新的矢量。

● -YC 轴：系统根据-YC 基准轴方向构造一个新的矢量。

● -ZC 轴：系统根据-ZC 基准轴方向构造一个新的矢量。

● 按系数：系统根据输入的坐标分量构造矢量。选择笛卡尔构造时，系统根据原点与输入的三个坐标值确

定点的连线构造矢量；选择球面坐标系时，系统根据输入的 φ 角和 θ 角构造矢量。

3.2.3 平面

使用 UG NX 5.0 建模时，有时需要构造一个平面，比如在新平面内创建草图。系统在建模的过程中会提示进行平面创建，也可以通过单击"曲线"工具栏中的 按钮，弹出的"平面"对话框如图 3-16 所示。

图 3-16　"平面"对话框

UG NX 5.0 提供了如下方式构造平面：

1．自动判断
系统提供通过选择/输入不同的对象自动生成平面，比如输入点、矢量、平面、点和矢量等方式生成新平面。

2．自动判断
系统提供通过选择/输入不同的对象自动生成平面，比如输入点、矢量、平面、点和矢量等方式生成新平面。

3．成一角度
系统提供通过与已知平面成一定角度生成新平面功能。

4．按某一距离
系统提供按距离方式生成新平面功能，新生成的平面与已有平面平行且距离为输入的距离量。

5．二等分
系统提供对两个选择平面的等分方式生成新平面，如果两个平面相交，则新平面与两个平面的夹角相等且过两个平面的交线；如果两个平面平行，则新平面与两个平面的距离相等且平行。

6．曲线和点
系统过指定点与曲线相垂直生成新平面，要先选择曲线后选择点。

7．两条直线
系统提供过两条直线生成新平面功能。

8．在点、线或面上与面相切
系统通过与一个非平面相切生成新平面，此项又分为以下几种方式：
- 一个面：通过与圆柱体或者圆锥体相切方式创建一个新平面。
- 通过点：通过选择的点与曲面相切方式创建一个新平面。
- 通过线：通过选择的线与圆柱面或者圆锥面相切方式创建一个新平面。
- 两个平面：通过与选择两个曲面（圆柱面，圆锥面，球面）同时相切方式创建一个新平面。
- 与平面成角度：通过与选择的圆柱面和平面都相切的方式创建一个平面，也可以输入角度来规定新平面与所选平面所成的角度（此时不相切）。

9．通过对象
系统通过所选对象创建新平面，注意不能选择空间曲线或曲面。

03
Chapter

3.1
3.2
3.3
3.4
3.5
3.6
3.7
3.8

10．系数

系统通过输入 aX+bY+cZ=d 中所有参数方式生成新平面功能。

11．点和方向

系统通过输入点和方向方式生成新平面，新平面过指定点，法线方向与所选矢量平行。

12．在曲线上

系统在曲线上指定弧长位置上按照指定方式（相切、垂直等）生成新平面。

13．YC-ZC 平面

系统距离 YC-ZC 平面一定数值且与之平行生成新平面。

14．XC-ZC 平面

系统距离 XC-ZC 平面一定数值且与之平行生成新平面。

15．XC-YC 平面

系统距离 XC-YC 平面一定数值且与之平行生成新平面。

3.3　基本曲线的创建

UG NX 5.0

基本曲线工具可创建多种类型的空间曲线，但是在进行定位和形状尺寸约束方面比草图建模功能弱一些，因此要创建平面曲线，最好使用草图建模工具。

3.3.1　直线工具

"曲线"工具栏中的 直线 按钮提供绘制直线命令。使用该命令可创建关联直线和非关联直线，创建直线时可指定直线所在平面，否则，系统自动提供一个平面绘制直线。直线的长度可通过几种方式来确定：指定直线的长度；通过特殊位置约束直线的端点（比如切点）等。

【例 3-4】　在两点之间创建直线

01 打开光盘中的 section3\31.prt 文件。

○ **小技巧**

可按【F3】键使跟踪框消失。

02 选择"曲线"工具栏中的 直线 按钮（或选择【插入】|【曲线】|【直线】命令），系统弹出"直线"对话框，此时"选择杆"中的点捕捉项处于可选状态。

03 选择视图中一个直线的端点作为所绘直线的起始点，此时系统提供（显示）了自动平面准备放置将要绘制的直线，如图 3-17 所示。

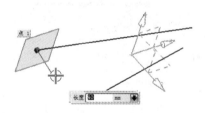

图 3-17　选择直线起始端点

04 选择另一直线端点作为所绘制直线的终点，此时系统所提供的平面自动改变为与直线共面的平面，如图 3-18 所示。

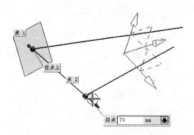

图 3-18　预示平面与直线共面

05 可通过三种方式改变直线的长度：可拖动直线的限制控制杆（图 3-18 中光标球内箭头）；可在动态跟踪框内键入长度值，如图 3-18 所示；在"直线"对话框中输入直线长度值，单击"直线"对话框中的 确定 按钮或 应用 按钮结束直线绘制。

○ **小技巧**

可按鼠标中键结束直线绘制。

【例 3-5】 创建与已知直线成一定角度直线

01 打开光盘中的 section3\32.prt 文件。

○ **小技巧**

拖动角度控制杆转动时，系统在特殊位置出现平行和垂直的符号。

02 选择"曲线"工具栏中的 按钮（或选择【插入】|【曲线】|【直线】命令），系统弹出"直线"对话框，此时"选择杆"中的点捕捉项处于可选状态。使用鼠标在视图中选中一点作为直线起始点（注意不要选择现有直线端点），设置"直线"对话框中的"终点选项"为 成一角度，如图 3-19 所示。

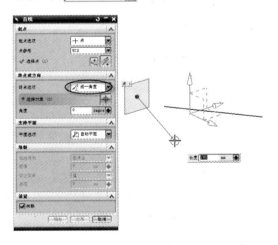

图 3-19 设置直线的终点选项为成一角度

03 选择已有直线，所绘制的直线与所选直线成指定角度。选中直线后，视图

中出现"角度"动态跟踪框，"直线"对话框中的"角度"选项处于激活状态，提示输入夹角的角度，如图 3-20 所示。

04 默认状态下，系统自动设置所绘制的直线与所选直线平行，同时视图中出现平行符号，如图 3-20 中的"//"符号。

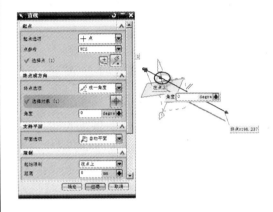

图 3-20 选中直线后出现角度跟踪框

05 也可通过三种方式设置两直线的夹角：可拖动直线的角度控制杆（图 3-20 中圆圈内的圆球）；可在"角度"动态跟踪框内键入角度值；在"直线"对话框中输入角度值。

06 直线的长度修改方式与例 3-4 中第 5 步修改直线的长度相同，单击"直线"对话框中的 确定 按钮或 应用 按钮结束直线绘制。

【例 3-6】 绘制与圆相切直线

01 打开光盘中的 section3\33.prt 文件。

02 选择"曲线"工具栏中的 按钮（或选择【插入】|【曲线】|【直线】命令），系统弹出"直线"对话框，此时"选择杆"中的点捕捉项处于可选状态。

03 鼠标在视图中选中一点直线作为起始点（注意不要选中圆弧上一点），拖动鼠标到与圆相切的大致位置选中圆，如图 3-21 所示，此时所绘制的直线与已有圆弧相切。

UG NX 5.0 中文版入门实战与提高

03
Chapter

3.1
3.2
3.3
3.4
3.5
3.6
3.7
3.8

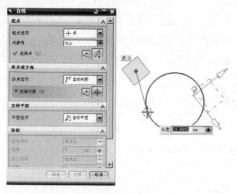

图 3-21　绘制直线与已有圆相切

04 直线的长度修改方式与例 3-5 中第 5 步修改直线的长度相同，单击"直线"对话框中的 确定 按钮或 应用 按钮结束直线绘制。

3.3.2　圆弧/圆工具

　　"曲线"工具栏中的 按钮提供了绘制圆弧命令。使用该命令可创建关联圆弧和非关联圆弧，创建圆弧时可指定平面，否则，系统自动提供一个平面绘制圆弧。可通过两种方式指定圆弧的起始点和终点：指定圆弧的长度，通过特定点约束圆弧的起始点和终点。

　　【例 3-7】　输入半径绘制圆

01 选择"曲线"工具栏中的 按钮（或选择【插入】|【曲线】|【圆弧/圆】命令），系统弹出"圆弧/圆"对话框，此时"选择杆"中的点捕捉项处于可选状态。

> ○ **小技巧**
>
> 　　在绘制圆时，可通过右键单击圆弧上一点，可快速进行选项设置。

02 在"圆弧/圆"对话框中的"类型"中选择 从中心开始的圆弧/圆 类型，将 整圆 选中。

03 用鼠标在视图中选择一点作为圆或圆弧的中心点，也可以选择点构造器形式构造中心点，如图 3-22 所示，在弹出的点构造器中输入中心点的坐标值。此时系统预视了圆和圆所在平面，如图 3-23 所示。

图 3-22　"圆弧/圆"对话框

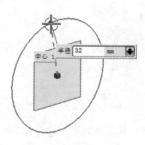

图 3-23　系统显示了圆和圆所在平面

04 通过几种方式改变所绘制圆的半径：拖动鼠标到适当位置上确定圆半径，在动态跟踪框内输入半径值（或在"圆弧/圆"对话框中输入半径值）。

05 单击"圆弧/圆"对话框中的 确定 按钮或 应用 按钮结束圆绘制。

【例3-8】　绘制3点圆弧

01 打开光盘中的section3\34.prt文件。

> ○ 小技巧
>
> 在"圆弧/圆"对话框中，将 □整圆 复选框选空，系统绘制圆弧；■整圆 选中时，系统自动绘制整圆。此节中无特殊说明，在绘制前注意将 □整圆 复选框选空。

02 选择"曲线"工具栏中的 按钮（或选择【插入】|【曲线】|【圆弧/圆】命令），系统弹出"圆弧/圆"对话框，此时"选择杆"中的点捕捉项处于可选状态。

03 在"圆弧/圆"对话框中的"类型"中选择 三点画圆弧 类型，用鼠标选择视图中一条直线的一个端点作为圆弧起始点，如图3-24所示。

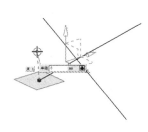

图3-24　绘制圆弧的一个端点

04 用鼠标选择视图中一条直线的另一个端点作为圆弧终点，如图3-25所示，选中后拖动鼠标，此时视图中已经显示圆弧形状。

05 用鼠标选择视图中一条直线的另一个端点作为圆弧上一点，此时完成一个圆弧的绘制，此时系统提供的平面与圆弧共面，如图3-26所示。

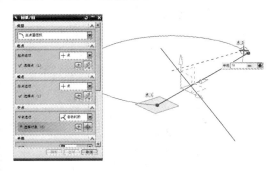

图3-25　绘制圆弧的另一个端点

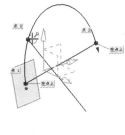

图3-26　完成圆弧绘制

【例3-9】　绘制与圆相切的圆弧

01 打开光盘中的section3\35.prt文件。

> ○ 小技巧
>
> 选择直线端点作为圆弧起始点或终点时，注意端点捕捉时应出现端点捕捉符号 后，再选择端点。

02 选择"曲线"工具栏中的 按钮（或选择【插入】|【曲线】|【圆弧/圆】命令），系统弹出"圆弧/圆"对话框，此时"选择杆"中的点捕捉项处于可选状态。

03 在"圆弧/圆"对话框中的"类型"中选择 三点画圆弧 类型。

04 用鼠标选择视图中一条直线的一个端点作为圆弧起始点，另一条直线的端点作为圆弧终点，如图 3-27 所示。

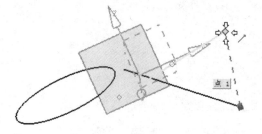

图 3-27　选择两直线的端点作为圆弧的起始和终点

05 用鼠标拖动圆弧接近圆，当捕捉到圆后，选择圆上一点绘制与所选圆相切的圆弧，如图 3-28 所示，此时系统改变所提供的面与所绘制的圆弧共面。

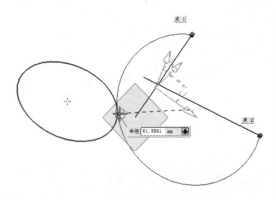

图 3-28　选择与所绘圆弧相切的圆

06 单击"圆弧/圆"对话框中的 确定 按钮或 应用 按钮结束圆弧绘制。

【例 3-10】　利用相切点绘制圆弧

01 打开光盘中的 section3\36.prt 文件。

02 选择"曲线"工具栏中的 按钮（或选择【插入】|【曲线】|【圆弧/圆】命令），系统弹出"圆弧/圆"对话框，此时"选择杆"中的点捕捉项处于可选状态。

03 在"圆弧/圆"对话框中的"类型"中选择 三点画圆弧 类型，用鼠标分别选择视图中三个圆的圆心作为所绘制圆弧的起始点、终点和圆弧上一点，如图 3-29 所示。

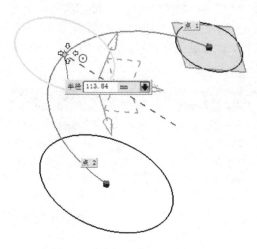

图 3-29　选择三个圆心绘制圆弧

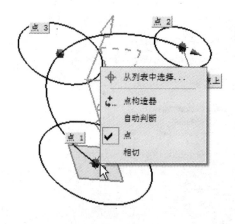

图 3-30　弹出右键菜单

04 用鼠标选择圆弧一个控制点，弹出右键菜单，选择【相切】菜单，如图 3-30 所示；鼠标在与圆弧相切的大致位置上选择圆，如图 3-31 所示，完成圆弧与圆相切操作，如图 3-32 所示；使用相同的操作完成另两个圆弧控制点，完成与三个圆相切圆弧的绘制。

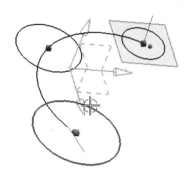

图 3-31　选择与圆相切位置

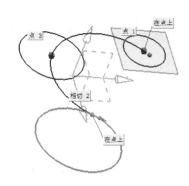

图 3-32　完成与圆相切圆弧绘制

3.3.3　点/点集

单击"曲线"工具栏上的 ┼ 按钮，系统弹出"点"对话框，可创建关联点和非关联点，其中点的创建方法可参见"点构造器"的使用方法。

单击"曲线"工具栏上的 点集 按钮，系统弹出"点集"对话框，如图 3-33 所示，该项根据现存的几何对象创建点集合，此项提供了多种途径创建点，选项说明如下：

图 3-33　"点集"对话框

● <kbd>曲线上的点</kbd>：沿着现有曲线按照参数规则创建点集。

● <kbd>在曲线上加点</kbd>：沿着多条曲线自由创建多个点集。

● <kbd>曲线上的百分点</kbd>：从多条曲线的起始点按照给定的长度百分比处生成点集。

● <kbd>样条定义点</kbd>：选择一条通过点方式创建的样条曲线，此项根据样条曲线上的定义点生成点集。

● <kbd>样条结点</kbd>：根据样条曲线的节点生成点集。

● <kbd>样条极点</kbd>：根据样条曲线的极点创建点集（所有方法创建的样条曲线都适用）。

● <kbd>面上的点</kbd>：在现有面上创建点集。

● <kbd>曲面上的百分点</kbd>：按照给定的 U 和 V 百分比在多个面上生成点集。

● <kbd>面（B 曲面）极点</kbd>：在任何面上创建点集。

● <kbd>点组合 - 开</kbd>：点集组合开关设置。

【例 3-11】　创建点集

01 打开光盘中的 section3/311.prt，如图 3-34 所示。

03
Chapter

3.1
3.2
3.3
3.4
3.5
3.6
3.7
3.8

图 3-34　绘制的样条曲线

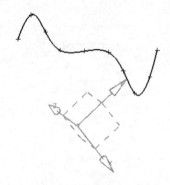

图 3-37　通过弦公差方式生成的点集

02 单击 点集 按钮，在弹出的"点集"对话框中选择 曲线上的点 按钮，系统弹出如图 3-35 所示的"曲线上的点"对话框，系统提示选择曲线，此时选择绘制的样条曲线。

图 3-35　"曲线上的点"对话框

03 在间隔方式中选择 弦公差 。在弹出的"曲线上的点"对话框中输入弦公差为 0.5，如图 3-36 所示，单击 确定 按钮，完成点集的生成，如图 3-37 所示。

图 3-36　输入弦公差界面

间隔方式其他选项说明如下：

- 等圆弧长：在指定曲线的段内按照给定点数将曲线等弧长均匀分割，分割点组成点集。
- 等参数：按照参数设置生成点集。曲线中曲率较大部分段生成的点间隔比较小，平滑部分的点间隔比较大。
- 几何等级：基于给定的几何等级生成点集。例如，比率给定 0.75，则下一组点之间的间隔距离是上一组点之间间隔距离的 0.75 倍。
- 弦公差：根据给定的弦生成点集。即所生成的点集中，任何两点之间的直线与两点之间的曲线最大距离不能大于给定公差。
- 递增的圆弧长：根据点之间的弧长创建点集。此项从曲线起始点开始按照给定弧长距离生成点，因此可能沿着曲线会在末端留有小于给定弧长的一段曲线。

3.3.4　基本曲线

提供了对直线、圆弧和圆的创建和编辑功能，所创建的曲线是非关联的，基本曲线可实现绘制直线、绘制圆弧、绘制圆、倒圆角、修剪和编辑曲线参数等功能。单击"曲线"工具栏上的 基本曲线 按钮，系统弹出"基本曲线"对话框，如图 3-38 所示，对话框上的各个按钮对应不同的功能，系统同时弹出"跟踪条"，根据所选择的按钮不同，"跟踪条"中出现的参数信息不同，辅助进行曲线的绘制。

图3-38　"基本曲线"对话框

1．绘制直线

选择"基本曲线"对话框中的 ![按钮]按钮，"基本曲线"对话框处于直线绘制状态，如图3-38所示。

- **无界**：此项被选时，不论采用什么方式创建直线，直线都会自动延伸到视图的边缘。
- **增量**：此项被选时，"跟踪条"的参数值等于在"跟踪条"内输入的数值加上上一次数值。
- **点方法**：设置在视图区选择点的方法。
- **线串模式**：绘制连续曲线的开关，选择此项，绘制曲线时，各段曲线都是连接在一起的。
- **打断线串**：选择该项，正在绘制的曲线与其他曲线分割为两个曲线。
- **锁定模式**：当绘制一条与现存直线平行、垂直、或成一定角度直线时，选择该项，则绘制时直线只能停留在特殊位置，

而不随鼠标的移动而移动。

- **解开模式**：解开锁定模式。
- **原光的**：当创建一系列平行直线时，选择该项后，则在"跟踪条"内输入的偏置距离是平行直线距最早选择的直线距离。
- **新建**：当创建一系列平行直线时，选择该项后，则在"跟踪条"内输入的偏置距离是两两平行直线之间的距离。
- **角度增量**：选择一个直线端点后，拖动鼠标时，鼠标按角度增量捕捉直线位置，当 **点方法** 设置为 ![按钮] 时，该项有效，角度增量为与 XC 正向逆时针夹角值。

【例3-12】　绘制相切直线

01　打开光盘中的 section3/312.prt。

02　单击"曲线"工具栏上的 ![按钮] 按钮，系统弹出"基本曲线"对话框，单击 ![按钮] 按钮。

> ○ **小技巧**
>
> 如果绘制与曲线垂直的直线，在步骤3选择曲线的位置应是大致的垂直位置。

03　将"基本曲线"对话框中的 **线串模式** 项选空，鼠标选择视图区中的曲线外一点，如图3-39所示；在大致相切位置选择曲线，如图3-40所示，完成相切直线绘制。

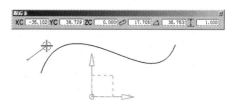

图3-39　鼠标选择曲线外一点

03
Chapter

3.1
3.2
3.3
3.4
3.5
3.6
3.7
3.8

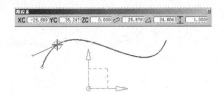

图 3-40　绘制曲线的相切直线

【例 3-13】　绘制与现存直线成一定角度的直线

01　打开光盘中的 section3/313.prt。

02　单击"曲线"工具栏上的  按钮，系统弹出"基本曲线"对话框，单击 按钮；将"基本曲线"对话框中的 线串模式 项选空，鼠标选择视图区中的直线外一点，如图 3-41 所示。

图 3-41　选择直线外一点

03　选择视图中的现有直线，在"跟踪条"内输入 中所绘直线与所选直线的角度值，输入完成后按【Tab】键跳出角度编辑框，如图 3-42 所示。移动鼠标，系统会捕捉到与所选直线成输入角度位置。

图 3-42　在跟踪条内输入角度值

○ **小技巧**

注意输入角度后按【Tab】键跳出角度编辑框；按【Enter】键将绘制与 X 坐标轴夹角为输入值的直线。

04　拉伸直线到特殊位置，或在"跟踪条"内输入 中的长度值后，按【Tab】键

完成直线绘制，如图 3-43 所示。

图 3-43　与指定直线成一定角度的直线

2．绘制圆弧

选择"基本曲线"对话框中的 按钮，"基本曲线"对话框处于圆弧绘制状态，如图 3-44 所示。

● 整圆：此项被选时，不论采用什么方式创建圆弧，绘制的圆弧都将是一个圆。

● 增量：此项被选时，"跟踪条"的参数值等于在"跟踪条"内输入的数值加上上一次数值。

● 点方法：设置在视图区选择点的方法。

● ☑线串模式：绘制连续曲线的开关，选择此项，绘制曲线时，各段曲线都是连接在一起的。

图 3-44　"基本曲线"对话框

● 打断线串：选择该项，正在绘制的曲线与其他曲线分割为两个曲线。

● 备选解：创建目前

所绘制圆弧的补弧。

- ● ：通过创建圆弧上起点、终点和圆弧上一点的方式绘制圆弧。

- ● ：通过创建圆弧中心、起点和终点方式绘制圆弧。

【例3-14】 绘制与现有圆弧相切圆弧

01 打开光盘中的 section3/315.prt。

02 单击"曲线"工具栏上的按钮，系统弹出"基本曲线"对话框，单击按钮；将"基本曲线"对话框中的线串模式项选空，将起点，终点，圆弧上的点选中，用鼠标选择视图区中的圆外两点，如图3-45所示。

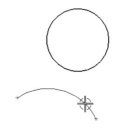

图3-45 在圆外选择圆弧两端点

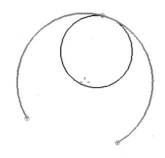

图3-46 选择要相切的圆

03 选择视图窗中的圆，系统绘制了与圆相切的圆弧，如图3-46所示。

3．绘制圆

选择"基本曲线"对话框中的按钮，"基本曲线"对话框处于圆绘制状态，如图3-47所示。

- ● 多个位置：选择此项时，新创建圆时只需定义圆心位置而圆半径沿用上次定义的数值。

【例3-15】 绘制圆

01 单击"曲线"工具栏上的按钮，系统弹出"基本曲线"对话框，单击按钮。在视图区内选择一点作为圆中心点，移动鼠标，此时系统显示圆形状。

图3-47 "基本曲线"对话框

02 在"跟踪条"上的或内输入圆半径或直径数值后按【Enter】键，完成圆绘制，如图3-48所示。

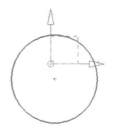

图3-48 绘制圆

【例3-16】 绘制相切圆

01 打开光盘中的 section3\316.prt。

02 单击"曲线"工具栏上的按钮，系统弹出"基本曲线"对话框，单击按钮。在视图中选择一点作为圆的中心点，在欲相切位置选择视图中已有的圆，系统绘

03
Chapter

3.1
3.2
3.3
3.4
3.5
3.6
3.7
3.8

制与已有圆相切的圆，如图 3-49 所示。

4. 创建圆角

单击"基本曲线"对话框中的 按钮，"曲线倒圆"对话框如图 3-50 所示，进入倒圆角状态。

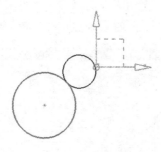

图 3-49 相切圆的绘制

图 3-50 "曲线倒圆"对话框

- ：对两条共面不平行的直线倒圆角。
- ：对两条曲线，包括点、直线、圆、二次曲线、样条曲线之间倒圆角。
- ：在三条曲线，包括点、线、圆弧、二次曲线和样条曲线之间倒圆角。
- 修剪选项：当创建两个以上的圆角时，可选择某个修剪选项，使所选曲线缩短或延长到与圆角相切位置。
- 点构造器 ：设置选择曲线的方法。

【例 3-17】 绘制圆角

01 打开光盘中的 section3\317.prt。

02 单击"曲线"工具栏上的 按钮，系统弹出"基本曲线"对话框，单击 按钮，系统弹出"曲线倒圆"对话框，单击 按钮，进行两条直线的倒圆角。

03 在"半径"编辑框内输入圆角半径值 6mm，用球形光标覆盖并选择两条直线，生成两直线圆角。注意球形光标的选择位置决定不同位置圆角，如图 3-51（a）、（b）；图 3-52（a）、（b）；图 3-53（a）、（b）；图 3-54（a）、（b）所示。

图 3-51 （a）光标覆盖两直线相交处

图 3-51 （b）创建的圆角

图 3-52 （a）光标覆盖两直线相交处

图 3-52 （b）创建的圆角

图 3-53 （a）光标覆盖两直线相交处

图 3-53 （b）创建的圆角

图 3-54 （a）光标覆盖两直线相交处

图 3-54 （b）创建的圆角

【例 3-18】　绘制两圆之间的圆角

01 打开光盘中的 section3\318.prt。

○ 小技巧

　　圆角的绘制是逆时针进行的，因此与对象选择的先后顺序是有关系的。

02 单击"曲线"工具栏上的按钮，系统弹出"基本曲线"对话框，单击按钮，系统弹出"曲线倒圆"对话框，单击按钮，进行两条曲线之间倒圆角。

03 在"半径"编辑框内输入圆角半径值40mm，从小圆下半部分处选择小圆，再从大圆下半部分处选择大圆，如图 3-55

所示。

04 在如图 3-56 中的光标所示位置选择一点作为所绘圆角的大致圆心位置，此时系统绘制的两个圆之间的圆角；圆角的绘制为从第一个所选圆逆时针绘制圆角到第二个所选圆，如图 3-57（a）、（b）所示。

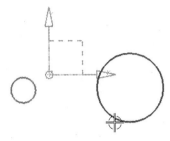

图 3-55　在下半圆处选择圆

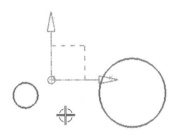

图 3-56　指定圆角的圆心处

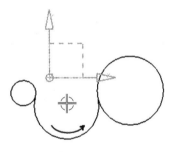

图 3-57 （a）先选择小圆时逆时针绘制圆角

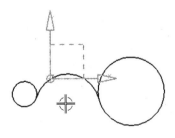

图 3-57 （b）先选择大圆时逆时针绘制圆角

【例 3-19】　绘制外切圆角

01 打开光盘中的 section3\319.prt。

02 单击"曲线"工具栏上的 按钮，系统弹出"基本曲线"对话框，单击 按钮，系统弹出"曲线倒圆"对话框，单击 按钮，在三条曲线之间倒圆角。

03 用鼠标选择上下两条直线，然后选择圆，在弹出的图 3-58 所示的对话框中单击 外切 按钮。

图 3-58 "选择相切方式"对话框

04 用鼠标在视图中选择图 3-59 所示位置作为圆角中心，系统生成与圆外切的圆角如图 3-60 所示。

图 3-59 圆角中心的大致位置图

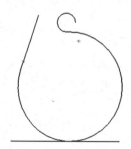

图 3-60 与圆弧外切圆角

【例 3-20】　绘制圆内圆角

01 打开光盘中的 section3\320.prt。

02 单击"曲线"工具栏上的 按钮，系统弹出"基本曲线"对话框，单击 按钮，系统弹出"曲线倒圆"对话框，单击 按钮，进行三条曲线之间倒圆角。

03 单击"曲线倒圆"对话框中的 按钮，用鼠标选择上直线，然后选择圆；在弹出的如图 3-58 所示的对话框中单击 圆角在圆内 按钮，选择下直线；用鼠标在视图中选择图 3-61 所示位置作为圆角中心，系统生成圆内圆角如图 3-62 所示。

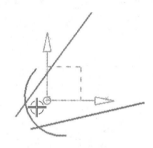

图 3-61 圆角的大致圆心位置

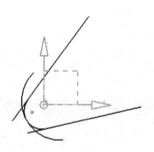

图 3-62 圆内圆角状态

【例 3-21】　绘制圆外圆角

01 打开光盘中的 section3\319.prt。

02 单击"曲线"工具栏上的 按钮，系统弹出"基本曲线"对话框，单击 按钮，系统弹出"曲线倒圆"对话框，单击

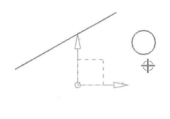按钮，在三条曲线之间倒圆角。

03 选择上下直线，然后选择圆，选择圆心位置，如图 3-63 所示，在弹出的图 3-58 所示的对话框中单击 圆角在圆内 按钮，系统生成圆外圆角如图 3-64 所示。

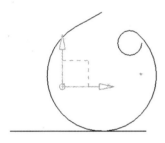

图 3-63　圆角圆心位置

图 3-64　圆外圆角状态

5．修剪曲线

单击"基本曲线"对话框中的 按钮，弹出"修剪曲线"对话框，如图 3-65 所示，进入曲线修剪状态。系统根据边界对象修剪或延长要修剪的曲线，可以修剪的曲线有：直线、圆弧、二次曲线、样条曲线；边界对象有：曲线、对象边、基准面、对象面、点或者是光标位置。"修剪曲线"对话框也可以通过选择【编辑】|【曲线】|【修剪】命令，弹出的对话框中各选项含义如下：

● 选择曲线：选择要修剪的曲线。
● "要修剪的端点"：选择要修剪曲线的位置。
● 边界对象 1：指定第一个边界对象。

可以选择曲线、实体对象、实体面、点、边、坐标轴和坐标平面作为边界对象，也可在"对象"中选择 指定平面 来创建新平面作为边界面。

图 3-65　"修剪曲线"对话框

● 边界对象 2：指定第二个边界对象，选择对象和方法同边界对象 1 相同。这一步骤为可选步骤。
● 交点：指定找到要修剪曲线和边界曲线之间交点的方向和方法。选择方向有： 最短的 3D 距离 是沿着要修剪的曲线到边界对象 3D 距离最小的方向进行修剪操作； 相对于 WCS 是将修剪曲线沿着 ZC 轴投影后与边界对象进行修剪操作； 沿一矢量方向 是将修剪曲线沿着指定方向投影后与边界对象进行修剪操作； 沿屏幕垂直方向 是将修剪曲线沿着屏幕垂直方向投影后与边界对象进行修剪操作。选择方法有： 自动判断 是将被修剪的曲线延长或缩短到最近的交点，如果只有一个边界对象，则根据鼠标

03
Chapter

3.1
3.2
3.3
3.4
3.5
3.6
3.7
3.8

选择位置判断使用哪个交点；
用户定义 是将被修剪的曲线延长
或缩短到用户自定义的交点。

● 输入曲线：指定修剪后曲线的状态。

● 曲线延伸段：指定修剪曲线延长方式，当剪切掉曲线时，该项选无。

● 修剪边界曲线：指定边界对象在修剪后的状态。

● 保持选定的边界对象：保留选定的边界对象。

● 自动保持递进：选择修剪过程中，对话框中的选项按步骤高亮显示对应选项。

【例 3-22】　　修剪曲线

01 打开光盘中的 section3\322.prt。

02 单击"曲线"工具栏上的 按钮，系统弹出"基本曲线"对话框，单击 按钮修剪曲线，系统弹出"修剪曲线"对话框。

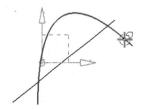

图 3-66　选择被修剪曲线

03 按如图 3-66 的光标所示位置选择曲线选定被修剪的曲线。此时"边界对象 1"处于高亮显示状态，提示选择修剪边界条件，选择直线作为修剪边界，如图 3-67 所示。

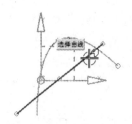

图 3-67　选择边界曲线

04 本例中没有第二个边界条件，单击 确定 按钮，修剪后的曲线如图 3-68 所示。

图 3-68　修剪后的曲线

6. 编辑曲线

单击"基本曲线"对话框中的 按钮，"基本曲线"对话框如图 3-69 所示。"编辑曲线参数"对话框也可以通过选择【编辑】|【曲线】|【参数】命令，弹出对话框中的各选项含义如下：

图 3-69　"基本曲线"对话框

● 点方法：该方法用来改变直线的端点参数，使用鼠标拖动修改直线端点参数，如图 3-70 所示。

● 编辑圆弧/圆.通过：可通过参数方式和鼠标拖动方式修改圆弧参数。采用拖动方式时，单击圆弧端点/圆心，移动鼠标到新坐标位置；采用参数修改方式时（注意不要选择圆弧/圆的控制点），在"跟踪条"中输入新坐标位置完成参数修改。

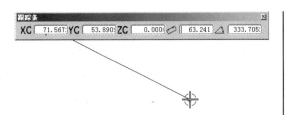

图 3-70 通过拖曳方式修改直线

- 补圆弧：生成现有圆弧的补弧。

- ☑显示原先的样条：当编辑一条样条曲线时，选中此选项，在编辑样条曲线过程中原有曲线还保留显示，方便对照。

- 编辑关联曲线：单击◎根据参数按钮使编辑关联曲线时保留关联关系；选择◎按原先的则不保持关联关系。

【例3-23】 编辑直线

01 单击"视图"工具栏上视图角度按钮，调整视图到正视角度；单击"曲线"工具栏中的按钮，系统弹出"基本曲线"对话框，单击按钮绘制一条直线。

02 选择按钮，此时"基本曲线"处于曲线编辑状态。选择视图中直线的一个端点，可移动鼠标拉伸直线到修改位置，如图3-70所示，或在"跟踪条"内输入坐标值，也可选择"基本曲线"对话框中"点方法"的项弹出"点构造器"，在其中输入直线端点的坐标值。

03 选择直线（不要选择控制点），如图3-71所示，此时可在跟踪条内输入直线参数后按【Enter】键完成直线修改。

【例3-24】 编辑圆弧

01 单击"视图"工具栏上的视图角度按钮，调整视图到正视角度。

02 单击"曲线"工具栏按钮，系统弹出"基本曲线"对话框，单击按钮绘制一条圆弧。

图 3-71 通过编辑参数方式修改直线

选择按钮，此时"基本曲线"处于曲线编辑状态。

03 选择圆弧的圆心，可移动鼠标圆心到修改位置，如图3-72所示，或在"跟踪条"内输入坐标值，也可选择"基本曲线"对话框中"点方法"的项弹出"点构造器"，在其中输入圆弧圆心的坐标值。

图 3-72 修改圆心位置

04 选择圆弧的端点，移动鼠标可改变圆弧的角度。

05 在编辑圆弧/圆.过:中单击◎拖动按钮，选择圆弧（不要选择控制点），如图3-73所示，此时可拖动鼠标完成圆弧。

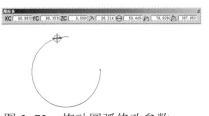

图 3-73 拖动圆弧修改参数

3.3.5 样条曲线

提供几种方法创建样条曲线。单击"曲线"工具栏中的按钮，系统弹出如图3-74 所示的"样条"对话框。

03
Chapter

3.1
3.2
3.3
3.4
3.5
3.6
3.7
3.8

图 3-74 "样条"对话框

- （根据极点）：所绘制的样条曲线指向但不通过每个极点（端点除外）。

- （通过点）：所绘制的样条曲线通过每个点。

- （拟合）：所绘制的样条曲线在一定的公差范围内接近点，但通过端点。

- （垂直于平面）：所绘制的样条曲线穿过并垂直于一组平面。

【例 3-25】 根据极点创建样条曲线

01 单击"曲线"工具栏上的~按钮，系统弹出"样条"对话框，单击（根据极点）按钮，系统弹出"曲线极点生成样条"对话框，如图 3-75 所示。

- 曲线类型：样条曲线按照一段或多段方式被创建。选择⊙多段时，可通过文件创建一组点生成多段曲线，每段曲线不能超过 25 个点，其阶次不能超过 24 阶（每段曲线中包含的点数至少要比曲线阶次多一个），各段之间的分割是不可见的；选择⊙单段时，创建单段曲线。单段曲线是贝赛尔曲线，多段曲线是 B 样条曲线。

- 曲线阶次：设置样条曲线的阶次，点数至少要比阶数多 1。

- 封闭曲线：选中此项，则生成的样条是一条封闭的曲线，选择⊙多段

时，此选项可用。

图 3-75 "根据极点生成样条"对话框

- （文件中的点）：选择通过点方式创建样条时，文件中除了点坐标还应包括斜率和曲率；选择通过极点时，文件中只是一组点坐标。

○ **小技巧**

注意选择的点数至少要比上面设置的曲线阶次多一个。

02 单击"根据极点生成样条"对话框的（确定）按钮，以多段方式绘制样条曲线。

03 系统弹出"点"对话框，此时可在视图区中任意选择若干点，系统将各点用直线连接，如图 3-76 所示。

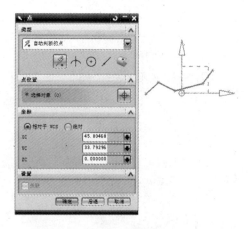

图 3-76 选择极点

04 选择最后一点后，单击"点"对话框中的（确定）按钮，系统弹出"指定点"

对话框，单击 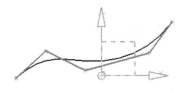 按钮完样条曲线的绘制，步骤 3 指定的点为生成样条曲线的极点，如图 3-77 所示。

图 3-77　根据极点创建样条曲线

【例 3-26】　采用通过点方式创建样条曲线

01 单击"曲线"工具栏上的 ～ 按钮，系统弹出"样条"对话框，单击 通过点 按钮，系统弹出"曲线极点生成样条"对话框。

02 单击"根据极点生成样条"对话框的 确定 按钮，以多段方式绘制样条曲线，系统弹出"样条"对话框，如图 3-78 所示。

图 3-78　"样条"对话框

- 全部成链 ：选择此项后，如视图中存在多个点，则选择两点作为曲线的起点和终点，视图窗中的所有点形成一条曲线。

- 在矩形内的对象成链 ：选择此项后，如视图中存在多个点，用矩形选定部分点，并指定起点和终点，则在矩形框内的点形成一条曲线。

- 在多边形内的对象成链 ：选择此项后，如视图中存在多个点，用多边形选定部分点，并指定起点

和终点，则在多边形内的点形成一条曲线。

- 点构造器 ：使用点构造器在视图中设置多个点形成一条样条曲线。

03 单击 点构造器 按钮，系统弹出"点"对话框，在视图区中选择若干点，单击"点"对话框中的 确定 按钮，系统弹出"指定点"对话框，单击 是 按钮，系统弹出"通过点生成样条"对话框，如图 3-79 所示。

图 3-79　"通过点生成样条"对话框

04 单击"通过点生成样条"对话框中 赋斜率 按钮，系统弹出"指派斜率"对话框，如图 3-80 所示。

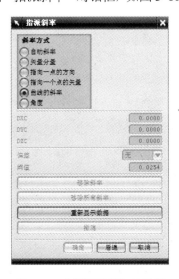

图 3-80　"指派斜率"对话框

03
Chapter

3.1

3.2

3.3

3.4

3.5

3.6

3.7

3.8

指定样条曲线中各节点斜率过程一般为：

（1）选择一种斜率定义方法。

（2）选择一个样条曲线节点。在选择过程时，视图中没有球形光标，选择节点时可在点附近单击鼠标，则最近点将被选中，并在状态栏上显示点已被选中信息。

（3）设置斜率参数信息。

（4）重复后两步直至完成所有节点的斜率设置。

指派斜率对话框中的各项含义如下：

- ○自动斜率 ：根据选择的样条曲线节点自动计算斜率。

- ○矢量分量 ：选择此项后，DXC、DYC 和 DZC 编辑框处于可编辑状态，可通过定义三个分量值定义斜率方向。

- ○指向一点的方向 ：指定一点与所选样条曲线节点定义的矢量方向为所选节点的斜率。

- ○指向一个点的矢量 ：指定一点与所选样条曲线节点定义的矢量方向为所选节点的斜率，并根据指定点与所选样条曲线节点的距离大小定义该斜率对样条曲线的影响程度。

- ○曲线的斜率 ：根据现存曲线的端点斜率方向定义所选样条曲线节点的斜率。

- ○角度 ：选择此项，可在角度编辑框内输入一个与 *XC* 的夹角数值来定义所选样条曲线节点的斜率。

- DXC /DYC /DZC ：当 ○矢量分量 选中时，可输入三个坐标分量建立样条曲线节点的斜率。

- 偏差：设定所选样条曲线节点与生成样条曲线之间的斜率偏差，一般情况下设定为无。

- 阈值：当误差超过设定的阈值时，

系统将显示斜率偏差。

- ［ 移除斜率 ］：删除选定的样条曲线节点的斜率。

- ［ 移除所有斜率 ］：删除全部样条曲线节点的斜率。

- ［ 重新显示数据 ］：重新显示所有节点的斜率、曲率等信息。

05 单击"指派斜率"对话框中的 ○矢量分量 按钮，用鼠标在接近视图中第一个点处选择一点，如图 3-81 所示，在状态栏上显示 选择的点：1 信息。

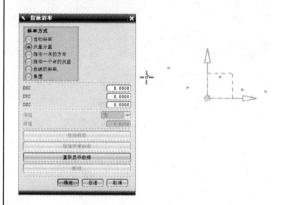

图 3-81　选择一点指派斜率

06 在"指派斜率"对话框的 DXC，DYC,DZC 中输入 2，3，4 后，单击 确定 按钮，此时系统显示了第一个点的斜率方向，如图 3-82 所示。

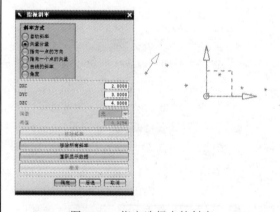

图 3-82　指定选择点的斜率

07 重复步骤5,6,设置所有节点斜率后,视图区如图3-83所示,系统重新弹出"通过点生成样条对话框"对话框,单击 `除曲率` 按钮,系统弹出3-84所示的对话框,其中选项含义如下:

图3-83 指定各点的斜率

图3-84 "指派斜率"对话框

- `曲线的曲率`:根据另一个曲线的端点设定样条曲线节点处的曲率,同时曲线端点的斜率也被样条曲线节点继承。

- `输入半径`:通过设置曲率半径的方式设置样条曲线节点处的曲率。

- `半径`:设置样条曲线节点处的曲率半径。

- 偏差:设定所选样条曲线节点与生成样条曲线之间的曲率偏差,一般情况下设定为无。

- 阈值:当误差超过设定的阈值时,系统将显示曲率偏差。

- `移除斜率`:删除选

定的样条曲线节点的曲率。

- `移除所有斜率`:删除全部样条曲线节点的曲率。

- `重新显示数据`:重新显示所有节点的斜率、曲率等信息。

08 单击"指派斜率"对话框中的 `输入半径` 按钮,在接近视图中第一个点处用鼠标选择一点,如图3-85所示,在状态栏上显示 `选择的点:1` 信息。

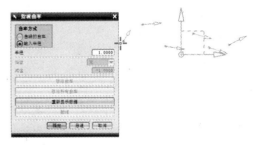

图3-85 选择点指派曲率

09 在"指派曲率"对话框中的半径中输入20mm后,单击 `确定` 按钮,此时系统显示了第一个点的曲率,如图3-86所示。

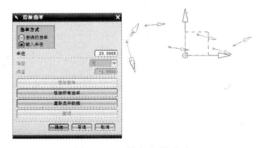

图3-86 所选点的曲率

10 重复步骤8,9,设置所有节点曲率后,视图区如图3-87所示,单击 `确定` 按钮最终生成样条曲线如图3-88所示。

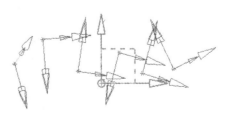

图3-87 指定所有点的曲率

UG NX 5.0 中文版入门实战与提高

03 Chapter

3.1
3.2
3.3
3.4
3.5
3.6
3.7
3.8

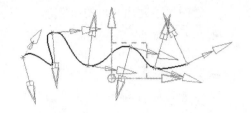

图 3-88　绘制的样条曲线

【例 3-27】　采用拟合方式创建样条曲线

01 单击"曲线"工具栏上的～按钮，系统弹出"样条"对话框，单击 [拟合] 按钮，系统弹出如图 3-74 所示的"样条"对话框。单击 [点构造器] 按钮。

02 在视图区中选择若干点作为样条曲线的拟合点后，系统弹出"指定点"对话框，单击 [是] 按钮，系统弹出"用拟合的方法创建样条"对话框，如图 3-89 所示。

图 3-89　"用拟合的方法创建样条"对话框

- [根据公差]：通过设置最大拟合点与样条曲线之间的距离方式生成样条曲线。

- [根据分段]：通过设置拟合样条曲线的分段数量方式生成样条曲线，一般根据所绘制的样条曲线中出现几处斜率突然变化 90° 以上区域设置分段数量。

- [根据模板]：根据所选的曲线阶次和节点顺序进行新曲线的拟合。

- [曲线阶次]：设置曲线的阶次，比所设置的样条曲线节点至少要少一点。

- [公差]：设置拟合点和样条曲线之间的最大距离。

- [分段]：设置拟合的样条曲线的分段数量。

- [赋予端点斜率]：设置各拟合点的斜率，设置方法和例 3-26 步骤 4 设置方法相同。

- [更改权值]：设置各节点在样条曲线拟合过程中所占用的权重。

03 选择默认设置，单击"用拟合的方法创建样条"对话框中的 [确定] 按钮，系统采用拟合方法生成样条曲线，如图 3-90 所示。

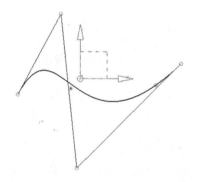

图 3-90　拟合方式创建的样条曲线

【例 3-28】　采用垂直于平面方式创建样条曲线

01 打开光盘中的 section3/328.prt 文件。

02 单击"曲线"工具栏上的～按钮，系统弹出"样条"对话框，单击 [垂直于平面] 按钮，系统弹出如图 3-91 所示的"样条"对话框，单击 [平面子功能] 按钮。

图 3-91 "样条"对话框

03 系统弹出"平面"对话框,如图 3-92 所示,提供创建平面工具,选择第一个平面后,单击"平面"对话框中的 确定 按钮创建新平面,如图 3-93 所示。

图 3-92 "平面"对话框

图 3-93 创建新平面

04 系统弹出"点"对话框,提示选择样条曲线的起点。单击"点"对话框中的 按钮,设置点过滤方式为面上的点。在第一个平面上选择一点,如图 3-94 所示,单击"点"对话框中的 确定 按钮。

05 系统弹出如图 3-91 所示的"样条"对话框,单击 平面子功能 按钮,系统弹出"平面"对话框,选择第二个平面,如图 3-95 所示,单击"平面"对

话框中的 确定 按钮。

图 3-94 选择平面上一点

图 3-95 选择第二个平面

06 系统弹出"样条"对话框,如图 3-96 所示,可设置曲线的方向,单击 确定 按钮。系统重新弹出如图 3-91 所示的"样条"对话框,重复步骤 3 和 4,将视图中其他平面全部选择后,完成样条曲线,如图 3-97 所示。

图 3-96 "样条"对话框

图 3-97 所绘制的样条曲线

03

Chapter

3.1

3.2

3.3

3.4

3.5

3.6

3.7

3.8

3.3.6 文本

UG NX 5.0 用直线和样条曲线生成文字轮廓，并放置到平面、曲面或曲线上。系统从 Windows 字库中选择所需字体，并指定字体的属性信息（黑体，斜体等）。单击"曲线"工具栏中的 A 按钮，系统弹出如图 3-98 所示的"文本"对话框。

● 类型：设置文字放置方式有：平面的、在曲线上、在面上三种方式。

● 文本放置：选择文字放置对象：曲线、平面或曲面。

● 文字属性：设置文字字符串、字体、字类型等属性。

图 3-98 "文字"对话框

● 使用字距调整：选择此项可增加或缩短字间间距。

● 创建边框曲线：在文字四周创建边框。

● 锚点位置：在创建文字时，可通过拖动手柄控制文字高度、长度以及文字的长宽度比例，手柄放置位置可通过设置锚点位置设置。

● 剪切：设置文字的倾斜角度。

● 连续曲线：将组成文字的所有样条曲

线和直线首尾连接在一起，形成一个样条曲线。

【例 3-29】 在平面上创建文字

打开光盘中的 section3/329.prt 文件。

01 单击"曲线"工具栏上的 A 按钮，系统弹出"文字"对话框。

02 在"文字"对话框的"类型"中选择 平面的。

03 在"选择杆"上单击 按钮，设置点选择过滤；选择视图区中已有的平面作为文字放置面，选择平面上一点后，系统默认字符串"TEXT"放置到平面上，如图 3-99 所示；可对"文字"对话框中的"文字属性"各项进行设置，设置方法与 Word 方法类似，如图 3-100 所示。

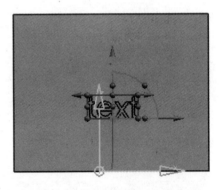

图 3-99 放置文字到平面上

04 将光标移动到文字控制手柄上控制文字形状，文字各手柄含义如图 3-101 所示。

● 1：双击箭头弹出文字剪切角度编辑框，可修改剪切角度来设置文字倾斜度。

● 2：拖动手柄修改文字的大小。

● 3：双击箭头修改文字的方向。

● 4：拖动锚头移动文字位置。

05 设置文字尺寸和剪切角度，将 连续曲线 选项选空，如图 3-102 所示，单击

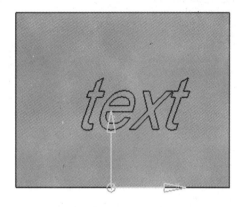

图 3-103 在平面内创建文字

图 3-100 修改文字属性

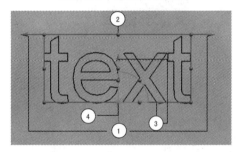

图 3-101 文字各手柄含义

图 3-102 直线参数修改状

【例 3-30】 在曲线上创建文字

01 打开光盘中的 section3/330.prt 文件。

02 单击"曲线"工具栏上的 按钮，系统弹出"文字"对话框，在"文字"对话框的"类型"中选择 在曲线上 。

03 选择视图中光标所示的对象线边作为文字放置的曲线，此时系统默认文字"Text"已经放置到曲线上，如图 3-104 所示。

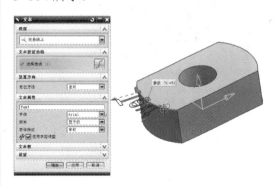

图 3-104 选择文字放置的曲线

04 在"定位方向"中选择 矢量 选项，设置文字的放置方向。单击对话框中的 指定矢量 (0) ，使之处于高亮显示状态，选择图 3-105 中光标所示的对象边线作为文字放置方向。

UG NX 5.0 中文版入门实战与提高

03
Chapter

3.1
3.2
3.3
3.4
3.5
3.6
3.7
3.8

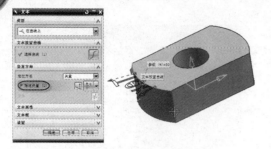

图 3-105　指定文字放置方向

选择后，系统设置了向下的文字方向，
05 如图 3-106 所示，此时单击"竖直方
向"中的按钮将文字方向进行反置。

对"文字"对话框中的"文字属性"
06 各项进行设置，设置方法与 Word 方
法类似。

在"文字"对话框中的"文字框"中
07 设置文字的形状和位置参数，也可以
通过拖动手柄修改文字的形状和位置，手柄
含义如图 3-107 所示。

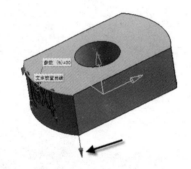

图 3-106　反置文字方向

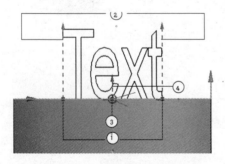

图 3-107　文字设置手柄含义

- 1：拖动手柄修改文字长度和 W 比

例（文字长宽比）。

- 2：拖动手柄修改文字高度和 W 比
  例（文字长宽比）。
- 3：拖动手柄修改文字在曲线上的位
  置。
- 4：拖动手柄修改文字距曲线的偏置
  距离。

拖动手柄 4，将文字向上拖动一段距离
08 （或在"文字"对话框的编辑框
内键入参数值）。单击按钮，完成文字
创建，最终生成如图 3-108 所示的文字。

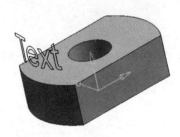

图 3-108　生成文字

【例 3-31】　在曲面上创建文字
01 打开光盘中的 section3/331.prt 文件。

单击"曲线"工具栏上的按钮，系
02 统弹出"文字"对话框；在"文字"
对话框的"类型"中选择；选择视图中的圆
锥面作为文字放置曲面，在"放置方法"处
选择选项。

选择选项，使其处于高亮显示
03 状态；选择圆锥底圆，如图 3-109 所
示；选择底圆后，系统默认的"TEXT"文
字放置到圆锥面上。

对"文字"对话框中的"文字属性"
04 各项进行设置，设置方法与 Word 方
法类似；在"文字"对话框中的"文字框"
中设置文字的形状和位置参数，也可以通
过拖动手柄修改文字的形状和位置，手柄
含义如图 3-110 所示。

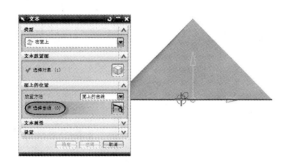

图 3-109　选择圆锥底圆

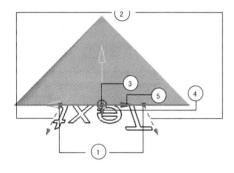

图 3-110　文字设置手柄含义

- 1：拖动手柄修改文字长度和 W 比例（文字长宽比）。
- 2：拖动手柄修改文字高度和 W 比

例（文字长宽比）。

- 3：拖动手柄修改文字在曲线上的位置。
- 4：拖动手柄修改文字距曲线的偏置距离。
- 5：双击箭头文字方向。

02 双击箭头 5 将文字正向放置，拖动 4 将文字拖动到曲面的中间位置，如图 3-111 所示，单击 确定 按钮，完成文字创建。

图 3-111　生成文字

3.3.7　矩形

选择该项后,先后选择两点作为矩形对角线上的两点完成矩形的绘制。

【例 3-32】　创建矩形

01 打开光盘中的 section3/332.prt 文件。

02 单击"曲线"工具栏上的 按钮，系统弹出"点"对话框，在"选择杆"上将 按钮选中，设置选择端点过滤。

03 用鼠标选择光标所示正方体的一个顶点，如图 3-112 所示，系统再次弹出"点"对话框，提示选择正方体的另一个端点，选择如图 3-113 所示正方体的另一个点。

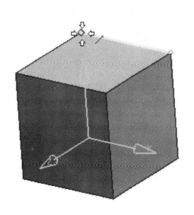

图 3-112　选择矩形一个端点

03
Chapter
3.1
3.2
3.3
3.4
3.5
3.6
3.7
3.8

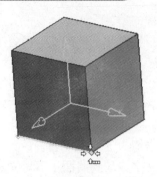

图 3-113　选择矩形另一端点

3.3.8　多边形

单击"曲线"工具栏上的  按钮或菜单【曲线】|【多边形】命令，系统弹出如图 3-114 所示的"多边形"对话框，提示输入多边形的边数。

图 3-114　"多边形"对话框

单击 确定 按钮后，系统弹出如图 3-115 所示的对话框，提示选择绘制多边形的方法：

图 3-115　"多边形"对话框

● _____内接半径_____：绘制的多边形将与圆内切，半径为所设置的半径值。单击此项，系统弹出如图 3-116 所示的"多边形"对话框，提示输入内切圆半径和方位角，单击 确定 按钮后，系统绘制如图 3-117 所示的多边形。

04 此时系统绘制了以正方体两个顶点为顶点的矩形，系统再次弹出"点"对话框，单击 取消 按钮完成矩形绘制。

图 3-116　"多边形"对话框

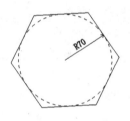

图 3-117　内接半径方式创建的多边形

● _____多边形边数_____：根据边长和多边形的方位角确定多边形。单击此项，系统弹出如图 3-118 所示的"多边形"对话框，单击 确定 按钮后，系统绘制如图 3-119 的所示的多边形。

图 3-118　"多边形"对话框

图 3-119 根据边数和方位角创建多边形

图 3-120 "多边形"对话框

-

图 3-121 根据外接圆半径创建多边形

- **外切圆半径**：绘制的多边形将与圆外接，半径为所设置的半径值。单击此项，系统弹出如图 3-120 所示的"多边形"对话框，单击 **确定** 按钮后，系统绘制如图 3-121 所示的多边形。

3.3.9 规律曲线

该项通过分别定义 X、Y、Z 3 个分量的规律（函数、曲线、公式）生成规律曲线，每个分量可选的变化规律方式如下：

- （恒定函数）：选择此项则坐标分量的值是恒定的，其数值根据输入的数量确定。
- （线线函数）：选择此项则坐标分量的值是满足线性分布，最大和最小值根据输入确定。
- （三次函数）：选择此项则坐标分量的值满足三次曲线分布，最大和最小值根据输入确定。
- （沿着脊线的值—线性）：选择此项坐标分量满足脊线分布，脊线构造所需数据根据输入确定。
- （沿着脊线的值—三次）：选择此项坐标分量满足三次曲线分布，三次曲线构造所需数据根据输入确定。
- （根据公式）：选择此项则坐标分量按所选表达式变化。
- （根据规律曲线）：选择此选项，

坐标分量按选择的规律曲线变化。

规律曲线是根据 3 个分量的分布规律来创建的，比如可通过设置 X 分量是 规律、Y 是 规律和 Z 是 规律来创建样条曲线。样条曲线可以是平面的，也可以是三维的，在创建平面时，3 个分量中的一个分量必须是恒定变化的。

在创建规律样条曲线时，可通过 3 种方式创建曲线放置的新坐标系，也可以默认选择系统工作坐标系。

- **定义方位**：按照 Z 轴、X 点方法创建新坐标系，则新创建的曲线将放置在新坐标系中。
- **指定 CSYS 参考**：此项提供使用 3 个基准面或者两个基准面和一个基准轴的方式定义新坐标系，这个方法的好处是，如果基准面或者基准轴发生了变化，则曲线也将放置在新的位置上。
- **点构造器**：单击此按钮，系统弹出点构造器，提示指定一个新坐标系原点位置，坐标系

UG NX 5.0 中文版入门实战与提高

03
Chapter

3.1
3.2
3.3
3.4
3.5
3.6
3.7
3.8

平移，原点与新点重合，则新创建的曲线将放置在新的坐标系中。

【例 3-33】 创建空间规律曲线

01 选择【工具】|【表达式】命令，系统弹出"表达式"对话框，创建如图 3-122、图 3-123 所示的两个表达式：t=0 和 yt=cos(720*t)。其中 t 是系统内部变量，在 [0,1] 之间线性递增。

图 3-122 表达式 1

图 3-123 表达式 2

02 单击曲线工具栏中的 按钮，系统弹出如图 3-124 所示的"规律函数"对话框，状态栏提示选择规律选项，此时设置 X 分量的规律分布。

03 单击 按钮，为 X 设置线性规律分布。系统弹出如图 3-125 所示的"规律控

制的"对话框，提示输入线性分布的起始和终止值，此处输入 0 和 1，单击 按钮完成 X 分量的规律设置。

图 3-124 "规律函数"对话框

图 3-125 "规律控制的"对话框

04 系统重新弹出"规律函数"对话框，提示选择规律选项，此时为 Y 分量的规律分布。单击 按钮，系统弹出如图 3-126 所示的"规律曲线"对话框，提示输入自变量，输入 t，单击 按钮，系统弹出"定义 Y"对话框，提示 Y 分量的规律函数，输入 yt，单击 按钮完成 Y 分量的规律设置。

图 3-126 "规律曲线"对话框

05 系统重新弹出"规律函数"对话框，提示选择规律选项，此时为 Z 分量的规律分布。单击 按钮，系统弹出如图 3-127 所示的"规律控制的"对话框，提示输入 Z 值的恒定参数值。输入 0 后单击 按钮完成 Z 分量的规律设置。

图 3-127　"规律控制的"对话框

06 系统弹出的"规律曲线"对话框如图 3-128 所示,此时如果单击 确定 按钮,规律曲线将在工作坐标系中生成,如图 3-129 所示。

图 3-128　"规律曲线"对话框

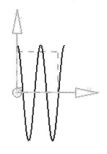

图 3-129　规律曲线

07 单击 指定 CSYS 参考 按钮,系统弹出"指定 CSYS 参考"对话框,状态栏提示选择基准面,在视图中选择一个基准面后,则对话框内显示如图 3-130 所示的内容,该平面的法向方向为新坐标系的 Z 轴方向,如果希望 Z 轴反置,可单击 反向放置法向 按钮。

08 选择另外一个基准面后,对话框内显示如图 3-131 所示的内容,则两个平面的交线为新坐标系中的 X 轴,如果希望方向反置,可单击 水平参考反向 按钮。

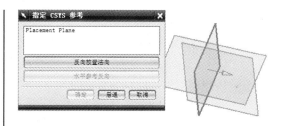

图 3-130　选择基准面

图 3-131　选择第二个基准面

09 再选择一个基准面,新坐标系的原点为所选 3 个平面的交点,Y 轴由 Z 轴和 X 轴根据右手定则产生,如图 3-132 所示。

图 3-132　选择第三个基准面

10 单击 确定 按钮,系统重新弹出如图"规律曲线"对话框,单击"规律曲线"对话框中的 确定 按钮,系统在新坐标系中创建了规律曲线,如图 3-133 所示。

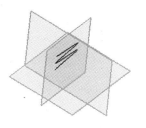

图 3-133　在新坐标系中的曲线

03

Chapter

3.1

3.2

3.3

3.4

3.5

3.6

3.7

3.8

3.3.10　一般二次曲线

二次曲线包括：圆、椭圆、抛物线、双曲线，创建二次曲线的方法如下：

> ○ **小技巧**
>
> 一般而言，所创建的二次曲线通过所有输入的点。

（1）　| 5 点 |

该项使用"点"构造器定义 5 个同一平面内的点创建二次曲线，所创建的二次曲线从第一个点顺序通过最后一个点，如图 3-134 所示，可创建的二次曲线包括：圆弧、椭圆和抛物线。

（2）　| 4 点，1 个斜率 |

该项使用"点"构造器定义 4 个同一平面上的点和第 1 点的斜率创建二次曲线，斜率的构建方法如下：

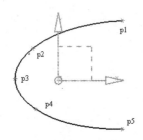

图 3-134　5 点方式创建二次曲线

- | 矢量分量 |：通过定义 3 个坐标分矢量的方法定义二次曲线第一点的斜率。
- | 方向点 |：通过构造一点与二次曲线第一点的连线方向定义二次曲线第一点的斜率。
- | 曲线的斜率 |：选择现存曲线端点，通过端点的斜率定义二次曲线第一点的斜率。
- | 角度 |：通过设置与 *XC* 方向夹角角度定义二次曲线第一点的斜率。

（3）　| 3 点，2 个斜率 |

输入 3 个点和第 1，3 点的斜率创建二次曲线，3 个点在二次曲线上，第 1，3 点的斜率设置方法与上一种二次曲线创建方法中的斜率构造方法相同。

（4）　| 3 点，顶点 |

输入 4 个点创建二次曲线，前 3 点在曲线上，最后一点作为二次曲线的顶点/焦点/圆心，如图 3-135 所示。

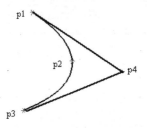

图 3-135　2 点，顶点，Rho 方式创建二次曲线

（5）　| 2 点，顶点，Rho |

输入 2 个点，顶点以及 Rho 值创建二次曲线，其中第 3 点作为二次曲线的顶点/焦点/圆心，Rho 是一个投影判别式，数值在 0~1 之间，Rho 越大曲线越弯曲，越小曲线越平直，如图 3-136 所示。

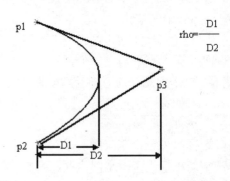

图 3-136　2 点，顶点和 Rho 方式创建二次曲线

（6）| 系数 |

输入二次曲线一般公式中的 5 个系数创建二次曲线。

（7）| 2 点，2 个斜率，Rho |

根据输入的 2 个点，二次曲线两个端点的斜率，Rho 值创建二次曲线，如图 3-137 所示。

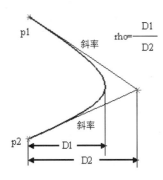

图 3-137 2 点 2 个斜率，Rho 方式创建二次曲线

3.4 曲线操作功能

UG NX 5.0

应用基本曲线命令创建曲线后，UG NX 5.0 还提供了一系列曲线操作可对曲线进行合并、投影、镜像等操作，生成新的曲线。

3.4.1 偏置曲线

偏置命令可以对直线、圆弧、样条、实体边以及草图进行偏置，偏置曲线与被偏置曲线可以在同一平面内，也可以处于平行平面内。偏置曲线与被偏置曲线的类型是一样的，但是二次曲线在偏置后成为样条曲线，而使用| 3D 轴向 |进行曲线偏置和设置为| ✓ 大致偏置 |的偏置曲线也将变成样条曲线。单击"曲线"工具栏中的按钮，系统弹出如图 3-138 所示的"偏置曲线"对话框，对话框选项说明如下：

1. 类型：设置曲线偏置类型

● 距离：在曲线平面上，以恒定距离偏置曲线。

● 草图：在与曲线平面平行的平面上，按照指定倾斜角度创建偏置曲线，系统将提供平面符号指示偏置曲线所在平面。

图 3-138 "偏置曲线"对话框

UG NX 5.0 中文版入门实战与提高

03

Chapter

3.1
3.2
3.3
3.4
3.5
3.6
3.7
3.8

- 规律控制：在曲线的平面上，根据规律曲线控制的距离产生偏置曲线。
- 3D 轴向：创建空间三维曲线的偏置，必须指定距离和方向，生成的偏置曲线是样条曲线。

2．曲线

- 选择曲线 🔍：选择要偏置曲线。

3．偏置平面上的点：指定一个偏置平面上的点

- 指定点 ➕：只在类型为距离、草图和规律控制时可选。

4．偏置

- 距离：当类型中选择距离和 3D 轴向时此项可选，指定生成偏置曲线的距离，偏置方向可指定。
- 高度：当类型中选择草图时此项可选，可指定偏置曲线所在平面与原曲线平面之间的距离。
- 角度：当类型中选择草图时此项可选，可指定偏置方向与原曲线所在平面法向方向的夹角。
- 规律：当类型中选择规律控制时此项可选，可指定规律曲线以及规律曲线的参数值设置偏置曲线的方法。
- 副本数：当类型中选择距离、草图和规律控制时，此项可选，可创建多条偏置曲线，曲线间的距离根据指定控制方法确定。
- 反向：指定偏置方向。

5．设置

（1）输入曲线：设置原曲线的存在方式。

（2）剪切：当类型中选择距离和草图时可选，设置是否偏置曲线延长或者剪切到交点处。

- 无：只在 ☐大致偏置 选空时可选，对延长的曲线不做处理。
- 相切延长：延长偏置曲线到它的相

交点，偏置的切线延长线长度是由延长因子控制（只在非关联曲线偏置时可选，直线偏置时不可选），延长因子是偏置距离的系数。

- 圆角：为每个偏置曲线在其端点处构造一个相切的圆弧，圆弧半径等于相切距离；如果在没有修改参数情况下多次单击 应用 按钮，则每单击一次，圆弧半径根据偏置距离增加一次。

6．☐大致偏置：只在类型中选择距离和草图时可选

此项选中时提供大致的偏置曲线的处理，比如处理样条曲线、自交叉的曲线可能产生的多余偏置曲线；如果曲线有尖角，可以在设置中选择圆角，则偏置曲线的尖角可以倒成圆角。

7．曲线拟合：只在类型中选择距离和草图以及 ☐大致偏置 选空时可选

- 三次曲线：使用三次曲线生成偏置曲线。
- 五次曲线：使用五次曲线生成偏置曲线。
- 高级曲线：使用高次曲线生成偏置曲线。

8．最高阶次：只在曲线拟合选择高级时可选，设置偏置曲线的最高阶次

9．最大段数：只在曲线拟合选择高级时可选，设置所要偏置曲线链的最高段数

10．公差：设置公差

此值决定了样条曲线和二次曲线的偏置曲线精度。公差越小偏置曲线的曲率越接近原曲线，小公差将引起偏置曲线的极点和段数的增加。

11．非关联设置：只在关联设置选空时可选

- 延长因子：只在类型中选择距离和草图以及设置选项中的修剪项选择 相切延伸 ▾ 时可选。此项控制偏置延长线的长度，输入的数值为延长距离的系数。

● 组：标识是否将偏置曲线组成组。

【例 3-34】　创建偏置曲线

01 打开光盘中的 section3/334prt 文件。

02 单击 图标，弹出如图 3-138 所示的"偏置曲线"对话框，选择类型为 ，系统提示选择曲线，选择视图中对象上面的边线，如图 3-139 所示。

图 3-139　选择要偏置的曲线

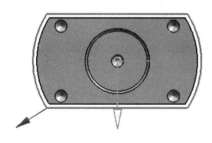

图 3-140　偏置的曲线

03 在"偏置"选项中的 设置为 10mm，其他选项选择默认设置，单击 按钮完成按距离方式偏置的曲线，如图 3-140 所示。

04 选择类型为 ，此时偏置曲线处于高亮显示状态。按住【Shift】键选择一个偏置曲线，取消其选中状态，如图 3-141 所示。

图 3-141　取消一个偏置曲线的选中状态

05 重新选择对象上面的边线。此时，系统使用虚三角符号显示了偏置曲线所在平面，如图 3-142 所示。在"偏置曲线"对话框中进行如图 3-143 所示的设置，可单击 按钮设置曲线的偏置方向如图中圈内所示，单击 按钮完成按草图方式偏置的曲线，如图 3-144 所示。

图 3-142　现实偏置曲线所在平面

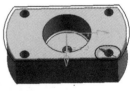

图 3-143　设置偏置高度和角度

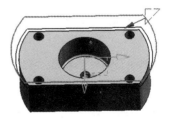

图 3-144　创建空间偏置曲线

06 选择【工具】|【表达式】命令，系统弹出 "表达式" 对话框，创建如图 3-145 所示的两个表达式:t=0 和 ft=20*cos(360*t)。

图 3-145　创建两个表达式

07 单击 图标，弹出图 3-138 所示的 "偏置曲线" 对话框，选择类型为 规律控制 ，选择视图中对象上面的边线，如图 3-146 所示，在 "偏置曲线" 对话框中按如图 3-147 所示进行设置，单击 确定 按钮，完成按规律控制方式偏置的曲线，如图 3-148 所示。

图 3-146　选择特征边作为偏置曲线

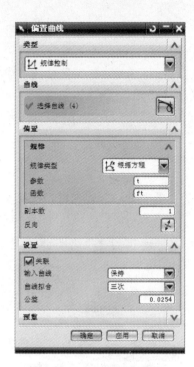

图 3-147　设置偏置参数

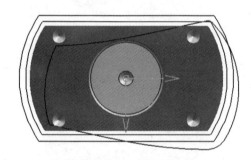

图 3-148　按照规律曲线方式偏置曲线

3.4.2　桥接曲线

该项提供在两个对象之间创建桥接曲线功能，可创建桥接曲线的对象包括：

● 在两个对象表面之间创建桥接曲线。

● 在一个对象表面和点或者曲线或者对象边之间创建桥接曲线。

● 在一个曲线和点之间创建桥接曲线。

● 创建与对象表面的边或表面上的线相垂直的桥接曲线。

● 创建与任何曲线相垂直的桥接曲线。

单击"曲线"工具栏中的█按钮，系统弹出如图3-149所示的"桥接曲线"对话框，对话框选项说明如下：

图3-149　"桥接曲线"对话框

1. **起点对象**█：选择一个对象定义桥接曲线的起点

2. **端部对象**█：选择一个对象定义桥接曲线的终点

● █对象█：选择一个对象作为桥接曲线的终点。

● █矢量█：选择一个矢量作为桥接曲线的终点。选择矢量时，创建的桥接曲线为均匀曲线，即桥接曲线的曲率是均匀变化的。

3. **桥接曲线属性**

（1）● 开始 ○ 终点：设置要编辑的桥接曲线的开始和终点，可分别设置开始点和终

止点的连续性、位置和方向属性。

（2）连续性、位置和方向：定义桥接曲线开始和终点的约束、位置和方向，根据所选对象的不同可设置的选项也不同。

当选择点作为桥接曲线的开始或终点时，可选项如下：

● 连续性：█G2（曲率）█和█G3（流）█可选。

● 位置：不可选。

● 方向：可使用"矢量构造器"█构造桥接曲线在开始或终点的方向，可使用█对曲线方向进行反向设置。

当选择曲线或对象边作为桥接曲线的开始或终点时，可选项如下：

● 连续性：█G2（曲率）█和█G3（流）█可选。

● 位置：使用控制手柄或在对话框中输入沿曲线的U百分比。

● 方向：可使用"矢量构造器"█构造桥接曲线，在开始或终点的方向，可使用█对曲线方向进行反向设置。

4. **约束面**：为桥接曲线选择一个约束面，可设置生成的桥接曲线约束在一组面内，或者设置桥接曲线为一个圆角的切边

● 该项支持G0（位置）和G1（相切）连续性。

● 约束面必须是相互连接成一个面的一组面。

● G0（位置）连续性必须在建模距离公差范围内。

● G1（相切）连续性必须在角度公差范围内。

● 当设置了半径约束时，该项不可选。

5. **半径约束**：设置复杂过渡处的最大和最小约束值，注意要桥接的曲线是共面时，此项可选

03

Chapter

3.1

3.2

3.3

3.4

3.5

3.6

3.7

3.8

6. 形状控制：可交互式地修改桥接曲线形状

- 相切幅值 ▼：通过手柄或者在对话框中键入数值设置桥接曲线与输入曲线在起始或终止点的相切度。
- 深度和歪斜 ▼：设置深度和歪斜值。深度是输入曲线的曲率影响桥接曲线程度；歪斜值是桥接曲线中曲率最大处位于桥接曲线位置；输入的数值是曲率最大处位于桥接曲线总长度的百分比。
- 二次曲线 ▼：通过设置 Rho 值来设置桥接曲线的平滑或弯曲程度。Rho 越大越弯曲，Rho 越小桥接曲线越平滑。
- 参考成型曲线 ▼：可通过选择一个现有的曲线控制桥接曲线的一般形状。

7. 形状控制

- ☑关联：设置桥接曲线的关联性。
- 曲线拟合方式：当在约束面项中选择一个约束面时，该项可选，可设置生成的桥接曲线的阶次。
- 距离公差：设置形状公差。

【例 3-35】 创建均匀桥接曲线

01 打开光盘中的 section3/335prt 文件。

02 单击"曲线"工具栏上的 ✂图标，弹出图 3-149 所示的"桥接曲线"对话框，"起始对象"的选择对象 ✛ 按钮处于高亮显示状态。

03 选择视图中的一个曲线作为桥接曲线的起点对象，如图 3-150 所示，"端部对象"的选择对象 ✛ 按钮处于高亮显示状态。

04 设置"端部对象"中对象的选择类型为 对象 ▼，选择视图中的基准面作为端部对象，如图 3-151 所示，此时可见

系统默认生成的桥接曲线。

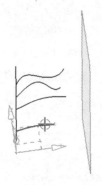

图 3-150　选择曲线作为桥接曲线的起点

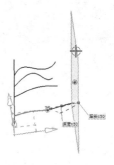

图 3-151　选择桥接曲线的连接对象

05 在图 3-151 中可见桥接曲线属性和曲线形状的控制手柄，可通过拖动或者是在双击弹出的跟踪条输入参数修改曲线的形状。

06 单击 确定 按钮完成一个桥接曲线的生成，重复步骤 2~6 生成其他 3 条曲线与基准面之间的桥接曲线，如图 3-152 所示。

图 3-152　创建的桥接曲线

3.4.3　投影曲线

此项提供将曲线、边、点投影到薄片、实体面、基准面上。投影方式可为直接投影、根据一定角度、矢量方向、沿着实体面的法线方向或者朝向一点。投影曲线在投影到面上时，可被面上的孔或边缘修剪。单击 按钮，系统弹出的"投影曲线"对话框如图 3-153 所示，选项说明如下：

1．要投影的曲线或点

● 选择曲线 或点 ：选择要投影曲线或者点。

2．要投影的对象

● 选择对象：选择投影面，一般为实体面、平面和坐标平面。
● 指定平面：可使用平面构造器创建平面作为投影面。

图 3-153　"投影曲线"对话框

3．投影方向

（1）方向：指定投影方向（注意投影方向能够使得曲线投影到曲面上）。

● 沿面的法线方向：指定投影面的法线方向作为投影方向。
● 朝向点：向指定点投影。
● 朝向直线：投影到直线上。

● 沿矢量：使用矢量构造器创建投影方向矢量。
● 与矢量所成的角度：使用矢量构造器创建矢量，投影方向是与矢量方向成指定角度的方向。

（2）反向：只在 沿矢量 或者 与矢量所成的角度 选中时可选此项，用于将所选矢量方向反置。

（3）投影选项：只在 沿矢量 选中时可选，为投影曲线设置投影选择。

● 无：将曲线按照指定方向投影。
● 投影两侧：在所选的矢量的正反两个方向上进行投影。
● 等圆弧长：将平面中的曲线投影到一个曲面上，并保持曲线的弧长，这个操作过程和世界地图的制作过程正好相反，世界地图是将三维地球上的曲线映射到平面上，并保持曲线的长度。

4．源平面定义：定义一个平面，所要投影的曲线应在（或平行于）所定义的平面内

● 指定 XY 原点：提示定义曲线所在（或平行）平面的坐标系原点。
● 指定 X 方向：提示定义曲线所在（或平行）平面的 X 方向。
● 反向：将 X 方向反置。

5．保持长度：定义如何将平面内的曲线投影到采用经纬坐标的曲面上并保持长度相等的方法

● 同时 X 和 Y：经线长等于曲线上投影点的 XC 值；纬线长等于曲线上投影点的 YC 值。
● 首先 X，然后 Y：先测量经线方向的弧长使其等于曲线上投影点的 XC 值，然后测量纬线方向弧长使其

等于曲线上投影点的 *YC* 值。

● 首先 Y，然后 X：先测量纬线方向的弧长使其等于曲线上投影点的 *YC* 值，然后测量经线方向弧长使其等于曲线上投影点的 *XC* 值。

● 只有 X：经线长等于曲线上投影点的 *XC* 值；沿着纬线方向的表面切线的长度等于曲面上投影点的 *YC* 值。

● 只有 Y：纬线长等于曲线上投影点的 *YC* 值；沿着经线方向的表面切线的长度等于曲面上投影点的 *XC* 值。

6. 设置

● 输入曲线：设置原曲线状态。

● 曲线拟合：设置输出曲线阶次。

● 连接曲线：设置将输出曲线连接为一个曲线。

● 公差：设置投影曲线距离公差。

【例 3-36】 创建投影曲线

01 打开光盘中的 section3/336.prt 文件。

02 单击"曲线"工具栏上的 ▓ 图标，弹出如图 3-153 所示的"投影曲线"对话框，在"要投影的曲线或点"中选择曲线或点，▓ 按钮处于高亮显示状态。

03 选择正方体的上面，如图 3-154 所示，定义正方体的边为要投影的曲线，此时"投影曲线"对话框中的"要投影的曲线或点"处显示已经选择了四条边。

图 3-154 选择面的边线作为投影曲线

04 激活"要投影的对象"中的 ▓ 选项，选择视图中的基准面，如图 3-155 所示。

图 3-155 选择基准面作为投影面

05 设置"投影方向"中的 ▓ 选项为 ▓，激活"投影方向"中的 ▓ 选项，选择正方体的一条边为投影的矢量方向，如图 3-156 所示，注意使用 ▓ 按钮将投影方向设置为如图所示的方向，此时曲线可投影到基准平面上，单击 ▓ 按钮，完成曲线投影，如图 3-157 所示。

图 3-156 选择投影方向

图 3-157 形成的投影曲线

06 重复步骤 2~4，在步骤 5 中选择梯形立方体的边线作为投影矢量方向，如图 3-158 所示，单击 ▓ 按钮，完成曲线投影，如图 3-159 所示。

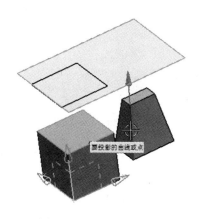

图 3-158　选择投影矢量

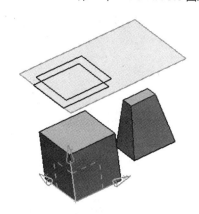

图 3-159　创建的投影曲线

3.4.4　抽取曲线

使用边、现存的实体创建直线、圆弧、二次曲线以及样条曲线。多数创建的曲线是无关联的,但也可以创建关联等参数曲线和阴影轮廓曲线,单击 按钮,系统弹出如图 3-160 所示的"抽取曲线"对话框。

图 3-160　"抽取曲线"对话框

"抽取曲线"选项说明如下:

（1）边缘曲线:根据对象边生成曲线(可选择单选,也可通过按钮指定一定范围的边)。

（2）等参数曲线:创建对象等参数线,系统弹出如图 3-161 所示的"等参数曲线"对话框。

"等参数曲线"选项说明如下:

● U 恒定:创建 U 向等参数曲线。

● 常数 V:创建 V 向等参数曲线。

● 曲线数量:等参数曲线的数量。

图 3-161　"等参数曲线"对话框

● 百分比:输入生成等参数曲线的曲面上百分比范围。

● 选择新的面:提示选择另一个面。

（3）轮廓线:根据对象的轮廓创建曲线。

（4）所有在工作视图中的:所有在工作视图内可见的实体边。

（5）等斜度曲线:创建等斜度曲线,等斜度曲线含义是:沿着等斜度曲线的曲面锥角是相等,主要用于曲面反射情况分析。单击此项后,系统提示选择参考矢量方向,指定一个矢量方向后,系统弹出如图 3-162 所示的"等斜度角"对话框。

图 3-162 "等斜度角"对话框

"等斜度角"选项说明如下:

● ⦿单个：创建单个等斜角度曲线。

● ○族：创建一族等斜角度曲线。

● 角度：只在⦿单个 选择时可选，表示等斜度曲线上曲面切面与指定矢量之间的夹角（倾角）。

● 起始角：只在○族 选择时可选，表示一族等斜度曲线的起始倾角。

● 终止角：只在○族 选择时可选，表示一族等斜度曲线的终止倾角。

● 步进：只在○族 选择时可选，表示一族等斜度曲线的倾角增量。

● 公差：距离公差；

（6） 阴影轮廓：按照实体沿着屏幕法线方向投影后的轮廓曲线创建曲线，选择此项时必须将当前视图设置为隐藏边不可见状态（参见菜单项【首选项】|【可视化】）。

【例 3-37】 创建抽取曲线

01 打开光盘中的 section3/337.prt 文件。

02 单击 ⊕ 按钮，系统弹出"抽取曲线"对话框，单击 等斜度曲线 按钮，系统弹出"矢量构造器"对话框提示选择方向，选择视图中的直线，作为等斜度曲线的参考矢量方向，如图 3-163 所示，单击 ⚡ 按钮反置矢量方向，单击 确定 按钮完成矢量选择。

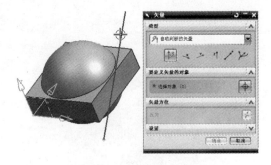

图 3-163 "等斜度角"对话框

03 系统弹出"等斜度角"对话框，设置起始角，终止角和步长分别为：0°、50°和 11°，如图 3-164 所示，单击 确定 按钮完成等斜度角设置。

图 3-164 "等斜度角"对话框

04 系统弹出"选择面"对话框，提示选择生成等斜度曲线的面，选择球面如图 3-165 所示，系统重新弹出"选择面"对话框，单击 确定 按钮完成等斜度曲线的绘制，如图 3-166 所示，其中等斜度曲线的角度意义如图 3-167 所示。

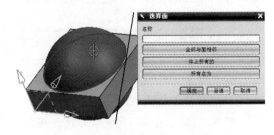

图 3-165 选择抽取曲线的曲面

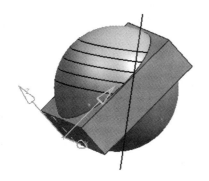

图 3-166　抽取的曲线

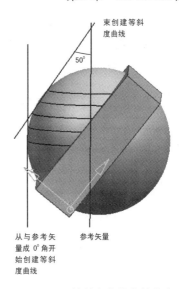

图 3-167　等斜度曲线参数含义

3.5　曲线编辑功能

UG NX 5.0

编辑曲线提供对已经创建的曲线进行重新编辑的功能。编辑曲线的部分操作：例如"编辑曲线参数"、"修剪曲线"等功能，在上节的"基本曲线"工具项中已经介绍过，本节重点介绍编辑曲线中的其他几项功能。编辑曲线的工具栏如图 3-168 所示，下面介绍各工具项的功能和操作。

图 3-168　"编辑曲线"工具栏

单击 按钮，系统弹出"编辑曲线"对话框，如图 3-169 所示。此项将所有的编辑曲线功能按钮放置到这个对话框中，每个功能按钮也对应于"编辑曲线"工具栏上所有的图形按钮，下面详细说明每个按钮（或者工具栏上按钮）的功能。

图 3-169　"编辑曲线"对话框

3.5.1 编辑曲线参数

单击"编辑曲线"对话框中的 按钮或选择"编辑曲线"工具栏上的 按钮，系统弹出如图 3-169 所示的"编辑曲线参数"对话框。"编辑曲线参数"对话框中的选项说明可参见 3.3.4 节中第 6 项说明，这里不再赘述，关于直线和圆弧曲线的编辑实例参见例 3-23 和例 3-24。

【例 3-38】 编辑椭圆

01 打开光盘中的 section3/338.prt 文件。

02 单击"编辑曲线"工具栏中的 按钮，系统弹出"编辑曲线参数"对话框，选择视图中的样条曲线，如图 3-170 所示。

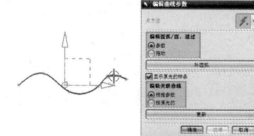

图 3-170 用球形光标选择曲线

03 系统弹出"编辑样条"对话框，如图 3-171 所示，这里单击 更改曲率 按钮，修改样条曲线的曲率。

04 系统弹出"更改曲率"对话框，如图 3-172 所示，系统提示选择样条曲线上一点，如图 3-173 所示。"更改曲率"对话框中的 曲线的曲率 选项是根据另一个曲线的端点曲率修改样条曲线上所选点的曲率；输入半径 选项是输入曲率半径方式修改样条曲线上所选点的曲率，此处选择 输入半径 选项，并在半径中输入 3mm，单击 确定 按钮完成样条曲线上点的曲率编辑，如图 3-174 所示。

图 3-171 "编辑样条曲线"对话框

图 3-172 "更改曲率"对话框

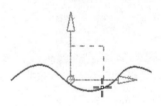

图 3-173 选择曲线上一点

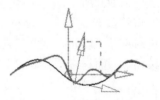

图 3-174 编辑后的曲线

3.5.2　修剪角

修剪角命令根据两条曲线的交点修剪曲线形成角。

【例 3-39】　修剪角

01　打开光盘中的 section3/339.prt 文件。

> ○ **小技巧**
>
> 如果选择修剪样条曲线或关联曲线,则系统会提示曲线的定义信息将被删除,继续操作将使关联曲线变为非关联曲线。

02　单击 按钮,系统弹出"修剪角"对话框,提示选择要修剪的位置,用球形光标选择到两个曲线的交点处,球形光标要覆盖两个曲线,光标的中心应放置到要剪掉曲线的位置,如图 3-175 所示,单击鼠标左键,完成修剪角,如图 3-176 所示。

03　当修剪圆时,修剪操作从圆的零度位置开始,如图 3-177 所示。

图 3-175　用球形光标选择修剪角曲线

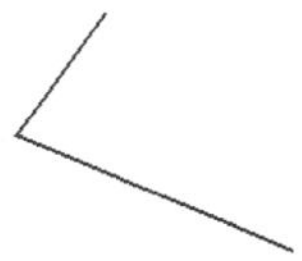

图 3-176　修剪角后的曲线

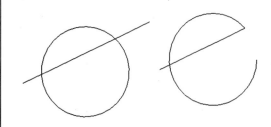

图 3-177　使用修剪角修剪圆前后的状态

3.5.3　分割曲线

分割曲线将一条曲线分割为不同的段,每一段都成为一个独立的曲线,新的曲线与原曲线处于同一个图层中,并且线型一致。单击  按钮,系统弹出如图 3-178 所示的"分割曲线"对话框,5 种分割曲线的方法如下:

- 等分段:根据曲线参数或者曲线长,将曲线分割成相同的曲线段。
- 按边界对象:根据边界对象(点、曲线、平面或者对象表面)将曲线分割成曲线段。
- 圆弧长段数:根据每段的弧长分割曲线。

图 3-178　"分割曲线"对话框

- 在节点处:根据节点分割样条曲线。

03
Chapter

3.1
3.2
3.3
3.4
3.5
3.6
3.7
3.8

● 在拐点处：根据拐点分割样条曲线。

【例 3-40】 分割曲线

01 打开光盘中的 section3/340.prt 文件。

02 选择"编辑曲线"工具栏上的 按钮，系统弹出"分割曲线"对话框，设置类型选项为 圆弧长段数 。

03 此时"分割曲线"对话框中的 选择曲线 (0) 项被激活，提示选择曲线，选择视图中的样条曲线，此时系统弹出警告曲线的关联性将被删除。

04 在 圆弧长 编辑框内，输入分割后每段曲线的长度，这里输入 10，对话框中显示最终曲线被分割为 12 段，如图 3-179 所示。

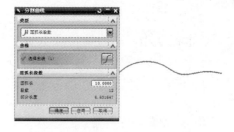

图 3-179 "分割曲线"对话框

05 单击 确定 按钮，系统将样条曲线分割为 12 段，用鼠标在样条曲线移动时可观察到样条曲线已经被分割，如图 3-180 所示。

图 3-180 分割后的曲线

3.5.4 编辑圆角

编辑已经存在的圆角，此项与圆角的创建过程相似。

【例 3-41】 分割曲线

01 打开光盘中的 section3/341.prt 文件。选择"编辑曲线"工具栏上的 按钮，系统弹出"编辑圆角"对话框，如图 3-181 所示。

图 3-181 "编辑圆角"对话框

02 单击 自动修剪 按钮，系统弹出"编辑圆角"对话框，提示选择第一个对象，选择直线如图 3-182 所示；系统弹出"编辑圆角"对话框，提示选择圆角，选择圆角如图 3-183 所示；系统弹出"编辑圆角"对话框，提示选择第二个对

象，选择另一条直线如图 3-184 所示。

图 3-182 选择第一个对象状态

03 系统弹出"编辑圆角"对话框，如图 3-185 所示，选项说明如下：

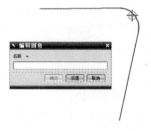

图 3-183 选择圆角状态

图 3-184　选择第三个对象状态

图 3-185　"编辑圆角"对话框

- 半径：默认值是所选圆弧的半径或上次操作的值，可指定一个新的圆角半径的值。
- 默认半径：选择 ⊙模态的 时，半径编辑框内数值在下次操作时保持不变一直到输入新值；选择 ⊙圆角 ，半径中的数值根据所编辑的圆角改动。
- ☐新的中心：选中时，在编辑过程中提示是否指定一个新的大致位置的圆弧中心，否则不提示。

04　单击 确定 按钮，完成圆角编辑。

3.5.5　编辑曲线长度

此项提供根据给定的曲线长度延长或剪切曲线，单击 曲线长度 按钮，系统弹出如图 3-186 所示的"曲线长度"对话框，其中选项说明如下：

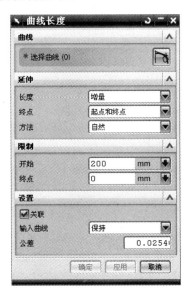

图 3-186　"曲线长度"对话框

1．选择曲线

提示选择要延长或剪切的曲线。

2．延伸

（1）长度

- 增量：表示根据曲线的长度增量值延长或剪切原曲线。
- 全部：表示根据曲线新设置的全长值延长或剪切原曲线。

（2）终点

- 起点和终点：表示起点和终点同时延长或剪切（增量时可选）。
- 开始：表示只在起点处延长或剪切（全部时可选）。
- 终点：开始表示只在终点处延长或剪切（全部时可选）。
- 对称：表示终点和起点处延长或剪切相同的长度。

（3）方法

- 自然：表示以曲线端点处的自然延

03
Chapter

3.1
3.2
3.3
3.4
3.5
3.6
3.7
3.8

伸方式延伸或剪切曲线。

- 线性：表示按照线性方式延伸或剪切曲线。

- 圆的：表示按照圆方式延伸或剪切曲线。

3．限制

- 开始：此处输入曲线在开始点处延长或剪切的长度。

- 终点：此处输入曲线在终点处延长或剪切的长度。

- 全部：此处输入曲线的新长度。

4．设置：

- 保持：表示原曲线保留。

- 隐藏：表示原曲线隐藏。

- 删除：表示删除原曲线。

- 替换：替换原曲线（对于非关联曲线此项为默认选项）。

5．公差

曲线延长或剪切长度的公差。

【例 3-42】　编辑曲线长度

01 打开光盘中的 section3/342.prt 文件。选择"编辑曲线"工具栏上的 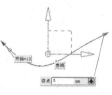 按钮，系统弹出"曲线长度"对话框，在延伸类型中设置为 增量 选项。

02 选择视图中的曲线，如图 3-187 所示，在"开始"和"终点"中分别输入 10mm 和 5mm，其他设置选择系统默认设置，单击 确定 按钮，完成延长曲线操作。

图 3-187　"曲线长度"对话框

3.6　综合实例

UG NX 5.0

渐开线齿轮齿廓线的绘制重点在规律曲线绘制上，并结合直线、圆绘制和曲线的修剪操作并涉及到了图层操作，应认真练习。

本实例最终效果如图 3-188 所示。

○ **设计思路**

渐开线齿廓是对称分布的，因此会用到复制操作。首先绘制渐开线规律曲线，然后使用圆将曲线修剪成所需的渐开线形状，最后通过直线进行复制操作，完成渐开线绘制。

○ **练习要求**

练习规律曲线绘制、圆绘制、直线绘制、曲线修剪操作。

制作流程预览

图 3-188　渐开线齿廓

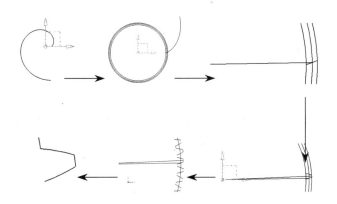

○ **制作重点**

1. 渐开线规律曲线绘制。
2. 渐开线修剪操作。
3. 曲线复制操作。
4. 曲线的图层操作。

01 选择【工具】|【表达式】命令，系统弹出"表达式"对话框，创建如表3-1所示的表达式。

表3-1　表达式

表达式名称	表达式值	表达式单位
a	0	角度
b	360	角度
zt	0	长度
z	68	恒定
m	3	恒定
t	1	恒定
ha	1*m	长度
hf	1.25*m	长度
r	m*z*cos(20)/2	长度
rj	m*z/2	长度
ra	rj+ha	长度
s	(1-t)*a+t*b	角度
theta	360/(4*z)	角度
theta1	360/z	角度
xt	r*cos(s)+r*s*3.1415926*sin(s)/180	长度
yt	r*sin(s)-r*s*3.1415926*cos(s)/180	长度

02 选择"曲线"工具栏上的 按钮创建规律曲线，在弹出的"规律函数"对话框中选择 按钮，创建x分量的规律函数。

03 系统弹出"规律曲线"对话框提示输入x分量的自变量函数，如图3-189

所示，输入t，单击 按钮。

图3-189　输入x自变量

04 系统弹出"定义X"对话框提示输入x分量的函数，如图3-190所示，输入xt，单击 按钮。

05 系统重新弹出"规律函数"对话框，单击 按钮创建y分量的规律函数。

图3-190　定义x分量函数

06 系统弹出"规律曲线"对话框提示输入y分量的自变量函数，输入t，单击 按钮。

07 系统弹出"定义Y"对话框提示输入y分量的函数，如图3-191所示，输入yt，单击 按钮。

图3-191　定义y分量函数

08 系统重新弹出"规律函数"对话框，选择 按钮创建z分量的规律函数。

UG NX 5.0中文版入门实战与提高

03
Chapter

3.1
3.2
3.3
3.4
3.5
3.6
3.7
3.8

09 系统弹出"规律曲线"对话框提示输入 z 分量的自变量函数，输入 t，单击 [确定] 按钮。

10 系统弹出"定义 Z"对话框提示输入 z 分量的函数，如图 3-192 所示，输入 zt，单击 [确定] 按钮。

图 3-192　定义 Z 分量函数

11 系统弹出"规律曲线"对话框，如图 3-193 所示，提示选择曲线放置坐标系，选择默认设置，单击 [确定] 按钮，系统创建渐开线曲线，如图 3-194 所示。

图 3-193　"规律曲线"对话框

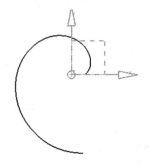

图 3-194　渐开线曲线

12 选择"曲线"工具栏上的 ⤵ 创建整圆。在"圆弧/圆"对话框中，圆中心点选择原点，此时"半径"处于激活状态。

13 单击"半径"值后的 ⬇ 按钮，在弹出的选择菜单中选择 = 公式(g)... 菜单，在弹出的"表达式"对话框中选择 rj 表达式，注意要双击表达式，"表达式"项中出现 rj

时，单击 [确定] 按钮，如图 3-195 所示。

图 3-195　选择 rj 表达式作为分度圆半径

14 此时系统已经预视了绘制的分度圆，单击"圆弧/圆"对话框，单击 [确定] 按钮完成分度圆绘制，如图 3-196 所示。

15 选择"曲线"工具栏上的 ⤵ 创建整圆，在"圆弧/圆"对话框中，圆中心点选择原点，此时"半径"处于激活状态。

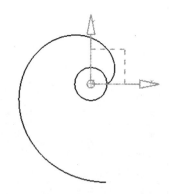

图 3-196　创建分度圆

16 单击"半径"值后的 ⬇ 按钮，在弹出的选择菜单中选择 = 公式(g)... 菜单，在弹出的"表达式"对话框中选择 rf 表达式，注意要双击表达式，"表达式"项中出现 rf 时，单击 [确定] 按钮。

17 此时系统已经预视了绘制的齿根圆，在"圆弧/圆"对话框中单击 确定 按钮完成齿根圆绘制，如图 3-197 所示。

18 选择"曲线"工具栏上的 创建整圆，在"圆弧/圆"对话框中，圆中心点选择原点，此时"半径"处于激活状态。

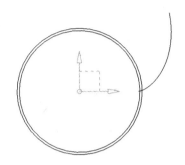

图 3-197　齿根圆的绘制

19 单击"半径"值后的 按钮，在弹出的菜单中选择 = 公式(F)... 菜单，在弹出的"表达式"对话框中选择 ra 表达式，注意要双击表达式，"表达式"项中出现 ra 时，单击 确定 按钮。

20 此时系统已经预视了绘制的齿根圆，在"圆弧/圆"对话框中单击 确定 按钮完成齿顶圆绘制，如图 3-198 所示。

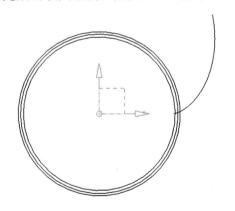

图 3-198　绘制齿顶圆

21 选择【编辑】|【曲线】|【修剪】命令，系统弹出"修剪曲线"对话框，选择渐开线作为要修剪的曲线，齿顶圆和齿根圆为边界对象，如图 3-199 所示，单击 确定 按钮完成一个齿廓边设计。

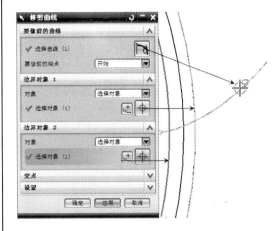

图 3-199　修剪渐开线

22 单击"曲线"工具栏上的 创建直线，选择圆心作为直线的起始点，渐开线与分度圆的交点为直线终止点，如图 3-200 所示。

图 3-200　绘制直线

23 单击"曲线"工具栏上的 创建直线，选择圆心作为直线的起始点，在"直线"对话框中的"终点选项"设置为 求一角度 选项。选择步骤 22 绘制的直线作为角度参考。

24 单击"角度"值后的 按钮，在弹出的菜单中选择 = 公式(E)... 菜单，在弹出的"表达式"对话框中选择 theta 表达式，注意要双击表达式，"表达式"项中出现 theta 时，单击 确定 按钮。

25 将"限制"中的"终点限制"项设置为 直至选定对象 选项，选择齿顶圆为直线的终止对象，如图 3-201 所示，单击 确定 按钮，完成直线绘制，如图 3-202 所示。

03

Chapter

3.1
3.2
3.3
3.4
3.5
3.6
3.7
3.8

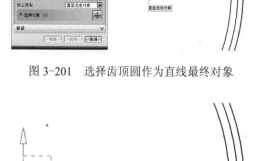

图 3-201　选择齿顶圆作为直线最终对象

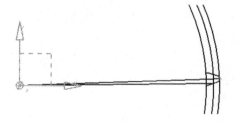

图 3-202　完成直线绘制

26 选择【编辑】|【变换】命令，系统弹出"类选择"对话框，提示选择变换对象，选择渐开线，单击 确定 按钮。

27 系统弹出"变换"对话框，单击 用直线做镜像 按钮，系统弹出"变换"对话框，提示选择镜像中心线，单击 现有的直线 按钮。

28 系统弹出"变换"对话框提示选择直线，选择步骤 25 所创建的直线。

29 系统弹出"变换"对话框，提示选择复制方式，单击 复制 按钮，单击系统重新弹出的"变换"对话框的 取消 按钮，完成渐开线复制，如图 3-203 所示。

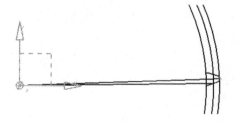

图 3-203　完成渐开线镜像复制

30 选择【编辑】|【变换】命令，系统弹出"类选择"对话框，提示选择变换对象，选择两个渐开线，单击 确定 按钮。

31 系统弹出"变换"对话框，单击 绕直线旋转 按钮，系统弹出"变换"对话框，提示选择镜像中心线，单击 点和矢量 按钮。

32 系统弹出"点"对话框提示选择回转中心点，输入 x，y，z 坐标为 0，0，0，单击 确定 按钮。

33 系统弹出"矢量"对话框，提示回转方向，单击 按钮，单击 确定 按钮。

34 系统弹出"变换"对话框，提示输入回转间隔角度，输入 5.29410，单击 确定 按钮。

35 系统弹出"变换"对话框，提示选择复制方式，单击 多个副本 -可用 按钮，在弹出的"变换"对话框中输入副本数为 67，单击系统重新弹出的"变换"对话框的 取消 按钮，完成渐开线的多个复制。

36 选择【编辑】|【曲线】|【修剪】命令，系统弹出"修剪曲线"对话框，选择齿根圆作为要修剪的曲线（注意在光标位置选择），选择相邻的两个渐开线齿廓作为边界线，如图 3-204 所示，最终生成如图 3-205 所示的曲线形状。

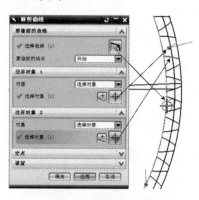

图 3-204　"修剪曲线"对话框

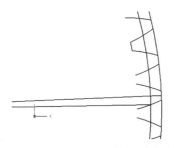

图 3-205　圆周复制渐开线齿廓

37 选择【编辑】|【曲线】|【修剪】命令，系统弹出"修剪曲线"对话框，选择齿顶圆作为要修剪的曲线（注意在光标位置选择），选择如图 3-206 中所示的两个齿廓作为边界线，最终生成如图 3-207 所示的曲线形状。

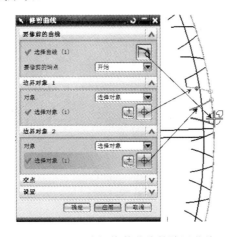

图 3-206　选择修剪曲线的边界曲线

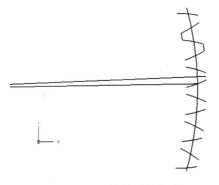

图 3-207　修剪后的曲线

38 选择图 3-208 所示的 4 条曲线。选择【格式】|【移动至图层】命令，在系统弹出的"图层移动"对话框的"图层"列表框中选择图层 2，单击 确定 按钮，完成对象的图层转移。

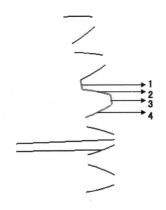

图 3-208　选择曲线进行图层移动

39 选择【格式】|【图层设置】命令，设置图层 2 为工作层，图层 1 为不可见，单击 确定 按钮完成图层设置，此时系统中存在如图 3-209 所示的 4 条曲线。

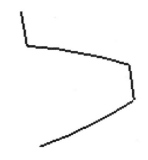

图 3-209　生成单个齿廓轮廓

40 重复步骤 30~35，可将图 3-209 中的曲线进行绕直线旋转复制，完成齿轮齿廓的创建，但是不能使用这个轮廓直接拉伸形成齿轮形状，会占用很长的时间。可先进行一个齿的拉伸操作，然后进行三维实体的实例操作完成齿轮的创建，具体参见例 16-3。

UG NX 5.0 中文版入门实战与提高

03
Chapter
3.1
3.2
3.3
3.4
3.5
3.6
3.7
3.8

3.7　本章技巧荟萃

- 矢量构造器构造的是单位矢量。
- 工具栏上非默认图标可通过单击其工具栏的倒三角弹出【添加或移出按钮】菜单。
- 建模时，可按【F3】键使跟踪框消失。
- 建模过程中，鼠标中键可实现操作步骤间的跳转，比如在建模对话框中各项之间的跳转，或结束一项操作。
- 在绘制与其他直线成一定角度的直线时，可不设置终点选择而直接选择参考直线，系统自动设置终点选项为 成一角度 。
- 在绘制直线时，拖动角度控制杆转动时，系统在特殊位置出现平行和垂直的符号。
- 在绘制圆时，可通过右键单击圆弧上一点，快速进行选项设置。
- 在"圆弧/圆"对话框中， 整圆 复选框选空，系统绘制圆弧； 整圆 选中时，系统自动绘制整圆。
- 选择直线端点作为圆弧起始点或终点时，注意端点捕捉时应出现端点捕捉符号 ，然后选择端点。
- 如果绘制与曲线垂直的直线，在选择曲线时，位置应是大致的垂直位置。
- 在跟踪框中编辑框的跳转是按【Tab】键。
- 在绘制与其他直线成一定角度的直线时，如果在跟踪框内输入角度后没有按【Tab】键，而是直接按【Enter】键，将绘制与 X 坐标轴夹角为输入值的直线。
- 圆角的绘制是逆时针进行的，因此与对象选择的先后顺序是有关系的。
- 样条曲线绘制时，控制点数至少要比设置的曲线阶次多一个。
- 关于创建表达式的具体步骤参见第 12 章。
- 一般而言所创建的二次曲线通过所有输入的点。
- 进行修剪角操作时，如果选择修剪样条曲线或关联曲线，则系统会提示曲线的定义信息将被删除，继续操作将使关联曲线变为非关联曲线。

3.8　学习效果测试

1．概念题

（1）什么是关联曲线，什么是非关联曲线？

（2）常用的曲线设计工具有几种？

（3）关联曲线的编辑方式与非关联曲线的编辑方式有什么不同？

2．操作题

（1）使用曲线工具绘制如图 3-210 所示的图形。

（2）打开 lianxi.prt，在如图 3-211 所示的特征体上创建文字。

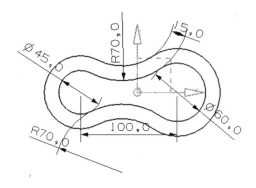

图 3-210　创建曲线

图 3-211　创建文字

读书笔记

第 4 章　草图参数化建模

学习要点

草图是一个平面内的二维曲线和点的集合，像曲线一样可通过扫描、拉伸或旋转等操作生成三维实体，也可创建复杂的二维工程图。草图提供了几何和尺寸关系约束工具，可完全实现各种平面设计意图。草图支持二维图形中的约束评估，当草图是完全约束时，草图的自由度和约束是相等的；当草图没有完全约束时，系统提供提示信息，为进行精确的三维建模提供了至关重要的支持。

学习提要

- 草图设计工具
- 草图约束方法，包括尺寸约束和几何约束
- 草图编辑方法
- 草图生成器工具
- 草图相关建模工具

04
Chapter

4.1
4.2
4.3
4.4
4.5
4.6
4.7
4.8
4.9

4.1 草图设计

草图设计是在一个选择或创建的平面上应用草图绘制工具创建二维图形的过程。进入草图设计界面后，二维图形的绘制工具与曲线中对应的功能使用方法是类似的，只是草图中的所有几何图形的绘制都约束在创建草图的平面内。当退出草图后，所有草图中的曲线或者点是以一个草图名称出现在"部件导航器"中。草图的创建过程一般过程如下：

○ **小技巧**

步骤1和2是可以互换的，即可以先选择平面再选择 按钮。

（1）单击【插入】|【草图】或者工具栏中的 按钮，插入一个草图，系统弹出"创建草图"对话框。

（2）选择/创建草图绘制的平面。草图是以平面为基础的，所有的草图必须绘制到一个平面、坐标平面或者是"创建草图"对话框，提示创建或选择的一个平面或基准面上，如果视图中没有可选用的平面，也可以创建平面供草图使用。

（3）当创建"拉伸"、"变化的扫掠"和"回转"特征时，从特征对话框中也可直接创建用于生成特征的草图。此时创建的草图是内部草图，在"部件导航器"中是不可见的，只在编辑该特征时，草图可见。

（4）在弹出的"草图曲线"工具栏中选择绘制工具绘制草图，或者在弹出的"草图操作"工具栏中选择按钮根据现有曲线或草图生成图形。

（5）选择菜【插入】|【尺寸】标注草图的尺寸。

（6）在"草图约束"工具栏中选择选项对复杂图形添加几何关系约束，辅助尺寸对几何图形进行形状和位置的完全定义。

（7）右键单击视图窗口，在弹出的右键菜单中选择【完成草图】或者单击"草图生成器"工具栏中的 按钮，完成草图绘制。

当草图绘制结束后，可通过以下几种方式进入草图编辑状态：

● 在"部件导航器"中选择草图，右键单击弹出右键菜单，选择【编辑】菜单进行草图编辑。

● 单击 按钮，在弹出的"草图生成器"工具栏中选择 下拉框中想要编辑的草图名称进入编辑草图状态。

● 在视图窗中选择草图中的任何一个对象，双击鼠标左键，单击 按钮，或者选择右键菜单中的【编辑】进入编辑草图状态。

4.1.1 创建草图平面

单击【插入】|【草图】或者工具栏中的 按钮，系统弹出如图 4-1 所示的"创建草图"对话框，对话框中的选项含义如下：

1. 在平面上

当在类型中选择 在平面上 选项时，表示可选择和创建一个平面（实体平面、平面、基准面）进行草图的创建，对话框中的选项含义如下：

（1）草图平面。

- 现有的平面 ▼：选择现有平面或者实体平面创建草图。

图 4-1　"创建草图"对话框

- 创建平面 ▼：新创建一个平面创建草图，平面创建方法参见 3.2.3 节。

- 创建基准坐标系 ▼：创建一个基准坐标系来创建草图，其创建方法参见 2.3.2 节。

（2）草图方向：定义已创建的草图中的 X 轴和 Y 轴方向，可通过选择平面、几何体边、坐标轴或基准面来定义草图的方位。

2. 在轨迹上 ▼

当在类型中选择 在轨迹上 ▼ 选项时，可在曲线或者边上创建一个平面进行草图的创建。对话框中的选项含义如下：

（1）路径 ▥：可选择曲线或者是实体边。

（2）平面位置：定义平面沿着路径的位置。

- 圆弧长 ▼：定义从曲线的起始点到平面的曲线长度。

- % 圆弧长 ▼：定义平面位置占曲线总长度的百分比。

- 通过点 ▼：定义平面上一点。

（3）平面方位：定义草图平面的方向。

- 垂直于路径 ▼：创建的草图平面与所选的轨迹垂直。

- 垂直于矢量 ▼：创建的草图平面与选择的矢量方向相垂直。

- 平行于矢量 ▼：创建的草图平面与选择的矢量方向相平行。

- 通过轴 ▼：创建的草图平面过选择的轴。

（4）草图方向：定义已创建的草图中的 X 轴和 Y 轴方向；可通过选择平面、几何体边、坐标轴或基准面来定义草图的方位。

【例 4-1】　选择基准面创建草图

01　单击"曲线"工具栏中的 ▨ 按钮，则系统出现如图 4-1 所示的"创建草图"对话框。

02　在"创建草图"对话框中的"类型"中选择 在平面上 ▼ 选项，在"草图平面"中的"平面选项"选择 现有的平面 ▼ 选项，此时"选择平面的面或平面"处于激活状态。

03　选择图 4-2 中光标所示的一个基准面，创建草图平面。设置"草图方位"中的"参考"为 水平 ▼，选择 X 坐标轴作为草图平面的水平方向，如图 4-3 所示。

图 4-2　选择基准面作为草图的放置面

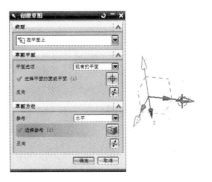

图 4-3　选择 X 轴方向为草图的水平方向

04 单击 确定 按钮进入草图操作界面，
如图 4-4 所示。

4.1
4.2
4.3
4.4
4.5
4.6
4.7
4.8
4.9

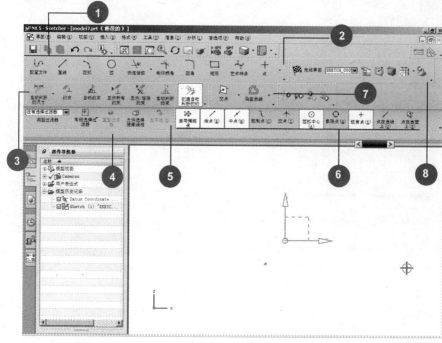

1—草图工具栏　　　　　　5—草图选择栏
2—草图曲线工具栏　　　　6—点捕捉栏
3—草图约束工具栏　　　　7—草图操作工具栏
4—草图状态栏　　　　　　8—草图生成器工具栏

图 4-4　草图操作界面

【例 4-2】　选择几何体平面创建草图

01 打开光盘中的 section4/401.prt 文件

02 单击"曲线"工具栏中的 按钮，则
系统出现如图 4-1 所示的"创建草图"
对话框，在"创建草图"对话框中的"类型"
中选择 在平面上 选项。

03 选择图 4-5 中光标所示的一个平面，
创建草图平面，设置"草图方位"中
的"参考"为 水平 ，注意在"选择
杆"中设置过滤项为 ，选择光标
所示的边作为草图平面的水平方向，可选择
按钮设置相反水平方向，如图 4-6 所示。

04 单击 确定 按钮进入草图操作界面。

图 4-5　选择实体表面放置草图

图 4-6　选择实体边线作为水平方向

【例4-3】　选择在曲线上创建草图

01 打开光盘中的section4/402.prt 文件。

02 单击"曲线"工具栏中的 按钮，则系统出现如图 4-1 所示的"创建草图"对话框，在"创建草图"对话框中的"类型"中选择 在轨迹上 选项，此时"路径"选项处于激活状态，选择视图中的样条曲线，如图 4-7 所示。

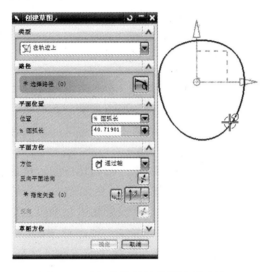

图 4-7　选择曲线作为草图放置路径

03 在"平面位置"选项中设置创建的平面位于曲线上的位置。在"位置"处选择 ％圆弧长 选项，设置"％圆弧长"数字为 0，此时从曲线的起始位置开始创建草图平面。

04 在"平面方位"中设置草图平面方位。在"方位"处选择 通过轴 选项，

4.1.2　草图首选项

进入草图操作界面后，选择【首选项】|【草图】命令，系统弹出如图 4-10 所示的"草图首选项"对话框。

此时 ＊指定矢量 (0) 选项处于激活状态，选择 按钮，系统弹出"矢量"对话框，如图 4-8 所示，选择 Z 轴作为草图平面平行的矢量，单击 确定 按钮返回"创建草图"对话框，此时系统中已经显示了草图平面，如图 4-9 所示，单击 确定 按钮进入草图操作界面。

图 4-8　"矢量"对话框

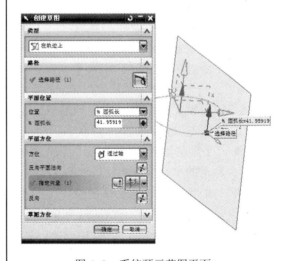

图 4-9　系统预示草图平面

○ 小技巧

也可通过选择【文件】|【实用工具】|【用户默认设置】设置草图首选项。

UG NX 5.0 中文版入门实战与提高

04
Chapter

4.1
4.2
4.3
4.4
4.5
4.6
4.7
4.8
4.9

图 4-10 "草图首选项"对话框

1. 选择"常规"标签，对话框中的选项如图 4-10 所示，选项含义如下

- "捕捉角"：绘制直线过程中，在竖直、水平、平行和垂直位置的捕捉角度。如果所绘制的直线与草图的水平或竖直参考基准夹角在捕捉角范围内，则系统自动捕捉直线到竖直或水平位置上。默认值为 3°，最大值可设置为 20°，取消角度捕捉的方式是设置捕捉角度为 0°。
- "小数位数"：定义草图中标注尺寸显示的小数位数，默认值为 3。
- "文字高度"：定义草图中标注尺寸显示的文字高度，默认值为 0.125，如果将 固定文本高度 选空，则在使用 按钮进行图形缩放时，字体随之进行缩放。
- "尺寸标签"：设置草图尺寸中表达式的显示形式。
- 表达式 ：显示整个尺寸表达式，如图 4-11 所示。

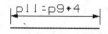

图 4-11 草图操作界面

- 名称 ：只显示表达式的名字，如图 4-12 所示。

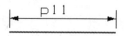

图 4-12 草图操作界面

- 值 ：只显示表达式的值，如图 4-13 所示。

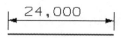

图 4-13 草图操作界面

2. 改变视图方位：此项选中时，当进入到草图操作界面时，视图自动调整到与草图平面对齐方位，退出草图时视图回到建模状态时的视角

3. 保持图层状态：此项选中时，进入草图后，草图所处的图层自动成为工作图层；当退出草图时，又恢复到进入草图之前的图层状态；此项选空时，退出草图后，图层状态不返回到进入草图之前的图层状态

4. 显示自由度箭头：控制视图是否显示草图中的自由度箭头

5. 动态约束显示：此项选中时，如果几何对象缩小时，约束符号不显示，放大几何对象后，约束符号才显示；此项选空时，无论放大或缩小几何对象，约束符号都显示

6. 保留尺寸：此项选中时，退出草图后，标注在草图上的尺寸仍然显示

7. 显示对象颜色：此项选中时，视图中的草图对象用【首选项】|【对象】菜单中设置的颜色显示；此项选空时，视图中的草图对象用【首选项】|【草图】中设置的颜色显示

8. 草图原点：表示草图原点位置

- 从平面选择自动判断：在草图平面中水平参考和竖直参考的交点处设置草图平面。

- ：根据模型中的绝对坐标系中的原点位置设置草图平面中的原点，此时要求草图平面必须以与坐标系中的一个基准面平行。当创建草图时选择的是 [在平面上] 选项时，此

项不可选。

9．默认名称前缀：设置不同几何对象的前缀名称

10．选择【颜色】标签：设置草图中的对象显示颜色

4.1.3 草图曲线工具条

进入草图界面后，可选择"草图曲线"工具栏中的曲线按钮绘制二维图形，"草图曲线"工具栏如图4-14所示。

图4-14 "草图曲线"工具栏

1．配置文件

此项提供创建一组相连接的直线和/或圆弧曲线串。

【例4-4】 创建一组曲线串

01 单击"视图"工具栏中的定位 按钮，将视图与俯视图对齐。

02 选择【插入】|【草图】命令，系统弹出"创建草图"对话框，XY 基准面作为草图放置面，选择 X 轴正向为草图平面的水平参考方向，如图4-15所示，单击 确定 按钮进入草图操作界面。

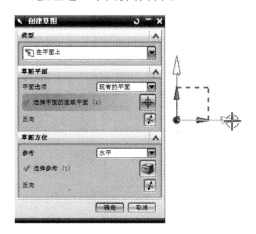

图4-15 选择 X-Y 平面作为草图放置面

03 保持"草图约束"工具栏中的 按钮处于选中状态。选择草图界面中"草图曲线"中的 按钮，系统弹出"配置文件"对话框，如图4-16所示。

图4-16 "配置文件"对话框

- ：创建直线。使用捕捉到其他直线的端点创建新直线时，直线创建方式自动转换到 （参数创建方式）。

- ：创建圆弧。当创建一组曲线串时，从直线切换到圆弧绘制时采用两点方式创建圆弧；当从圆弧继续绘制圆弧时，采用三点方式创建圆弧；在绘制圆弧结束时，自动转换到直线绘制状态。

- XY：通过输入坐标方式创建直线或圆弧。

- ：通过输入曲线参数方式绘制直

04
Chapter

4.1
4.2
4.3
4.4
4.5
4.6
4.7
4.8
4.9

线或圆弧。

04 在视图中选择一点，水平移动鼠标，系统中会出现水平约束标识，如图 4-17 所示，到大致位置单击鼠标。

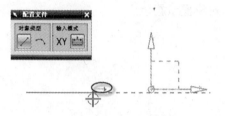

图 4-17　绘制一条直线

05 按住鼠标左键，在视图中拖动鼠标，视图出现了象限标识，如图 4-18 所示，象限标识含义如图 4-19 所示。当圆弧处于 1 和 2 象限时，所绘制的圆弧与直线相切，处于 3 和 4 象限时，所绘制的圆弧在连接点处的切线方向与直线垂直。

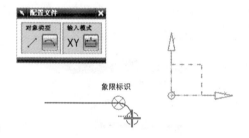

图 4-18　象限标识

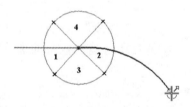

图 4-19　象限标识含义

06 松开鼠标左键，在视图中移动鼠标，保持点捕捉项 ／ 处于选中状态，将鼠标移动到象限标识内部，并捕捉到直线的端点，如图 4-20 所示，然后从另一个选项移出，如图 4-21 所示，此时所绘制的圆弧状态（与直线相切或垂直）发生改变。

图 4-20　捕捉到直线端点

图 4-21　从第四象限移出

07 在如图 4-22 所示的位置单击鼠标完成圆弧绘制，水平移动鼠标，绘制一段水平直线。按住鼠标左键，在视图中拖动鼠标，出现象限标识，如图 4-23 所示，单击鼠标完成图形绘制。

图 4-22　完成圆弧

图 4-23　从第 2 象限移出

> ○ **小技巧**
>
> 如果希望连续绘制圆弧可双击 按钮。

08 关闭草图界面中"草图曲线"中的 按钮，完成图形绘制，如图 4-24 所示。

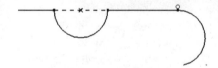

图 4-24　完成图形绘制

2. 直线

提供使用坐标 XY 或参数 两种方式创建直线。

【例 4-5】 创建平行直线

01 在 XY 基准面上创建草图，水平方向设置为 X 轴正方向。

02 进入草图操作界面后，在"草图曲线"中选择 ✍ 按钮，绘制一条直线（大致），如图 4-25 所示。保持"草图约束"工具栏中的 ⚬ 按钮处于选中状态。重新在"草图曲线"中选择 ✍ 按钮，在草图平面中选择一点作为直线起点，移动鼠标，让鼠标经过已经绘制的直线，然后移开鼠标直到视图中出现平行约束标识，如图 4-26 所示，单击鼠标完成直线绘制。

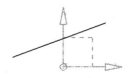

图 4-25　绘制直线

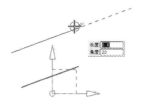

图 4-26　绘制平行直线

3. 圆弧 ⌒

提供使用坐标 ▣ 或参数 ▣ 两种方式通过三点式或圆心和端点创建圆弧，其操作步骤和曲线圆弧操作过程类似，这里不再赘述。

4. 圆 ○

提供使用坐标 ▣ 或参数 ▣ 两种方式通过中心和半径或圆上三点创建圆。

【例 4-6】　创建等圆

01 在 XY 基准面上创建草图，水平方向设置为 X 轴正方向。

02 进入草图操作界面后，在"草图曲线"中选择 ○ 按钮，系统弹出"圆"对话框，选择 ◎ 按钮。在视图中选择一点作为绘制圆的圆心，在动态跟踪框内键入圆直径，按【Enter】键，结束圆弧绘制，如图 4-27 所示。

图 4-27　绘制圆

03 移动鼠标，在视图中可多次选择圆心，完成多个等圆绘制，如图 4-28 所示。

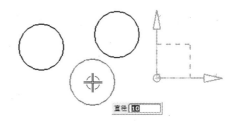

图 4-28　绘制多个等圆

04 在创建等圆过程中，采用默认的草图约束设置时，所绘制的等圆之间不建立尺寸约束或几何约束（等直径或半径），只有设置了草图约束后绘制等圆时，保持"草图约束"工具栏中的 ⚬ 和 ⚬ 按钮处于选中状态，系统将自动为等圆建立不同形式的等圆约束。单击"草图约束"工具栏中的 ▣ 按钮，系统弹出"自动判断约束对话框"，对其中的两个选项的不同设置会影响到等圆的约束形式，具体如下：

● ☑等半径（选中）☐尺寸的约束（选空）：创建等圆时，系统自动添加等半径约束，如图 4-29 所示。

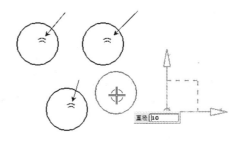

图 4-29　自动添加了约束

UG NX 5.0 中文版入门实战与提高

04
Chapter

4.1
4.2
4.3
4.4
4.5
4.6
4.7
4.8
4.9

- ☐等半径（选空）☐尺寸的约束（选空）：不创建约束，如图4-28所示。
- ☑等半径（选中）☑尺寸的约束（选中）：第一个圆创建直径尺寸约束，从第二个圆开始创建等半径约束，如图4-30所示。

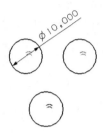

图4-30 从第二个开始创建等半径约束

- ☐等半径（选空）☑尺寸的约束（选中）：为所有等圆创建直径尺寸约束，如图4-31所示。

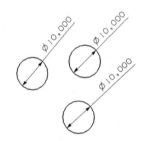

图4-31 创建直径尺寸约束

5. 派生的线条

根据现有直线采用多种方式生成与现有直线存在几何关系的新直线。

【例4-7】 创建一个偏置曲线

01 在XY基准面上创建草图，水平方向设置为X轴正方向。

02 进入草图操作界面后，在"草图曲线"中单击 ✎ 按钮，在系统中绘制一条水平直线；单击"草图曲线"中的 ☒ 按钮，用鼠标选中视图中的水平直线，如图4-32所示。

03 移动鼠标，在视图中选择一点，或在动态跟踪框内键入偏置值，完成偏置曲线绘制，如图4-33所示。

图4-32 选择水平线

图4-33 创建水平偏置线

【例4-8】 创建多个偏置曲线

01 在XY基准面上创建草图，水平方向设置为X轴正方向。

02 进入草图操作界面后，在"草图曲线"中单击 ✎ 按钮，在系统中绘制一条水平直线，如图4-34所示。

图4-34 选择现有水平直线

03 单击"草图曲线"中的 ☒ 按钮，按住【Ctrl】键，用鼠标选中视图中的水平直线。

04 移动鼠标，在视图中选择一点，或在动态跟踪框内键入偏置值，完成偏置曲线绘制；继续移动鼠标可在视图中创建多个偏置直线，如图4-35所示。

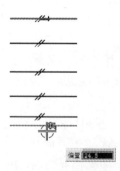

图4-35 创建多个偏置

【例4-9】 创建等分偏置曲线

01 在XY基准面上创建草图，水平方向设置为X轴正方向。

02 进入草图操作界面后，在"草图曲线"中单击 按钮，在系统中绘制两条水平直线，如图 4-36 所示。

图 4-36 绘制两条平行线

03 单击"草图曲线"中的 按钮，用鼠标选中视图中的两条水平直线，系统创建两条直线的等分偏置曲线，如图 4-37 所示。

图 4-37 绘制等分偏置直线

【例 4-10】 创建角分线

01 在 XY 基准面上创建草图，水平方向设置为 X 轴正方向。

02 进入草图操作界面后，在"草图曲线"中单击 按钮，在系统中绘制相交直线，如图 4-38 所示。

图 4-38 绘制两直线成一角度

03 单击"草图曲线"中的 按钮，用鼠标选中视图中的两条水平直线，系统创建两条直线的角分线，如图 4-39 所示。

图 4-39 创建角的角分线

6. 快速修剪

将曲线修剪到最近的几何对象或虚拟交点处。当曲线与任何几何对象或虚拟交点不相交时，曲线将被删除。当"草图约束"工具栏中的 按钮处于选中状态时，系统自动为被修剪后的曲线添加如下几何约束：

- 当圆弧中间被剪切掉，则系统自动为剩余圆弧添加同心约束和等半径约束，如图 4-40 所示。

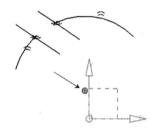

图 4-40 添加同心约束和等半径约束

- 当修剪一条曲线到另一条曲线时，系统自动添加共线约束，如图 4-41 所示。

图 4-41 添加共线约束

- 当直线中间被剪切掉，则系统自动为剩余直线添加共线约束，如图 4-42 所示。

图 4-42 添加共线约束

- 在两曲线相切位置修剪曲线，则系统自动为修剪后的曲线添加相切几何约束，如图 4-43 所示。

UG NX 5.0 中文版入门实战与提高

04

Chapter

4.1

4.2

4.3

4.4

4.5

4.6

4.7

4.8

4.9

图 4-43　添加相切几何约束

【例 4-11】　一次修剪多条曲线

01 在 XY 基准面上创建草图，水平方向设置为 X 轴正方向。

02 进入草图操作界面后，在"草图曲线"中单击 ╱ 和 ╲ 按钮，在系统中绘制如图 4-44 所示的 3 条水平线和圆弧。

图 4-44　草图操作界面

03 在"草图曲线"中单击【快速修剪】 按钮，系统弹出如图 4-45 所示的"快速修剪"对话框。

图 4-45　"快速修剪"对话框

04 单击"快速修剪"对话框中"边界曲线"的 按钮，用鼠标选择视图中的圆弧作为修剪直线的边界曲线，如图 4-46 所示。

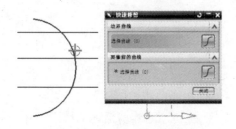

图 4-46　选择边界对象

05 选择"快速修剪"对话框中"要修剪的曲线"的 按钮，用鼠标在如图 4-47 所示位置选择一点，按住鼠标左键，拖动鼠标向下经过圆弧右侧的 3 条直线，如图 4-48 所示，完成直线的修剪。

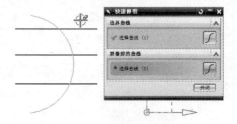

图 4-47　选择修剪位置

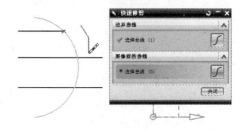

图 4-48　拖动鼠标完成多条曲线修剪

【例 4-12】　修剪到虚拟交点

01 在 XY 基准面上创建草图，水平方向设置为 X 轴正方向。

02 进入草图操作界面后，在"草图曲线"中单击 ╲ 按钮，在系统中绘制如图所示的圆弧，如图 4-49 所示。

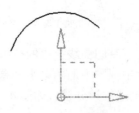

图 4-49　绘制圆弧

03 在"草图曲线"中单击【快速修剪】 按钮，系统弹出"快速修剪"对话框。单击"快速修剪"对话框中"边界曲线"的 按钮，用鼠标选择视图中的 Y 坐标轴，如图 4-50 所示。

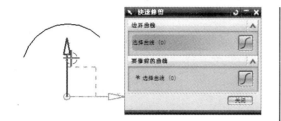

图 4-50　选择 Y 坐标

04 选择"快速修剪"对话框中"要修剪的曲线"的 ∫ 按钮，在 *Y* 轴右侧选择视图中的圆弧，如图 4-51 所示，生成如图 4-52 所示的修剪曲线。

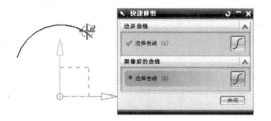

图 4-51　选择右侧圆弧

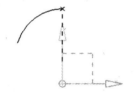

图 4-52　修剪后的曲线

7. 快速延伸

将曲线延伸到最近的几何对象或虚拟交点处。当"草图约束"工具栏中的 按钮处于选中状态时，系统自动为被延伸后的曲线添加如下几何约束：

● 当延伸一条曲线到另一条曲线的端点时，系统自动添加曲线共点约束，如图 4-53 所示。

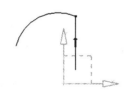

图 4-53　添加共点约束

● 当延伸一条曲线到另一条曲线时，系统自动添加曲线点在曲线上约束，如图 4-54 所示。

图 4-54　添加曲线在点上约束

【例 4-13】　一次延长多条曲线

01 在 XY 基准面上创建草图，水平方向设置为 *X* 轴正方向。

02 进入草图操作界面后，在"草图曲线"中单击 和 按钮，在系统中绘制如图 4-55 所示的 3 条水平线和两条圆弧。

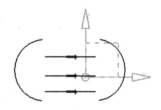

图 4-55　绘制草图图形

03 在"草图曲线"中单击【快速延伸】按钮，系统弹出如图 4-56 所示的"快速延伸"对话框。

图 4-56　"快速延伸"对话框

04 单击"快速延伸"对话框中"边界曲线"的 ∫ 按钮，用鼠标选择视图中的右侧圆弧作为延伸直线的边界曲线，如图 4-57 所示。

UG NX 5.0中文版入门实战与提高

04
Chapter

4.1
4.2
4.3
4.4
4.5
4.6
4.7
4.8
4.9

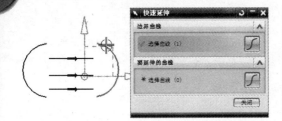

图 4-57　选择圆弧作为延伸边界对象

05 选择"快速延伸"对话框中"要延伸的曲线"的 ⌒ 按钮，用鼠标在如图 4-58 所示的位置选择一点，按住鼠标左键，拖动鼠标向下经过 3 条直线的右侧，如图 4-59 所示，完成直线的延伸。

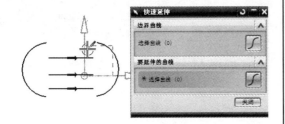

图 4-58　快速延伸对话框

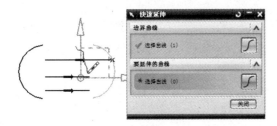

图 4-59　完成延伸

【例 4-14】　延伸到虚拟交点

01 在 XY 基准面上创建草图，水平方向设置为 X 轴正方向。

02 进入草图操作界面后，在"草图曲线"中单击 ⁄ 和 ⌒ 按钮，在系统中绘制如图所示的直线和圆弧，如图 4-60 所示。

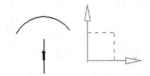

图 4-60　绘制圆弧和直线

03 在"草图曲线"中单击【快速延伸】 ⋎ 按钮，系统弹出"快速延伸"对话框，单击"快速延伸"对话框中"边界曲线"的 ⌒ 按钮，用鼠标选择视图中的圆弧，如图 4-61 所示。

图 4-61　选择边界对象

04 选择"快速延伸"对话框中"要延伸的曲线"的 ⌒ 按钮，选择直线，生成如图 4-62 所示的延伸曲线。

图 4-62　完成延伸

8．制造拐角

通过延长或修剪，将输入曲线修整为相交到一点的曲线，形成拐角。可制造拐角的曲线有：直线、圆弧、非封闭形二次曲线和非封闭形样条曲线（只能通过修剪形成拐角）。

【例 4-15】　制造拐角 1

01 在 XY 基准面上创建草图，水平方向设置为 X 轴正方向。

02 进入草图操作界面后，在"草图曲线"中单击 ⁄ 和 ⌒ 按钮，在系统中绘制如图所示的直线和圆弧，如图 4-63 所示。

03 在"草图曲线"中单击【制造拐角】 ⌐ 按钮，系统弹出"制造拐角"对话框，如图 4-64 所示。选择视图中的圆弧，移动鼠标到直线,此时系统用粉色预示了最终形成拐角的曲线形状,如图 4-65 所示。注意鼠标在直线的位置决定了最终的拐角形状,单击鼠标完成拐角的创建,如图 4-66 所示。

图 4-63　绘制直线和圆弧

图 4-64　"制造拐角"对话框

图 4-65　选择圆弧和直线

图 4-66　形成拐角形状

04 如果用鼠标覆盖直线的位置,如图 4-67 所示,则最终生成的拐角形状如图 4-68 所示。

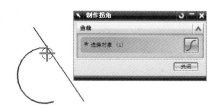

图 4-67　光标选择位置

图 4-68　形成拐角形状

【例 4-16】　制造拐角 2

01 在 XY 基准面上创建草图,水平方向设置为 X 轴正方向。

02 进入草图操作界面后,在"草图曲线"中单击 和 按钮,在系统中绘制如图所示的直线和圆弧,如图 4-69 所示,在"草图曲线"中单击【制造拐角】 按钮,系统弹出"制造拐角"对话框。

图 4-69　绘制直线和圆弧

03 选择视图中的圆弧,注意处于鼠标选择位置的圆弧是最终形成拐角的部分。移动鼠标到直线,此时系统用粉色预示了最终形成拐角的曲线形状,如图 4-70 所示。鼠标覆盖直线的位置决定了最终的拐角形状,单击鼠标完成拐角的创建,如图 4-71 所示。

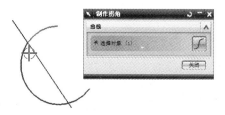

图 4-70　选择拐角位置

图 4-71　拐角形状

04

Chapter

4.1
4.2
4.3
4.4
4.5
4.6
4.7
4.8
4.9

04 如果鼠标覆盖直线的位置如图 4-72 所示，则最终生成的拐角形状如图 4-73 所示。

图 4-72　选择拐角位置

图 4-73　拐角形状

9. 圆角

在两条或三条曲线之间创建圆角。选择"草图曲线"工具栏中的 按钮，系统弹出"创建圆角"对话框，如图 4-74 所示。

图 4-74　"创建圆角"对话框

- ：创建圆角时，系统在与圆角相切位置修剪输入曲线。当在 中确保 重合 和 相切 选项处于选中状态后，使用该命令创建圆角时，系统自动添加重合和相切约束。
- ：创建圆角时，系统不修剪输入曲线。
- ：在 3 条曲线间创建圆角时，创建圆角时将第 3 条曲线删除掉。
- ：创建补圆弧。

【例 4-17】　制造两曲线间圆角

01 在 XY 基准面上创建草图，水平方向设置为 X 轴正方向。

○ 小技巧

也可通过按【Page Up】和【Page Down】键切换到绘制圆角和补圆角状态。

02 进入草图操作界面后，在"草图曲线"中单击 按钮，在系统中绘制如图所示的直线，如图 4-75 所示。

图 4-75　绘制两条直线

03 选择"草图曲线"工具栏中的 按钮，在弹出的"创建圆角"对话框中确保 处于激活状态。

04 选择视图中的两条直线，视图预视了圆角形状，单击 按钮，可创建补圆弧。

05 在跟踪框内输入圆角半径，按【Enter】键完成圆角创建，如图 4-76 所示。

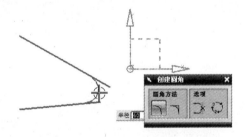

图 4-76　完成圆角创建

【例 4-18】　创建三曲线间圆角

01 打开光盘中的 section4/418.prt 文件。

02 在视图中双击一个曲线，进入草图编辑界面。选择"草图曲线"工具栏中的 按钮，在弹出的"创建圆角"对话框中确保 和 按钮处于激活状态。

03 先选择视图中的圆弧，再选择直线，此时视图中出现圆角的预视图，如图 4-77 所示。

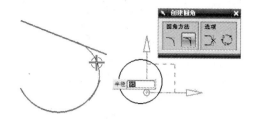

图 4-77 选择圆弧和直线

04 移动鼠标，光标覆盖视图中的圆后，将鼠标移开,当移至如图 4-78 所示的位置时，系统中出现了相切约束标识。

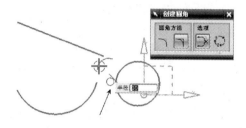

图 4-78 出现相切约束标识

05 单击鼠标完成圆角创建，此时视图中的圆被删除了，直线和圆弧没有延伸到圆角位置，如图 4-79 所示。

图 4-79 创建圆角

10. 矩形

选择"草图曲线"工具栏中的按钮，系统弹出"矩形"对话框，如图 4-80 所示。

图 4-80 "矩形"对话框

- ：通过指定矩形对角线上的两点创建矩形，所创建的矩形平行于草图的水平参考和竖直参考。

- ：创建的矩形与草图的水平轴和竖直轴成一定角度。先选择的两点定义了矩形的宽度、与水平参考和竖直参考的夹角，第三个点定义了矩形的高度。

- ：创建的矩形与草图的水平轴和竖直轴成一定角度。先指定矩形的中心，再指定一点定义矩形与水平参考和竖直参考的角度以及矩形的宽度，最后指定一点定义矩形的高度。

- XY：指定坐标形式创建矩形。

- ：指定参数形式创建矩形。

【例 4-19】 通过三点方式创建矩形 1

01 在 XY 基准面上创建草图，水平方向设置为 X 轴正方向。

02 进入草图操作界面后，在"草图曲线"中单击按钮，系统弹出"矩形"对话框，选择按钮和按钮，使其处于激活状态。

03 在视图中选择一点作为矩形的一个顶点，系统弹出动态跟踪框，如图 4-81 所示，可在其中输入矩形的参数尺寸和夹角的角度，输入后按【Enter】键，此时系统中显示了所绘制的矩形，如图 4-82 所示，然后进行第 4 步；或者移动鼠标在视图中选择矩形第二个顶点，与第一点共同定义矩形的宽度和角度，如图 4-83 所示，然后进行第 5 步。

图 4-81 选择一点

图 4-82 显示了矩形形状

04
Chapter

4.1

4.2

4.3

4.4

4.5

4.6

4.7

4.8

4.9

图 4-83　定义矩形宽度和角度

04 在视图中移动鼠标，此时鼠标只能在矩形与 X 水平参考夹角（顺逆时针都可）成指定角度的位置移动，指定一个位置后单击鼠标完成矩形绘制。

05 在视图中指定一点定义矩形的高度，完成矩形绘制。

【例 4-20】　通过三点方式创建矩形 2

01 在 XY 基准面上创建草图，水平方向设置为 X 轴正方向。

02 进入草图操作界面后，在"草图曲线"中单击按钮，系统弹出"矩形"对话框，选择按钮和按钮，使其处于激活状态。

03 在视图中选择一点作为矩形的中心点，系统弹出动态跟踪框，如图 4-84 所示，可在其中输入矩形的参数尺寸和夹角的角度，输入后按【Enter】键，完成了所绘制的矩形，如图 4-85 所示；或者移动鼠标在视图中选择矩形宽度的中点，同时确定矩形与水平参考的夹角。移动鼠标，在视图中指定一点定义矩形宽度，完成矩形的绘制，如图 4-86 所示。

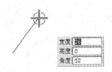

图 4-84　绘制矩形中心点

图 4-85　显示矩形形状

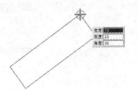

图 4-86　通过定义矩形宽度定义矩形

11．关联点

使用该项创建点时，可以捕捉到模型中的几何对象，因此能够创建草图中的点与模型的关联关系。当模型中的几何对象位置修改时，草图中的点将根据模型的修改而自动更新，关联点可作为草图中的基准点。

【例 4-21】　创建关联点

01 打开光盘中的 section\421.prt 文件。

02 选择【插入】|【草图】命令，系统弹出"创建草图"对话框，选择正方体作为草图放置面，边线为草图的水平参考面，如图 4-87 所示，单击按钮进入草图编辑界面。

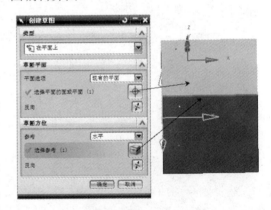

图 4-87　选择草图编辑平面

03 在"草图曲线"工具栏中单击关联点，系统弹出"点构造器"对话框同时启动点捕捉项，确保点捕捉项中的选项处于激活状态。

04 用鼠标捕捉到正方体的一个顶点，如图 4-88 所示，单击按钮完成点创建。

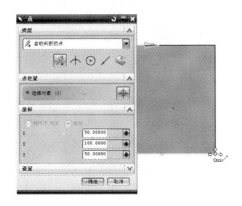

图 4-88　完成点的创建

05 选择【草图】|【完成草图】命令退出
草图编辑状态，在视图中正方体的顶
点上创建了一个点，如图 4-89 所示。

图 4-89　在正方体顶点创建点

06 双击正方体，系统弹出"编辑参数"
对话框，如图 4-90 所示。单击
[　　　特征对话框　　　] 按钮，系统弹出
"编辑参数"对话框，将其中的 X 长度、Y
长度和 Z 长度都修改为 10mm，单击 [确定]
按钮完成正方体的尺寸修改。

图 4-90　"编辑参数"对话框

07 系统再次弹出如图 4-91 所示的"编辑
参数"对话框，单击 [确定] 按钮退出参
数编辑状态，此时系统中的正方体缩小了
10 倍，正方体上的点（草图）一直保持与
正方体的顶点重合。

图 4-91　"编辑参数"对话框

12．椭圆 ⬭

使用该项创建椭圆时，与曲线中的椭圆
绘制方法相同，参照曲线中椭圆的绘制方
法。

13．二次曲线 ⬭

使用该项创建二次曲线时，与曲线中一
般二次曲线中的 [　2 点，顶点，Rho　]
方式创建曲线相同，参照曲线中一般二次曲
线的绘制方法。

4.2　草图约束

UG NX 5.0

草图的约束方式包括：尺寸标注、定位尺寸和几何关系约束。其中尺寸标注
应用于草图对象，定义草图的大小和草图对象的相对位置；定位尺寸应用
于草图对象（处于不同草图中）之间、草图对象和曲线之间以及草图对象和特
征之间，用于草图中几何对象的位置；几何关系约束应用于草图对象之间、草
图对象和曲线之间以及草图对象和特征之间，进行草图对象的位置约束。尺寸
约束和几何关系约束共同对草图中的几何图形进行约束，实现草图图形的完全
约束。

4.1

4.2

4.3

4.4

4.5

4.6

4.7

4.8

4.9

○ 小技巧

　　绘制草图时，如果草图中的元素需要捕捉或定位到模型中的几何体时，将"草图约束"工具栏中的 ≫ 选空，单击 ⊥ 按钮，设置其中的 ☑参考外部工作部件 为选中状态。

1. 尺寸标注

　　UG NX 5.0 中的草图对象是参数化驱动的，因此绘制草图结束后，可通过尺寸标注对草图进行精确形状定义和位置约束。进入草图编辑状态后，选择【插入】|【尺寸】命令，选择标准的尺寸类型或者是在"草图约束"工具栏中选择对应的图标，如图 4-92 所示，单击【尺寸】按钮（任一尺寸按钮）系统弹出"尺寸"对话框，如图 4-93 所示，其中的选项含义如下：

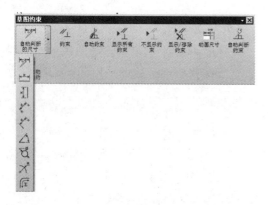

图 4-92　尺寸菜单项

图 4-93　"尺寸"对话框

　　（1）草图尺寸对话框 ：单击此按钮，系统弹出"尺寸"对话框，如图 4-94 所示，其中的选项含义如下：

- 表达式列表：显示尺寸列表，每个尺寸有尺寸名字和值。
- 当前表达式：显示在表达式列表中的尺寸名字和值，可进行编辑。

图 4-94　"尺寸"对话框

- ✕：删除所选表达式。
- 尺寸放置 ：设置尺寸的放置方式。可选择自动放置、手工放置（箭头在内）和手动放置（箭头在外）；当使用 标注尺寸时，尺寸的放置形式全部为手动放置（不论选择何种设置）。
- 引导线方向 ：设置尺寸指引线的方向。有两种方式设置方向：指引线来自尺寸右侧和指引线来自尺寸左侧。
- 文本高度：修改草图中所有尺寸线上文字的高度。
- ☑固定文本高度：选中此项，视图进行放大或缩小时，尺寸文字的大小并不改变；此项选空，视图进行放大或缩小时，尺寸文字将随图形的放大或缩小。
- ☐创建参考尺寸：创建参考尺寸。参考尺寸不具有约束功能，只显示尺寸数值，此项选中后，在下一个尺寸标注时发生作用。
- ☐创建内错角：只标注两个直线夹角的最大值。

（2）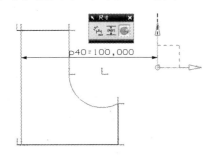：在驱动尺寸和参考尺寸之间进行切换。

（3）：标注的角度尺寸为内错角（最大夹角）。

下面介绍各个尺寸类型的含义：

- ：根据所选几何对象和尺寸放置位置智能生成尺寸，大多数情况下在进行尺寸标注的时候选择该项进行尺寸标注。
- ：标注水平尺寸。
- ：标注竖直尺寸。
- ：标注两点之间的最小距离尺寸。
- ：标注点和直线之间的垂直距离尺寸。
- ：标注两直线之间的尺寸。
- ：标注圆或圆弧的直径尺寸。
- ：标注圆或圆弧的半径尺寸。
- ：标注所选曲线组的总长度尺寸。
- ：将驱动尺寸转换为参考尺寸或者相反。

【例4-22】　标注尺寸

01 打开光盘中的 section\422.prt 文件。双击视图中的曲线，进入草图编辑界面。

02 选择"草图约束"工具栏中的 按钮，选择视图中的 Y 坐标轴和竖直直线创建水平位置尺寸，如图 4-95 所示。

图 4-95　标注水平尺寸

03 保持选择"草图约束"工具栏中的 按钮处于激活状态，选择视图中的 X 坐标轴和水平直线创建竖直位置尺寸，如图 4-96 所示。

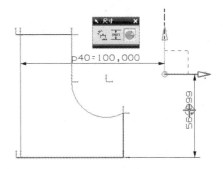

图 4-96　标注竖直尺寸

04 选择"草图约束"工具栏中的 按钮（也可以继续使用 按钮），选择视图竖直直线创建竖直长度尺寸，如图 4-97 所示。

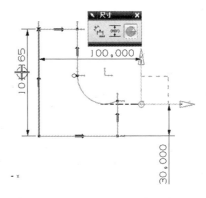

图 4-97　标注长度尺寸

05 选择"草图约束"工具栏中的 按钮（也可以继续使用 按钮），选择视图水平直线创建水平长度尺寸，如图 4-98 所示。

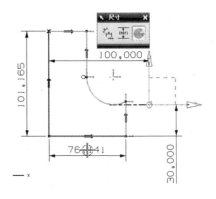

图 4-98　标注水平长度尺寸

06 选择上面的水平线，标注其水平长度尺寸。选择"草图约束"工具栏中的 按钮，选择视图中的两段竖直直线和圆弧，如图4-99所示，在视图中的空白区单击鼠标左键（必须在空白区域单击鼠标左键，否则不产生周长属性），此时系统中并无尺寸显示。

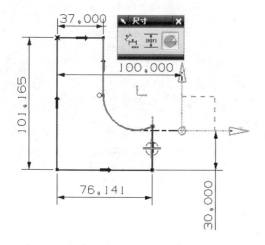

图4-99 标注圆周尺寸

○ 小技巧

注意当标注一个尺寸后，视图中的尺寸全部变为黄色时，表明视图中的图形处于约束状态，此时，选择尺寸按钮或 ，状态栏上将出现草图包含过约束的几何体。选择需要将多余的约束删除掉，恢复正常的约束数量。

07 选择"尺寸"对话框中的 按钮，在弹出的"尺寸"对话框中的表达式列表框中显示了周长尺寸，如图4-100所示。修改圆圈内的数值，按【Enter】键完成周长尺寸标注，关闭"尺寸"对话框。

08 选择"草图约束"对话框中的 按钮，选择圆弧圆心和 X 坐标轴，完成圆心距基准轴的尺寸标注，如图4-101所示，此时图中的图形全部变为紫色，表明草图处于完全约束状态（保持【尺寸】按钮处于选中状态）。

图4-100 修改圆周尺寸

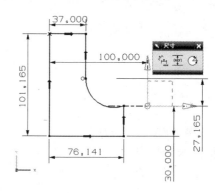

图4-101 草图处于完全约束状态

○ 小技巧

要删除或移动尺寸的标注位置，必须使尺寸按钮处于非激活状态。

2．几何约束

几何关系约束可辅助尺寸进行草图位置和形状的约束，比如设置对象水平、对象相切、对象间垂直关系等。进入草图编辑状态后，选择【插入】|【约束】命令，在草图内选择对象可添加约束，各种约束操作的选项可在菜单【工具】|【约束】中获得。所有关于约束的操作都包含在"草图约束"工具栏中，UG NX 5.0 可为草图添加如下的几何约束关系，如表4-1所示。

表4-1　几何约束关系

约束类型	描　述
固定	对所选点或曲线端点进行位置固定
	对所选直线进行角度固定
	对所选圆、圆弧和椭圆进行位置和半径固定
	对所选样条曲线的控制点的位置固定
完全固定	对所选曲线进行位置和形状尺寸固定
重合	对多个点进行相同的位置约束
同心	对多个圆、圆弧或椭圆具有相同的中心约束
相切	对多个对象之间具有相切关系进行约束
等半径	对多个圆弧具有相等半径进行约束
平行	对多条直线或者椭圆进行平行约束
共线	对多条直线进行共线约束
水平	对直线平行与草图水平参考进行约束
竖直	对直线平行与草图竖直参考进行约束
垂直	对直线或者椭圆之间具有垂直关系进行约束
等长	对多条直线具有相等长度进行定义
恒定长度	对直线的长度进行固定约束
点在曲线上	对点位于曲线上进行约束
中点	对点在直线或者圆弧中点进行约束
恒定角度	对直线具有恒定的角度进行约束
镜像	对具有镜像关系的几何体进行约束
曲线斜率	对曲线与样条曲线在样条曲线的定义点处相切进行约束
均匀比例	采用该约束后，当移动样条曲线的端点时，曲线按比例缩放，保持初始形状不变
非均匀比例	采用该约束后，当水平方向移动样条曲线端点时，样条曲线的水平尺寸保持不变；竖直拉伸意义相同
偏置	对通过偏置生成的曲线进行偏置约束

下面介绍各个"草图约束"工具栏中的按钮含义：

（1）　：保持此项处于激活状态，选择需要进行约束的几何对象后，系统弹出所选的对象之间可能产生的几何关系对话框，从中选择需要的约束关系按钮完成几何约束的创建。

（2）　：单击该选项，系统弹出"自动约束"对话框，如图4-102所示，可在其中选择一些几何约束，UG NX 5.0 分析草图并尽可能地自动添加对话框中选择的约束到图形中。当添加其他曲线尤其是从其他CAD 中导入的曲线到草图中后，应用该项非常有用。

- 　：选择需要添加几何约束的几何对象。
- 要应用的约束：选择希望自动添加的几何约束。

图 4-102 "自动约束"对话框

- ：将所有约束选中。

- 全部清除：清除所有约束。

- ☑应用远距离约束：选中后，UG NX 5.0 可对几何对象创建几何约束，但是距离必须在距离公差范围内。

- 距离公差：设定两个点之间能够自动创建重合约束的最大距离。

- 角度公差：设定直线之间能够自动创建平行、垂直、水平或竖直的最大角度误差。

【例 4-23】 自动添加几何约束

01 打开光盘中的 section\423.prt 文件。双击视图中的曲线，进入草图编辑界面。

02 选择"草图约束"工具栏中的 按钮，系统弹出"自动约束"对话框，选择 全部设置 将所有约束选中，在 角度公差 中设置角度误差为 10。

03 选择图形中的直线和圆弧，如图 4-103 所示，单击 确定 按钮完成自动约束添加，如图 4-104 所示。

（3） 和 ：显示或隐藏草图中几何对象具有的几何约束。

图 4-103 "自动约束"对话框

图 4-104 自动添加相切约束

（4） ：系统弹出如图 4-105 所示的"显示/移除约束"对话框，可显示所选几何对象具有的约束，并可删除指定几何约束。

图 4-105 "显示/移除约束"对话框

"显示/移除约束"对话框中的选项含义如下：

- 选定的对象（上面）：只显示一个几何对象所具有的约束。选择该项，在视图中选择几何对象时，只能选中一项，再次选择时，系统自动解除上一个对象的选择。

图 4-106 显示草图中所有约束

- ○选定的对象（下面）：显示多个对象之间的几何约束。选择该项，在视图中可选择多个几何对象，也可用矩形框选择多个几何对象。如果先选择了几何对象，在激活"显示/移除约束"对话框时此项为默认设置。

- ◎活动草图中的所有对象：显示视图中的所有几何约束。

- 约束类型：设置"显示约束"列表框中显示的几何约束类型。

- ◎包含 /○排除：设置包含或排除在"约束类型"中设置的几何约束类型。

- 显示约束 ：此项可设置 显式 ▼、自动判断▼ 和 两者皆是▼ 3 种类型。显式 ▼ 显示了所有手动或自动添加的几何约束；但不显示自动添加的重合几何约束；自动判断▼ 显示了所有自动添加的重合几何约束；两者皆是▼ 显示所有类型的几何约束，如图 4-106 所示，自动添加的重合几何约束都在后面加一个（I）。

- 移除高亮显示的 ：删除"显示约束"列表框中选中的约束。

- 移除所列的 ：删除"显示约束"列

表框中所有的约束。

- 信息 ：在信息窗口中显示所有几何约束情况，可进行打印。

（5） ：编辑在创建几何对象时，能够自动添加到几何对象中的几何约束。单击该按钮系统弹出"自动判断约束"对话框，如图 4-107 所示。

图 4-107 "自动判断约束"对话框

- 要自动判断和应用的约束：选择可自动添加的几何约束。其中当 □尺寸的约束 被选中时，在使用 、 、 、 和 创建曲线时，在跟踪框内输入数据并按【Enter】键时，系统自动添加尺寸约束。

- 由捕捉点识别的约束：当捕捉点启动了此项中选中的选项，则进行点捕捉时自动添加几何约束。

- 参考外部工作部件：绘制草图时，如果草图中的元素需要捕捉或定位

UG NX 5.0 中文版入门实战与提高

04
Chapter

4.1
4.2
4.3
4.4
4.5
4.6
4.7
4.8
4.9

到模型中的几何体时。将"草图约束"工具栏中的选空，单击按钮，设置其中的☑参考外部工作部件为选中状态。

（6）：激活或解除草图创建时自动创建几何约束状态。处于激活状态时，能够自动添加的约束在中编辑。

【例4-24】 创建几何约束

01 打开光盘中的section\424.prt文件。双击视图中的曲线，进入草图编辑界面。

02 选择"草图约束"工具栏中的按钮，在弹出的"自动判断约束"对话框中将所有约束选项选中，单击确定按钮，完成自动添加约束编辑。

03 确保"草图约束"工具栏中的和按钮处于激活状态。选择1，2，3，4直线，如图4-108所示，在弹出的"约束"对话框中选择【水平约束】→按钮，进行直线的水平约束。

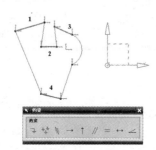

图4-108　创建水平约束

04 在图4-109中选择1，2，3，4四条直线，选择"约束"对话框中的【竖直约束】按钮，进行直线的竖直约束。

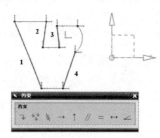

图4-109　创建竖直约束

05 在图4-110中选择1，2两条直线，选择"约束"对话框中的【竖直约束】按钮，进行直线的竖直约束。

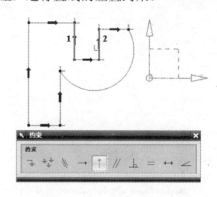

图4-110　创建相等约束

06 在图4-111中选择直线1，2的端点，选择"约束"对话框中的【固定约束】按钮，进行端点位置固定约束。

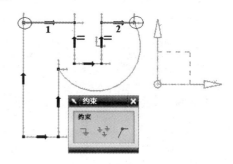

图4-111　创建相切约束

07 在图4-112中选择直线1端点和直线2，选择"约束"对话框中的【点在曲线上约束】按钮，完成点在直线上的约束。

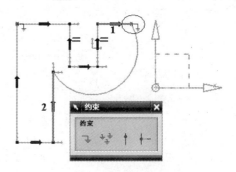

图4-112　点在直线上的约束

08 在图 4-113 中选择直线 1，2，3，选择"约束"对话框中的【点在曲线上约束】 ▭ 按钮，完成直线相等约束。

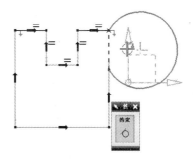

图 4-114　圆弧和 *Y* 轴相切约束

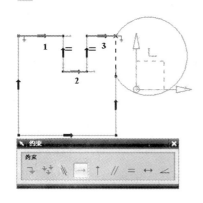

图 4-113　直线相等约束

09 选择圆弧和 *Y* 坐标轴，选择"约束"对话框中的【相切约束】 ○ 按钮，完成相切约束，标注如图 4-114 所示的三个尺寸完成草图的完全约束，如图 4-115 所示。

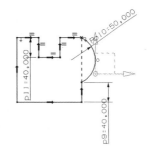

图 4-115　创建草图全约束状态

4.3　草图操作

除 了应用草图绘制工具进行草图对象的绘制，也可以使用草图操作工具根据已有的几何对象（包括模型中的几何对象）创建草图对象，"草图操作"工具栏如图 4-116 所示。

图 4-116　"草图操作"工具栏

4.3.1　编辑曲线

单击"草图操作"工具栏中的 ▭ 选项，系统弹出"编辑曲线"对话框，如图 4-117 所示，操作方法在曲线操作中已做过介绍。

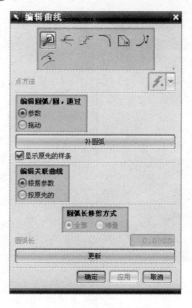

图 4-117 "编辑曲线"对话框

4.3.2 编辑定义线串

当草图通过拉伸、旋转等操作形成特征后，使用此选项可以从定义串（参与形成特征的草图对象集合）中增加或删除参与生成特征的曲线，从而来修改特征的形状。注意：此操作并不是删除或增加草图对象，而是改变形成特征的草图对象集合（定义串）。

【例 4-25】 编辑定义串

01 打开 section4\425.prt 文件，在"部件导航器"中双击草图名称，如图 4-118 所示，进入草图编辑状态。

图 4-118 在导航器中选择特征

02 单击"草图操作"工具栏中的 按钮，系统弹出"编辑线串"对话框，如图 4-119 所示。在"编辑线串"对话框的"参考特征"中选中拉伸特征名称"Extrude

（6）"，此时参与形成拉伸特征的草图对象（两个圆）处于高亮状态。

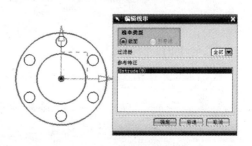

图 4-119 "编辑线串"对话框

03 单击鼠标左键，选择定义串中的对象，用【Shift】键加鼠标左键选择为删除定义串中的对象。按住【Shift】键选择小圆，取消小圆的选中状态，鼠标左键选中 6 个小圆，此时视图中的草图曲线选中状态如图 4-120 所示。

04 单击 按钮完成特征定义串编辑。注意系统可能弹出"映射父"对话框，如图 4-121 所示，单击 否(N) 按钮，系统弹出"提示"对话框，如图 4-122 所示，选

择 [关闭] 按钮关闭提示对话框。

图 4-120 编辑定义串

图 4-121 "映射父"对话框

图 4-122 "提示"对话框

05 选择【草图】|【完成草图】命令退出草图编辑状态，此时特征变成如图 4-123 所示。

图 4-123 拉伸特征

4.3.3 添加现有的曲线

此操作提供将与草图处于同一平面内（或平行平面）已存在的曲线（草图）添加到草图中。不能将关联曲线、规律曲线和使用曲线编辑工具 [图标] 创建的曲线添加到草图中；不能将用于拉伸特征的曲线添加到草图中。如果添加抛物线或者双曲线到草图中，它们将被转换为一般二次曲线；如果添加的椭圆弧大于或等于180°，则系统自动添加一个整椭圆到草图中；如果添加的椭圆弧小于180°，系统将提示是否添加一个整椭圆或者是一般二次曲线到草图中。

4.3.4 交点

此操作根据曲线与草图平面相交位置生成草图中的点。不能根据关联曲线和规律曲线与草图平面的相交位置生成草图中的点，此项多用于"变化的扫掠"特征中。

【例 4-26】 通过变化的扫掠创建特征

01 打开光盘中的 section\426.prt 文件。选择【插入】|【草图】命令，系统弹出"创建草图"对话框。选择 [图标] 在轨迹线上 [图标] 类型；选择上面的曲面边线作为草图路径，设置草图平面开始位置为 20%圆弧处；在平面方位选择 [图标] 垂直于路径 [图标] 选项，单击 [确定] 按钮进入草图编辑界面（注意此处不做草图方位设置），如图 4-124 所示。

02 选择"草图操作"工具栏中的 [图标] 按钮，系统弹出"交点"对话框，选择最上面的曲面边后，单击 [应用] 按钮完成曲面与草图平面交点的创建，如图 4-125 所示。

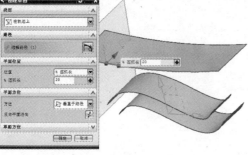

图 4-124 在曲线上创建草图

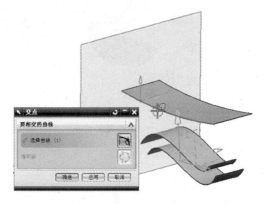

图 4-125 创建草图与曲线的交点

03 重复步骤 2 完成下面两个曲面的边与草图平面的交点创建。

04 保持选择"草图约束"工具栏中的 按钮处于激活状态，选择"草图曲线"工具栏中的 按钮，完成如图 4-126 所示的草图绘制（大致形状），注意与曲面边连接的直线必须与刚创建的交点重合。

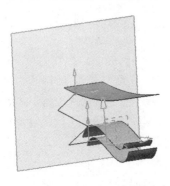

图 4-126 绘制草图图形

05 选择"草图约束"工具栏中的 按钮，标注如图 4-127 所示的尺寸，直线 1 端点（必须选端点）与水平参考之间的竖直距离；直线 2 端点（必须选直线 2 左侧端点）与竖直参考之间的水平距离；直线 3 两端点之间的距离；直线 4 两端点之间的距离。

06 选择【草图】|【完成草图】命令，退出草图编辑状态，进入建模状态。选择【插入】|【扫掠】|【变化的扫掠】命令，系统弹出"变化的扫掠"对话框，设置开始和终点的位置分别为 20%圆弧长和 80%圆弧长；在体类型处设置为 片体 ，如图 4-128 所示，在"选择杆"上设置曲线选择类型为 特征曲线 。

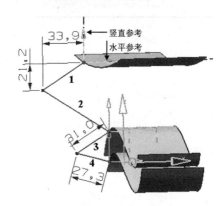

图 4-127 标注草图尺寸

图 4-128 "变化的扫掠"对话框

07 选择刚绘制的草图，单击 [应用] 按钮完成变化的扫掠创建，如图 4-129 所示。

图 4-129 创建变化的扫掠特征

4.3.5 相交曲线

此操作根据曲面与草图平面相交的位置生成草图中的曲线。

【例 4-27】 创建相交曲线

01 打开光盘中的 section\427.prt 文件。选择【插入】|【草图】命令，系统弹出"创建草图"对话框。选择 [在平面上] 类型，选择图中的基准面为草图创建平面，草图方位设置 X 坐标轴正向为水平参考方向，单击 [确定] 按钮进入草图编辑界面。

02 选择"草图操作"工具栏上的 [相交曲线] 按钮，系统弹出"相交曲线"对话框，如图 4-130 所示。

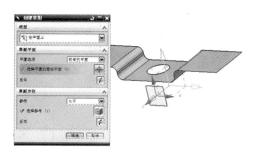

图 4-130 "相交曲线"对话框

- 选择面 ⊞：提示选择曲面，可以选择多个面，但是曲面之间必须相切。
- 循环解 ⊙：当 [忽略孔] 选空时可选。此项用于预览和切换曲面上存在孔时相交线的状况，当忽略孔时，相交线只能在孔的一侧，此项用于选择生成哪一侧的相交线。

- [忽略孔]：当曲面上存在孔时，选择此项将忽略孔的存在，曲线连续如图 4-131 所示。

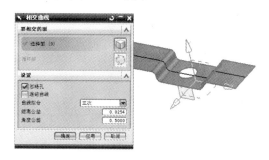

图 4-131 忽略孔存在的相交曲线创建

- [连结曲线]：当选择多个相切的曲面时，将产生多段曲线，此项将多段曲线连接为一个曲线。
- 曲线拟合：设置拟合曲线阶次：3 阶、5 阶、高阶。
- 距离公差：理论曲线和系统生成曲线之间的公差。
- 角度公差：实际曲线和理论曲线在一点处的角度最大公差，当创建曲线过程时间长时，设置该公差大一些以缩短计算时间。

03 在"选择杆"中设置曲面为 [相切面] 设置，选择视图中的曲面如图 4-131 所示，单击 [确定] 按钮，完成相交曲线。

4.3.6 投影曲线

沿草图法线方向将草图外的草图、曲线、边或点投影到草图上，成为草图对象，其中曲线可以是关联的。

【例 4-28】 创建投影曲线

01 打开光盘中的 section\428.prt 文件。选择【插入】|【草图】命令，系统弹出"创建草图"对话框。选择 `在平面上` 类型，选择图中的特征表面作为草图放置面，草图方位设置特征边为草图水平方向。单击 `确定` 按钮，进入草图编辑状态，如图 4-132 所示。

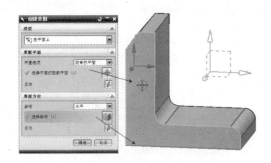

图 4-132 "创建草图"对话框

02 选择"草图操作"工具栏上的 `投影曲线` 按钮，系统弹出"投影曲线"对话框，如图 4-133 所示。

图 4-133 "投影曲线"对话框

对话框中的选项含义如下：

● 选择面 `+` `+` ：选择曲线或点。

● 输出曲线类型：原先的，使用原有

几何类型；样条段，曲线为多个样条曲线段；单个样条，输出曲线连接为一个样条曲线的多个样条段。

● 公差：在创建特征时使用的公差。

03 选择图 4-134 所示的 1，2，3 直线，单击 `确定` 按钮，完成投影草图曲线生成。选择"草图曲线"工具栏上的 `线` 按钮，绘制如图 4-135 所示的斜直线，注意保持 `转换至` 的激活状态，直线要与投影生成的曲线相交。

图 4-134 选择要投影的曲线

图 4-135 绘制草图直线

04 选择【草图】|【完成草图】命令，退出草图，进入建模状态。选择【插入】|【设计特征】|【拉伸】命令，设置"选择杆"中的曲线选择选项为 `单条曲线` 以及 `相切曲线` ，选择如图 4-136 所示的曲线。

05 设置拉伸终点距离为 50mm，在"布尔"项处选择 `求和` 选项，求和对象为视图中的三维几何体(注意如果拉伸方向相反，可选择 `反向` 按钮反置)，选择 `确定` 按钮完成拉伸操作。

图 4-136 选择创建拉伸特征的草图曲线

图 4-137 "偏置曲线"对话框

4.3.7 偏置曲线

此项对草图中的曲线链进行偏置操作。单击 按钮，系统弹出如图 4-137 所示的"偏置曲线"对话框。

选项说明如下：

1. 要偏置的曲线：选择要偏置的曲线链，曲线链可以是封闭的，也可以是开环的

- 选择曲线 ：选择曲线链。
- 添加新设置 ：重新选择一个曲线链。
- 列表：展示偏置操作中的曲线链。

2. 偏置

- 距离：设置偏置距离。
- 反向：翻转偏置方向。
- 创建尺寸：在偏置曲线和原曲线之间创建距离尺寸。
- 对称偏置：在两个方向上创建偏置曲线。
- 副本数：设置偏置曲线链的数量；所生成的偏置曲线链族之间的距离为偏置距离。
- 端盖选项：延伸端盖 ：自然

延伸偏置曲线链到交点上，如图 4-138 所示；圆弧帽形体 ：以偏置距离为半径对偏置曲线的交点处进行圆角处理，如图 4-139 所示。

图 4-138 延伸端盖偏置

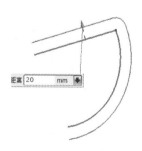

图 4-139 圆弧帽形体偏置

04
Chapter

4.1
4.2
4.3
4.4
4.5
4.6
4.7
4.8
4.9

3. 链连续性和终点约束

● 显示拐点：选择此项则系统在每个拐点处显示操作柄，双击操作柄，则偏置曲线的拐点在闭合和开环之间切换，如图 4-140 所示。

图 4-140　拐点操作柄和终点操作柄

● 显示终点：选择此项则系统在曲线的终点处显示操作柄，双击操作柄，则终点约束在增加和删除之间切换，可通过右键菜单删除单个终点约束。

4. 设置

● 转换要引用的输入曲线：将原曲线转换为参考曲线，如图 4-141 所示。

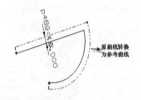

图 4-141　转换要引用的输入曲线为参考曲线

● 阶次：当偏置一个艺术样条曲线时，设定偏置曲线的阶次。

● 公差：当偏置一个艺术样条曲线、双曲线、椭圆时，设定偏置曲线的公差。

> ○ **小技巧**
>
> 参考线用双点划线显示，参考曲线不参与特征的生成。

4.3.8　镜像曲线

此项提供对中心线的镜像操作。单击 镜像曲线 按钮，系统弹出如图 4-142 所示的"镜像曲线"对话框。

图 4-142　"镜像曲线"对话框

选项说明如下：

● ⊕：选择镜像中心线。

● ⟋：选择要镜像的曲线。

● ☑转换要引用的中心线：将中心线转换为参考线。

【例 4-29】 创建镜像曲线

01 打开光盘中的 section\429.prt 文件。双击视图中的曲线，进入草图编辑界面。

02 选择"草图操作"工具栏上的 镜像曲线 按钮，选择下面的水平直线为中心线，其他曲线为要镜像的曲线，如图 4-143 所示，将 ☑转换要引用的中心线 选项设置为选中状态，单击 确定 按钮完成草图曲线镜像，如图 4-144 所示。

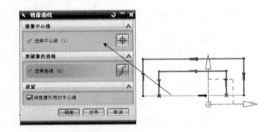

图 4-143　选择镜像曲线

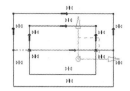

图 4-144 镜像后的曲线

4.4 草图生成器

在进入草图编辑界面后,"草图生成器"成为可选状态,其工具栏如图 4-145 所示。

图 4-145 "草图生成器"工具栏

● 完成草图 ：单击该按钮退出草图
  编辑状态。

● 草图名 ：选择下拉框中的草图
  名称,进入到其草图编辑状态。

● 定向视图到草图 ：设置草图平面
  与实体平面的法线方向一致,便于
  绘制草图。

● 定向视图到模型 ：设置视图角度
  为建模视图角度。

● 重新附着 ：将草图重新附着在新
  平面或者轨迹上。

● 创建定位尺寸 ：创建和编辑定
  位尺寸。

● 延迟计算 ：在多数情况下,此选
  项推迟草图约束的生效时间直到选
  择 按钮。情况分为两种:其一创
  建草图时系统并不显示约束;其二
  创建了约束,系统不更新几何图形
  直到选择 按钮,当选择快速剪切
  和快速延伸时此项不生效。

● 评估草图 ：只在 选中状态时,
  可选此项,即对草图中的对象按照

约束情况进行处理。

● 更新模型 ：对草图按照约束情况
  进行更新处理。

● 显示对象颜色 ：在对象显示属性
  颜色和草图生成器颜色之间切换草
  图对象的显示颜色。

【例 4-30】 重新附着草图平面

01 打开 section4/430.prt 文件,双击圆进
入草图编辑界面。

02 选择"草图生成器"工具栏上的 按
钮,系统弹出"重新附着草图"对话
框,如图 4-146 所示。

图 4-146 "重新附着草图"对话框

UG NX 5.0 中文版入门实战与提高

04

Chapter

4.1

4.2

4.3

4.4

4.5

4.6

4.7

4.8

4.9

选择如图 4-147 所示的平面作为草图的新
放置面，水平方向为新放置面的水平底边，
单击 确定 按钮，完成草图重新附着操作，
此时圆形草图放置到带孔的平面上，如图
4-148 所示。

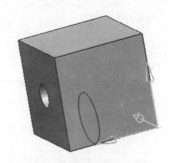

图 4-148 草图放置到新平面上

图 4-147 选择草图新放置面

4.5 草图相关建模特征

UG NX 5.0

特征工具的造型方式更多地用于实际加工过程及模型铸造过程。创建特征主
要以草图和曲线的形体与尺寸为依据，通过拉伸、回转、扫掠、沿引导线
扫掠和管道工具将二维平面转换为三维实体，合理地应用特征工具，可以绘制
出各种各样的实体模型。创建特征必须在建模状态下，特征的工具项可从菜单
【插入】|【设计特征】和【插入】|【扫掠】中获得，工具栏如图 4-149 所示。

图 4-149 "特征"工具栏

4.5.1 拉伸特征

拉伸是沿着一个方向在一定距离范围
内扫掠二维或三维曲线、边、草图创建一个
实体命令。单击 拉伸 按钮或选择【插入】|【设
计特征】|【拉伸】命令，系统弹出如图 4-150
所示的"拉伸"对话框。

1. 截面

● 创建草图：单击此按钮进入草图
编辑状态，创建的草图直接进行拉

伸特征操作。

● 选择曲线：选择要拉伸的曲线、
边或者草图。

此处创建的草图是特征内部的草图，不
显示在"部件管理器"中，可在"部件管理
器"中选择特征通过右键菜单【使草图为外
部的】|【使草图为内部的】将草图在特征
内部和外部之间切换。

图 4-150 "拉伸"对话框

2．方向

- ：通过矢量构造器创建拉伸方向。
- ：选择矢量作为拉伸方向。

3．限制

开始/终点：表示拉伸特征的两个端面距截面的距离，可采用如下方式设置：

- 值：表示端面距截面的距离值。
- 对称值：表示拉伸将向两个方向同时进行，各个方向的拉伸距离可单独设置。
- 直至下一个：将拉伸终结在拉伸方向上遇到的下一个几何体。
- 直至选定对象：拉伸到选择的面和几何体为止。
- 直到被延伸：拉伸到选择的面的延伸部分。
- 贯通：拉伸将贯穿拉伸路径上所有的几何体。

4．布尔

设置拉伸特征创建过程中，如何与所接触的其他几何体相互作用。

- 无：相互接触的几何体之间相互独立。
- 求和：将相互接触的几何体融合为一个几何体。
- 求差：将拉伸特征与几何体相交部分删除（几何体也被删除）。
- 求交：只保留拉伸特征与几何体相交部分。

5．草图

对拉伸特征的一个或多个侧面进行拔模处理，可选值如下：

- 无：不做拔模处理。
- 从起始限制：从端面开始进行拔模处理。
- 从截面：对一个或多个侧面进行拔模处理。
- 起始截面-非对称角：只在限制中开始/终点处选择 对称值 时可选，对两端拉伸的特征的侧面分别做拔模处理。
- 起始截面-对称角：只在限制中开始/终点选择 对称值 时可选，对两端拉伸的特征的侧面做同样的拔模处理。
- 从截面匹配的端部：只在限制中开始/终点选择 对称值 时可选，对两端拉伸的特征的侧面进行拔模处理，拔模角将会自动修改来保持两端的截面相同。

> ○ 小技巧
>
> "草图"应该是翻译上的错误，正确的翻译应该是拔模。

6．草图

（1）角度选项：只在草图中选择 从截面 和 起始截面-非对称角 时可选。

04
Chapter

4.1

4.2

4.3

4.4

4.5

4.6

4.7

4.8

4.9

- 一个：对所有侧面应用一个拔模角。
- 多个：对各个侧面应用不同的拔模角。

（2）角度：只在草图中不选择 `无` 可选，输入拔模角。

（3）前视角：只在草图中选择 `起始截面 - 非对称角` 时可选，设置拉伸前端的侧面的角度值。

（4）靠背角度：只在草图中选择 `起始截面 - 非对称角` 时可选，设置拉伸后端的侧面的角度值。

（5）列表：只在角度选项选择 `多个` 时可选，显示各个侧面的拔模角。

7. 偏置

- 无：拉伸不做偏置。
- 单侧：只在一个方向做偏置，方便做孔。
- 两侧：可以设置偏置开始位置和结束位置。
- 对称：从拉伸侧面的两侧同时偏置。
- 开始/终点：设置偏置的开始位置和结束位置。

8. 设置

- 体类型：设置拉伸特征是实体还是薄片体。
- 公差：拉伸过程中的距离公差。

> ○ **小技巧**
>
> 在创建拉伸特征时，也可用鼠标右键单击视图中的拉伸控制杆，在弹出的菜单中选择【直至选择对象】。

【例 4-31】 在两个对象之间进行拉伸

01 打开 section4\431.prt 文件。选择【插入】|【设计特征】|【拉伸】命令，系统弹出"拉伸"对话框，选择曲线按钮处于激活状态。

02 选择视图中的曲线，如图 4-151 所示，此时出现了拉伸预览（例题中将预览

取消了）。

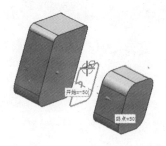

图 4-151　选择拉伸曲线

03 在"拉伸"对话框中将"限制"项中的"开始"设置为 `直至选定对象`，此时选择对象处于激活状态。选择图 4-152 所示中的特征表面作为拉伸开始面。

图 4-152　选择拉伸起始面

04 在"拉伸"对话框中将"限制"项中的"终点"设置为 `直至选定对象`，此时选择对象处于激活状态。选择图 4-153 所示中的特征表面作为拉伸终止面。

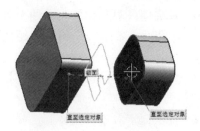

图 4-153　选择拉伸终止面

05 在"拉伸"对话框中的"布尔"项中选择 `求和`，此时选择体处于激活状态，选择大长方体作为运算对象。

06 选择 确定 按钮或 应用 按钮完成拉伸特征操作，如图 4-154 所示。

图 4-154　完成拉伸操作

【例 4-32】　创建偏置拉伸

01 打开 section4\432.prt 文件。选择【插入】|【设计特征】|【拉伸】命令，系统弹出"拉伸"对话框，选择曲线按钮处于激活状态。

02 选择视图中的矩形曲线，如图 4-155 所示，系统中出现了拉伸预览显示。在"限制"项中将"开始"设置为 值，距离为−50mm；"终点"设置为值，距离为 50mm。

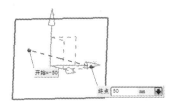

图 4-155　选择拉伸曲线

03 在"偏置"选项中 两侧，偏置的开始和终点距离分别为−10mm 和 20mm，此时拉伸预览显示如图 4-156 所示。选择 确定 按钮或 应用 按钮完成拉伸特征操作，如图 4-157 所示。

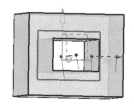

图 4-156　偏置拉伸预览

图 4-157　偏置拉伸特征

【例 4-33】　创建非对称拔模拉伸

01 打开 section4\432.prt 文件。选择【插入】|【设计特征】|【拉伸】命令，系统弹出"拉伸"对话框，选择曲线按钮处于激活状态。

02 选择视图中的矩形曲线，如图 4-158 所示，系统中出现了拉伸预览显示。在"限制"项中"开始"设置为 值，距离为−50mm；"终点"设置为 值，距离为 50mm。

图 4-158　选择矩形曲线

03 在"草图"选项中 起始截面 - 非对，"角度选项"选择 单个，"前视角"和"靠背视角"分别设置为 6°和−10°，显示拔模预览，选择 确定 按钮或 应用 按钮完成拉伸特征操作，如图 4-159 所示。

图 4-159　拔模拉伸特征

04
Chapter

4.1
4.2
4.3
4.4
4.5
4.6
4.7
4.8
4.9

4.5.2 回转特征

回转是对一个曲线形状（曲线、草图、边）绕着一个轴线旋转一个非零角来创建实体的命令。单击 按钮，系统弹出如图 4-160 所示的"回转"对话框，选项说明如下。

图 4-160 "回转"对话框

1．截面

- 创建草图：单击此按钮则进入草图编辑状态，创建的草图直接进行回转特征操作，此处创建的草图是特征内部的草图，不显示在"部件管理器"中。可在"部件管理器"中选择特征通过右键菜单【使草图为外部的】|【使草图为内部的】将草图在特征内部和外部之间切换。
- 选择曲线：选择回转的曲线、边或者草图。

2．轴

- ：通过矢量构造器创建旋转方向。
- ：选择矢量作为旋转方向。
- ：如果使用矢量构造器设置矢量时需要选择两点创建矢量，则使用

点构造器创建点。

- ：如果使用矢量构造器设置矢量时需要选择两点创建矢量，则使用此按钮选择现有点。

3．限制

- 开始/终点：表示回转特征的两个端面距截面的角度，可使用如下方式设置：
- 值：表示端面距截面的回转角度。
- 直至选定对象：回转到选择的面和几何体为止。

4．布尔、偏置、设置参数含义同拉伸特征。

【例 4-34】 创建回转特征

01 打开 section4\434.prt 文件，选择【插入】|【设计特征】|【回转】命令，系统弹出"回转"对话框，选择曲线按钮 处于激活状态。

选择视图中的曲线，如图 4-161 所示。

02 选择"轴"项中的 项，视图中的直线作为旋转轴，如图 4-162 所示，此时显示了旋转预览（此例取消了预览）。

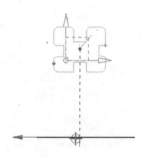

图 4-161 选择曲线

图 4-162 选择直线作为回转中心轴

03 在"限制"项设置开始和结束角度为
0°和180°，单击 确定 按钮或 应用
按钮完成旋转特征操作，如图 4-163 所示。

图 4-163　创建回转特征

【例 4-35】　创建偏置回转特征

01 打开 section4\434.prt 文件，选择【插入】|【设计特征】|【回转】命令，
系统弹出"回转"对话框，选择曲线按钮
处于激活状态。

02 选择视图中的曲线，如图 4-164 所示，
选择"轴"项中的 *指定矢量 (0) 项，
视图中的直线作为旋转轴，如图 4-165 所
示，此时显示了旋转预览（此例取消了预
览）。

图 4-164　选择回转曲线

4.5.3　扫描特征

扫掠是通过沿着一个或多个引导线（路
径）扫掠一个或多个曲线形状（曲线、草图、
边）来创建实体的命令。单击 swept 按钮，系
统弹出如图 4-167 所示的"扫掠"对话框。

1．截面

● 选择曲线：选择扫掠的曲线、边

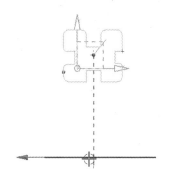

图 4-165　选择回转中心线

03 在"限制"项设置开始和结束角度为
0°和180°。在"偏置"选项中选择
两侧 ，偏置的开始和终点距离分别
为 –2mm 和 2mm；此时显示拉伸预览，选
择 确定 按钮或 应用 按钮，完成拉伸特征
操作，如图 4-166 所示。

图 4-166　创建偏置的回转特征

或者草图，最多可选 150 个曲线。

● 反向：为保证产生最光滑的实体
面，要求在扫掠过程中曲线的方向
保持一致。

● 指定原始曲线：如果一段曲线由
多个曲线组成且是封闭的，则可以

04
Chapter

4.1

4.2

4.3

4.4

4.5

4.6

4.7

4.8

4.9

指定开始曲线，也是为在扫掠过程中保持光滑曲面。

图 4-167 "扫掠"对话框

- ⊕：添加新设置：添加扫掠截面曲线。
- 列表：显示/删除扫掠截面曲线。

2．引导线：最多可选择 3 条引导线

- ⊡选择曲线：选择引导线。
- ⊠反向：反置引导线方向。
- ⊡指定原始曲线：如果一段引导线由多个曲线组成且是封闭的，则可以指定开始引导线，目的是保持在扫掠过程中保持光滑曲面。
- ⊕添加新设置：添加新引导线。
- 列表：显示/删除扫掠引导线。

3．脊线

- ⊡选择脊线：选择一条曲线作为脊线。选择脊线的目的是控制扫掠实

体中的各个截面方位平衡，避免由于引导线的参数不均衡引起的扭曲变形，脊线最好设置在和截面垂直的位置上。

4．截面选项

（1）截面位置：只在有一条截面曲线时可选。

- 沿引导线任何位置：当截面位于引导线中部时，扫掠操作沿着引导线的两个方向进行。
- 引导线末端：从截面开始向一个方向扫掠。

（2）插值：只在多于一个截面曲线被选择时可选。

- 线性：在连接两个截面的扫掠连接处应用线性连接，扫掠面成为两个面。
- 三次：在连接两个截面的扫掠连接处应用三次曲线连接，扫掠面成一个面。

（3）对齐方法。

- 参数：扫掠特征中截面曲线上的对齐点按照截面曲线等参数间隔。
- 圆弧长：扫掠特征中截面曲线上的对齐点按照截面曲线等弧长间隔。
- 根据点：扫掠特征中截面曲线上的对齐点按照截面曲线上的拐点（尖点）间隔。

（4）定位方法：设置扫掠特征所生成的所有截面的方位，引导线为 3 条时不可选。

- 固定：截面保持固定方位，相互平行。
- 面的法向：截面内坐标系中的一个坐标轴与指定面的法线一致。
- 矢量方向：截面内坐标系中的一个坐标轴与指定矢量一致。
- 另一条曲线：截面内的坐标系中的一个坐标轴是由指定曲线与引导线

上点的连线确定。

- 一个点：截面内坐标系中的一个坐标轴是通过点和引导线的连线确定。
- 角度规律：根据规律曲线设定方位的旋转角度。
- 强制方向：设定截面方位为一个选择的方向。

（5）缩放方法：

只在一条引导线时可选。

- 恒定：根据指定的缩放因子在所有截面上做同样的缩放。
- 倒圆函数：根据开始截面或者结束截面上的缩放因子按照线性或三次曲线规律缩放截面。
- 另一条曲线：根据曲线与引导线之间的长度缩放截面。
- 一个点：根据一点与引导线之间的距离缩放截面。
- 面积规律：根据规律曲线控制截面的面积。
- 周长规律：根据规律曲线控制截面的周长。

只在两条引导线时可选。

- 均匀：在扫掠的侧面和垂直面法线方向上都进行缩放。
- 横向：只在扫掠的侧面进行缩放。

5．设置

6．保留形状：保持截面曲线中的尖角（设置公差为 0），此项选空时，UG NX 5.0 将截面曲线中的曲线段融合成一个曲线进行扫掠

重新构建：重新定义引导线的阶次和段数量，以便创建高质量的扫掠面。

- 无：不重建。
- 手工：重新输入引导线的阶次。
- 高级：重新输入引导线的阶次和段数量。
- 公差：输入截面曲线和输出体之间的距离公差。

【例 4-36】 创建扫掠特征

01 打开 section4\437.prt 文件。使用"特征"工具栏中的 ![Swept] 按钮，系统弹出"扫掠"对话框，此时选择曲线按钮 ![icon] 处于激活状态。

02 设置"选择杆"选项为 单条曲线 ▼ ，选择图 4-168 所示的样条曲线作为扫掠截面曲线。

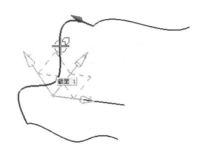

图 4-168 选择扫掠曲线

03 单击"引导线"项下的 ![icon] 按钮，选择图 4-169 所示的两条样条曲线作为曲线的引导边，注意每次选择一条样条曲线，单击鼠标中键结束选择。

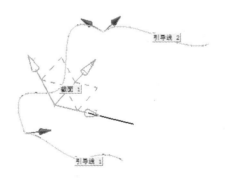

图 4-169 选择引导线

04 单击"预览"项下的 ![icon] 按钮，预览扫掠结果，如图 4-170 所示，单击"预览"项下的 ![icon] 按钮，结束预览。选择"脊线"下的 ![icon] 按钮，选择视图中的直线作为脊线，如图 4-171 所示。

04

Chapter

4.1

4.2

4.3

4.4

4.5

4.6

4.7

4.8

4.9

图 4-170   预览扫掠特征

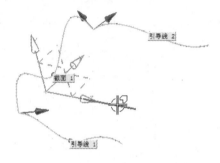

图 4-171   选择扫掠脊线

05 单击"预览"项下的 🔍 按钮，预览扫掠结果，如图 4-172 所示。

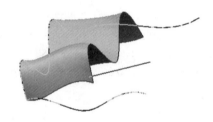

图 4-172   创建的扫掠特征

【例 4-37】   创建具有两组截面曲线的扫掠特征

01 打开 section4\436.prt 文件。使用"特征"工具栏中的 📎 按钮，系统弹出"扫掠"对话框，此时选择曲线按钮 📎 处于激活状态。

02 设置"选择杆"选项为 单条曲线 ▼，按顺时针顺序选择六边形的六条边，单击鼠标中键完成一组截面曲线。

03 选择圆为另外一个截面，单击鼠标中键完成截面曲线选择，此时"截面"选项界面如图 4-173 所示。单击鼠标中键激活引导线选项。选择三条样条曲线，每次选

择结束，单击鼠标中键完成当次选择，注意第 3 条曲线选择结束后，不要单击鼠标中键，如图 4-174 所示。

图 4-173   截面列表框内容

图 4-174   截面列表框内容

04 在"截面选项"的"对齐方法"中选择 根据点 ▼ 方式，此时视图窗内显示两个截面曲线对齐点的方式，如图 4-175 所示。

图 4-175　出现对齐点交叉

05 当出现如图 4-175 所示的情况时，需要调整六边形中的起始边。在截面列表框中选择六边形的截面曲线（section1），此时需要选择指定原始曲线。单击 按钮，用鼠标依次选择六边形中的各个边，当视图窗内出现如图 4-176 所示的状态时，表示扫掠中不会出现扭转。

图 4-176　选择截面曲线的起点后对齐点不交叉

06 单击 确定 按钮，扫掠实体如图 4-177 所示。

图 4-177　扫掠生成的花瓶

4.5.4　管特征

管道是通过扫掠一个圆形沿着一个或多个相切的曲线或边形成的实体，可创建管道、导线等。单击 按钮，系统弹出如图 4-178 所示的"管道"对话框。

图 4-178　"管道"对话框

选项说明如下：

1．路径

选择曲线 ：选择曲线路径，曲线路径必须连续相切。

2．横截面

● 内径：设置管道内径尺寸。

● 外径：设置管道外径尺寸。

3．布尔：与已存在特征的作用关系

4．设置：设置是否严格按照一段曲线进行扫掠，还是根据多个圆柱段和螺旋管道段连接而成

● 多段：将多个圆柱段和螺旋管道段连接形成管道。

● 单段：按照一段曲线进行扫掠。

【例 4-38】　创建弹簧

04
Chapter

4.1

4.2

4.3

4.4

4.5

4.6

4.7

4.8

4.9

01 在 UG NX 5.0 建模模块中，执行【文件】|【新建】，或单击□按钮，选择模型模板，新建模型文件 tanhuang.prt。

02 在"曲线"工具栏中选择螺旋线按钮，系统弹出"螺旋线"对话框，如图 4-179 所示；在"螺旋线"对话框中设置圈数为 5，螺距为 6mm，半径为 27/2mm，单击 确定 按钮绘制螺旋线，如图 4-180 所示。

图 4-179 "螺旋线"对话框

图 4-180 螺旋线

03 在"特征"工具栏中选择 按钮，系统弹出如图 4-181 所示的"管道"对话框，在曲线处选择步骤 2 绘制的螺旋线，管道外径为 3mm，内径为 0mm，输出处选择 单段 ，单击 确定 按钮完成弹簧的建模，如图 4-182 所示。

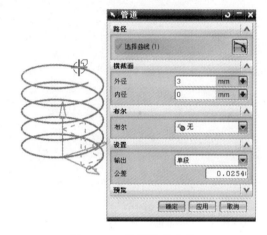

图 4-181 选择路径曲线

图 4-182 创建弹簧

4.6 综合实例（一）

UG NX 5.0

在 曲线路径上创建草图其实质是在曲线的截面上创建草图，然后草图沿着曲线路径进行扫掠的过程。其关键是创建一个满足扫掠要求的草图曲线。创建过程中，草图的约束可能会阻碍扫掠特征的创建，因此要根据操作步骤认真练习。

本实例最终效果如图 4-183 所示。

○ **设计思路**

先在路径上插入草图，然后在路径截面上创建草图图形，退出草图后进行变化的扫掠特征创建。

○ **练习要求**

练习在轨迹上创建草图操作，练习变化的扫掠特征操作。

图 4-183　扫掠特征

制作流程预览

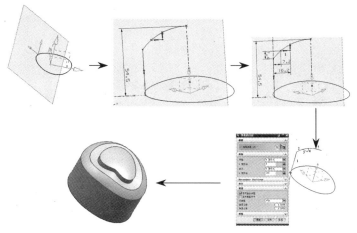

○ **制作重点**

1. 在轨迹上创建草图。

2. 进行草图约束。

3. 完成草图进行变化的扫掠特征创建。

01 创建一个新的模型文件。在建模状态下，选择"视图"工具栏上的顶部 按钮，将视图设置与 X-Y 基准面平行。

○ **小技巧**

此处不要进行"草图方位"设置。

02 单击"曲线"工具栏中的 按钮，设置阶次为 3 次，选择极点方式 创建曲线，设置 封闭的 为选中状态，在视图中选择 4 点绘制如图 4-184 所示的图形。

03 选择【插入】|【草图】命令，系统弹出"创建草图"对话框。选择 在轨迹上 类型，在曲线上任意点选择刚绘制的样条曲线作为草图放置路径，平面方位选择 垂直于路径 选项，单击 确定 按钮进入草图编辑界面，如图 4-185 所示。

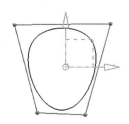

图 4-184　绘制封闭样条曲线

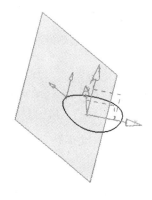

图 4-185　进入草图编辑界面

04
Chapter

4.1
4.2
4.3
4.4
4.5
4.6
4.7
4.8
4.9

04 确保捕捉点中的 ⟨图标⟩ 和 ⟨图标⟩ 选项激活状态，确保"草图约束"的 ⟨图标⟩ 处于激活状态。使用"草图曲线"工具栏中的 ⟨图标⟩ 绘制竖直线，注意直线的起点与曲线与草图平面的交点重合，如图 4-186 所示。

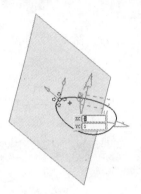

图 4-186 选择曲线与草图平面的交点绘制直线

○ **小技巧**

注意此处直线和圆弧不相切。

05 确保捕捉点中的 ⟨图标⟩ 选项激活状态，使用"草图曲线"工具栏中的 ⟨图标⟩ 绘制圆弧，创建如图 4-187 所示的图形。

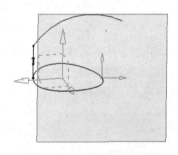

图 4-187 绘制草图图形

06 确保"草图约束"工具栏上的 ⟨图标⟩ 处于高亮状态。选择 Z 坐标轴和圆弧的中点，在弹出的"约束"对话框中选择 ⟨图标⟩ 按钮，创建圆中心在 Z 坐标轴上约束，如图 4-188 所示。

07 选择"草图曲线"工具栏上的 ⟨图标⟩ 按钮，选择 Z 坐标轴作为边界曲线和圆弧为要修剪的曲线，如图 4-189 所示，单击

⟨图标⟩ 按钮完成圆弧修剪，此时，圆弧端点与直线端点重合约束会解除。

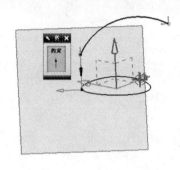

图 4-188 将圆心约束在 Z 轴上

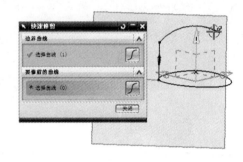

图 4-189 选择 Z 轴作为修剪边界做圆弧修剪

08 选择圆弧端点和直线端点（必须是端点），在弹出的"约束"对话框中选择 ⟨图标⟩ 按钮，创建直线端点与圆弧端点的重合约束，如图 4-190 所示。

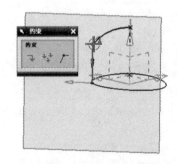

图 4-190 创建端点重合约束

09 确保捕捉点中的 ⟨图标⟩ 选项处于激活状态，使用"草图曲线"工具栏上的 ⟨图标⟩ 按钮完成折线绘制（水平和竖直），如图 4-191 所示。

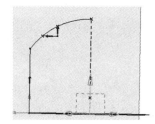

图 4-191　创建折线

10 使用"草图约束"工具栏上的![按钮] 按钮，创建圆弧端点（必须是端点）距草图水平参考之间的竖直距离尺寸（标注出即可，不必与例中尺寸相同），如图 4-192 所示。

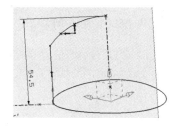

图 4-192　标注竖直尺寸

11 创建直线 1 端点（必须是端点）距草图竖直参考之间的水平距离尺寸（标注出即可，不必与例中的尺寸相同），如图 4-193 所示。

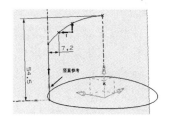

图 4-193　标注水平距离尺寸

12 创建直线 1 右侧端点（必须是端点）距竖直参考之间的水平距离尺寸（标注出即可，不必与例中的尺寸相同），如图 4-194 所示。

13 创建直线 1 距圆弧端点（必须是端点）之间的竖直距离尺寸（标注出即可，不必与例中的尺寸相同），此时草图变成紫色，处于完全约束状态，如图 4-195 所示。

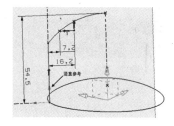

图 4-194　标注水平距离尺寸

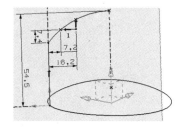

图 4-195　标注竖直距离尺寸

14 选择【草图】|【完成草图】命令，退出草图编辑状态，进入建模状态。选择【插入】|【扫掠】|【变化的扫掠】命令，系统弹出"变化的扫掠"对话框，设置"选择杆"中的曲线选择选项为 ![草条曲线] 以及 ![按钮]，选择图 4-196 中数字标识的曲线。

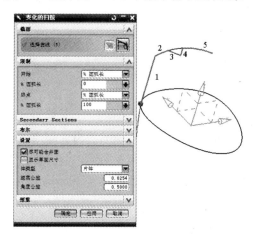

图 4-196　选择生成变化的扫掠曲线

15 在"变化的扫掠"对话框中设置"体类型"选项为 ![片体]，选择如图 4-196 所示的草图曲线。单击 ![确定] 按钮，完成变化的扫掠，生成如图 4-183 所示的扫掠特征。

4.1
4.2
4.3
4.4
4.5
4.6
4.7
4.8
4.9

4.7 综合实例（二）

01 选择 直线 按钮，在视图窗内绘制如图 4-197（a）、（b）、（c）所示的 4 条直线。

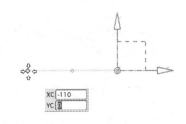

图 4-197（a） 绘制第 1 条直线

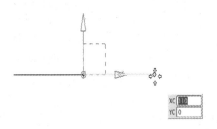

图 4-197（b） 绘制第 2 条直线

图 4-197（c） 绘制第 3，4 直线

02 选择 ○ 按钮，在视图窗内如图 4-198 所示的位置绘制 3 个圆，大圆直径为 55mm，两个小圆直径相同为 20mm。

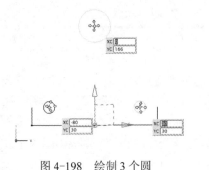

图 4-198 绘制 3 个圆

03 选择 圆弧 按钮，选择 方式在视图窗内绘制如图 4-199 所示的位置圆弧，圆弧的中心和小圆中心重合，起点位置位于图 4-197（c）所示直线的端点位置，圆弧的扫掠角度为 145°。

图 4-199 绘制两个圆弧

04 绘制图 4-200 所示的位置直线，直线的 YC 值为 176mm，与圆相交，长度自定。

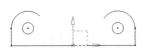

图 4-200 绘制直线

05 绘制两个圆弧的切线，起点位置为直线与大圆的交点。在直线绘制时，注意将"选择杆"上的捕捉 ✛ 选中，以便捕捉到直线与圆的交点，如图 4-201 所示。当将鼠标放置到交点位置 2 秒钟后，鼠标右下角会出现省略号，此时单击鼠标左键，系统会弹出如图 4-202 所示的"快速拾取"对话框，提示选择点。

图 4-201 选择起始点时的鼠标状态

图 4-202　"快速拾取"对话框

06 单击鼠标后，拉伸直线靠近圆弧，当屏幕上出现 ○ 符号时，如图 4-203 所示，单击鼠标左键，完成相切直线绘制。

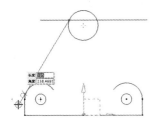

图 4-203　绘制相切直线

07 单击 ✖ 按钮，将曲线中的多余线头剪切掉，如图 4-204 所示。

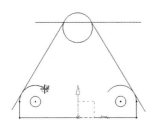

图 4-204　快速修剪曲线

08 绘制圆，圆心与大圆弧圆心重合，半径为 30mm，如图 4-205 所示，绘制如图 4-206 所示的 3 条直线，图形相对 Y 轴对称。

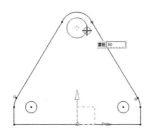

图 4-205　绘制圆

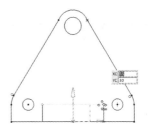

图 4-206　绘制直线

09 单击 ◢ 工具，设置圆角半径为 10mm，倒圆角如图 4-207 所示，最后将底部直线进行修剪，完成草图绘制。

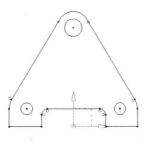

图 4-207　倒圆角

10 选择 ▨ 或者 ▧ 和 ▧ 标注距离尺寸，如图 4-208 所示。在标注圆弧与其他对象之间尺寸时有 3 种情况：最大距离、最小距离和圆心距离；标注最大、最小距离时，需要选择圆弧的大致位置上，圆心距离需要选择到大致圆心位置，标注结束后，将"尺寸"对话框（图 4-209）关闭。

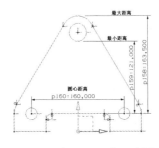

图 4-208　标注圆距离尺寸图

图 4-209　"尺寸"对话框

UG NX 5.0 中文版入门实战与提高

04

Chapter

4.1
4.2
4.3
4.4
4.5
4.6
4.7
4.8
4.9

○ 小技巧

在对尺寸编辑、删除或者对草图对象的删除操作之前，要将尺寸对话框关闭，退出尺寸标注状态。

11 单击 按钮，标注左下角的圆直径，如图 4-210 所示，用右键单击该尺寸，在弹出的右键菜单中选择【编辑】命令，系统弹出如图 4-211 所示的"编辑尺寸"对话框，进行尺寸样式和附加文本编辑，选项说明如下：

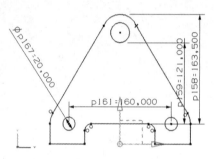

图 4-210 标注小圆直径

图 4-211 "编辑尺寸"对话框

- 值：
  - 1.00 ：编辑尺寸的公差标注样式。
  - 3 ：编辑尺寸的精度。
- 公差：
  - ±.XX ：编辑公差数值。
  - 2 ：编辑公差精度。
- 文本
  - ：编辑尺寸中的文本。
- 设置
  - ：编辑尺寸样式。
  - ：信息重置。

12 在"编辑尺寸"对话框中做如图 4-212 所示的设置。

图 4-212 "编辑尺寸"对话框

13 单击 按钮，系统弹出如图 4-213 所示的"尺寸样式"对话框，对话框提供尺寸和公差标注样式编辑，尺寸直线和箭头编辑、尺寸文字和附加文字字体编辑、圆/圆弧尺寸样式。首先激活"尺寸"页面，设置尺寸文字放置方式为 ，然后激活"径向"页，选择 按钮，单击 确定 按钮，关闭"编辑尺寸"对话框，则小圆直径尺寸样式更改为如图 4-214 所示。

图 4-213 "尺寸样式"对话框

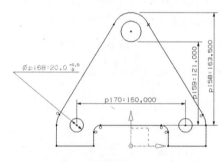

图 4-214 小圆直径尺寸标注样式

14 选择"草图约束"工具栏中的 ，选择斜边和竖直边的倒圆弧，选择结束后，用鼠标单击视图窗内的空白处（必须单击，否则不能产生周长尺寸），单击图4-209"尺寸"对话框中的 按钮，系统弹出如图4-215所示的"尺寸"对话框，此时在列表框内产生了周长尺寸表达式，将周长值更改为16mm，按【Enter】键，关闭对话框，此时圆弧周长更改为16mm，如图4-216所示。

图4-215 "尺寸"对话框

15 标注右下角的小圆直径，然后标注如图4-217所示的两小圆最小距离，此时注意状态栏中显示 **草图包含过约束的几何体** ，表示草图中存在过约束的对象，此时视图窗内的部分尺寸变为黄色，表明这部分尺寸中存在过约束尺寸，这里即是增加的两小圆的最小距离，此时可以将该尺寸转换为参考尺寸消除过约束（当然也可以删除），参考尺寸对对象不存在驱动功能，只是一个尺寸的显示。选择最小距离尺寸，单击鼠标右键，弹出右键菜单选择【转换至/自参考对象】命令，将尺寸转换为参考尺寸，此时草图如图4-217所示。

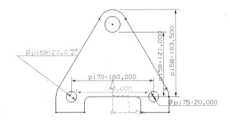

图4-217 最小距离尺寸转换为参考尺寸

> ○ **小技巧**
>
> 可练习使用附加尺寸，参考尺寸是不能进行尺寸附加操作的。

16 单击 或 ，选择两条斜直线，此时显示的是两条直线的锐角值，如果希望标注钝角值，则单击"尺寸"对话框中的 图标，此时尺寸标注如图4-218所示。

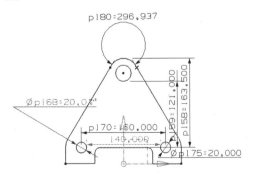

图4-218 角度标注

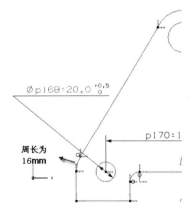

图4-216 圆弧周长改为16mm

04
Chapter

4.1

4.2

4.3

4.4

4.5

4.6

4.7

4.8

4.9

17 如果希望尺寸标注中不显示表达式，单击【首选项】【草图】弹出如图 4-219 所示的"草图首选项"对话框，设置 尺寸标签 值 ，此时尺寸中只显示尺寸数值。

图 4-219 "草图首选项"对话框

4.8 本章技巧荟萃

UG NX 5.0

- 草图创建时可先选择平面进行创建，也可以直接选择草图菜单，再选择平面进行草图的创建。
- 可通过选择【文件】|【实用工具】|【用户默认设置】设置草图首选项。
- 在使用配置文件 ∽ 绘制草图时，如果希望连续绘制圆弧，可双击 按钮。
- 在创建圆角 时，可通过按【Page Up】和【Page Down】键切换到绘制圆角和补圆角状态。
- 绘制草图时，如果草图中的元素需要捕捉或定位到模型中的几何体时，将"草图约束"工具栏中的 选空，单击 按钮，设置其中的 参考外部工作部件 为选中状态。
- 注意当标注一个尺寸后，视图中的尺寸全部变为黄色时，表明视图中的图形处于过约束状态，此时，选择尺寸按钮或 ，状态栏上将出现草图包含过约束的几何体，选择需要将多余的约束删除掉，恢复正常的约束数量。
- 要删除或移动草图中的尺寸标注位置，必须使尺寸按钮处于非激活状态。
- 在创建几何对象时，可同时按【Alt】键时取消所有自动添加约束选项，即创建草图对象时不能自动添加几何约束，无论 是否处于激活状态。
- 编辑定义串的基本原则是不能使编辑后的定义串不能重新生成特征，否则，在退出草图编辑状态后，系统会提示错误信息。
- 参考线用双点划线显示，参考曲线不参与特征的生成。
- 在拉伸特征中"草图"应该是翻译上的错误，正确的翻译应该是拔模。
- 在创建拉伸特征时，也可用鼠标右键单击视图中的拉伸控制杆，在弹出的菜单中选择【直至选择对象】。
- 在创建回转时，如果选择偏置回转可用鼠标右键单击视图中的预览特征，在弹出的菜单中选择偏置方式。

- 在创建放样特征时，也可拖动圆上的控制杆进行点对齐设置。
- 在创建放样特征时，上下两个截面曲线的方向要一致，引导线的方向也要一致，否则扫掠将发生扭转，可单击![按钮]按钮实现曲线方向的反置。
- 选择在轨迹方式创建草图时，不要进行"草图方位"设置。
- 对尺寸编辑、删除或者对草图对象的删除操作之前，要将"尺寸"对话框关闭，退出尺寸标注状态。
- 参考尺寸是不能进行尺寸附加操作的。

4.9　学习效果测试

UG NX 5.0

1．概念题

（1）草图与曲线绘制的主要区别是什么？

（2）什么是完全约束，草图中提供了几种约束工具？

2．操作题

（1）使用草图设计、草图约束工具创建如图 4-220 所示的草图。

（2）使用拉伸特征操作，最终生成如图 4-221 所示的特征，槽轮体拉伸尺寸为 9mm，轮毂拉伸尺寸为 11mm。

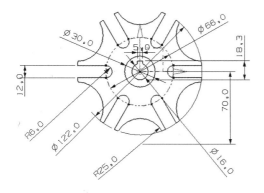

图 4-220　草图形状　　　　　　　　　　　　图 4-221　槽轮

读书笔记

第 5 章　基 准 特 征

学习要点

在 UG NX 5.0 中，通过基准的设置赋予实体空间要素的位置属性。草图和曲线绘制都需要基准，UG 默认提供了基准坐标系、基准面和基准轴供读者使用，但还是经常会需要其他的基准辅助进行实体定位，这时就需要创建参考几何体（基准坐标系、基准面和基准轴）。

学习提要

■ 基准轴创建
■ 基准平面
■ 基准坐标系

05
Chapter
5.1
5.2
5.3
5.4
5.5

5.1 概述

基准对于创建曲线、草图和特征而言是非常重要的。基准平面用来辅助创建特征，尤其在创建和目标体成一定角度的特征或曲线方面意义非常大，基准面也可以作为特征的起始和终止平面，或者作为新草图的放置平面。

【例 5-1】 在球体上打孔

01 打开 section5/51.prt 文件。选择"特征"工具栏上的 按钮，系统弹出"孔"对话框，保持默认设置，系统提示选择孔放置面，此时球面是不可选的。

02 此时为辅助在球体上创建孔，就需要有个"虚拟的"平面放置孔。

03 选择视图中已经建立的基准面，如图 5-1 所示，此时 确定 按钮和 应用 按钮变成可选状态，设置孔的尺寸为直径 25mm，深度为 50mm，顶锥角为 118°。

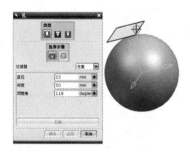

图 5-1 选择基准面放置孔

04 单击 确定 按钮，对后续弹出的对话框都选择 确定 按钮，完成孔设置，如图 5-2 所示。

图 5-2 选择基准面放置孔

基准轴相当于一个参考矢量，一般是创建其他对象的参考，例如创建基准平面，创建回转体或者拉伸体时会使用基准轴作为参考矢量方向。

【例 5-2】 基准轴作为回转轴

打开 section5/52.prt 文件。选择"特征操作"

01 工具栏上的 按钮，对圆柱体上的孔进行圆周阵列，在系统弹出的"实例特征"对话框中选择 圆形阵列 按钮。

02 在系统弹出的"实例"对话框中选择要阵列的孔特征，如图 5-3 所示，单击 确定 按钮，系统弹出"实例"对话框，设置阵列参数，选择数量为 6 个，角度为 60，如图 5-4 所示，单击 确定 按钮。

图 5-3 "实例"对话框

图 5-4 "实例"对话框

系统弹出的"实例"对话框,提示选择阵列中心轴,此时视图中没有其他特征线(边)可选择,单击 ⬛基准轴 按钮,然后选择视图中的基准轴,如图 5-5 所示。

03

图 5-5　选择基准轴

04 在弹出的"创建实例"对话框中选择 ⬛是 按钮,在重新弹出的选择圆周阵列的"实例"对话框中选择 ⬛取消 按钮,完成圆周阵列的操作,如图 5-6 所示。

图 5-6　完成实例阵列特征

基准坐标系是一个相对坐标系,能够使得基于基准坐标系创建的关联几何对象随着基准坐标系的更改而自动更新。

【例 5-3】　变换基准坐标系

01 打开 section5/53.prt 文件。在"部件导航器"中双击"datum coordinate system(1)"(非隐藏的),此时系统弹出"基准 CSYS"对话框,对当前坐标系进行编辑。

02 在"基准 CSYS"对话框中的"类型"中选择 ⬛原点,X 点,Y 点 ,在系统中选择一点作为新坐标系的原点,X 轴上的一点和 Y 轴上一点,如图 5-7 所示。

图 5-7　在视图中选择一点作为新坐标系的原点

03 系统预示出新坐标系的方位和位置,单击"基准 CSYS"对话框中的 ⬛确定 按钮,完成基准坐标系的修改。

04 此时与基准坐标相关联的直线也随之移动保持与坐标系的相对位置,如图 5-8 所示。

图 5-8　直线保持与坐标系的相对位置和方位

5.2　基准特征

UG NX 5.0

基准特征包含基准轴、基准平面和基准坐标系,就像创建其他特征一样,创建基准特征也需要参考其他基准、输入与其他基准的距离数值、角度数值等基准创建特征。

05
Chapter

5.1
5.2
5.3
5.4
5.5

5.2.1 基准轴

可创建两种形式的基准轴：相对基准轴和固定基准轴。相对基准轴参考其他几何对象创建，所有的相对基准轴都是关联的，如果相对基准轴是非关联的，就变成固定基准轴，固定基准轴都是非关联的，创建后即固定在原始位置上。其创建方法有两种：一种是基于工作坐标系（WCS）中的 XC、YC 和 ZC 轴创建，另一种是在创建时将关联选项选空。

选择【插入】|【基准/点】|【基准平面】命令，或单击"特征"工具栏中的 按钮，系统弹出如图 5-9 所示的"基准轴"对话框，创建基准轴的方法和创建矢量方法相同，参见第 3.2.2 节创建矢量说明。

图 5-9 "基准轴"对话框

- 自动判断 ：系统根据选择的对象，智能生成一个新的矢量，可以是平面的法线、曲线的切线、坐标轴或者回转体的中心线方向。

- 交点 ：通过所选的两个平面的相交位置创建一个基准轴。

- 曲线/面轴 ：根据选择的线型曲线或特征边，或者是

回转体的中心线创建基准轴。

- 在曲线矢量上 ：根据所选曲线上一点的切向、法向方向创建基准轴。

- XC 轴 ：系统根据 XC 基准轴方向构造一个新的基准轴。

- YC 轴 ：系统根据 YC 基准轴方向构造一个新的基准轴。

- ZC 轴 ：系统根据 ZC 基准轴方向构造一个新的基准轴。

- 点和方向 ：根据一点直线指向所选方向创建一个基准轴。

- 两点 ：根据选择的两个点（通过点构造器）生成一个基准轴。

- 固定 ：只在编辑采用 XC 轴 、YC 轴 或 ZC 轴 创建的基准轴时出现此项，可通过选择不同的创建方法，并在创建时将 关联 选项选中来修改成相对基准。

- 关联：当选中此项时创建的基准轴是关联的，此时基准轴根据创建时参考的几何对象的改变而改变；选空时，为固定基准轴，不随参考的几何对象改变而改变。

【例 5-4】 采用自动判断方法创建基准轴

01 打开 section5/54.prt 文件。选择【插入】|【基准/点】|【基准轴】命令，

系统弹出"基准轴"对话框。在"类型"处选择 ▸ 自动判断 选项，此时"定义轴的对象"项中的选择对象 ± 按钮处于激活状态。

02 选择视图中的孔面，如图 5-10 所示，此时视图中预视了基准轴。

图 5-10　选中圆柱面创建基准轴

03 如果希望反置基准轴方向，可单击 ⤢ 按钮，单击 确定 按钮完成基准轴的创建。

【例 5-5】　根据两点创建基准轴

01 打开 section5/54.prt 文件。选择【插入】|【基准/点】|【基准轴】命令，系统弹出"基准轴"对话框。在"类型"处选择 ▸ 两点 选项，此时"通过点"项中的选择点 ± 按钮处于激活状态。

02 选择视图中两个孔的中心，如图 5-11 所示，此时视图中预视了基准轴。

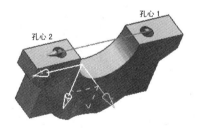

图 5-11　通过两点方式创建基准轴

03 如果希望反置基准轴方向，可单击 ⤢ 按钮，单击 确定 按钮完成基准轴的创建。

【例 5-6】　根据曲线上点的矢量方向创建基准轴

01 打开 section5/54.prt 文件。选择【插入】|【基准/点】|【基准轴】命令，

系统弹出""基准轴"对话框。在"类型"处选择 ▸ 在曲线矢量上 选项，此时"曲线"项中的选择曲线 ± 按钮处于激活状态。

02 选择视图中的特征边，如图 5-12 所示，此时视图中预视了基准轴。

图 5-12　选择特征边预示了基准轴

图 5-13　选择基准轴的方向

03 在"曲线上的位置"选项设置基准起点在圆弧上的位置，或者拖动控制杆在圆弧上移动。

04 在"曲线上的方位"选项设置基准的指向。可选择 垂直于对象 ，此时选择对象 ⊕ 处于高亮显示状态，选择图 5-13 所示的特征边，单击 确定 按钮完成基准轴的创建。

【例 5-7】　根据两个平面的交线创建基准轴

01 打开 section5/55.prt 文件。选择【插入】|【基准/点】|【基准轴】命令，系统弹出"基准轴"对话框。在"类型"处选择 ▥ 交点 选项，此时"要相交的对象"项中的选择对象 ± 按钮处于激活状态。

02 选择视图中的面 1 和面 2，如图 5-14 所示，此时视图中预视了基准轴。

UG NX 5.0 中文版入门实战与提高

05

Chapter

5.1

5.2

5.3

5.4

5.5

图 5-14　选择两个平面创建基准轴

5.2.2　基准平面

可创建两种形式的基准平面：相对基准平面和固定基准平面。相对基准轴可参考其他几何对象创建，例如：曲线、边、点和其他基准，创建方法很多，固定基准轴都是非关联的，可采用关联基准平面的创建方法来创建，只是在创建时将☑关联选项选空，也可以基于工作坐标系（WCS）或绝对坐标系创建。

> ○ **小技巧**
>
> 在创建过程中，可通过用鼠标右键单击控制杆，用箭头或点来选择基准面对话框中的平面法向方向选项设计基准面的方向。

选择【插入】|【基准/点】|【基准平面】命令，或单击"特征"工具栏中的 按钮，系统弹出如图 5-15 所示的"基准平面"对话框。

图 5-15　"基准平面"对话框

单击 确定 按钮完成基准轴的创建。

- 自动判断 ：提供通过选择/输入不同的对象自动生成基准平面，比如输入点、矢量、平面、点和矢量等方式生成基准平面。

- 成一角度 ：提供通过与已知平面成一定角度生成基准平面功能，新生成的基准平面过选择/输入的轴。

- 按某一距离 ：提供按距离方式生成基准平面功能，新生成的基准平面与已有平面平行且距离为输入的距离量。

- Bisector ：提供对两个选择平面进行等分方式生成基准平面功能，如果两个平面相交，则新平面与两个平面的夹角相等且过两个平面的交线；如果两个平面平行，则新平面与两个平面的距离相等且平行。

- 曲线和点 ：提供过指定点与曲线相垂直的生成新平面功能，要先选择曲线后选择点。

- 两直线 ：提供过两条直线生成基准平面功能。

- 在点、线或面上与面相切 ：提供通过与一个非平面相切生成基准平面的功能，此项又分为以下几种方式：一个面，通过与圆柱体或者圆锥体相切方式创建基准平面；通过点，通过选择的点与曲面相切方式创建基准平面；通过线，通过选择的线与圆柱面或者圆锥面相切方式创建基准平面；两个平面，通过与选择两个曲面（圆柱面，圆锥面，球面）同时用相切方式创建一个基准平面；与平面成角度，通过与选择的圆柱面和平面都相切的方式创建基准平面，也可以输入角度来规定基准平面与所选平面所成的角度（此时不相切）。

- ：提供通过所选对象创建基准平面的功能，注意不能选择空间曲线或曲面。

- ：提供通过输入 aX+bY+cZ=d 中的参数方式生成基准平面功能。

- ：提供通过输入点和方向方式生成基准平面功能，基准平面过指定点，法线方向与所选矢量平行。

- ：提供在曲线指定弧长位置上按照指定方式（相切、垂直等）生成基准平面功能。

- ：提供距离 YC-ZC 平面一定数值且与之平行创建基准平面功能。

- ：提供距离 XC-ZC 平面一定数值且与之平行创建基准平面功能。

- ：提供距离 XC-YC 平面一定数值且与之平行创建基准平面功能。

- ：只在编辑采用 、 或 创建的

基准平面时出现此项，可通过选择不同的创建方法，并在创建时将 选项选中来修改成相对基准平面。

- ：当选中此项时创建的基准平面是关联的，此时基准平面根据创建时参考的几何对象的改变而改变；选空时，为固定基准平面，不随参考的几何对象改变而改变。

【例 5-8】　采用自动判断方法创建基准平面

01　打开 section5/55.prt 文件。选择【插入】|【基准/点】|【基准平面】命令，系统弹出"基准平面"对话框。在"类型"处选择 选项，此时"要定义平面的对象"项中的选择对象 按钮处于激活状态。

02　选择视图中两个侧面，如图 5-16 所示，此时视图中预视了在两个表面中间创建的基准面。

图 5-16　"基准轴"对话框

03　单击 按钮完成基准平面的创建。

【例 5-9】　采用点和方向方法创建基准平面

01　打开 section5/55.prt 文件。选择【插入】|【基准/点】|【基准平面】命令，系统弹出"基准平面"对话框，在"类型"处选择 选项，此时"通过点"项中的选择点 按钮处于激

活状态。

○ 小技巧

> 修改基准平面的大小可通过拖动基准平面边上的控制杆来改变。

02 选择特征边的中点（确保选择杆上的按钮激活），如图 5-17 所示。

图 5-17 选择特征边中点

03 "法向"项中的指定矢量按钮处于激活状态，可选择一个特征边作为基准平面的法向方向，如图 5-18 所示，此时视图中预视了创建的基准平面。

图 5-18 选择平面的法向方向作为基准平面方向

04 单击确定按钮完成基准平面的创建。

【例 5-10】 采用在曲线上方式创建基准平面

01 打开 section5/56.prt 文件。选择【插入】|【基准/点】|【基准平面】命令，系统弹出"基准平面"对话框，在"类型"处选择 在曲线上 选项，此时"曲线"项中的选择点按钮处于激活状态。

02 选择曲面边，如图 5-19 所示，此时系统预视了基准平面，其法向方向为边上的在选择点的切向方向。

图 5-19 选择曲面的边

03 可在"曲线上的位置"项中设置基准平面与曲线的交点位置，在"曲线上的方位"项中设置基准平面的法向方向：曲线在交点的切向方向、法向方向、双法向方向和相对其他对象（矢量）方向，选择 正常 方向。

○ 小技巧

> 可用鼠标右键单击控制杆修改平面位置的放置方法：圆弧长或圆弧百分比。

04 单击确定按钮完成基准平面的创建。

【例 5-11】 采用成一定角度方法创建基准平面

01 打开 section5/55.prt 文件。选择【插入】|【基准/点】|【基准平面】命令，系统弹出"基准平面"对话框，在"类型"处选择 成一角度 选项，此时"平面参考"项中的选择平面按钮处于激活状态。

○ 小技巧

> 修改基准平面的大小可通过拖动基准平面边上的控制杆来改变。

02 选择如图 5-20 所示的特征表面，作为基准面的创建参考面。

图 5-20 选择基准平面的创建参考面

03 "通过轴"项中的选择对象 ➕ 按钮处于激活状态，选择一个轴作为基准平面旋转角度的轴，选择如图 5-21 所示的特征边。

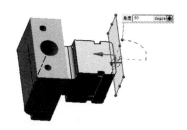

图 5-21　选择基准平面通过的特征边

04 此时视图中预视了创建的基准平面，在"角度"项中输入旋转角度，单击 确定 按钮完成基准平面的创建。

【例 5-12】　采用成一定角度方法创建基准平面

01 打开 section5/55.prt 文件。选择【插入】|【基准/点】|【基准平面】命令，系统弹出"基准平面"对话框。在"类型"处选择 曲线和点 选项，在"子类型"中设置为 Curves and Points (sub-infer)，此时"参考几何体"项中的选择对象 ➕ 按钮处于激活状态，选择特征圆角的顶点，如图 5-22 所示。

5.2.3　基准坐标系

系统提供创建关联和固定基准坐标系创建功能。基准坐标系由坐标系、3 个基准平面、3 个基准轴和一个原点组成。单击【插入】|【基准/点】|【基准坐标】命令，或单击"特征"工具栏中的 按钮，系统弹出如图 5-24 所示的"基准 CSYS"对话框，基准坐标的创建方法与 2.3.2 构造坐标系的方法类似，可参见说明。

图 5-22　选择特征圆角的顶点

02 继续选择下一个对象，创建的基准面通过所选对象，选择如图 5-23 所示的特征边。

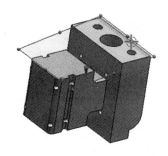

图 5-23　选择特征边

03 此时视图中预视了创建的基准平面，单击 确定 按钮完成基准平面的创建。

图 5-24　"基准 CSYS"对话框

05
Chapter

5.1
5.2
5.3
5.4
5.5

5.3 创建轴承座

此例根据已有特征，通过创建基准轴、基准平面实现现有特征的实例阵列和镜像操作，完成轴承座的设计。

本实例最终效果如图 5-25 所示。

○ **设计思路**

先创建基准轴完成吊耳上连接孔的圆形阵列，通过创建基准平面完成特征的镜像操作。

○ **练习要求**

掌握基准轴，基准平面创建方法和使用。

制作流程预览

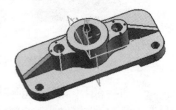

图 5-25　轴承座

○ **制作重点**

1. 创建基准轴。
2. 进行圆周阵列。
3. 创建基准平面。
4. 进行特征的镜像。

01 打开 section5/zhouchengzuo.prt 文件。选择【特征】|【基准\点】|【基准轴】命令，系统弹出"基准轴"对话框，设置类型中的选项为 ⚙ 自动判断 ▾，系统提示选择对象，此时选择吊耳孔面，如图 5-26 所示，单击 确定 按钮完成基准轴的创建。

图 5-27　完成吊耳连接孔的圆周阵列

03 选择【特征】|【基准\点】|【基准平面】命令，系统弹出"基准平面"对话框，设置类型中的选项为 ⚙ 自动判断 ▾，选择如图 5-28 所示的两个特征面，此时系统在两个面的中间位置创建了基准面，单击 确定 按钮完成基准平面的创建。

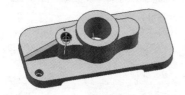

图 5-26　创建基准轴承

02 参考例 5-2 的步骤 2～4，进行吊耳上连接孔的圆形阵列，阵列的数量角度分别为 3 个和 90°，圆周阵列的中心轴为步骤 1 创建的基准轴，如图 5-27 所示。

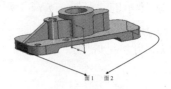

面 1　面 2

图 5-28　选择两个面创建基准面

04 选择"特征操作"工具栏上的 按钮，系统弹出"镜像特征"对话框，如图 5-28 所示，在"候选特征"中选择沉头孔、吊耳孔、吊耳连接孔，步骤 2 完成的圆周阵列孔和筋板，如图 5-29 所示。

○ **小技巧**

在进行镜像时，可以直接在视图中用鼠标选择候选特征。

05 在"镜像特征"对话框中的"选择平面"处选择步骤 3 创建的基准平面，最终创建如图 5-25 所示的镜像特征。

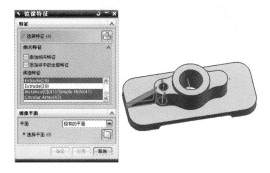

图 5-29　选择候选特征

5.4 本章技巧荟萃

UG NX 5.0

- 创建基准平面时，可通过用鼠标右键单击控制杆、箭头或点来选择基准面对话框中的平面法向方向选项设计基准面的方向。
- 当选择曲线方式创建基准平面时，可用鼠标右键单击控制杆，使平面位置的放置方法在圆弧长和圆弧百分比方式之间切换。
- 如果选择参考绝对坐标系或相对坐标系的平面如 XC-YC plane 等，创建的是固定基准平面。
- 选择系数方法创建的基准平面是固定基准平面。
- 修改基准平面的大小可通过拖动基准平面边上的控制杆来改变。
- 在进行镜像时，可以直接在视图中用鼠标选择候选特征。

5.5 学习效果测试

UG NX 5.0

1．概念题

（1）基准特征包含几种对象？

（2）基准平面的主要功能是什么？

2．操作题

（1）创建基准平面，将综合实例中的沉头孔镜像为 4 个对称分布沉头孔。

（2）打开 section5/jigai.prt，通过创建基准轴和基准面，将轴承座上的螺纹孔进行圆周阵列和镜像特征，最终形成如图 5-30 所示的减速器机盖。

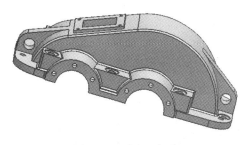

图 5-30　减速器机盖

读书笔记

第6章 体素特征参数化建模

学习要点

在第4章中介绍了几种三维实体的创建方法：拉伸、回转、扫掠和管特征，这些特征的创建必须有事先绘制的草图、曲线或特征边。本章介绍4种体素特征创建则不需要绘制任何草图或曲线，只需输入特征的形状尺寸即可创建，此项简单快捷，但模型也相对简单。体素特征可作为其他特征的载体，通过进一步的细节特征操作，最终形成复杂的特征。

学习提要

- 创建长方体
- 创建圆柱体
- 创建圆锥体
- 创建球

6.1 体素特征创建一般步骤

UG NX 5.0

体素特征的创建过程相对简单，只要输入特征的几何参数和放置方位即可。体素特征包括：长方体、圆柱、圆锥和球，这些模型是三维几何实体中最基本的三维几何元素，可通过组合生成较为复杂的特征。

（1）在建模状态，选择【插入】|【设计特征】|【圆柱/长方体/圆锥/球】菜单项。

（2）系统弹出"体素特征"对话框。

（3）在视图中选择创建体素特征的位置和方位（点或矢量）。

（4）设置体素特征的几何参数，例如长、宽、高、直径等。

（5）单击 确定 按钮，完成体素特征的创建。

6.1.1 长方体

此项提供根据定义的方位、尺寸和位置创建非关联长方体的功能。长方体的长度方向为坐标系的 X 轴方向，宽度方向为坐标系的 Y 轴方向，高度方向为坐标系的 Z 轴方向，选择【插入】|【设计特征】|【长方体】命令，或单击"工具栏"上的 长方体 按钮，系统弹出如图 6-1 所示的"长方体"对话框。

图 6-1 "长方体"对话框

选项说明如下：

（1）类型：选择创建长方体的方法。

● 📦：通过设置起点和 3 个边长的方法创建长方体。

● 📦：通过设置底部长方形对角线上两点和高的方法创建长方体。

● 📦：设置长方体对角顶点的方法创建长方体。

（2）选择步骤：根据选择方法的不同选择步骤也不同。

● 📦：提示选择方法中的第一个点。

● 📦：提示选择方法中的第二个点（第二种方法时可选）。

● 📦：提示选择方法中的第三个点（第三种方法时可选）。

● 🔍：目标实体，提示创建长方体与其他实体作用关系。

【例 6-1】 根据长、宽和高以及顶点方式长方体

01 单击"特征"工具栏中的 长方体 按钮，系统弹出如图 6-1 所示的"长方体"对话框，选择 📦 图标，此时对话框如图 6-2 所示。

○ **小技巧**

系统可以根据操作动作自动跳转操作步骤，也可以根据需要选择操作步骤。

图 6-2　"长方体"对话框

02 用鼠标在视图中选择一点，也可捕捉到系统中现存的点。

03 在"长度"、"宽度"和"高度"中输入长方体的几何参数，单击 确定 按钮，完成长方体创建，如图 6-3 所示。

图 6-3　创建的长方体

○ **小技巧**

此时创建的长方体各边与 WCS 中的坐标轴平行。

【**例 6-2**】　根据对角点以及高度创建长方体

01 单击"特征"工具栏中的 按钮，系统弹出如图 6-1 所示的"长方体"对话框，选择 图标，此时对话框如图 6-4 所示，用鼠标在视图窗中选择两点作为长方体底部矩形的对角线上的两点（通常根据捕捉点方式确定）。

02 在高度编辑框内输入高度值，单击 确定 按钮退出，系统生成如图 6-5 所示的长方体。

图 6-4　"长方体"对话框

图 6-5　长方体

【**例 6-3**】　根据对角点创建长方体

01 打开 section6\603.prt 文件。单击"特征"工具栏中的 按钮，系统弹出如图 6-1 所示的"长方体"对话框，选择 图标。

02 确保"选择杆"中的 按钮处于高亮显示状态，用鼠标在长方体表面选择一点作为长方体的一个顶点，如图 6-6 所示。

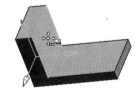

图 6-6　选择平面上一点

03 取消"选择杆"中 按钮的高亮显示，确保 按钮处于高亮显示状态，用鼠标在长方体边线上选择一点作为长方体的另一个顶点，如图 6-7 所示。

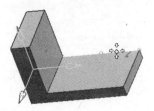

图 6-7 选择特征边上一点

6.1.2 圆柱

可根据两种方式创建圆柱体：一种是设置圆柱体的轴线方向、圆柱体直径和高度方法；另一种是选择已有圆弧和设置高度方法创建圆柱。选择【插入】|【设计特征】|【圆柱】命令，或单击"工具栏"上的 ![按钮] 按钮，系统弹出如图 6-9 所示的"圆柱体"对话框。

图 6-9 "圆柱体"对话框

选项说明如下：

（1）类型：选择创建圆柱体的方法。

● 轴、直径和高度：设置方向、圆柱体直径和高度创建圆柱体。

● 圆弧和高度：通过选择圆弧和输入的高度值创建圆柱体。

04 设置"布尔"操作项设置为 ![图标]，单击 ![确定] 按钮创建如图 6-8 所示的长方体。

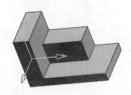

图 6-8 创建长方体

（2）轴。

● 指定矢量 ![图标] ![图标]：圆柱创建方法选择 ![轴、直径和高度] 时可选，选择或创建圆柱体的轴线方向。

● 指定点 ![图标] ![图标]：圆柱创建方法选择 ![轴、直径和高度] 时可选，选择或创建圆柱体的起始点。

（3）圆弧。

● 选择圆弧 ![图标]：创建方法选择 ![圆弧和高度] 时可选（可选择圆弧/圆，都生成圆柱体）。

（4）属性。

● 直径：创建方法选择 ![轴、直径和高度] 时可选，输入直径值。

● 高度：输入圆柱体的高度。

○ 小技巧

轴下面的 ![图标] 按钮是翻转方向的，不能在高度内设置负数来使方向相反。

【例 6-4】 根据圆弧和高度方法创建圆柱体

01 打开 section6\604.prt 文件。单击"特征"工具栏中的 ![按钮] 按钮，系统弹出如图 6-9 所示的"圆柱体"对话框，设置类型为 ![圆弧和高度]，此时"圆弧"选项下 ![图标] 处于激活状态。

02 选择长方体表面上的圆弧，如图6-10所示。在"属性"的高度项中设置 30mm，设置"布尔"操作项设置为，此时选择对象⬚处于激活状态。

图6-10　选择圆弧

03 选择已有长方体作为求和对象，单击 ▭确定 按钮创建如图6-11所示的圆柱体。

图6-11　创建圆柱体

6.1.3　圆锥

此项提供根据定义的方位、尺寸和位置创建圆锥的功能，选择【插入】|【设计特征】|【圆柱】命令，或单击"工具栏"上的 🔺 按钮，系统弹出如图6-12所示的"圆锥"对话框，系统提供5种方法创建圆锥体。

图6-12　"圆锥"对话框

选项说明如下：

● ▭ 直径，高度 ▭：根据输入顶部和底部直径，圆锥轴线方向、

【例6-5】　根据轴、直径和高度创建圆柱体

01 打开 section6\604.prt 文件。单击"特征"工具栏中的 🔲 按钮，系统弹出如图6-9所示的"圆柱体"对话框，设置类型为 ▭ 轴、直径和高度 ▭ ，此时"轴"选项下 ⬚ 处于激活状态。

02 选择 XC 轴作为圆柱体的轴向方向。

03 激活【指定点】 ⬚ 按钮，在视图中选择一点作为圆柱体的起始位置。在直径和高度处输入圆柱体的几何参数，输入直径 30mm，高度为 50mm，单击 ▭确定 按钮创建圆柱体。

高度以及起始点方式建立圆锥体。

● ▭ 直径，半角 ▭：根据输入顶部和底部直径，圆锥轴线方向、半角、及起始点方式建立圆锥体，圆锥半角如图6-13所示。

图6-13　圆锥半角

● ▭ 底部直径，高度，半角 ▭：根据输入

UG NX 5.0 中文版入门实战与提高

06
Chapter

6.1

6.2

6.3

6.4

底部直径，圆锥轴线方向、高度、半角及起始点方式建立圆锥体。

-  ：根据输入顶部直径，圆锥轴线方向、高度、半角及起始点方式建立圆锥体。

- 两个共轴的圆弧 ：选择两个同轴的圆弧产生圆锥体，两个圆弧不必平行。

【例 6-6】 采用两个共轴的圆弧创建圆锥

01 打开 section6\606.prt 文件。单击"特征"工具栏中的 ⚠ 按钮，系统弹出"圆锥"对话框，选择 两个共轴的圆弧 按钮创建圆锥体。

○ **小技巧**

采用选择两个共轴的圆弧方法创建圆锥时，圆锥与圆弧是非关联的，即圆弧发生变化时，圆锥不随之变化。

02 系统弹出"圆锥"对话框，如图 6-14 所示，选择系统中的大圆作为圆锥底圆；重新弹出"圆锥"对话框，选择小圆作为圆锥顶圆。

图 6-14 "圆锥"对话框

03 单击 确定 按钮系统生成圆锥体，如图 6-15 所示。

图 6-15 创建圆锥体

6.1.4 球

此项提供根据定义的方位、尺寸和位置创建球的功能。选择【插入】|【设计特征】|【圆柱】命令，或单击特征"工具栏"上的 🔵 按钮，系统弹出如图 6-16 所示的"球"对话框。

图 6-16 "球"对话框

- 直径，圆心 ：根据选择/创建的球心和球径方式创建球体。

- 选择圆弧 ：根据选择的圆弧创建球体，圆弧将作为球

面上的一段圆弧。

○ **小技巧**

采用选择圆弧的方法创建球时，球与圆弧是非关联的，即圆弧发生变化时，球体不随之变化。

【例 6-7】 采用选择圆弧创建球

01 打开 section6\607.prt 文件。单击"特征"工具栏中的 🔵 按钮，系统弹出"球"对话框，如图 6-17 所示，选择 选择圆弧 按钮创建圆锥体，系统弹出"球"对话框。

图 6-17 "球"对话框

02 选择系统中的圆弧，系统创建球，圆弧成为球上一条弧，如图 6-18 所示。

图 6-18 球特征

此例创建一个简单的模具，包含了长方体、圆柱体和球体的设计。

实例最终效果如图 6-19 所示。

○ **设计思路**

先设计下模具，从圆柱体上切除一个半球体；然后设计上模具，在长方体上创建一个半球体凸出。

○ **练习要求**

掌握圆柱体、长方体和球体的创建方法。

图 6-19 轴承透盖

制作流程预览

○ **制作重点**

1. 创建圆柱体。
2. 切除半球体。
3. 创建长方体。
4. 创建半球体。

01 新建一个文件 mojv.prt。

02 单击"特征"工具栏中的 按钮，系统弹出"圆柱"对话框，设置圆柱中心轴方向为 Z 轴正向，起始点为（0，0，0，），圆柱的直径和高度都为 100mm，如图 6-20 所示。

03 单击 确定 按钮创建圆柱体。

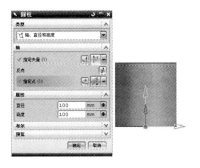

图 6-20 创建圆柱体

UG NX 5.0 中文版入门实战与提高

06

Chapter

6.1
6.2
6.3
6.4

04 单击"特征"工具栏中的 🔵 按钮，系统弹出"球"对话框，选择 [直径，圆心] 按钮，设置直径为 60mm，球心为圆柱体上端面圆心点，布尔运算选择 [求差]，则切除了半球体，如图 6-21 所示。

图 6-21　切除半球体

05 单击"曲线"工具栏中的 📏 按钮，设置起点（−60，50，100）和终点分别为（−120，−45，100）。

06 单击"特征"工具栏中的 🔲 按钮，选择 🔲 图标，用鼠标在视图窗中选择直

线的两端点作为长方体底部矩形的对角线上的两点，矩形高度设置为 100mm，生成如图 6-22 所示的长方形实体。

图 6-22　创建长方体

07 单击"特征"工具栏中的 🔵 按钮，系统弹出"球"对话框，选择 [直径，圆心] 按钮，设置直径为 60mm，球心为（−60，0，150），布尔运算选择 [求和]，运算对象为长方体，生成如图 6-19 所示的模具模型。

6.3　本章技巧荟萃
UG NX 5.0

- 在创建体素特征时，系统可以根据操作动作自动跳转操作步骤，也可以根据需要选择操作步骤。
- 创建球时，如果选择圆弧方法创建球，球与圆弧是非关联的，即圆弧发生变化时，球体不随之变化。
- 采用选择两个共轴的圆弧方法创建圆锥时，圆锥与圆弧是非关联的，即圆弧发生变化时，圆锥不随之变化。
- 创建圆柱体时，轴下面的 ⊠ 按钮是翻转方向的，不能在高度内设置负数来使得方向相反。
- 创建长方体时，采用长、宽、高以及顶点方式创建长方体时，创建的长方体各边与 WCS 中的坐标轴平行。

6.4　学习效果测试
UG NX 5.0

1. 概念题

（1）体素特征和成形特征在创建方法上有何区别？

（2）UG NX 5.0 提供了几种体素特征？

2．操作题

（1）使用圆柱体创建如图 6-23 所示的对象，其截面图如图 6-24 所示，尺寸自定。

图 6-23　使用圆柱体创建实体　　　　　图 6-24　实体截面图

读书笔记

第7章　UG NX 5.0 成形特征

学习要点

成形特征是建立在已有三维特征（父特征）之上的特征，主要用于在三维特征上增加或切除特殊形状的三维特征体，是已有特征的子特征，主要包括：孔、凸台、腔体、凸垫、键槽和沟槽。和体素特征一样，成形特征也不需要绘制草图或曲线，只需输入特征的形状尺寸即可创建，其定位尺寸一般参考父特征中的点、边和面，因此，成形特征随着父特征的更新而自动更新，随父特征的删除而删除。

学习提要

- 成形特征通过操作
- 孔特征操作
- 凸台特征操作
- 腔体特征操作
- 凸台特征操作
- 键槽特征操作
- 沟槽特征操作

UG

NX 5.0 中文版入门实战与提高

07

Chapter

7.1

7.2

7.3

7.4

7.5

7.1　成形特征概述

成形特征是建立在父特征之上的特征，因此建立成形特征之前，系统中必须已存在三维特征。一般这些特征是通过草图或曲线通过拉伸、回转、扫掠创建或者是体素特征体，成形特征的创建过程如下：

（1）选择成形特征放置的表面、面或基准面。

（2）设置所选面的水平参考方向，选择矢量、边或者面定义成形特征放置面的水平方向。

（3）定义成形特征的形状尺寸参数，例如直径、矩形的长度和宽度。

（4）设置成形特征的定位方法，例如是点对点方式定位、垂直定位等。

（5）选择定位参考，一般选择父特征中的特征边、特征点作为定位基准。

（6）设置定位尺寸，完成成形特征的创建。

由于在创建过程中，一般都涉及到特征放置面操作、放置面水平参考设置和定位操作，因此本章中将对这些操作做统一介绍。

7.1.1　放置面

在选择成形特征操作后(孔和凸台特征除外)，系统弹出如图 7-1 所示的对话框，提示选择成形特征的放置面，默认状态可直接选择所要放置的特征表面，也可通过选择不同的按钮设置选择过滤。

图 7-1　"提示选择放置面"对话框

- 实体面：单击此按钮后，"选择杆"设置对象过滤方式为 面。
- 基准平面：单击此按钮后，"选择杆"设置对象过滤方式为 基准。

7.1.2　水平参考

在选择成形特征的放置面后，系统弹出如图 7-2 所示的"水平参考"对话框，提示选择成形特征放置面的水平参考，默认状态可直接选择一个矢量或面，系统自动根据所选对象生成水平方向，也可以通过选择不同的按钮设置选择过滤。

图 7-2　"水平参考"对话框

● ：单击此按钮后，"选择杆"设置对象过滤方式为 边 。

● 实体面 ：单击此按钮后，"选择杆"设置对象过滤方式为 面 。

● 基准轴 ：单击此按钮后，"选择杆"设置对象过滤方式为 基准 。

● 基准平面 ：单击此按钮后，"选择杆"设置对象过滤方式为 基准 。

● 竖直参考 ：在设置水平参考和竖直参考之间进行切换。

7.1.3　定位成形特征

在选择成形特征的放置面后，系统弹出"定位"对话框，如图 7-3 所示，其中选项含义如表 7-1 所示。

图 7-3　"定位"对话框

表 3-1　各种选项

水平	在两个点之间创建一个和放置面水平参考平行的尺寸
竖直	在两个点之间创建一个和放置面竖直参考平行的尺寸
平行	两点之间的距离尺寸，距离尺寸平行于当前的工作平面
垂直	在父特征上（或草图、曲线）的边和成形特征上点之间的垂直距离
按一定距离平行	在父特征上（或草图、曲线）的边和成形特征边之间的垂直距离
成角度	在父特征上（或草图、曲线）的边和成形特征边之间的角度
点到点	标注点和成形特征上点距离，默认距离为 0
点到线	在父特征上（或草图、曲线）的边和成形特征上点之间的垂直距离，但是距离自动设置为 0
直线至直线	在父特征上（或草图、曲线）的边和成形特征边之间的垂直距离，但距离自动设置为 0

07
Chapter

7.1
7.2
7.3
7.4
7.5

7.2 常用实体特征的创建

常用的实体特征有：孔、圆台、腔体、凸垫、键槽和沟槽，每种成形特征还包括了多种不同形状的特征，比如孔特征中包括了

一般孔、沉头孔和埋头孔等，基本满足了铸造、锻造、机械加工的造型需求，下面分别介绍这些特征的操作方法。

7.2.1 孔的创建

创建简单孔、沉头孔和埋头孔。单击 按钮，系统弹出如图 7-4（a）、（b）、（c）所示的"孔"对话框。

图 7-4（a） "简单孔"对话框

图 7-4（b） "沉头孔"对话框

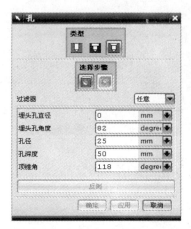

图 7-4（c） "埋头孔"对话框

选项说明如下：

○ 小技巧

选择 面方式创建孔时，孔的深度和顶锥角是不可设置的。

（1）类型：
● ：选择简单孔创建方法。
● ：选择沉头孔创建方法。
● ：选择埋头孔创建方法。
（2）选择步骤：
● ：选择孔放置面。
● ：选择孔的通过面。
（3）根据选择创建方法的不同，可输入不同的参数，各部分参数意义如图 7-5 所示。

【例 7-1】 创建埋头孔

01 创建边长为 100mm 的正方体，单击"特征"工具栏中的 按钮，系统弹

出"孔"对话框。

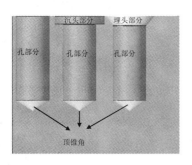

图 7-5　3 种孔的各部分名称

<table><tr><td>02</td><td>选择█按钮,"孔"对话框如图 7-4(c)
所示,此时状态栏提示选择孔的放置</td></tr></table>

面;选择正方体的一个面,并按照如图 7-6
所示输入参数,此时视图窗中预示了孔的位
置;单击██████按钮,系统弹出"定位"对
话框,提示选择孔的定位方式。

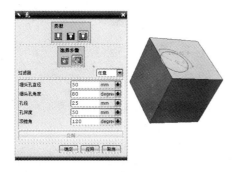

图 7-6　孔的位置预示

<table><tr><td>03</td><td>选择█按钮,再选择如图 7-7 所示的
边,并输入距离尺寸 30mm;单击</td></tr></table>

████按钮,选择如图 7-8 所示的边,并输

7.2.2　凸台的创建

此项在平面上创建凸台。单击█按钮,
系统弹出如图 7-10 所示的"凸台"对话框。
选项说明如下:

- 选择步骤█:选择凸台放置面。
- 直径:输入凸台底部直径。
- 高度:输入凸台高度。
- 拔锥角:输入凸台的锥角。

入距离尺寸 30mm;单击████按钮,生成
孔如图 7-9 所示。

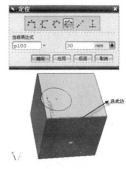

图 7-7　定位孔的一个方向位置

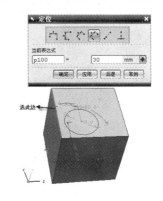

图 7-8　定位孔的另一个方向位置

图 7-9　生成埋头孔

图 7-10　"凸台"对话框

UG NX 5.0 中文版入门实战与提高

07
Chapter

7.1
7.2
7.3
7.4
7.5

【例7-2】 创建圆锥凸台

01 创建边长为 100mm 的正方体。单击"特征"工具栏中的 按钮，系统弹出"凸台"对话框；选择正方体的一个面作为凸台放置面，设置直径为 30mm，高度为 60mm，拔锥角为 8°。

02 单击 应用 按钮，系统弹出"定位"对话框。选择垂直定位 ，选择如图 7-11 所示的特征边，设置圆台圆心距所选特征边的距离为 50mm。

图7-11 "定位"对话框

03 单击 应用 按钮，系统重新弹出"定位"对话框。选择垂直定位 ，选择如图

7-12 所示的特征边，设置圆台圆心距所选特征边的距离为 50mm。

图7-12 "定位"对话框

04 单击 确定 按钮，完成如图 7-13 所示的凸台创建。

图7-13 创建的凸台

7.2.3 腔体的创建

按照圆形、方形或者一般曲线形状创建腔体。单击【刀槽】 按钮，系统弹出 7-14 所示的"腔体"对话框。

图7-14 "腔体"对话框

选项说明如下：

- 圆柱形 ：按照圆形方式创建腔体。
- 矩形 ：按照矩形方式创建腔体。
- 常规 ：按照一般方式创建腔体。

○ 小技巧

创建圆柱形腔体时，深度值必须大于底部面半径值。

腔体的几何参数含义如图 7-15 所示。

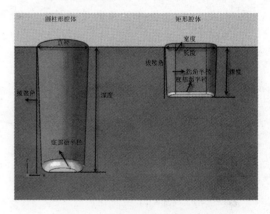

图7-15 腔体参数示意图

○ 小技巧

　　创建矩形腔体时，拐角半径必须大于底部面半径。

【例7-3】　创建圆台腔体

01 创建边长为 100mm 的正方体。选择【插入】|【设计特征】|【刀槽】命令，或单击"特征"工具栏中的刀槽按钮，系统弹出"腔体"对话框，选择 [_____圆柱形_____] 按钮创建圆柱形腔体。

02 选择正方体的一个面作为腔体放置面，设置腔体直径为 30mm，深度为 60mm，底部面半径为 2，拔锥角为 50°。

03 单击 [确定] 按钮，系统弹出"定位"对话框。选择垂直定位，选择如图 7-16 所示的特征边。系统弹出"垂直的"对话框，提示选择成形特征中的点（工具边），选择正方体上已经预视处的腔体顶圆，如图 7-17 所示。

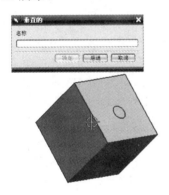

图 7-16　选择特征边进行定位

图 7-17　选择目标边

04 系统弹出"设置圆弧的位置"对话框，如图 7-18 所示，选择 [_____圆弧中心_____] 按钮，创建腔体顶圆圆心距离特征边的距离尺寸进行腔体定位。在弹出的"创建表达式"对话框中输入 50mm，单击 [确定] 按钮完成一个定位尺寸。

图 7-18　"设置圆弧的位置"对话框

05 系统重新弹出"定位"对话框，重复步骤 3~4，创建腔体圆心距离正方体另一条边的距离尺寸作为腔体的定位尺寸，尺寸数据也为 50mm，最终完成圆形腔体的创建，如图 7-19 所示。

图 7-19　创建的圆柱腔体

【例7-4】　创建矩形腔体

01 创建边长为 100mm 的正方体。选择【插入】|【设计特征】|【刀槽】命令，或单击"特征"工具栏中的刀槽按钮，系统弹出"腔体"对话框，选择 [_____矩形_____] 按钮创建矩形腔体。

02 系统弹出"矩形腔体"选择放置面对话框，选择正方体的一个面作为腔体放置面。

03 单击 [确定] 按钮，系统弹出"水平参考"对话框，选择 [_____端点_____] 按钮，选择如图 7-20 所示的特征边作为放置面的水平参考方向。

UG NX 5.0 中文版入门实战与提高

07
Chapter

7.1
7.2
7.3
7.4
7.5

图 7-20　选择参考方向

04　系统弹出"矩形腔体"对话框，如图 7-21 所示，设置长度为 40mm，宽度为 30mm，深度为 40mm，拐角半径为 10mm，底部面半径为 4mm，拔锥角为 3°。

图 7-21　"矩形腔体"对话框

05　系统弹出"定位"对话框，此时视图中预视了矩形腔体的形状。选择平行定位，系统弹出"平行"对话框，提示选择目标对象（父特征）的参考对象，选择图 7-22 所示的特征边；系统重新弹出"平行"对话框，提示选择工具对象（成形特征）边，选择预视腔体的中心线，如图 7-23 所示。

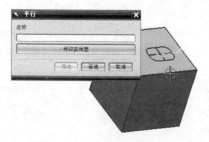

图 7-22　选择特征边进行的定位

06　系统弹出"创建表达式"对话框，输入竖直定位尺寸为 50mm，单击 确定

按钮完成竖直定位。重复步骤 5，创建矩形腔体的另一条中心线距离正方体另一条边的水平定位尺寸数据也为 50mm，最终完成矩形腔体的创建，如图 7-24 所示。

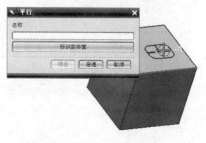

图 7-23　选择目标边进行定位

图 7-24　矩形腔体

【例 7-5】　创建常规腔体（1）

01　打开 section7/705.prt 文件。选择【插入】|【设计特征】|【刀槽】命令，或单击"特征"工具栏中的 刀槽 按钮，系统弹出"腔体"对话框。选择 常规 按钮，系统弹出如图 7-25 所示的"常规腔体"对话框。

● 放置面：设置腔体放置面。

● 放置面轮廓线：设置腔体顶部的轮廓线。

● 底部面：设置腔体的底部面。

● 底部面轮廓线：设置腔体底部的轮廓线。

● 目标体：如果腔体不产生在放置面特征体上，可选择此项在其他特征体上创建腔体。

● 放置面轮廓线投影矢量：如果所选的顶部轮廓线不在所选的放置面

上，选择此项定义轮廓线的投影方向，将轮廓线投影到放置面上。

图 7-25　"常规腔体"对话框

- 底部面投影矢量 ：如果在底部面设置中选择了 转换，可选此项，用于定义转换矢量。
- 底部面轮廓线投影矢量 ：如果所选的底部轮廓线不在所选的底面上，选择此项定义轮廓线的投影方向，将轮廓线投影到底面上。
- 放置面上的对准点 ：用于在放置面轮廓线上选择一点作为对齐点，如果上下轮廓线已经选择，并且在放置面（底面）轮廓线中设置的对齐方式为 指定点，可选此项。
- 底面对准点 ：用于在底面轮廓线上选择一点作为对齐点，如果上下轮廓线已经选择，并且在底面轮廓线中设置的对齐方式为 指定点，此项可选。

- 过滤器：设置选择对象的过滤方式。
- 附着腔体：此项选空时，生成独立的腔体；选中时，与目标体作差运算。

02 此时放置面 处于激活状态。系统处于提示选择放置面状态，选择绘制六边形的正方体的面，然后单击【放置面轮廓】 按钮，选择六边形，同时设置放置面轮廓参数如图 7-26 所示。

图 7-26　设置放置面参数

03 单击【底部面】 按钮提示设置底面参数，这里选择底部面的生成方式为 偏置，从放置面 40mm 的方式生成底面（也可以创建基准面作为底面位置），其他参数如图 7-27 所示。

04 单击【底部面轮廓】 按钮，选择拔锥角和其他参数设置，设置拔锥角为 5°，其他参数如图 7-28 所示。

05 单击 确定 按钮，目标体 处于激活状态，继续单击 确定 按钮完成腔体的创建，如图 7-29 所示。

UG NX 5.0 中文版入门实战与提高

07
Chapter

7.1
7.2
7.3
7.4
7.5

图 7-27 设置底面参数

图 7-28 设置底面轮廓参数

图 7-29 创建的常规腔体

【例 7-6】 创建常规腔体（2）

01 打开 section7/708.prt 文件。选择【插入】|【设计特征】|【刀槽】命令，或单击"特征"工具栏中的 按钮，系统弹出"腔体"对话框，选择 常规 按钮，系统弹出如图 7-25 所示的"常规腔体"对话框。

02 此时放置面 处于激活状态。系统处于提示选择放置面状态，选择如图 7-30 所示的曲面作为腔体放置面，单击放置面轮廓 按钮，选择视图中的曲线，如图 7-31 所示。

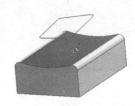

图 7-30 选择腔体放置面

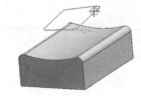

图 7-31 选择腔体轮廓线

03 单击【底部面】 按钮，设置底部面的生成方式为 偏置 ，从放置面 20mm 的方式生成底面，放置面半径、底面半径和拐角半径都为 2mm。

04 单击【底部面轮廓】 按钮，选择拔锥角和其他参数设置，设置拔锥角为 5°，放置面半径、底面半径和拐角半径都为 2mm。

05 此时放置面轮廓线投影矢量 激活，视图中心显示曲线的投影方向，如果投影方向相反，可通过设置"指定新的矢量"方法重新设置投影方向。

06 单击 确定 按钮，目标体 处于激活状态，继续单击 确定 按钮完成腔体的创建,如图 7-32 所示。

图 7-32 常规腔体

7.2.4 凸垫的创建

此项提供在现存体上按照方形或者一般曲线形状创建凸垫操作。凸垫与刀槽操作基本相同,形成的实体形状相同,刀槽与基实体做差操作,凸垫与基实体做加操作,单击刀槽按钮,系统弹出 7-33 所示的"凸垫"对话框。

图 7-33 "凸垫"对话框

○ **小技巧**

创建常规凸垫时,特征边也可作为凸垫造型曲线。

选项说明如下:

● [矩形]:按照矩形方式创建凸垫。

● [常规]:按照常规方式创建凸垫。

【例 7-7】 创建矩形凸垫

01 在视图中创建一个边长为 100mm 的正方体。选择【插入】|【设计特征】|【凸垫】命令,或单击"特征"工具栏中的按钮,系统弹出"凸垫"对话框。选择 [矩形] 按钮,系统弹出"矩形凸垫"对话框,提示选择矩形凸垫放

置面,选择如图 7-34 所示的正方体表面。

图 7-34 选择凸垫放置面

02 系统弹出"水平参考"对话框,选择 [端点] 按钮,选择所选正方体的一条边作为水平参考,如图 7-35 所示。

图 7-35 选择水平参考

03 系统弹出"矩形凸垫"对话框,如图 7-36 所示,输入矩形凸垫形状尺寸:长度 40mm,宽度 50mm,高度 30mm,拐角半径为 5mm,拔锥角为 5°。

04 系统预视出凸垫,弹出"定位"对话框,选择垂直定位,系统弹出"垂直的"对话框,提示选择竖直基准,选择如图 7-37 所示的正方体特征边。

UG NX 5.0 中文版入门实战与提高

07
Chapter

7.1
7.2
7.3
7.4
7.5

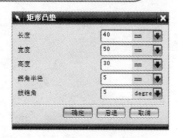

图 7-36　"矩形凸垫"对话框

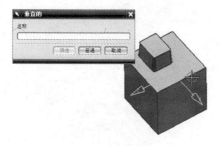

图 7-37　选择特征边作为定位边

05 系统重新弹出"垂直的"对话框。"视图"工具栏中设置显示形式为静态线框，选择凸垫放置面轮廓的中心线，如图 7-38 所示，在弹出的"创建表达式"对话框中输入 50mm，单击　确定　按钮，标注竖直定位尺寸。

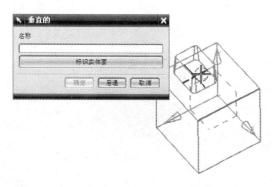

图 7-38　选择中心线作为定位边

06 重复 4～5 步骤，设置水平定位尺寸（50mm）。

07 重新弹出"定位"对话框，单击　确定　按钮，弹出"矩形凸垫"对话框，单击　取消　按钮完成凸垫创建，如图 7-39 所示。

图 7-39　生成的自定义凸垫

【例 7-8】　创建常规凸垫

01 打开 section7/709.prt 文件。选择【插入】|【设计特征】|【凸垫】命令，或单击"特征"工具栏中的　按钮，系统弹出"凸垫"对话框。选择　常规　按钮，系统弹出如图 7-40 所示的"常规凸垫"对话框，其选项中的含义与"常规腔体"对话框中的含义是相同的。

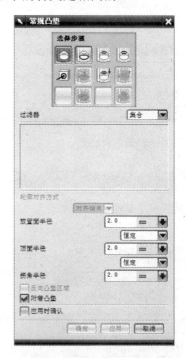

图 7-40　"常规凸垫"对话框

02 此时放置面　处于激活状态，系统提示选择放置面，选择如图 7-41 所示的曲面作为腔体放置面。

03 单击【放置面轮廓】　按钮，选择视图中的曲线，如图 7-42 所示。单击【底部面】 按钮，设置底部面的生成方式为 ，从放置面 50mm 的方式生成底面，放置面半径、底面半径和拐角半径都为 2mm。

04 单击【底部面轮廓】 按钮，选择拔锥角和其他参数设置，设置拔锥角为 5°，放置面半径、底面半径和拐角半径都为 2mm。

05 此时放置面轮廓线投影矢量 激活，视图中心显示曲线的投影方向，如果投影方向相反，可通过设置"指定新的矢量"方法重新设置投影方向。

06 单击 确定 按钮，此时目标体 处于激活状态，继续单击 确定 按钮完成凸垫的创建，如图 7-43 所示。

图 7-41　选择凸垫放置面

图 7-42　选择凸垫轮廓曲线

图 7-43　生成的自定义凸垫

7.2.5　键槽的创建

此项提供在实体表面创建键槽，键槽的深度是沿着放置面的法向方向测量。单击 按钮，系统弹出如图 7-44 所示的"键槽"对话框。

图 7-44　"键槽"对话框

● 矩形 ：创建一个矩形截面的槽。

● 球形端 ：创建一个球型键。

● U 型键槽 ：创建一个 U 型键槽。

● T 型键槽 ：创建一个 T 型键槽。

● 燕尾 ：创建一个 V 型键槽。

● 通槽 ：选择此项创建一个通槽，选择此项，则需选择两个端面定义槽的前后两个面。

上述键槽的形状如图 7-45 所示。

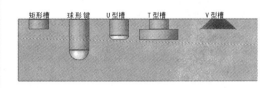

图 7-45　键槽形状

创建各种键槽的方法是一样的，这里以球型键槽为例介绍创建键槽的基本过程。

07
Chapter

7.1

7.2

7.3

7.4

7.5

【例 7-9】　创建球型键槽

01 打开 section7\701.prt 文件，选择【插入】|【设计特征】|【键槽】命令，或单击"特征"工具栏中的 按钮，系统弹出"键槽"对话框。

02 选择 球形端 按钮，系统弹出"球形沟槽"对话框，提示选择球形槽放置面，选择视图中的基准面作为键槽放置面，如图 7-46 所示，系统弹出对话框提示确定键槽的开设方向，箭头应指向轴，否则选择 反向默认侧 按钮，如图 7-47 所示。

图 7-46　选择键槽放置面

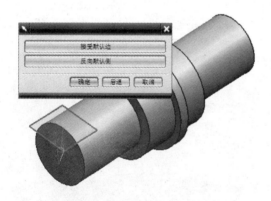

图 7-47　设置键槽开设方向

03 系统弹出"水平参考"对话框，提示选择放置面的水平参考方向，将"视图"工具栏上的对象显示方式设置为线框显示 ，选择 基准轴 按钮，选择 X 轴作为水平参考，如图 7-48 所示。

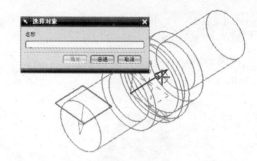

图 7-48　选择 X 轴作为水平参考

04 系统弹出"球形键槽"对话框，输入球形键槽形状尺寸，球直径 10mm，深度 20mm，长度为 50mm，如图 7-49 所示，单击 确定 按钮。

图 7-49　"球形键槽"对话框

05 系统预视出键槽，弹出"定位"对话框，选择垂直 定位，系统弹出"垂直的"对话框，提示选择竖直基准，选择 X 基准轴，如图 7-50 所示。

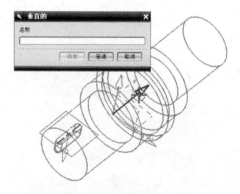

图 7-50　选择 X 轴作为定位参考

06 系统重新弹出"垂直的"对话框，选择键槽的中心线，在弹出的"创建表达式"对话框中输入 0mm，单击 确定 按钮，标注竖直定位尺寸，如图 7-51 所示。

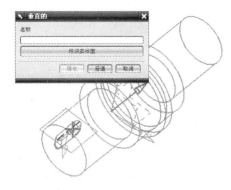

图 7-51　选择键槽中心线作为目标定位参考

07 系统重新弹出"定位"对话框，选择垂直⊗定位，系统弹出"垂直的"对话框，提示选择竖直基准，选择 Y 基准轴，如图 7-52 所示。

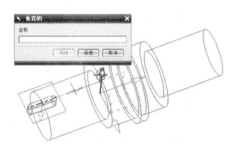

图 7-52　选择 Y 轴作为定位参考

08 系统重新弹出"垂直的"对话框。选择键槽的中心线，如图 7-53 所示，在弹出的"创建表达式"对话框中输入 70mm，单击 确定 按钮，标注水平定位尺寸。

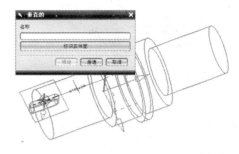

图 7-53　选择键槽中心线作为目标定位参考

09 单击弹出的"定位"对话框中的 确定 按钮，再单击弹出的"球形沟槽"对话框中的 取消 按钮完成键槽的创建，如图 7-54 所示。

图 7-54　创建的球形键槽

7.2.6　沟槽的创建

此项提供在圆柱体或圆锥体表面创建退刀槽。单击 按钮，系统弹出如图 7-55 所示的"沟槽"对话框。

图 7-55　"沟槽"对话框

● 矩形 ：创建矩形沟槽。

● 球形端 ：创建球

形沟槽。

● U 型沟槽 ：创建 U型沟槽。

3 种创建槽的方法是类似的，这里以矩形沟槽的创建过程为例介绍创建沟槽的操作方式。

【例 7-10】　创建矩形沟槽

01 打开 section7\701.prt 文件。选择【插入】|【设计特征】|【沟槽】命令，或单击"特征"工具栏中的 按钮，系统弹出"沟槽"对话框。

02 选择 矩形 按钮，系统弹出如图 7-56 所示的"矩形沟

UG NX 5.0 中文版入门实战与提高

07
Chapter

7.1

7.2

7.3

7.4

7.5

槽"对话框，提示选择沟槽放置面，选择一段轴的表面，如图 7-56 所示。

图 7-56　选择沟槽放置面

03 系统弹出"矩形沟槽"对话框，设置沟槽的直径为 36mm，宽度为 2mm，单击 确定 按钮完成设置，如图 7-57 所示。

图 7-57　"矩形沟槽"对话框

04 系统弹出如图 7-58 所示的"定位沟槽"对话框，提示选择参考曲线标注定位尺寸，选择轴肩边线，作为定位参考。

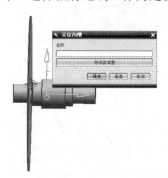

图 7-58　选择定位边

05 系统重新弹出如图 7-59 所示的"定位沟槽"对话框，提示选择工具曲线标注定位尺寸，选择工具边线如图 7-59 所示；在弹出的"创建表达式"对话框中输入 0mm，单击 确定 按钮完成沟槽的创建，如图 7-60 所示。

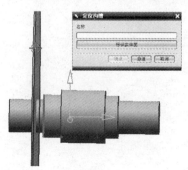

图 7-59　选择目标边

图 7-60　创建的沟槽

7.3 实例练习

此 例创建一个瓶子，包含了凸台设计、刀槽设计和球形沟槽设计。

本实例最终效果如图 7-61 所示。

○ 设计思路

先设计凸台创建瓶颈，然后进行刀槽设计切出瓶口，最后在瓶颈处切出沟槽。

○ 练习要求

掌握凸台、刀槽和沟槽创建方法。

图 7-61　轴承透盖

制作流程预览

○ 制作重点

1. 创建凸台。
2. 切除壳体。
3. 创建刀槽。
4. 创建沟槽。

01 打开 section7/shili.prt 文件。选择"特征"工具栏上的 ![]按钮，选择零件上端面作为放置凸台表面，设置凸台的尺寸如图 7-62 所示，单击 应用 按钮。

图 7-62　选择凸台放置面

02 在弹出的"定位"对话框中选择 ![]按钮，选择 X 轴和 Y 轴定位目标边，距离都为 0mm，如图 7-63 所示，单击 应用 按钮完成凸台的创建。

图 7-63　进行凸台位置定位

03 选择"特征操作"工具栏上的 ![]抽壳按钮，选择 抽壳所有面 类型，设置厚度为 30mm，选择实体进行抽壳。

04 选择"特征"工具栏上的 ![]刀槽按钮，选择 圆柱形 类型，设

置凸台表面作为腔体放置面，如图 7-64 所示，设置如图所示的腔体尺寸。

图 7-64　选择腔体放置面

05 在弹出的"定位"对话框中选择 ![]按钮，选择凸台的端面边作为目标边，在弹出的"设置圆弧的位置"对话框中选择 圆弧中心 按钮，选择预示腔体的边作为工具边，在弹出的"设置圆弧的位置"对话框中也选择 圆弧中心 按钮，在弹出的尺寸表达式中输入 0，最终定位腔体的位置，如图 7-65 所示。

图 7-65　创建腔体

06 选择"特征"工具栏上的 ![]沟槽按钮，系统弹出"沟槽"对话框，选择

UG NX 5.0 中文版入门实战与提高

07

Chapter

7.1

7.2

7.3

7.4

7.5

　　　　　 球形端 　　　　　 按钮，系统弹出
"球形端沟槽"对话框，提示选择沟槽放置
面，选择瓶颈面作为沟槽放置面，如图 7-66
所示。

图 7-66　选择割槽放置面

07 系统弹出"球形端沟槽"对话框，输入球形端沟槽的尺寸参数，输入如图 7-67 所示的参数。

图 7-67　设置沟槽参数

08 系统弹出"定位沟槽"对话框，提示进行位置参考定位的选择，选择瓶颈孔的边线作为参考边，如图 7-68 所示，选

择系统预示的沟槽边线作为目标边，如图
7-69 所示。

图 7-68　选择定位参考边

图 7-69　选择定位目标边

09 系统弹出"创建表达式"对话框，提示输入位置尺寸，输入 10mm，单击 确定 按钮完成沟槽的创建，生成如图 7-61 所示的瓶子。

7.4　本章技巧荟萃

- 选择▣面方式创建孔时，孔的深度和顶锥角是不可设置的。
- 创建圆柱腔体时，深度值必须大于底部面半径值。
- 创建矩形腔体时，拐角半径必须大于或等于底部面半径。
- 创建常规腔体时，特征边也可作为腔体造型曲线。
- 创建常规凸垫时，特征边也可作为凸垫造型曲线。
- 水平参考对话框中的 　　　　 端点 　　　　 按钮，应该是翻译上的错误，按钮上的文字应该是边。
- 在视图中通过滚动鼠标中键实现图形的放大和缩小。

7.5　学习效果测试

1．概念题

（1）成形特征的一般操作步骤是什么？

（2）UG NX 5.0 提供了几种成形特征？

2．操作题

打开 section7/xiti.prt 文件，使用埋头孔和沟槽特征创建中心孔特征和退刀槽特征，如图 7-70 所示，其中埋头孔尺寸如图 7-71 所示，退刀槽的直径为 34.5mm，宽度为 2mm。

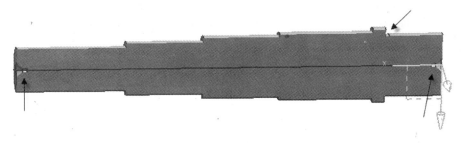

图 7-70　创建中心孔特征和退刀槽特征

图 7-71　埋头孔尺寸

读书笔记

第8章 特征操作

学习要点

特征操作是对现有特征体进行细节操作的过程，例如创建铸造过程中需要的拔模角和圆角造型。UG NX 5.0 提供了详细的细节特征操作功能，能创建出复杂的细部特征。此外，当存在多个形状相同但方位和位置不同的特征或实体时，UG NX 5.0 提供了实例特征操作功能，可进行不同方位和位置的特征复制或实体复制功能，大大提高了建模效率。

学习提要

- 特征布尔操作
- 细节特征操作
- 实例特征
- 抽壳特征
- 裁剪操作
- 螺纹操作

UG NX 5.0 中文版入门实战与提高

08

Chapter

8.1

8.2

8.3

8.4

8.5

8.6

8.7

8.8

8.9

8.1 布尔操作

布尔操作项提供对已经创建的两个特征进行求和、求差、求交，最终生成一个特征的操作。布尔操作可在特征创建过程中选择并设定，一旦特征创建结束，又有需求与其他实体进行 3 种运算，可选择此项进行操作。

1. 求和

将两个以上的实体合并为一个实体的过程。进行求和操作的实体必须相交或有共享的面，否则该命令报错。选择【插入】|【组合体】|【求和】命令，或单击"特征操作"工具栏上的 按钮，系统弹出"求和"对话框，如图 8-1 所示。

图 8-1　"求和"对话框

● 选择目标体 ：选择一个目标实体与其他实体进行求和。

● 选择工具体 ：选择多个工具实体与目标实体进行求和。

● 保持目标 ：在求和操作时，拷贝目标实体不进行求和运算。

● 保持工具 ：在求和操作时，拷贝工具实体不进行求和运算。

【例 8-1】 创建求和布尔运算

01 打开 section8\801.prt 文件。选择【插入】|【组合体】|【求和】命令，或单击"特征操作"工具栏上的 按钮，系统弹出"求和"对话框。

02 单击【目标体】 按钮，选择长方体，如图 8-2 作为目标体。

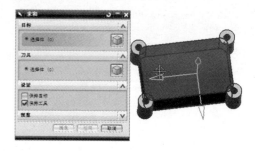

图 8-2　选择目标体

03 单击【刀具】 按钮，选择 4 个圆环柱体，如图 8-3 为刀具体。

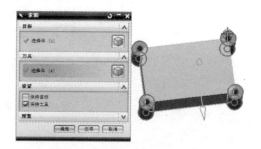

图 8-3　选择工具体

04 设置 保持目标 和 保持工具 处于选空状态，单击 确定 按钮完成求和操作，可以看到之前的实体交线已经消除，变成一个实体，如图 8-4（a）、（b）所示。

2. 求差

从目标体上去除一个或多个工具体部分。进行求差操作的目标体与工具体必须相交，否则该命令报错。如果使用薄片体作为工具对实体进行求差，则薄片体将目标体分割为两个非参数化特征（不能进行编辑），如果希望求差后还是参数化特征，可使用【修剪体】命令。

图 8-4（a）　求和之前

图 8-4（b）　求和之后

选择【插入】|【组合体】|【求差】命令，或单击"特征操作"工具栏上的 按钮，系统弹出"求差"对话框，如图 8-5 所示。

图 8-5　"求差"对话框

- 选择目标体 ：选择一个目标实体与其他实体进行求差。
- 选择工具体 ：选择多个工具实体与目标实体进行求差。
- 　保持目标 ：在求和操作时，拷贝

目标实体。

- 　保持工具 ：在求和操作时，拷贝工具实体。
- 创建求和几何体。

注意当工具体与目标体处于相切状态时，作求差操作可能产生零厚度的实体，此时系统也将报错，如图 8-6 所示。

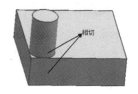

图 8-6　相切特征进行求差操作时报错

【例 8-2】　创建求和几何体

01　打开 section8\801.prt 文件。选择【插入】|【组合体】|【求差】命令，或单击"特征操作"工具栏上的 按钮，系统弹出"求差"对话框。

02　单击【目标体】 按钮，选择长方体，如图 8-7 所示，作为目标体。

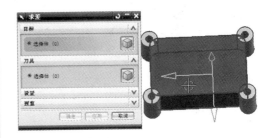

图 8-7　选择目标体

03　单击【刀具】 按钮，选择 4 个圆环柱体，如图 8-8 所示，作为刀具体。

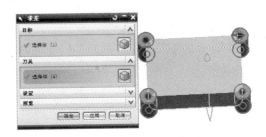

图 8-8　选择工具体

UG NX 5.0 中文版入门实战与提高

08
Chapter

8.1
8.2
8.3
8.4
8.5
8.6
8.7
8.8
8.9

04 设置 保持目标 和 保持工具 处于选空状态,单击 确定 按钮完成求差操作,可以看到之前的实体已被切除,如图8-9所示。

图8-9 目标体被切除

3. 求交

使用目标体与工具体相交部分创建实体。进行求交操作的目标体与工具体必须相交,否则该命令报错。如果求交运算将目标体分割为两个分开的部分,则求交后的实体转化为非参数化实体,不能进行编辑,如图8-10(a)、(b)所示;如果两个薄片体进行求交运算,最终将目标体分割为两个分开的部分,则求交操作不能进行,系统报错。

图8-10(a) 两个对象重叠在一起

图8-10(b) 分成两个对象

选择【插入】|【组合体】|【求交】命令,或单击"特征操作"工具栏上的 按钮,

系统弹出"求交"对话框,如图8-11所示。

图8-11 "求交"对话框

● 选择目标体：选择一个目标实体与其他实体进行求交操作。

● 选择工具体：选择多个工具实体与目标实体进行求交操作。

● 保持目标：在求和操作时,拷贝目标实体。

● 保持工具：在求和操作时,拷贝工具实体。

【例8-3】 创建求交几何体

01 打开section8\803.prt文件。选择【插入】|【组合体】|【求交】命令,或单击"特征操作"工具栏上的 按钮,系统弹出"求交"对话框。

02 选择【目标体】按钮,选择如图8-12所示的几何体作为目标体。

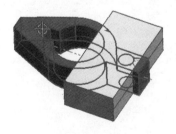

图8-12 选择目标体

03 选择【刀具】按钮,选择长方体,如图8-13所示,作为刀具体。

图 8-13　选择工具体

04 设置 □ 保持目标 和 □ 保持工具 处于选空状态，单击 确定 按钮完成求交操作，如图 8-14 所示。

图 8-14　求交结果

8.2 细节特征

UG NX 5.0

细节特征是对已经建立的特征做进一步的细节操作，最终完成复杂模型的过程。细节特征一般需要设置的参数比较多，可满足实际工程中复杂多边的造型需求，但对于学习 UG NX 5.0 命令操作而言，会有一些困难。

8.2.1 边倒圆

使用此命令使非相切的相交两组面光滑过渡。选择【插入】|【细节特征】|【边倒圆】命令，或单击"特征操作"工具栏中的 按钮，系统弹出如图 8-15 所示的"边倒圆"对话框。

图 8-15　"边倒圆"对话框

选项说明：

1. 要倒圆的边

● 选择边：选择一组边。

● 半径：为一组边设置半径。

● 列表：可选择多组边，列表显示和删除不同组的边的圆角半径，每结束一组边的选择可单击鼠标中键开始新边选择。

2. 可变半径点：可对边上不同的点设置不同的半径值

● 选择点：在边上设置不同半径的点。

● 列表：显示和删除不同点的半径值。

3. 拐角倒角：相对顶点增加偏置点，调整它们到顶点的距离以便在顶点处生成球形圆角，经常用于钣金加工中，创建的顶点圆角是非光滑的面

● 选择终点：选择要生成圆角的顶点。

● point1 setback3：设置连接顶点的边上偏置点距离。

● 列表：显示和删除已经选择点的不

08

Chapter

8.1

8.2

8.3

8.4

8.5

8.6

8.7

8.8

8.9

同偏置距离。

○ **小技巧**

多个圆角交到一起时，当选项为 `在交点 ▼` 时可能会失效，此时可以每两个圆角进行处理。

4. 拐角突然停止：可设置圆角在终点附近终止

● 选择终点：选择终点。

● 停止位置：设置距离终点的距离；可以选择圆角停止在距离终点一定位置 `按某一距离 ▼`，如图 8-16 所示，此时不能选择多个圆角的相交点作为终点；也可以选择圆角停止到选定的多个圆角交点处 `在交点 ▼`，如图 8-17 所示。

图 8-16　边倒圆在某一位置终止

图 8-17　边倒圆停止在交点处

● 列表：显示和删除突然停止点以及停止点距终点的距离。

5. 修剪选项

● 修剪对象：可指定修剪圆角的面（系统默认选择一个面进行圆角的修剪），如图 8-18 和图 8-19 所示。

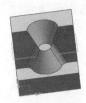

图 8-18　系统默认选择圆锥面作为修剪面

图 8-19　选择圆台平面作为修剪面

6. 溢流分辨率：当圆角的边与实体上其他边相遇时，可使用下列选项处理圆角边

（1）许用溢流分辨率

● 在光顺边上滚动：允许圆角滚动到与它相连（或相切）的光滑曲面上。图 8-20（a）显示此项选中时在圆角相遇处产生了一个光滑的边；图 8-20（b）显示了此项选空时圆角相遇处产生了一个尖锐的边。

图 8-20（a）　选择在光顺边上滚动

图 8-20（b）　没有选择在光顺边上滚动

● 在边上滚动（光顺或尖锐）：选择此项允许圆角面与输入之间不保持相切关系，并与所遇到的边保持相切，参见图 8-21（a）、（b）所示，此项选空允许圆角面与输入之间始终保持相切关系。

图 8-21（a）　选择在边上滚动

图 8-21（b）　不选择在边上滚动

- 保持圆角并移动尖锐边缘：移除所有遇到的边缘，保持与输入面的相切关系，如图 8-22（a）、（b）、（c）所示，否则系统可能会报错。

图 8-22（a）　对象原始形状

图 8-22（b）　保持圆角并移动尖锐边缘

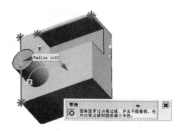

图 8-22（c）　不选择保持圆角并移动尖锐边缘

（2）显示溢流分辨率

- 选择要强制执行滚边的边：选择边，系统强制执行 ☑在边上滚动（光顺或尖锐）滚动操作，如图 8-23 中左侧的圆柱与圆角相遇时的情况。

- 选择要禁止执行滚边的边：选择边，系统禁止执行 ☑在边上滚动（光顺或尖锐）滚动操作，如图 8-23 中右侧的圆柱与圆角相遇时的情况。

图 8-23　不选择在边上滚动

7．设置

（1）在特征内部重叠圆角

- 分辨率：设置如何重叠圆角。此选项与溢流分辨率选项是不同的：此项只对一个圆角特征内部发生作用，溢流分辨率选项对任何边都有效（包括圆角边）；Maintain blend and intersect：表示圆角将忽略自交叉，圆角的自交叉将被自动修剪；if different convexity，roll over：当凸凹圆角相遇时进行重叠；Regardless of convexity，roll over：遇到圆角即发生重叠。

- 圆角顺序：创建圆角发生顺序。此项用于复杂圆角创建发生错误时进行修正，设置的值分别为：凹圆角优先 Concave First 和凸圆角优先 Convex First。选择 section8\80201.prt 文件，设置圆角半径为 12mm 时，选择图 8-24 中的 3 条边进行到圆角，图 8-25 为凸圆角优先时产生的圆角，图 8-26 为凹圆角优先时产生

UG NX 5.0 中文版入门实战与提高

08
Chapter

8.1
8.2
8.3
8.4
8.5
8.6
8.7
8.8
8.9

的圆角。但是当设置圆角直径为15mm 时，只能设置凸圆角优先 Convex First，如果设置为凹圆角优先 Concave First，则会产生错误，如图 8-27 所示。

图 8-24　圆角半径为 12mm

图 8-25　选择凸圆角优先时产生的圆角

图 8-26　选择凹圆角优先时产生的圆角

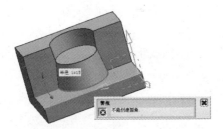

图 8-27　选择凹圆角优先时系统报错

（2）倒圆所有的实例：对所有复制的实体都进行同样配置的圆角操作。

（3）凸/凹 Y 处的特殊圆角：当相邻两边的圆角分别为凸凹圆角，并且两边相交在两条和三条边的顶点时，系统默认的是一个圆角覆盖了另一个圆角，选择此项可获

得另外一种结果，如图 8-28（a）、（b）、（c）所示。

图 8-28（a）　要创建圆角的边

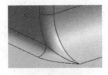

图 8-28（b）　系统默认生成圆角形状

图 8-28（c）　选择此项后圆角形状

（4）移除自相交：用光滑曲面修补圆角自交叉部分。在形状复杂的曲线上创建圆角时，发生自交叉现象，系统自动修补，修补的方式是产生一个面与所有的圆角相切。

（5）拐角倒角：标识是否顶点圆角的偏置部分被包含在圆角里，如图 8-29（a）、（b）；图 8-30（a）、（b）所示。

图 8-29（a）　偏置包含在圆角里的对话框设置

图 8-29（b）　偏置包含在圆角里

图 8-30（a）　偏置不包含在圆角里的对话框设置

图 8-30（b）　偏置不包含在圆角里状态

8. 公差：标识非恒量圆角的距离公差

【例 8-4】　创建恒定半径的圆角

01　打开 section8\804.prt 文件。选择【插入】|【细节特征】|【边倒圆】命令，或单击"特征操作"工具栏中的 边倒圆 按钮，系统弹出"边倒圆"对话框，此时【选择边】按钮处于激活状态。

02　选择如图 8-31 中标识数字的边线，每次连续选择编号相同的边后，单击【添

加新设置】按钮（或单击鼠标中键）。

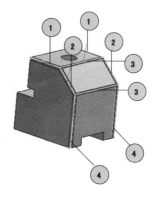

图 8-31　特征边线标号

03　有两种方式修改每组边的圆角半径：双击视图中的控制柄，出现箭头后，拖动箭头修改半径，如图 8-32 所示；双击对话框中的列表框中的每组边，在"半径"中修改半径，如图 8-33 所示。

图 8-32　拖动箭头修改半径

图 8-33　修改圆角半径

04　单击 确定 按钮，完成圆角特征创建。

【例 8-5】　创建变化半径的圆角

08
Chapter

8.1

8.2

8.3

8.4

8.5

8.6

8.7

8.8

8.9

01 打开 section8\804.prt 文件。选择【插入】|【细节特征】|【边倒圆】命令，或单击"特征操作"工具栏中的 按钮，系统弹出"边倒圆"对话框，此时【选择边】按钮处于激活状态。

02 连续选择图 8-31 中标识数据的边，选择"可变半径点"中【指定新的位置】按钮，选择图 8-34 中边 1 和 2 上标识数字的点。

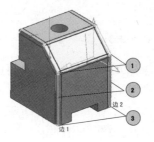

图 8-34　特征边标号

03 有两种方式修改点的位置：拖动视图中的控制柄在边上移动，如图 8-35 所示；在"位置"中选择设置方法准确确定点的位置，如图 8-36 所示。

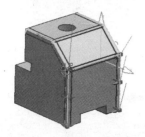

图 8-35　拖动控制柄修改圆角半径

图 8-36　修改定点圆角半径

04 在对话框的列表框中选择每个点，在"半径"中修改半径，其中标识数字 1 的点半径 5mm，标识数字 2 的点半径 10mm，标识数字 3 的点半径 20mm。

05 单击 按钮，完成如图 8-37 所示的圆角创建。

图 8-37　变半径圆角

【例 8-6】 创建存在拐角倒角的圆角

01 打开 section8\804.prt 文件。选择【插入】|【细节特征】|【边倒圆】命令，或单击"特征操作"工具栏 按钮，系统弹出"边倒圆"对话框，此时【选择边】按钮处于激活状态。

02 连续选择图 8-31 中标识数据的边，选择"拐角倒角"中的【指定终点】按钮，选择如图 8-38 所示的顶点。

图 8-38　选择顶点

03 有两种方式修改圆角交点的回退半径：拖动视图中的控制柄在边上移动，如图 8-39 所示；在"位置"中选择点的三个方向的回退，设置回退距离，如图 8-40 所示。

04 在对话框中的列表框中选择每个回退，在"Point(num)Setback(num)"中分别输入回退距离：3mm、4mm 和 5mm。

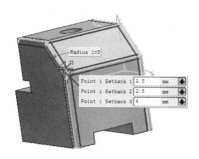

图 8-39　拖动手柄修改半径

图 8-40　设置回退距离

05 单击 确定 按钮，完成如图 8-41 所示的圆角创建。

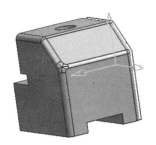

图 8-41　有拐角的圆角

【例 8-7】　创建存在拐角突然停止点的圆角

01 打开 section8\804.prt 文件。选择【插入】|【细节特征】|【边倒圆】命令，或单击"特征操作"工具栏中的 边倒圆 按钮，系统弹出"边倒圆"对话框，此时【选择边】 按钮处于激活状态。

02 连续选择图 8-31 中标识数据的边，在"拐角突然停止"中选择【终点】

按钮，选择如图 8-42 所示的标识数字的顶点。

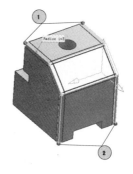

图 8-42　特征边标号

03 有两种方式修改圆角停止距离：拖动视图中的控制柄在边上移动，如图 8-43 所示；在对话框的"拐角突然停止"项下的"停止位置"中设置圆角停止位置。

图 8-43　控制柄在边上移动

04 依次在列表框中选择停止点，每次在"停止位置"中选择 按某一距离 ，在"位置"选择 圆弧长 ，在"圆弧长"中输入 15mm，如图 8-44 所示。

图 8-44　设置突然停止距离

UG NX 5.0 中文版入门实战与提高

08

Chapter

8.1
8.2
8.3
8.4
8.5
8.6
8.7
8.8
8.9

05 单击 确定 按钮，完成如图 8-45 所示的圆角创建。

图 8-45　存在突然停止点的圆角

8.2.2　倒斜角

此项提供倒斜角功能。单击 倒斜角 按钮，系统弹出如图 8-46 所示的"倒斜角"对话框，选项说明：

图 8-46　"倒斜角"对话框

（1）边 ⬚：选择要倒斜角的边。

（2）横截面。

● 对称 ▼：通过设置对所选择边的偏置距离设置斜角。

● 非对称 ▼：斜角边与选择边的偏置距离为非对称。

● 偏置和角度 ▼：使用偏置距离和角度来设置斜角。选择此项，只有边线具有恒定并且相等的面角时，产生的斜角是精确；选择此项后，"偏置方式"是不可选的。

（3）距离：设置偏置距离。

（4）角度：设置斜角角度。

（5）偏置方式：设置斜角创建方法。

● 偏置面并修剪 ▼：对复杂形状进行倒斜角。该方法先将输入面进行偏置，然后用过偏置面交线，并沿着输入面法向的射线与输入平面的交点（无数个点）定义斜角表面的边；选择此项时，"横截面"中设置为 对称 ▼ 和 非对称 ▼ 产生的斜角都是精确的。

● 沿面偏置边 ▼：对简单的形状进行倒斜角，偏置距离根据选择边的位置测量，选择此项时，【横截面】中设置为 对称 ▼ 和 非对称 ▼ 产生的斜角只有当边线具有恒定的面角性质时是精确的。

（6）✓ 对所有实例进行倒斜角：对复制的实体都进行倒斜角操作。

【例 8-8】　创建斜角

01 打开 section8\805.prt 文件。选择【插入】|【细节特征】|【倒斜角】命令，或单击"特征操作"工具栏中的 倒斜角 按钮，系统弹出"倒斜角"对话框，此时【选择边】⬚ 按钮处于激活状态。

02 连续如图 8-47 所示面的边线，在"横截面"项中设置 偏置和角度 ▼，在距离中输入 4mm，角度中输入 45°。

图 8-47 选择倒斜角的边

图 8-48 完成斜角的创建

03 单击 确定 按钮，完成如图 8-48 所示的倒角创建。

○ 小技巧

此项应该是翻译上出现的错误，英文对应菜单名称是 draft，翻译过来应该是拔模。

8.2.3 拔模角

此项进行拔模操作，单击"特征操作"工具栏中的 草图 按钮，系统弹出如图 8-49 所示的"草图"对话框。

图 8-49 "草图"对话框

● 从平面 ▼：在拔模过程中能确保零件一个截面保持不变，如图 8-50 所示。

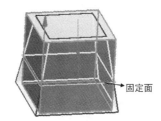

图 8-50 截面保持不变

● 从边 ▼：在拔模过程中，拔模面的一个边保持不变，该项可在一个面内设置不同的拔模角度，如图 8-51 所示。

图 8-51 倒斜角对话框

● 与多个面相切 ▼：拔模后，确保拔模面一直与相邻面相切，如图 8-52 所示。

08
Chapter

8.1
8.2
8.3
8.4
8.5
8.6
8.7
8.8
8.9

图 8-52　拔模后与相邻面相切

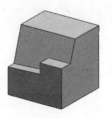

图 8-53　存在分型线的拔模

- 至分型边：在拔模过程中能确保零件一个截面保持不变，并创建一个分型边，如图 8-53 所示。

- 拔模方向：定义拔模方向，拔模方向是模具从零件上的移出方向。

- 固定平面：选择在拔模过程中保持不变的零件截面。

- 要拔模的面：选择要拔模的面。

- 固定边：选择在拔模过程中保持不变的零件边。

- 变化的拔模角（variable draft angle）：选择 从边 类型进行拔模时，可设置变化的拔模角。

- 相切面：选择要拔模的面和拔模后要保持相切的面。

- 分型边：选择拔模分型边。

- 拔模方法：设置拔模的方法 等斜度拔模 和 真实拔模 。等斜度拔模在各种类型的拔模中都能保持拔模角度；真实拔模使用不同的几何定义方法拔模表面，

在某种情况下更为精确，这种方法根据实际情况进行拔模，有时是不完全满足拔模角的。等斜度拔模 的创建方法是在固定边上创建一个对角无限高圆锥，圆锥的轴线是拔模方向，锥角为拔模角，拔模面是圆锥在固定边移动所形成的包络面，如图 8-54 所示；真实拔模 是在固定边上的每一点创建一个与拔模面垂直并与拔模方向平行的平面，在该平面创建过固定边与该平面的交点并与拔模方向成拔模角度的直线，无数直线构成了拔模面，如图 8-55 所示。

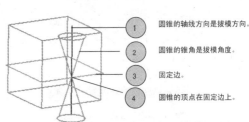

① 圆锥的轴线方向是拔模方向。
② 圆锥的锥角是拔模角度。
③ 固定边。
④ 圆锥的顶点在固定边上。

图 8-54　拔模面是圆锥在固定边
移动所形成的包络面

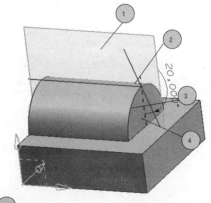

① 过固定边上点与拔模面处置并与拔模方向平行的平面
② 固定边
③ 拔模方向
④ 过固定边上点，在平面 1 内与拔模方向成拔模角的直线

图 8-55　直线扫掠构成了拔模面

- 对所有实例拔模：选择此项后，进行实例操作时，复制的实体上也进行拔模操作。
- 距离公差：设置拔模的距离误差，此项设置后，默认保持到下一次的拔模操作。
- 角度公差：设置拔模的角度误差，此项设置后，默认保持到下一次的拔模操作。

【例 8-9】　拔模（从平面）

01 打开 section8\810.prt。单击 按钮，系统弹出"草图"对话框，从类型中选择 从平面，此时"拔模方向"中的【指定矢量】 按钮处于高亮显示状态，选择如图 8-56 所示的边作为拔模方向。

图 8-56　选择拔模方向

02 "固定平面"中的【选择平面】 按钮处于高亮显示状态，选择如图 8-57 所示的面作为固定面。

图 8-57　选择固定平面

03 "要拔模的面"中的【选择面】 按钮处于高亮显示状态，选择如图 8-58 所示的面作为拔模面。

04 设置拔模角度为 10°，单击 确定 按钮完成拔模操作，如图 8-59 所示。

图 8-58　选择拔模面

图 8-59　拔模特征

【例 8-10】　拔模（从边）

01 打开 section8\809.prt。单击 按钮，系统弹出"草图"对话框，从类型中选择 从边，此时"拔模方向"中的【指定矢量】 按钮处于高亮显示状态，选择如图 8-60 所示的边作为拔模方向。

图 8-60　选择拔模方向

02 "固定边"中的【选择边】 按钮处于高亮显示状态，选择如图 8-61 所示的边作为固定边。注意此时系统会弹出"警告"对话框，如图 8-62 所示，提示无法进行拔模，此时不用处理，在拔模角度中设置拔模角度为 10°。

○ 小技巧

如果出现警告对话框，可反复切换拔模方法。

UG NX 5.0 中文版入门实战与提高

08

Chapter

8.1
8.2
8.3
8.4
8.5
8.6
8.7
8.8
8.9

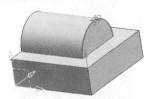

图 8-61　选择固定边

图 8-62　"警告"对话框

03 选择"变化的拔模角（variable draft angle）"中的【指定点】按钮，确保"选择杆"中的【选择点】按钮处于激活状态，选择圆弧上的一点，在对话框中设置选择点处于圆弧的50%处，设置拔模角度为20°，"拔模方法"中选择 [真实拔模] ，单击 [确定] 按钮完成拔模操作，如图8-63所示。

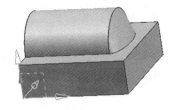

图 8-63　拔模操作结果

【例 8-11】　拔模（与多个面相切）

01 打开 section8\810.prt。单击 Draft 按钮，系统弹出"草图"对话框，从类型中选择 [与多个面相切] ，此时"拔模方向"中的【指定矢量】按钮处于高亮显示状态，选择如图8-64所示的边作为拔模方向。

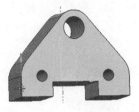

图 8-64　选择拔模方向

02 "相切面"中的【选择面】按钮处于高亮显示状态，选择如图8-65所示

的相切面作为拔模面，拔模角度设置为 10°，单击 [确定] 按钮完成拔模操作，如图8-66所示。

图 8-65　选择相切面作为拔模面

图 8-66　拔模面保持与相邻面相切

【例 8-12】　拔模（至分型边）

01 打开 section8\812.prt。选择【插入】|【特征操作】|【分割面】命令，或选择"特征操作"中的 按钮，系统弹出"分割面"对话框，如图8-67所示，此时【选择面】按钮处于激活状态。

图 8-67　"分割面"对话框

02 选择如图 8-68 所示的表面作为分割面，激活【选择对象】按钮，选择面上的曲线作为分割线，如图8-69所示。

03 单击 [确定] 按钮完成分割面操作，此时零件表面被分割为两部分。

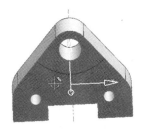

图 8-68　选择分割面

图 8-69　选择曲线作为分割线

04 单击 ![Draft] 按钮，系统弹出"草图"对话框，从类型中选择 ![至分型边] ，此时"拔模方向"中的【指定矢量】![按钮] 按钮处于高亮显示状态，选择如图 8-70 所示的边作为拔模方向。

图 8-70　选择拔模方向

05 "固定平面"中的【选择平面】![按钮] 按钮处于高亮显示状态，选择如图 8-70

所示的面作为固定面。

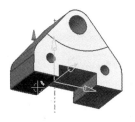

图 8-71　选择固定面

06 "分型线"中的【选择边】![按钮] 按钮处于高亮显示状态，选择如图 8-72 所示的曲线作为分型线。

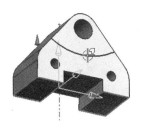

图 8-72　选择分型线

07 设置拔模角度为 10°，单击 ![确定] 按钮完成拔模操作，如图 8-73 所示。

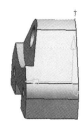

图 8-73　至分型线的拔模

8.2.4　体拔模

在拔模面的两侧进行拔模，并使两侧实体根据拔模面进行匹配，系统根据匹配情况自动添加材料。选择【设计】|【细节特征】|【体拔模】命令，或单击"特征操作"工具栏上的 ![按钮] 按钮，系统弹出如图 8-74 所示的"拔模体"对话框。

选项说明：

1. 类型

● ![要拔模的面] ：通过指定拔模面的方式实现拔模。如果进行双侧拔模，则必须指定分型面、拔模方向和被拔模的面；如果进行切

UG NX 5.0 中文版入门实战与提高

08
Chapter

8.1
8.2
8.3
8.4
8.5
8.6
8.7
8.8
8.9

槽拔模，只需指定拔模方向和被拔模的面。

图8-74 "拔模体"对话框

- 从边 ：通过指定固定边（形状和位置不改变的边）方式实现拔模。如果进行双侧拔模，则必须指定分型对象、拔模方向和固定边（封闭的）；如果进行切槽拔模，只需指定拔模方向和拔模方向指向一侧的固定边（封闭的）。

2．分型对象：选择分型对象（固定面）

3．拔模方向：选择/创建拔模方向

4．要拔模的面：选择需要拔模的面（可多选）

5．固定边：只在类型中选择从边 时可选

- 上面和下面：在分型面的上面和下面分别指定固定边（按照拔模方向确定上面和下面）。

- 仅分型上边：在分型面的上边指定固定边。

- 仅分型下边：在分型面的下边指定固定边。

6．拔模角：指定拔模角度

7．匹配分型对象处的面（边）：由于上下两边分别拔模，两个实体在分型面处会出现错开现象，选择此项，系统会自动通过填充材料甚至翻转拔模方向等方法使两个实体在分型面处对齐融合

（1）匹配选项：

- 无：不处理。

- 匹配全部：与分型面相邻的所有面进行对齐融合处理。

- 匹配全部（选定的除外）：除选择的面外，与分型面相邻的所有面进行对齐融合处理。

（2）修复选项：

- 使用圆角修复：在匹配过程中有可能会在分型面处出现突出的尖锐凸缘，此项使用一组圆柱体对尖锐凸缘部分进行修复，圆柱体的轴线与拔模方向相同，此项形成的表面光滑。

- 使用平面修复：在匹配过程中有可能会在分型面处出现突出的尖锐凸缘，此项通过一组与表面相切的平面对尖锐凸缘部分进行修复，此项形成的表面不光滑。

- 使用圆角和平面修复：同时使用两个方法进行修复。

（3）极限面点替代固定点：只在匹配选项选择 无 时可选此项，此时根据实体最高点确定拔模固定面。

8．移动至拔模面的面：在拔模过程中，如果有些面不参与拔模会导致拔模失败，此时可将这部分面加入到拔模面集合中

9．设置

● 拔模方法： 等斜度拔模 ▼ 和
真实拔模 ▼ ，关于这部分内容可参
见拔模角操作。

【例 8-13】　拔模（要拔模的面）

01 打开 section8\813.prt 文件，如图 8-75
所示，选择【设计】|【细节特征】|
【体拔模】命令，或单击"特征操作"工具
栏上的 拔模体 按钮，系统弹出"拔模体"对话
框，在类型中选择 ▼ 要拔模的面 ▼ ，
按照图 8-76 所示选择和设置参数。

图 8-75　要拔模的对象

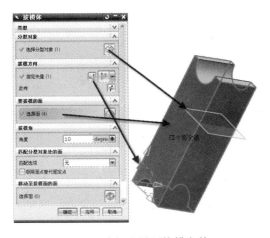

图 8-76　选择和设置拔模参数

02 单击对话框"预览"项中的 🔍 按钮，
此时系统提示"未能构造拔模"的出
错信息，这是因为两个圆柱体切除面没有参
与到拔模中，致使系统不能完成拔模。

03 在对话框"移动至拔模面的面"的选
项中选择两个圆柱体切除面，如图

8-77 所示，单击对话框"预览"项中的 🔍 按
钮，此时系统拔模如图 8-78 所示。

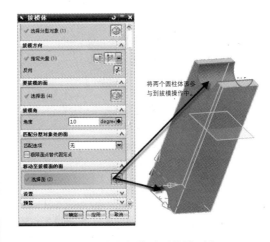

图 8-77　将圆柱体移至拔模面中

图 8-78　拔模实体

04 单击对话框"预览"项中的 🔄 按钮，
重新进入拔模编辑状态，在对话框"匹
配选项"中按图 8-79 所示设置和选择参数。

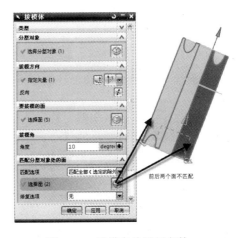

图 8-79　拔模实体设置参数

08

Chapter

8.1

8.2

8.3

8.4

8.5

8.6

8.7

8.8

8.9

05 单击对话框"预览"项中的 🔍 按钮，此时系统中的拔模实体如图 8-80 所示。

图 8-80　拔模实体

【例 8-14】 拔模（切槽拔模）

01 打开 section8\814.prt 文件。选择【设计】|【细节特征】|【体拔模】命令，或单击"特征操作"工具栏上的 🔄，系统弹出"拔模体"对话框，在类型中选择

02 跳过"分型对象"的选择项，选择"拔模方向"中的【指定矢量】按钮，选择两点式创建矢量方法，如图 8-81（a）、（b）所示。

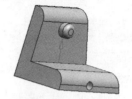

图 8-81（b）　拔模方向

03 单击"要拔模的面"【选择面】 ⚙ 按钮，确保"选择杆"中曲面选择过滤为 相切面 ▼，选择如图 8-82 所示的曲面，单击 确定 按钮完成拔模操作，如图 8-83 所示。

图 8-82　要拔模的面

图 8-83　切槽拔模

图 8-81（a）　选择两点作为拔模方向

8.3　实例特征

通 过圆形阵列、矩形阵列或者镜像方式复制特征。壳体、斜角、圆角、拔模等特征不能进行实例特征操作，但是如果斜角、圆角、拔模特征在创建时，选择了 ☐ 对所有实例拔模 选项，就可以进行实例特征。

> ○ **小技巧**
>
> 实例阵列后的特征必须满足特征的创建条件，比如孔特征阵列后必须能够放置到实体表面上。

8.3.1 矩形阵列

选择【设计】|【细节特征】|【实例特征】命令，或单击"特征操作"工具栏上的 实例特征 按钮，系统弹出如图 8-84 所示的"实例"对话框。

图 8-84 "实例"对话框

- 矩形阵列 ：对特征进行矩形阵列。
- 圆形阵列 ：对特征进行圆形阵列。
- 图样面 ：对面进行阵列（早期使用）。

在进行圆形阵列和矩形阵列操作时，可采用以下 3 种方式复制特征：

- 常规 ：根据现有特征创建复制特征。此项创建的复制特征是可以与特征面的边相交，所以实例可以从一个放置面跨越到另一个放置面。
- 简单 ：与 常规 相似，只是在创建过程中删除了一些有效数据，优化了操作。
- 相同的 ：以最快的速度创建实例。此项操作拥有最小的有效数据；此操作复制和平移原始特征的所有面和边，每一个实例都是一个原始特征的严格拷贝；此操作可进行大量的复制操作。

采用 简单 和 相同的 的方法创建实例和原始特征在同一个平面上，如果采用实例操作后，复制的特征超过了放置面，

或者复制特征之间有交叉或边线重合，系统可能报错，可选择常规方法创建实例。

矩形阵列可线性创建特征的多个复制。矩形阵列的两个线性方向是 *XC* 和 *YC* 方向，因此在进行此操作前，可先选用【格式】|【WCS】|【定向】命令设置坐标系的方位。

【例 8-15】 矩形阵列

01 打开 section8\815.prt 文件。单击【格式】|【WCS】|【定向】命令，按照如图 8-85 所示的过程将坐标系定制到长方体上面。

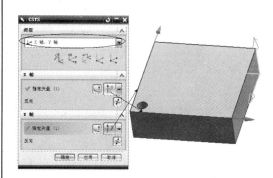

图 8-85 创建新坐标系

02 选择【设计】|【细节特征】|【实例特征】命令，或单击"特征操作"工具栏上的 实例特征 按钮，在"实例"对话框中选择 矩形阵列 按钮，系统弹出特征过滤器，提示选择要阵列的特征，此时选择孔，如图 8-86 所示。

图 8-86 选择孔进行阵列

08
Chapter

8.1

8.2

8.3

8.4

8.5

8.6

8.7

8.8

8.9

03 单击特征过滤器上的 确定 按钮，系统弹出如图 8-87 所示的"输入参数"对话框。

图 8-87 创建新坐标系

- XC 向的数量：创建 *XC* 方向上的复制数量，该数量包括原始特征，如果该方向上不作阵列，则 *XC* 向的数量为 1。
- XC 偏置：创建 *XC* 方向上阵列的特

征之间的间距。

- YC 向的数量：创建 *YC* 方向上的复制数量，该数量包括原始特征，如果该方向上不作阵列，则 *YC* 向的数量为 1。
- YC 偏置：创建 *YC* 方向上阵列的特征之间的间距。

04 输入 XC 向的数量为 2，偏置 80mm；输入 YC 向的数量为 2，偏置 80mm；单击 确定 按钮，完成矩形阵列，如图 8-88 所示。

图 8-88 创建矩形阵列

8.3.2 环形阵列

环形阵列可圆形创建特征的多个复制。

【例 8-16】 矩形阵列

01 打开 section8\816.prt 文件。选择【设计】|【细节特征】|【实例特征】命令，或单击"特征操作"工具栏上的 实例特征 按钮，在"实例"对话框中选择 圆形阵列 ，系统弹出特征过滤器，提示选择要阵列的特征，此时选择孔，如图 8-89 所示。

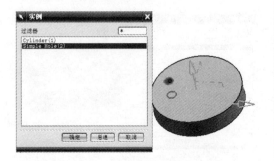

图 8-89 选择孔进行阵列

02 单击特征过滤器上的 确定 按钮，系统弹出如图 8-90 所示的"实例"对话框。

图 8-90 "实例"对话框

○ 小技巧

如果一次圆形阵列多个特征，希望哪个特征的特征对象作为测量半径的基准，就先选择哪个特征。

- 数量：圆形复制特征数量，该数量包括原始特征，如果不作阵列，则数量为 1。

● 角度：圆形复制的特征之间的夹角。

03 输入数量6，角度为60°，单击 确定 按钮，系统弹出设置阵列中心轴，如图8-91所示，此处选择 基准轴 按钮，选择Z轴作为阵列的回转中心轴。

图8-91 创建新坐标系

04 单击系统弹出的"创建实例"对话框中的 是 按钮完成圆形阵列，如图8-92所示。

图8-92 孔的环形阵列

8.3.3 镜像体

此项提供根据一个镜像面，将实体进行镜像。选择【设计】|【细节特征】|【镜像体】命令，或单击"特征操作"工具栏上的 按钮，系统弹出如图8-93所示的"镜像体"对话框。

图8-93 "镜像体"对话框

● 选择体：选择要镜像的实体。

● 镜像平面：选择镜像面。

● 固定于当前时间戳记：选择此项，原始实体修改位置后，镜像体也会自动更新，但是在镜像后创建的特征不做更改。

【例8-17】 镜像体操作

01 打开section8\817.prt文件，选择【设计】|【细节特征】|【镜像体】命令，或单击"特征操作"工具栏上的 按钮，

系统弹出"细节特征"对话框，此时【选择体】 按钮处于激活状态，选择视图中的两个特征，如图8-94所示。

图8-94 选择要镜像的对象

02 单击"镜像平面"的 按钮，选择视图中的基准面，如图8-95所示。

图8-95 选择镜像面

03 单击 确定 按钮，完成镜像体操作，如图8-96所示。

图8-96 完成镜像体操作

UG NX 5.0 中文版入门实战与提高

08
Chapter

8.1
8.2
8.3
8.4
8.5
8.6
8.7
8.8
8.9

8.3.4 镜像特征

此项提供根据一个镜像面将实体上的一个特征镜像到实体的其他位置。选择【设计】|【细节特征】|【镜像特征】命令，或单击"特征操作"工具栏上的 🔩，系统弹如图 8-97 所示的"镜像特征"对话框。

图 8-98 "镜像特征"对话框

● 选择体 🔩：选择要镜像的特征。

● 添加相关特征 ：将所选特征的附着特征（比如孔）一同镜像。

● 添加体中的全部特征 ：将所选特征所在体上的所有特征都进行镜像。

● 候选特征：显示所选特征所在体中所有可以进行的特征。

● 选择平面 🔲：选择镜像平面。

【例 8-18】 镜像特征

01 创建如图 8-98 所示的正方体（边长 100mm），创建孔（孔径 10mm，深 10mm，与两边距离为 10mm），创建基准面距离正方体的面为 50mm。

02 单击 🔩，系统弹出"镜像特征"对话框，用鼠标选择特征，也可以在对

话框中选择，在镜像平面中选择基准面为镜像面，如图 8-99 所示。

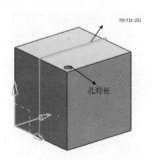

图 8-98 创建孔特征

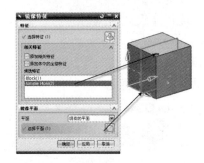

图 8-99 选择镜像特征和镜像面

03 单击 确定 按钮，系统生成如图 8-100 所示的图形。

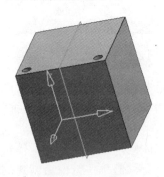

图 8-100 生成镜像孔特征

8.4 抽壳

此项提供抽壳操作功能。选择【设计】|【细节特征】|【抽壳】命令，或单击"特征操作"工具栏上的 按钮，系统弹出如图 8-101 所示的"抽壳"对话框。

图 8-101　"抽壳"对话框

选项说明：

1. **类型**

● 移出面，然后抽壳：所选择的面在抽壳之前被移除。

● 抽壳所有的面：对所有的面进行抽壳。

2. **要冲孔的面**：选择要移除的面

3. **厚度**：选择壳体的厚度

4. **备选厚度**：可对不同的面设置不同的壳体厚度

5. **设置**

（1）相切面：

● 在相切边缘添加支撑面 ：要移除的面如果和其他面相切，则在抽壳之前先进行处理，抽壳后边缘为一个面，如图 8-102 所示。

● 延伸相切面 ：边缘为一个尖锐的边而不是一个面，如图 8-103 所示。

图 8-102　抽壳后边缘为一个面

图 8-103　抽壳后边缘是一个边

○ **小技巧**

如果创建移除面与其他非移除面相切，创建抽壳时出现错误，则可选择在相切边缘添加支撑面。

（2）逼近面：选择此项，系统自动修

08
Chapter

8.1
8.2
8.3
8.4
8.5
8.6
8.7
8.8
8.9

补由于抽壳引起的面自交叉。

（3）公差：设置距离公差。

【例 8-19】 抽壳

01 打开 section8\819.prt 文件。选择【设计】|【细节特征】|【抽壳】命令，或单击"特征操作"工具栏上的 按钮，系统弹出"抽壳"对话框，设置类型为 移除面，然后抽壳 ，如图 8-104 所示选择要冲孔的面，注意"选择杆"中的曲面过滤方法设置为 单个面 ，注意方向，如果发生错误，将方向反置，设置抽壳厚度为 5mm，此时系统预视了抽壳造型，如图 8-105 所示。

图 8-104　选择要冲孔的面

图 8-105　预示了抽壳后的形状

02 选择"备选厚度"项中的 按钮，选择如图 8-106 所示的面，注意将"选

择杆"中的曲面过滤方法设置为 相切面 。

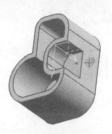

图 8-106　选择变厚度面

03 在"备选厚度"项中的 thickness 编辑框内输入 18mm，如图 8-107 所示，单击 确定 按钮，系统生成如图 8-108 所示的抽壳体。

图 8-107　输入抽壳厚度值

图 8-108　抽壳实体

8.5　裁剪

使用工具实体将目标体分割成两个或多个部分。

8.5.1 修剪体

此项用面、基准面将一个实体修剪掉一部分。选择【设计】|【细节特征】|【修剪体】命令，或单击"特征操作"工具栏上的 修剪体 按钮，系统弹出如图 8-109 所示的"修剪体"对话框。

图 8-109 "修剪体"对话框

- 选择体 ⬛：选择要镜像的特征。
- 刀具选项：选择刀具面的选择方式。新平面 ，【创建平面】 按钮处于激活状态，可创建新平面作为刀具面；面或平面 ，【选择平面】 按钮处于激活状态，可选择现有面作为刀具面。

【例 8-20】 修剪体

01 打开 section8\820.prt 文件。选择【设计】|【细节特征】|【修剪体】命令，或单击"特征操作"工具栏上的 修剪体 按钮，系统弹出"修剪体"对话框，此时【选择体】

处于激活状态，选择如图 8-110 所示的特征体为被修剪体。

图 8-110 选择修剪体

02 选择"刀具选项"下的【选择平面】 按钮，选择圆柱体表面作为工具，如图 8-111 所示，此时被修剪掉的部分用虚线显示，如希望保留虚线部分，选择 按钮。

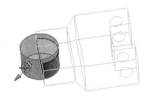

图 8-111 被修剪掉部分实体

03 单击 确定 按钮完成修剪，将圆柱体隐藏（右键单击圆柱体，选择【隐藏体】菜单），此时被修剪体如图 8-112 所示。

图 8-112 被修剪掉部分实体

8.5.2 拆分体

此项用面、基准面或另一几何体将一个对象分割为多个体。选择【设计】|【细节特征】|【拆分体】命令，或单击"特征操作"工具栏上的 拆分体 按钮，系统弹出如图

8-113 所示的"拆分体"对话框。

【例 8-21】 拆分体

01 打开 section8\820.prt 文件。选择【设计】|【细节特征】|【拆分体】命令，

08
Chapter

8.1
8.2
8.3
8.4
8.5
8.6
8.7
8.8
8.9

或单击"特征操作"工具栏上的 按钮，系统弹出"拆分体"对话框，提示选择目标体（被拆分体）。

图 8-113 "拆分体"对话框

02 单击 确定 按钮，系统弹出"拆分体"对话框，状态栏提示选择面，选择圆柱面，如图 8-114 所示。

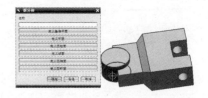

图 8-114 选择拆分面

03 单击 确定 按钮，将圆柱体隐藏（右键单击圆柱体，选择【隐藏体】菜单），系统将目标体拆分成两部分，如图 8-115 所示。

图 8-115 拆分后的形状

8.6 螺纹

UG NX 5.0

此项用于创建螺纹（象征性螺纹和仿真螺纹），选择 螺纹 按钮，系统弹出如图 8-116 所示的"螺纹"对话框，对话框中的选项基本上与螺纹标准设置有关，此处不详细介绍了。

图 8-116 "螺纹"对话框图

选择螺纹类型为 时，系统生成一个象征性的螺纹,用虚线表示螺纹线如图 8-117 所示,选择 详细 时,则系统生成一个仿真的螺纹,但是时间会很长,如图 8-118 所示。

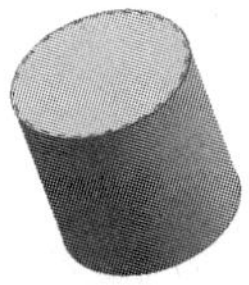

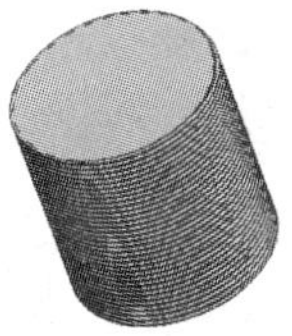

图 8-118　仿真螺纹

可以手工输入参数,也可以选择

从表格中选择 按钮,从表格中选择参数。

图 8-117　象征性螺纹

8.7　综合实例

UG NX 5.0

轴承座建模中包含了拔模、孔、螺纹、镜像特征、实例阵列和圆角等成形特征的操作,应该说是一个比较好的练习例子,应认真练习。

本实例最终效果如图 8-119 所示。

○ **设计思路**

先对对象进行保持相切操作的拔模操作,形成轴承座,然后对孔特征进行圆周阵列,添加螺纹特征,最后对底部沉头孔进行矩形阵列操作,完成轴承座孔的建模。

○ **练习要求**

练习拔模、孔、螺纹、镜像特征、实例阵列和圆角操作。

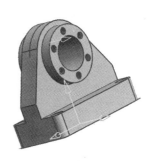

图 8-119　轴承座

制作流程预览

○ **制作重点**

1. 保持相切的拔模操作。
2. 进行轴承孔的圆周阵列。
3. 进行镜像操作。
4. 添加螺纹特征。
5. 对沉头孔镜像矩形阵列。

01 打开 section8\shili.prt 文件。选择【插入】|【细节特征】|【拔模】命令,系统弹出"草图"对话框,选择 项进行拔模,设

置拔模方向为 Z 轴正向,选择如图 8-120 所示的 3 个相切面,设置拔模角度为 30°,生成如图 8-121 所示的特征体。

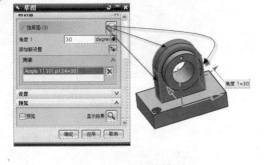

图 8-120　选择拔模面

图 8-121　创建拔模特征体

02 选择"特征操作"工具栏上的 按钮，选择 圆形阵列 按钮，在弹出的"实例"对话框中选择"simple hole(19)"特征，系统弹出新"实例"对话框，设置圆周阵列数量为 6，夹角为 60°，如图 8-122 所示。

图 8-122　"实例"对话框

03 在弹出的"实例"对话框中选择 点和方向 方式作为圆周阵列轴，方向为 Y 轴方向，点为孔中心点，如图 8-123 所示，创建孔的圆周阵列实例。

04 选择"特征操作"工具栏上的 按钮，为 6 个孔添加螺纹特征。

图 8-123　选择中心点

05 选择"特征操作"工具栏上的 实例特征 按钮，选择 矩形阵列 按钮，在弹出的"实例"对话框中选择"counterbore hole(20)"特征，系统弹出新的"实例"对话框，设置矩形阵参数如图 8-124 所示。

图 8-124　"输入参数"对话框

06 单击"特征操作"工具栏上的 按钮，选择 6 个孔特征和螺纹特征按钮进行镜像，选择 X-Z 坐标面作为镜像面（在线框模式显示下选择），如图 8-125 所示，完成镜像特征。

图 8-125　完成孔的镜像

07 单击"特征操作"工具栏上的 边倒圆 按钮，设置圆角半径为 6mm，将底座的 4 个边进行倒圆角，最终生成如图 8-119 所示的轴承座。

UG NX 5.0

8.8　本章技巧荟萃

- 求差操作一般在特征创建过程中作为一个选项出现，很少作为单独操作进行。
- 创建边圆角时，多个圆角交到一起时，当选项为 在交点 时可能会失效，此时可以单边圆角进行处理。
- 草图 此项应该是翻译上出现的错误，英文对应菜单名称是 draft，翻译过来应该是拔模。
- 如果一次圆形阵列多个特征，希望哪个特征的特征对象作为测量半径的基准，就先选择哪个特征。
- 创建抽壳操作时，如果创建移除面与其他非移除面相切，创建抽壳时出现错误，则可选择在相切边缘添加支撑面。
- 实例阵列是对特征进行阵列，阵列后的特征必须满足特征创建条件，比如孔进行阵列后，阵列实例必须放置在实体表面上，否则系统会报错。
- 镜像特征是对特征进行镜像，镜像后的特征必须满足特征创建条件，比如孔进行镜像后，镜像实例必须放置在实体表面上，否则系统会报错。
- 镜像体是对实体对象进行镜像操作，因此一般情况下不像实例特征阵列那样有条件限制。
- 拆分体操作相对简单，将一个对象根据不同情况拆分为多个对象，注意拆分后的对象间是连接在一起的不同对象。

8.9　学习效果测试

UG NX 5.0

1．概念题

（1）细节特征的主要功能是什么？

（2）实例特征一共有几种阵列方式？

（3）实例阵列和对象变换的主要区别是什么？

2．操作题

（1）打开 section8/jigai.prt，通过将轴承座上的螺纹孔进行圆周阵列和镜像特征，在两边的轴承座孔上都开设孔。

（2）对非加工面进行倒圆角，圆角半径根据情况自定。

（3）对轴承座孔外表面进行拔模，拔模角度为 5°，最终完成加速器加盖，如图 8-126 所示。

图 8-126　减速器机盖

读书笔记

第9章 特征编辑

学习要点

本章主要介绍特征的编辑操作。当特征体创建结束后，形状和位置信息可通过特征编辑完成修改。由于 UG NX 5.0 是参数化设计软件，提供了丰富的特征编辑操作，基本上能满足各种特征的形状修改和编辑操作。特征编辑在工程实际建模中是非常重要的，因为设计是一个反复修改和完善的过程，在很少情况下能一次完成设计，因此，强大而完善的再编辑功能是一个好的 CAD 软件不可缺少的功能。

学习提要

- 特征编辑操作
- 特征重新排列

当特征体创建结束后，几何尺寸、定位尺寸和放置位置等参数信息的修改，可通过特征编辑操作来完成。由于 UG NX 5.0 是参数化设计软件，修改参数后，特征能根据新参数自动更新，极大地提高了建模效率。

9.1.1 编辑特征参数

编辑特征参数可编辑特征创建时使用的方法和参数值，每种类型可使用的编辑方法并不相同，大多数特征可使用编辑参数方法进行编辑。选择【编辑】|【特征】|【编辑特征参数】命令，或单击"编辑特征"工具栏上的 按钮，系统弹出"编辑参数"对话框，如图 9-1 所示，可选择列表框中的一个特征进行编辑。如果一次选多个特征，单击 确定 按钮后，系统弹出"Feature Group"对话框，显示多个特征中存在的表达式和参考，可对表达式的值和参考方向进行修改，如图 9-2 所示。

该选项显示被编辑特征的形状参数，可对形状进行再编辑。

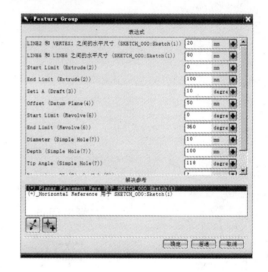

图 9-2 "Feature Group"对话框

【例 9-1】 编辑长方体特征参数

01 采用 6.1.1 节体素特征创建正方体。选择【编辑】|【特征】|【编辑特征参数】命令，或单击"编辑特征"工具栏上的 按钮，系统弹出"编辑参数"对话框，如图 9-3 所示，在"编辑参数"对话框中的列表框中选择"Block(1)"选项，单击 确定 按钮。

> ○ **小技巧**
>
> 也可以在部件导航器中选中特征，选择右键菜单中的【编辑参数】命令。

图 9-1 "编辑参数"对话框

从编辑参数中选择一个特征，单击 确定 按钮进入特征编辑状态，系统弹出"编辑参数"对话框，根据所选特征的不同弹出对话框中出现的选项也会不同：

1. 特征对话框选项

一般特征在进行编辑时会出现该选择，

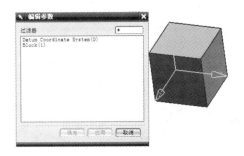

图 9-3 "编辑参数"对话框

系统弹出"编辑参数"对话框，如图 9-4
02 所示，选择 特征对话框
按钮，系统弹出如图 9-5 所示的"编辑参数"
对话框，此时可对正方体的长度、宽度和高
度参数进行编辑。

图 9-4 "编辑参数"对话框

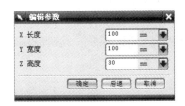

图 9-5 "编辑参数"对话框

单击 确定 按钮，系统重新弹出的"编
03 辑参数"对话框，选择 确定 按钮，
完成特征编辑操作。

2. 重新附着

对特征的放置位置和方位进行重新编
辑，此项只对可以进行重新附着的特征进
行编辑时显示，一般包括孔、刀槽、凸垫、
沟槽、键槽和凸起等。

【例 9-2】 重新附着

打开 section9\901.prt。选择【编辑】|
01 【特征】|【编辑特征参数】命令，或
单击"编辑特征"工具栏上的 按钮，系统
弹出"编辑参数"对话框，如图 9-1 所示。

在"编辑参数"对话框中的列表框中
02 选择"Simple Hole(7)"选项，单击
确定 按钮，如图 9-6 所示。系统弹出"编
辑参数"对话框，如图 9-7 所示，选择
重新附着 按钮，系统弹出如图 9-8 所
示的"重新附着"对话框，对话框中的选项
含义如下：

图 9-6 选择编辑特征对象

图 9-7 "编辑参数"对话框

图 9-8 "重新附着"对话框

● 指定目标放置面 ：选择新的特征
放置面。
● 指定参考方向 ：选择特征的新参
考方向。
● 重新定义定位尺寸 ：重新指定定
位尺寸的参考边和工具边。

- 指定第一个拉伸面 ▨：指定被编辑特征的第一个修剪面。
- 指定第二个拉伸面 ▨：指定被编辑特征的第二个修剪面。
- 指定工具放置面 ▨：指定用户自定义特征的工具面。
- 过滤器：指定视图中几何对象选择过滤。
- 列表框：显示了所选对象的定位尺寸，单击定位尺寸则在视图中高亮显示定位尺寸，双击进入编辑状态。
- 方向参考：设置是否进行新的水平参考和竖直参考。
- 反向：反向设置特征的参考方向。
- 反侧：当将特征重新附着到基准轴上时，将特征的法向方向反置。
- 指定原点：快速移动重新附着特征到一个新的原点。
- 删除定位尺寸：删除在列表框中选中的定位尺寸。

03 选择指定目标放置面 ▨ 按钮，选择如图 9-9 所示的面作为孔的新放置面。

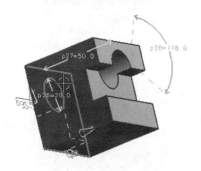

图 9-9　选择重新放置面

04 在列表框中双击一个定位尺寸，系统弹出"垂直的"对话框，提示选择目标边，选择如图 9-10 所示的边作为新的定位尺寸参考。

05 系统弹出"垂直的"对话框，提示选择工具边，选择 标识实体面 按钮，如图 9-11 所示。

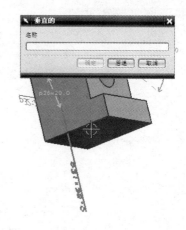

图 9-10　选择特征边作为定位参考边

图 9-11　"垂直的"对话框

06 系统弹出"标识实体表面"对话框，提示选择工具面，选择孔面，如图 9-12 所示。

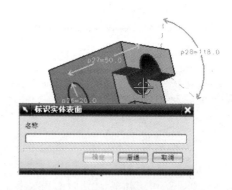

图 9-12　选择孔面作为定位工具面

07 系统重新弹出"重新附着"对话框，参考步骤 4～6 完成另一个定位尺寸的参考边和工具边的重新设定。

08 系统重新弹出的"编辑参数"对话框，单击 确定 按钮，完成孔的重新设置，如图 9-13 所示。

图 9-13　完成孔的重新设置

3. 改变类型

对孔和槽的形状进行重新编辑。

【例 9-3】　编辑孔的形状

01 打开 section9\903.prt。选择【编辑】|【特征】|【编辑特征参数】命令，或单击"编辑特征"工具栏上的 按钮，系统弹出"编辑参数"对话框。

02 在"编辑参数"对话框的列表框中选择"Simple Hole(2)"选项，单击 确定 按钮。

03 系统弹出"编辑参数"对话框，如图 9-7 所示，选择 更改类型 按钮，系统弹出如图 9-14 所示的"编辑参数"对话框，选择 沉头孔 按钮，单击 确定 按钮，系统弹出"编辑参数"对话框，可进行沉头座孔的结构尺寸，如图 9-15 所示。

04 单击 确定 按钮，在系统重新弹出的"编辑参数"对话框中选择 确定 按

钮，完成修改形状操作，如图 9-16 所示。

图 9-14　"编辑参数"对话框

图 9-15　"编辑参数"对话框

图 9-16　修改为沉头孔

9.1.2　编辑位置

此项通过编辑定位尺寸来移动特征位置；此项可编辑尺寸数据，增加尺寸或删除尺寸。选择【编辑】|【特征】|【编辑位置】命令，或单击"编辑特征"工具栏上的 按钮可获得编辑位置。

【例 9-4】　编辑位置

01 打开 section9\904.prt。选择【编辑】|【特征】|【编辑位置】命令，或单击"编辑特征"工具栏上的 按钮，系统弹出"编辑位置"对话框，如图 9-17 所示。

02 在"编辑位置"对话框的列表框中选择"Boss (5)"选项，单击 确定 按钮。

系统弹出"编辑位置"对话框，如图 9-18 所示，选择 编辑尺寸值 按钮，系统弹出"编辑尺寸"对话框，提示选择要修改的定位尺寸。

图 9-17　"编辑位置"对话框

UG NX 5.0 中文版入门实战与提高

09
Chapter

9.1
9.2
9.3
9.4

图 9-18　选择要修改的定位尺寸

图 9-19　修改定位尺寸值

03 选择一个定位尺寸，如图 9-19 所示，系统弹出"编辑表达式"对话框，输入修改后的尺寸值。

04 对后面弹出的所有对话框，单击 确定 按钮，完成位置修改操作。

9.1.3　移动特征

此项可对一个非关联（没有采用定位尺寸进行定位）特征进行位置修改。如果试图对已经采用定位尺寸定位了的特征进行移动，操作后特征会返回到原始位置上，此时应该使用【编辑位置】命令。选择【编辑】|【特征】|【移动特征】命令，或单击"编辑特征"工具栏上的 按钮可获得"移动特征"操作。

【例 9-5】　移动特征

01 打开 section9\905.prt。选择【编辑】|【特征】|【移动特征】命令，或单击"编辑特征"工具栏上的 按钮，系统弹出"移动特征"对话框。

02 在"移动特征"对话框的列表框中选择"Boss (2)"选项，单击 确定 按钮，系统弹出"移动特征"对话框，如图 9-20 所示。

- DXC/DYC/DZC：在 DXC/DYC/DZC 方向上设置偏置距离，或者选择。
- 至一点 ：将特征从参考点移动到目标点。
- 在两轴间旋转 ：通过设置旋转轴和旋转角度的方式来移动特征。
- CSYS 到 CSYS ：建立一个参考坐标系和定义目标坐标系，特征根据在参考坐标系的位置移动到目标坐标系中的相同位置上。

03 在 DXC 和 DYC 中输入 10mm，单击 确定 按钮，完成移动特征操作，圆柱体从如图 9-21 位置移动到如图 9-22 所示位置。

图 9-20　"移动特征"对话框

图 9-21　圆柱体原始位置

图 9-22　圆柱体最终位置

9.1.4　抑制特征

此项可临时删除一个或多个特征。被抑制的特征事实上仍然存在于数据库中，只是从模型中删除掉了，可选择"取消抑制特征"来重新显示特征，抑制特征后，缩小了模型的文件尺寸，操作速度会加快。此外，当需要在一个不适合的位置上创建特征的定位尺寸时（比如需要已经被倒圆的边），可选择此项将圆角抑制，显示原来的边用来选择进行定位尺寸的标注，当被抑制的特征包括附属特征时，这些附属特征一同被压缩。

> **○ 小技巧**
>
> 如果希望了解都有哪些特征被抑制，可选择取消抑制特征操作显示已经被抑制的特征。

选择【编辑】|【特征】|【抑制特征】命令，或单击"编辑特征"工具栏上的 按钮可获得该项操作，也可通过特征的右键菜单获得该项操作。

9.1.5　取消抑制特征

此项取消已经被抑制的特征，使它们重新显示在视图中。选择【编辑】|【特征】|【取消抑制特征】命令，或单击"编辑特征"工具栏上的 按钮可获得该项操作。

9.1.6　删除参数

该项可删除一个或多个片体和实体的所有参数，与被删除参数的片体或实体有附属关系的曲线或点的参数也同时被删除，使它们变成非关联的，此项可缩短更新时间，一般用于零件的再设计操作。选择【编辑】|【特征】|【删除参数】命令，或单击"编辑特征"工具栏上的 按钮可获得该项操作。

9.1.7　特征重新排列

该项可修改已经创建的特征之间的顺序。选择【编辑】|【特征】|【特征重新排序】命令，或单击"编辑特征"工具栏上的 按钮可获得该项操作。

> **○ 小技巧**
>
> 可在部件导航器中通过鼠标拖动特征上下移动进行重新排序。

【例9-6】 重新排列特征

01 打开 section9\906.prt。选择【编辑】|【特征】|【特征重新排序】命令，或单击"编辑特征"工具栏上的 按钮，系统弹出"特征重排序"对话框，如图 9-23 所示。

图 9-23　"特征重排序"对话框

UG NX 5.0 中文版入门实战与提高

09

Chapter

9.1

9.2

9.3

9.4

02 在"特征重排序"对话框的列表框中选择"Boss (3)"选项，设置 ⬤ 在后面 为选中状态。

○ **小技巧**

重新排序后的特征，不能存在子特征在父特征之前的情况，否则会报错。

03 在"重新定位特征"列表框中选择需要置换位置的特征"Simple Hole(2)"，单击 应用 按钮，完成特征位置重排操作，如图 9-24 所示，此时孔和凸台的顺序重新排序了，可打开"部件导航器"，观察孔和凸台的顺序发生了重排。

图 9-24　特征重新排序

9.2　综合实例

对对象中拉伸特征修改拉伸参数，对孔进行重新附着，对圆角特征进行抑制操作，观察抑制特征后的零件几何实体状态，练习一般特征编辑的基本操作。

本实例最终效果如图 9-25 所示。

○ **设计思路**

先对孔进行重新附着，练习孔放置面的重新放置；对拉伸特征的拉伸参数进行修改改变长度；对圆角特征进行抑制操作，观察零件变化。

○ **练习要求**

练习重新附着，编辑参数和特征抑制等操作。

图 9-25　轴承座

制作流程预览

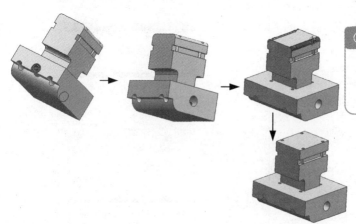

○ **制作重点**

1. 对孔特征进行重新附着。
2. 对拉伸特征进行编辑参数。
3. 对圆角特征进行抑制。

01 打开 section9\shili.prt。选择如图 9-26 所示的孔特征，选择右键菜单【编辑参数】命令，选择"编辑特征"对话框中的 | 重新附着 | 按钮。

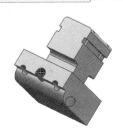

图 9-26 选择孔特征

02 参考例 9-2 进行孔特征的重新附着，重新附着面如图 9-27 所示，最终的结果如图 9-28 所示。

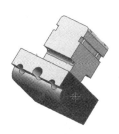

图 9-27 孔的重新放置面

图 9-28 重新附着后的孔特征

03 在视图中双击如图 9-29 所示的拉伸特征，系统重新弹出"拉伸特征"对话框，在起始值和终止值处输入如图 9-30 所示数据，单击 确定 按钮完成拉伸特征的参数编辑。

图 9-29 选择拉伸特征

图 9-30 重新编辑参数

04 在视图中选择如图 9-31 所示的圆角，选择右键弹出菜单【抑制】，将圆角特征抑制，零件形状转换为如图 9-25 所示的形状。

图 9-31 选择圆角特征

9.3 本章技巧荟萃

UG NX 5.0

● 进行特征编辑时，可以在部件导航器中选中特征，选择右键菜单中的【编辑参数】菜单。

UG NX 5.0 中文版入门实战与提高

09
Chapter

9.1

9.2

9.3

9.4

- 对于关联特征，可在视图中或部件导航器中直接双击特征进行特征参数的编辑。
- 如果希望了解都有哪些特征被抑制，可选择取消抑制特征操作，显示已经被抑制的特征。
- 可在部件导航器中通过鼠标拖动特征上下移动进行重新排序。
- 重新排序后的特征，不能存在子特征在父特征之前的情况，否则会报错。

9.4 学习效果测试

1. 概念题

（1）特征编辑方式一共有几种？

（2）移动特征时需要满足什么条件？

2. 操作题

打开 section9/xiti.prt 文件，编辑位置操作对孔的位置进行编辑，使孔距边线距离为 15mm，拉伸特征拉长 30mm，如图 9-32 所示。

图 9-32　编辑参数后的状态

第10章 曲面功能

学习要点

在 UG NX 5.0 中使用曲面造型工具可以完成实体建模无法完成的复杂形状，可以使用曲面来修剪一个实体从而得到一个特殊形状的几何体，还可以将封闭的多个曲面缝合成一个实体。我们可以使用多种方法来创建曲面，主要包括基于点构成曲面、基于曲线构成曲面、基于曲面构成新的曲面等方法。在本章的学习中，我们将向读者介绍曲面创建过程中最常用的功能：直纹面（规则面）、通过曲线、通过曲线网格面、扫掠面、二次截面、延伸曲面、偏置面、桥接面、修剪面等。

学习提要

- 曲面功能选项的设置
- 基本曲面的创建方法
- 自由曲面的创建方法
- 曲面编辑方法
- 曲面功能综合实例

10

Chapter

10.1

10.2

10.3

10.4

10.5

10.6

10.1 曲面功能概述

在 UG NX 5.0 中使用曲面造型工具可以完成实体建模无法完成的复杂形状，可以使用曲面来修剪一个实体从而得到一个特殊形状的几何体，还可以将封闭的多个曲面缝合成一个实体。

而且，在 UG NX 5.0 中可以使用多种方法构成曲面，如基于点构成曲面、基于曲线构成曲面、基于曲面构成新的曲面：如 Trimmed Sheet、Offset Sheet 等。在本章的学习内容中，我们将向读者分别介绍上述三类基本曲面造型过程中最常用的方法，如：直纹面（规则面）、通过曲线、通过曲线网格面、扫掠面、延伸曲面、偏置面、桥接面、修剪面等。

10.1.1 基本概念

在开始学习曲面建模前，首先介绍几个概念，便于读者在学习过程中更好地理解学习内容。

1．行与列

曲面的参数表达式一般使用 U，V 参数，因此曲面上行与列的方向也使用 U 方向及 V 方向来表示，曲面的横截面线串的方向称为 V 方向，曲面的扫掠方向或引导线方向称为 U 方向，如图 10-1 所示。

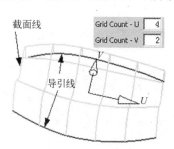

图 10-1　行列与栅格

2．阶数

阶数即是曲面参数方程的最高次数。UG NX 5.0 中每一个曲面都需要定义 U、V 两个方向的阶数，且阶数介于 2～24 之间，

通常尽可能使用 3～5 阶，生成曲面后，可通过编辑曲面功能来改变曲面的阶数，但会导致特征参数的丢失。

3．补片

样条线可由单段或多段曲线构成，曲面也可由单一补片或多个补片构成，如图 10-2 所示。

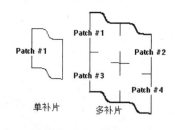

图 10-2　补片

4．栅格线

线框模式下，为了突出曲面特征，常采用栅格线（Grid Lines）来显示曲面，其作用主要用于曲面的显示，对曲面的特征没有影响。

10.1.2　功能选项设置

在 UG NX 5.0 建模模块中，执行【首选项】|【建模】命令，系统将弹出如图 10-3 所示的"建模首选项"对话框。该对话框中包括"常规"、"自由曲面"、"分析"三个属性页，其中"自由曲面"属性页中包含自由曲面的一些默认设置，下面介绍其主要选项的含义与使用方法。

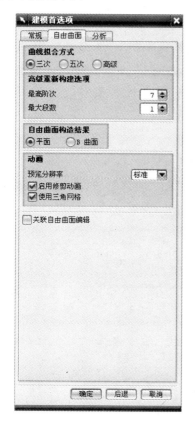

图 10-3　"建模首选项"对话框

1．曲面拟合方式

该选项设置用样条拟合曲线的拟合方法。当选择"高级"选项时，可以通过"高级曲面构造选项"设置拟合样条的最高阶次和最大段数。

2．高级重新构建选项

用于设置当"曲面拟合方式"选项选择

"高级"时，拟合样条的最高阶次和最大段数。一般情况下，软件会采用不分段样条拟合曲线，如果超过设置的"最高阶次"将会分段，如果分段数超过设置的"最大段数"则会报警。

3．自由曲面构造结果

该选项用于控制采用通过曲线、曲线网格、扫掠等命令创建自由曲面的方法。

- 平面：该选项选中时，如果要创建的是平面时，系统用有界平面完成。
- B 曲面：该选项选中时，系统总用 B 曲面来创建自由曲面，包括平面。

4．动画

在一些曲面的编辑和移动极点的操作中，该选项可以控制曲面的动画功能。

- 预览分辨率：用于设置预览的网格分辨率。
- 启动修剪动画：选择该选项可看见在一些曲面创建和编辑中曲面的剪切动画。
- 使用三角网格：选择该选项设置在一些曲面创建和编辑中，用三角网格显示曲面。

5．关联自由曲面编辑

该选项功能用于指定在编辑一些曲面特征后，结果是自由曲面特征还是非参数特征，这些编辑操作包括 X 成形、极点光顺、移动极点、扩大、匹配边、改变边等。

在 UG NX 5.0 建模模块中，自由曲面的创建可以通过执行【插入】|【网格曲面】、【插入】|【曲面】和【插入】|【扫掠】下的菜单命令，或打开"曲面"工具条，如图 10-4 所示，打开"自由曲面形状"工具条，如图 10-5 所示，打开"编辑曲面"工具条，如图 10-6 所示来实现。

图 10-4 "曲面"工具条

图 10-5 "自由曲面形状"工具条

图 10-6 "编辑曲面"工具条

在打开的工具条上，显示的工具按钮可能不一样，用户可以通过单击工具条右上角的黑色小三角激活添加和删除工具按钮菜单，定制工具条按钮，如图 10-7 所示。

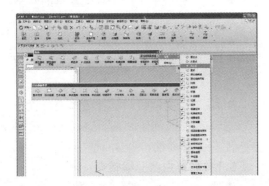

图 10-7 定制工具条按钮

自由曲面菜单的定制可以通过将光标放在 UG NX 5.0 界面上部工具条的空白处，单击鼠标右键，在弹出的菜单中选择【定制】命令，将弹出"定制"对话框，如图 10-8

所示，在该对话框中选择【命令】|【插入】命令，将对话框右边的命令拖到 UG NX 5.0 界面主菜单的【插入】菜单即可。

图 10-8 "定制"对话框

○ 小技巧

打开"曲面"工具条，可以将光标放在 UG NX 5.0 界面上部工具条的空白处，单击鼠标右键，在弹出的菜单中，把【曲面】前面打上"√"，即可在界面上显示"曲面"工具条。

10.2 基本曲面的创建

UG NX 5.0

在 UG NX 5.0 建模模块中，基本曲面主要是指通过点、极点、点云、曲线、曲线组等方式，或通过扫掠、截型体、桥接、偏置等方法来创建，下面我们将主要介绍这几种方法。

10.2.1　通过点创建曲面

执行【插入】|【曲面】|【通过点】命令，或单击曲面工具条上的图标 ，系统弹出如图 10-9 所示的"通过点"对话框，"通过点"对话框中提供设置曲面的补片类型、是否在行或列方向封闭和曲面在行、列方向的阶次。使用该方法创建曲面时，可以选择已创建的点，或新创建点，或从文件读取点的方式。当不选择用 文件中的点 创建曲面时，单击 确定 按钮，将弹出如图 10-10 所示的"过点"对话框，下面先介绍图 10-9 所示的"通过点"对话框中主要选项的用法。

图 10-9　"通过点"对话框

图 10-10　"过点"对话框

1．补片类型
用户可以选择创建一个面或多个面的片体，选择单个时，只能应用【文件中的点】按钮功能，其他选项不可用。

2．沿...向封闭
控制曲面是否封闭以及封闭方式。

3．文件中的点
从数据文件"*.dat"中读取点的坐标值，并根据这些参数创建曲面。

图 10-10 所示的"过点"对话框中的选项用法如下：

- 全部成链：用户选取第一个点和最后一个点后，系统会自动选取行中的其他点。
- 在矩形内的对象成链：用一个方框来选取一行点，选取行中的第一个点和最后一点，系统自动选取行中其他点。
- 在多边形内的对象成链：用一个任意多边形来选取一行点，选取行中第一点和最后一点，系统自动选取行中其他点。
- 点构造器：逐个选取或构造点。

【例 10-1】　通过选择已知点创建曲面

01 打开文件 section10\1001.prt，如图 10-12 所示。

02 执行【插入】|【曲面】|【通过点】命令或选择 ◈ 按钮，在图 10-9 所示的"通过点"对话框中选择"补片类型"为"多个"。

03 单击 确定 按钮，则在弹出的如图 10-10 所示的"过点"对话框中选择 在矩形内的对象成链 按钮，用矩形框住最上面 5 个点，并分别选取矩形内最左边和最右边的点作为这一行数据的起点和终点，如图 10-11 所示。

图 10-11　选择最上方的 5 个点

04 在弹出的如图 10-13 所示的"过点"对话框里，选择 指定另一行 按钮，可继续添加一行数据。用矩形框住第二行中右边的 4 个点，并分别选取矩形内最左边和最右边的点作为这一行数据的起点和终点，如图 10-12 所示。

图 10-12　选择另一行点

05 用矩形框住最低一行中间的两个点，并分别选取矩形内最左边和最右边的点作为这一行数据的起点和终点。

06 在弹出的如图 10-13 所示的"过点"对话框里，选择 所有指定的点 按钮，则创建如图 10-14 所示的曲面。

图 10-13　"过点"对话框

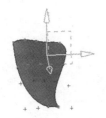

图 10-14　长方体上创建基准平面结果

【例 10-2】　通过创建点创建曲面

01 新建或打开一个模型，进入建模应用模块界面中。

02 执行【插入】|【曲面】|【通过点】命令，在图 10-9 所示的"通过点"对话框中选择"补片类型"为"多个"。

○ **小技巧**

通常，由通过点所生成的曲面与原始点不关联，是非参数化的，因此尽可能不使用此种方法创建曲面。

03 单击 确定 按钮，则在弹出的如图 10-10 所示的对话框中选择 点构造器 按钮，用弹出的"点"构造器创建 5 个点，如图 10-15 所示。

图 10-15　创建第一行点

04 单击"点"构造器上的 确定 按钮，用"点"构造器创建第二行 4 个点。

05 在弹出的如图 10-13 所示的"过点"对话框里，选择 所有指定的点 按钮，创建如图 10-16 所示的曲面。

图 10-16　创建出的曲面

【例 10-3】　通过选择已知极点创建曲面

01 打开文件 section10\1002.prt，如图 10-18 所示。

02 执行【插入】|【曲面】|【从极点】命令，在图 10-17 所示的"从极点"对话框中选择"补片类型"为"多个"。

图 10-17　"从极点"对话框

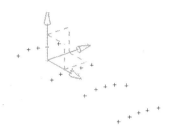

图 10-18　已知三组点

03 单击 [确定] 按钮，则在弹出的"点"构造对话框中选择前面一组 6 个点，如图 10-19 所示。

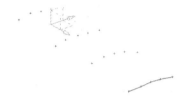

图 10-19　选择第一组极点

04 单击 [确定] 按钮，在弹出的"是否指定点"对话框中，选择 [是] 按钮，继续用"点"构造器选择第二组 6 个点。

05 在弹出的如图 10-13 所示的"过点"对话框里，选择 [指定另一行] 按钮，继续添加第 3 组数据和第 4 组数据，如图 10-20 所示。

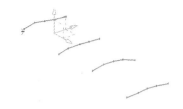

图 10-20　选择四组极点

06 在弹出的如图 10-13 所示的"过点"对话框里，选择 [所有指定的点] 按钮，创建如图 10-21 所示的曲面。

图 10-21　创建的曲面

10.2.2　直纹面创建曲面

执行【插入】|【网格曲面】|【直纹面】命令，或选择曲面工具条上的图标 [直纹]，系统弹出如图 10-22 所示的"直纹面"对话框。直纹面是使用两条曲线或两条线串（每个线串必须连续）构造曲面的方法，在截面线上对应点之间以直线相连，形成曲面，"直纹面"对话框中的主要选项用法如下：

图 10-22　"直纹面"对话框

1．调整

提供了 6 种方式控制曲面的生成，其用法如下：

- 参数：空间上的点会沿着指定的曲线以相等参数距离曲线产生片体。
- 弧长：空间上的点会沿着指定的曲线以相等的弧长间距穿过曲线产生片体。
- 根据点：根据所选的点的顺序在连接线上定义片体的路径走向。
- 距离：将所选则的曲线在向量方向等间距均分。
- 角度：用于定义角度转向，沿方向向量扫过，并将所选的曲线沿着一定的角度均分。

10
Chapter

10.1

10.2

10.3

10.4

10.5

10.6

● 脊线：产生的片体范围以选取的脊线长度为准。

2．指定对齐点

当选择"调整"为"根据点"时才能激活，用于选择对齐点。

3．保留形状

允许用户保留尖锐的边界。

4．公差

指定生成曲面和选择几何体间的最大间距误差。

【例 10-4】 通过已知两条曲线创建直纹面

01 打开文件 section10\1003.prt。

○ **小技巧**

在选择曲线时，注意曲线的方向，当选中的两条曲面的方向一致时，创建的曲面才不会扭曲。曲线的方向一般与选择曲线时鼠标的位置有关，起点为曲线上离鼠标选择曲线点最近的一端。

02 执行【插入】|【曲面】|【直纹面】命令，在弹出的如图 10-22 所示的对话框中，选择界面中的一条曲线，然后单击 ◇ ，选择界面中的另一条曲线，如图 10-23 所示。

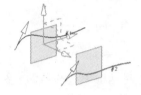

图 10-23　选择曲线

03 单击 确定 按钮创建曲面如图 10-24 所示。

图 10-24　创建的曲面

10.2.3　通过曲线组创建曲面

通过曲线方法是通过一系列轮廓曲线建立片体或实体，轮廓曲线成为截面线串，截面线串定义了曲面的 U 方向，截面线串可以是曲线、体边界或体表面等几何体。

执行【插入】|【网格曲面】|【通过曲线组】命令，或选择曲面工具条上的图标 ，系统弹出如图 10-25 所示的"通过曲线组"对话框。这个命令可以通过最多 150 个曲线组创建曲面，曲线组可以是单个曲线或多个曲线组成的线串，它和【直纹面】命令相似，但可以选择更多的曲线，"通过曲线组"对话框中提供设置曲面的参数选项，下面介绍它们的功能。

1．选择曲线或点

选择曲线或点作为截面。

图 10-25　"通过曲线组"对话框

● ：用于选择或创建一个点，这个点可以作为所要创建曲面的第一个或最后一个截面。

● 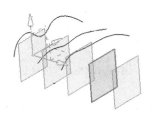：用于选择曲线或曲线串。

2．反向

翻转所选曲线的方向。为保证所创建曲面的光滑,尽量保持所选曲线的方向相同或相近。

3．指定原始曲线

当选择了一个封闭曲线串时,该选项可以改变起始曲线。

4．添加新设置

添加当前的截面到模型,并创建一个新的、空的截面。

5．列表

列出所有添加到模型的线串集。

6．连续性

用于定义创建曲面是否光滑连续。

7．应用于全部

对所有选择线串应用相同的连续性。

8．第一截面线串/最后截面线串

用于定义该线串的属性,几种定义方式用法如下:

- G0（位置）：曲线不做任何形式的改变。
- G1（相切）：截面曲线与所选的片体相切,产生的片体与所选的片体切线斜率连续。
- G2（曲率）：截面曲线与所选的片体相切,并保证曲率连续。

9．调整

用于定义创建曲面沿着曲线对齐的方式,"直纹面"对话框如图 10-26 所示。

图 10-26 "直纹面"对话框

10．输出曲面选项

用于定义曲面补片类型。

11．设置

用于定义创建曲面的阶次和公差,和其他对话框中相同选项的用法一样。

【例 10-5】 通过已知曲线创建网格曲面

01 打开文件 section10\1004.prt,如图 10-27 所示。

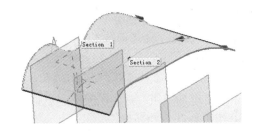

图 10-27 已知的曲线

02 执行【插入】|【网格曲面】|【通过曲面组】命令,弹出如图 10-25 所示的"通过曲线组"对话框后,选择界面中最边上的一条曲线,然后单击 按钮（或者单击鼠标中键）,依次选择其余的曲线,并单击 按钮,将 4 条曲线添加到"列表"中,注意保证 4 条曲线的方向一致,如图 10-28 所示。

图 10-28 选择 4 条曲线的方向一致

03 单击 确定 按钮创建曲面,如图 10-28 所示。

【例 10-6】 通过已知曲线和曲面创建网格曲面

01 打开文件 section10\1005.prt,如图 10-29 所示。

10

Chapter

10.1

10.2

10.3

10.4

10.5

10.6

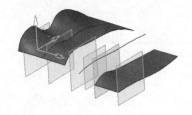

图 10-29 已知的曲线

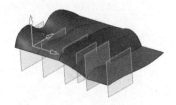

（或者单击鼠标中键），选择中间的曲线，并单击 按钮；再选择右侧小的曲面上的边，单击 按钮，创建曲面如图 10-30 所示。

图 10-30 选择三条曲线

02 执行【插入】|【网格曲面】|【通过曲面组】命令，弹出如图 10-25 所示的"通过曲线组"对话框后，选择图 10-29 所示的左侧曲面的右边，然后单击 按钮

10.2.4 通过曲线网格创建曲面

通过曲线网格方法在两个方向的截面线串建立片体或实体，截面线串可以是由多个连续的曲线组成，也可以是曲线、体边界等几何体。构造曲面时应该将一组同方向的截面线定义为主曲线，而另一组大致垂直于主曲线的截面线称为交叉线，相当于以网格曲线为骨架，并在其上蒙上自由曲面来创建曲面。

执行【插入】|【网格曲面】|【通过曲线网格】命令，或选择曲面工具条上的图标 ，系统弹出如图 10-31 所示的"通过曲线网格"对话框。曲线网格构造曲面是通过定义主要曲线、交叉曲线和脊线来产生曲面，主要曲线和交叉曲线要大体相互垂直。"通过曲线网格"对话框中提供选择项的内容和"通过曲线组"对话框的内容近似，下面介绍主要选项的功能。

1．主曲线

用于选择主要曲线，其下面的"选择曲线或点"、"反向"、"指定原始曲线"、"添加新设置"、"列表"选项和"通过曲线组"对话框的内容相同。

2．交叉曲线

用于选择交叉曲线，其下面的"选择曲线或点"、"反向"、"指定原始曲线"、"添加

新设置"、"列表"选项和"主曲线"下面的选项相同。

图 10-31 "通过曲线网格"对话框

3．连续性

该选项的内容和"通过曲线组"对话框的内容相同。

4．输出曲面选项

它包含"强调"和"构造"选项。

（1）强调

● 两者皆是：产生的片体会沿着主要曲线和横越曲线的中点创建。

- 主线串：产生的片体会沿着主要曲线创建。
- 差号：产生的片体会沿着交叉曲线创建。

（2）构造

用于设置生成的曲面符合各条曲线的程度，有 3 个单选项：

- 正常：按照正常的过程创建实体或曲面。
- 用样条点：要求选择的曲线必须是具有与选择的点数相同的单一 B 样条曲线。
- 简单：对曲线的数学方程进行简化，以提高曲线的连续性。

5. 设置

用于设置曲线的阶次和公差。

6. 交点

用于设置曲线和主要弧之间的公差，当曲线与主要弧不相交时，其曲线与主要弧之间不得超过设定的交点公差。

【例 10-7】　通过已知曲线网格创建曲面

01 打开文件 section10\1006.prt，如图 10-32 所示。

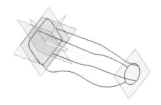

图 10-32　已知的曲线

02 执行【插入】|【网格曲面】|【通过曲面网格】命令，在弹出如图 10-31 所示的"通过曲线网格"对话框后，分别选择如图 10-33 所示的曲线和点，然后单击 按钮（或者单击鼠标中键），则在【主曲线】|【列表】中这条曲线和点被添加。

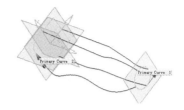

图 10-33　选择主曲线

03 单击"交叉曲线"部分的 按钮，分别选择图 10-34 所示的 3 条交叉曲线，并单击 按钮（或者单击鼠标中键）。

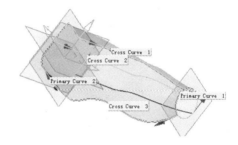

图 10-34　选择交叉曲线

04 单击 确定 按钮创建曲面，如图 10-35 所示。

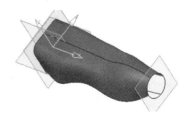

图 10-35　创建的曲面

10.2.5　创建扫掠曲面

扫掠使用轮廓曲线沿指定的空间路径曲线扫掠来创建曲面，该命令功能强大，方法多样。扫描路径称为引导线串，轮廓曲线称为截面线串。其中引导线可以由单段或多段曲线组成，引导线控制扫描特征沿 V 方向的方位和尺寸大小的变化，引导线可以是曲线，也可以是实体的边，组成每条引导线的所有曲线段之间必须相切过渡，引导线的数目是 1～3 个。

执行【插入】|【扫掠】|【扫掠】命令，或选择曲面工具条上的图标 ，系统弹出如图 10-36 所示的"扫掠"对话框。

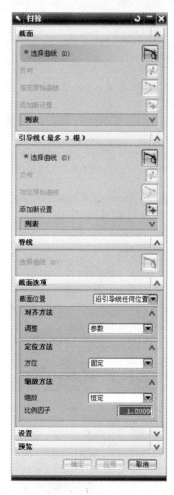

图 10-36 "扫掠"对话框

"扫掠"对话框中提供选择曲面的截面、引导线、脊线的方法和曲面在行、列方向的阶次及公差。根据 3 点确定一个平面的原理，显然用户最多可以设置 3 条引导线，所以扫掠曲面是通过沿着一条或最多 3 条引导线扫描一个或多个截面来生成曲面，它可以通过控制界面沿引导线的对齐方式、扫描方向改变产生曲面的形状，下面介绍如

图 10-36 所示的"扫掠"对话框主要选项的功能。

1. 截面

用于选择截面曲线，其下面的"选择曲线或点"、"反向"、"指定原始曲线"、"添加新设置"、"列表"选项和"通过曲线组"对话框的内容相同，注意最多可选 150 条曲线。

2. 引导线

用于选择引导曲线，其下面的"选择曲线或点"、"反向"、"指定原始曲线"、"添加新设置"、"列表"选项和"截面"选项下面的选项相同，最多可选择 3 条引导线。

3. 脊线

用于选择脊线，选择脊线的目的是控制扫掠实体中各个截面的方位平衡，避免由于引导线的参数不均衡引起的扭曲变形，脊线最好设置在和截面垂直的位置上。其下面的"选择曲线或点"、"反向"、"指定原始曲线"、"添加新设置"、"列表"选项和"截面"选项下面的选项相同。

4. 截面选项

它包含"对齐方法"、"定位方法"和"缩放方法"选项。

5. 截面位置

当只选择一条截面曲线时，该选项被激活，它下面有两个选项：

● 沿引导线任何位置：用于截面在引导线中部位置的情况，这时截面沿两个方向扫描。

● 引导线末端：用于截面在引导线端点处。

6. 插补

当只选择两条以上截面曲线时，该选项被激活，它提供了"线性"和"三次"两个方法去控制截面曲线间的曲面插补方式。

7. 对齐方法

系统提供了"参数"、"圆弧长"和"根据点" 3 个选项，用于截面间的对齐方法，

"根据点"适合于截面上有棱角的情况。

- 参数：扫掠特征中截面曲线上的对齐点按照等参数间隔。
- 圆弧长：扫掠特征中截面曲线上的对齐点按照等圆弧长间隔。
- 根据点：扫掠特征中截面曲线上的对齐点按照截面曲线上的拐点（尖点）间隔。

8．定向方法

系统提供了"固定"、"面的法向"、"适量方法"、"另一条曲线"、"一个点"、"角度规律"和"强制方向"7个选项，用于指定截面沿引导线扫描过程中，截面法向的变化方法。

- 固定：截面保持固定方位，相互平行。
- 面的法向：截面内坐标系中的一个坐标轴与指定面的法线一致。
- 矢量方向：截面内坐标系中的一个坐标轴与指定矢量一致。
- 另一条曲线：截面内坐标系中的一个坐标轴是由指定曲线与引导线上点的连线确定。
- 一个点：截面内坐标系中的一个坐标轴是通过点和引导线的连线根据 three-side ruled sheet 确定。
- 角度规律：根据规律曲线，设定方位的旋转角度。
- 强制方向：设定截面方位为一个用户选择的方向。

9．缩放方法

在只有一条引导线的情况下，指定截面的缩放方法。系统提供"恒定"、"倒圆函数"、"另一条曲线"、"一个点"、"面积规律"和"周长规律"6个方法，选择不同的方法将激活不同的参数设置选项。

当选择只在一条引导线时可选以下方法：

- 恒定：根据指定的缩放因子在所有截面上做同样的缩放。

- 倒圆函数：根据开始截面或者结束截面上的缩放因子按照线性或三次曲线规律缩放截面。
- 另一条曲线：根据曲线与引导线之间的长度缩放截面。
- 一个点：根据一点与引导线之间的距离缩放截面。
- 面积规律：根据规律曲线控制截面的面积。
- 周长规律：根据规律曲线控制截面的周长。

○ 小技巧

当进行扫掠操作时，可以应用 [相切曲线▼] ↑↑↑○ 来辅助进行曲线或曲面的选取，帮助修改不连续相切的曲线链。

只在两条引导线时可选以下方法：

- 均匀：在扫掠的侧面和垂直面上都进行缩放。
- 横向：只在扫掠的侧面进行缩放。

10．设置

该选项下的内容和"通过曲线网格"对话框的内容相同。

11．保留形状

保持截面曲线中的尖角（设置公差为0），此项选空时，UG NX 5.0 将一个截面曲线中的曲线段融合成一个曲线进行扫掠。

12．重新构建

重新定义引导线的阶次和段数，以便创建高质量的扫掠面，有下面几种选择：

- 无：不重建。
- 手工：重新输入引导线的阶次。
- 高级：重新输入引导线的阶次和段数量。

13．公差

输入截面曲线和输出体之间的距离公差。

【例 10-8】　通过已知曲线创建扫掠曲面

10
Chapter

10.1
10.2
10.3
10.4
10.5
10.6

01 打开文件 section10\1007.prt，如图 10-37 所示。

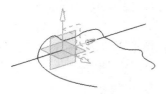

图 10-37　已知的曲线

02 执行【插入】|【扫掠】|【扫掠】命令，在弹出如图 10-36 所示的对话框后，选择如图 10-38 所示的"扫掠"对话框中的曲线作为截面，然后单击 按钮（或者单击鼠标中键），则在【截面】|【列表】中这条曲线被添加。

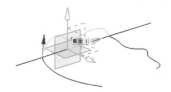

图 10-38　选择截面曲线

03 单击"引导线"部分的 按钮，分别选择如图 10-39 所示的两条曲线，并单击 按钮（或者单击鼠标中键），则在【引导线】|【列表】中这两条曲线被添加。

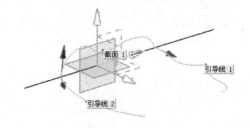

图 10-39　选择引导曲线

04 单击 确定 按钮创建曲面，如图 10-40 所示。

图 10-40　创建的扫掠曲面

10.2.6　通过截型体创建曲面

执行【插入】|【网格曲面】|【截面】命令，或选择曲面工具条上的图标 ，系统弹出如图 10-41 所示的"截面"对话框，"截面"对话框中提供创建二次曲面的方法和参数设置。使用截面方法创建的曲面是一种二次曲面，即是二次曲线在脊线方向的扫描。二次曲线是通过定义 5 个条件，如 3 个点和两个斜率来实现，二次曲面的创建也和此类似，只是把选择点变成选择曲线。系统提供了 20 种创建截面的方法，下面介绍一下该对话框上的主要选项的功能。

对话框上部列出了 20 个按钮，分别代表了 20 种不同的创建二次曲面的方法，下面介绍这些方法。

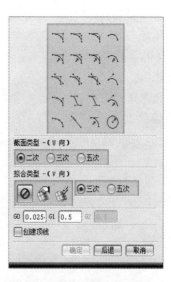

图 10-41　"截面"对话框

1. 端点-顶点-肩点

如图 10-42 所示,该方法要求提供两个端点(开始边、结束边)、顶点(顶边)和肩点(肩边)来实现,其中两个端点和肩点提供曲面所要经过的点,顶点控制曲面在端点处的斜率。

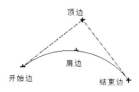

图 10-42 "端点-顶点-肩点"创建曲面图

2. 端点-斜率-肩点

如图 10-43 所示,该方法建立的截面从指定的起始曲线(开始边)出发,通过中间曲线(肩边),终止于终止曲线,两端的曲线斜率由两条独立的斜率控制曲线来定义。

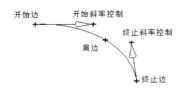

图 10-43 "端点-斜率-肩点"创建曲面图

3. 圆点-肩点

如图 10-44 所示,该方法用于建立分别位于两独立实体表面之间的光滑倒圆,所建立的截面从选定的第一个表面上的曲线出发,终止于选定的第二个表面上的曲线上,且通过指定的肩边。

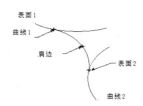

图 10-44 "圆点-肩点"创建曲面图

4. 三点作圆弧

如图 10-45 所示,该方法建立的截面分别通过起始曲线、中间曲线和终止曲线,并使用一条脊线控制 U 方向的形状,截面形状为圆弧形。

图 10-45 "三点作圆弧"创建曲面图

5. 端点-顶点-rho

如图 10-46 所示,该方法建立的截面从起始曲线(开始边)出发,终止于终止曲线,其两端的斜率由指定的顶点曲线来定义,而截面在每个截面内的丰满度由指定的凸出判别式值 rho 来控制。

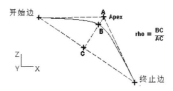

图 10-46 "端点-顶点-rho"创建曲面图

6. 端点-斜率-rho

如图 10-47 所示,该方法建立的截面从指定的起始曲线(开始边)出发,终止于终止曲线,其两端曲线上的斜率由指定的两个斜率控制曲线来定义,而截面在每个截面内的丰满度由指定的凸出判别式值 rho 来控制。

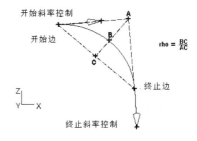

图 10-47 "端点-斜率-rho"创建曲面图

7. 圆角-rho

如图 10-48 所示,该方法可用于建立分别位于两独立实体表面之间的光滑倒圆, 所建立的截面从选定的第一个表面上的曲线出发, 终止于选定的第二个表面上的曲线, 而截面在每个截面内的丰满度由指定的凸出判别式值 rho 来控制。

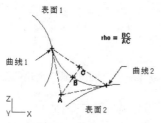

图 10-48 "圆角-rho"创建曲面图

8. 两点-半径

如图 10-49 所示, 该方法建立的截面不管脊线方向如何, 都是从选定的第一条曲线到第二条曲线逆时针方向建立, 其截面形状为指定半径的圆弧形, 指定的半径应不小于两端曲线之间距离的一半。

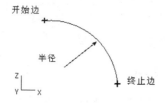

图 10-49 "两点-半径"创建曲面图

9. 端点-顶点-顶线

如图 10-50 所示, 该方法建立的截面从选定的第一条曲线出发, 终止于选定的第二条曲线, 并与指定的两条醒目线（直线）的连线相切, 两端曲线的斜率由指定的顶点曲线定义。

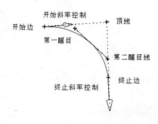

图 10-50 "端点-顶点-顶线"创建曲面图

10. 端点-斜率-顶线

如图 10-51 所示, 该方法建立的截面从选定的第一条曲线出发, 终止于选定的第二条曲线, 并与指定的两条醒目线（直线）的连线相切, 两端曲线的斜率由指定的两个斜率来控制曲线定义。

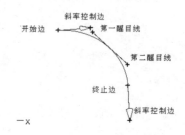

图 10-51 "端点-斜率-顶线"创建曲面图

11. 圆角-顶线

如图 10-52 所示, 该方法可用于建立分别位于两个独立实体表面之间的光滑倒圆, 所建立的截面从选定的第一个表面上的曲线出发, 终止于选定的第二个表面上的曲线, 并与指定的两条醒目线（直线）的连线相切。

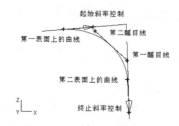

图 10-52 "圆角-顶线"创建曲面图

12. 端点-斜率-圆弧

如图 10-53 所示, 该方法建立的截面从选定的第一条曲线出发, 终止于选定的第二条曲线上, 其截面形状为圆弧形, 第一条曲线的斜率由指定的斜率控制曲线来定义。

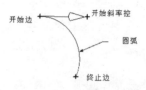

图 10-53 "端点-斜率-圆弧"创建曲面图

13. 四-斜率

如图 10-54 所示，该方法建立的截面是从选定的第一条曲线出发，以此通过两条中间曲线，并终止于指定的第四条曲线上，第一条曲线的斜率由指定的斜率控制曲线来定义。

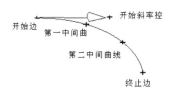

图 10-54　"四-斜率"创建曲面图

14. 端点-斜率-三次

如图 10-55 所示，该方法建立的截面位于选定的两端曲线之间，且呈三次方规律，两端曲线的斜率由指定的斜率控制曲线来定义。

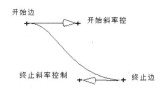

图 10-55　"端点-斜率-三次"创建曲面图

15. 圆角-桥接

如图 10-56 所示，该方法可用于建立分别位于两个独立实体表面之间的光滑桥接面，所建立的截面从选定的第一个表面上的曲线出发，终止于选定的第二个表面的曲线，其截面与指定的两表面光滑桥接过渡。

图 10-56　"圆角-桥接"创建曲面图

16. 点-半径-角度-圆弧

如图 10-57 所示，该方法建立的截面从选定的第一个表面的曲线出发，其截面形状

为指定半径的圆弧，通过指定截面的跨越角度来确定截面的范围，跨越角度为–180°～0°或 0°～180°，截面圆弧半径大于 0，建立的截面的默认方向为选定表面的法线方向。

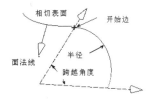

图 10-57　"点-半径-角度-圆弧"创建曲面

17. 五点

如图 10-58 所示，该方法要求提供 5 个边来创建曲面。建立的截面从选定的第一条控制曲线出发，依次通过 3 条中间的控制曲线，并终止于第 5 条控制曲线，还需指定一条脊线，前面的 5 条曲线必须不相同，但脊线可以与一条控制曲线相同。

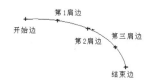

图 10-58　"五点"创建曲面

18. 圆角-桥接

如图 10-59 所示，该方法可用于建立与选定的表面相切，通过选定的起始控制曲线，其截面形状为直线，由脊线来控制截面在 U 方向的形状。

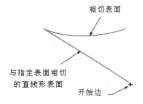

图 10-59　"圆角-桥接"创建曲面

19. 圆形-相切

如图 10-60 所示，该方法建立的截面与

UG NX 5.0 中文版入门实战与提高

10
Chapter

10.1
10.2
10.3
10.4
10.5
10.6

选定的表面相切，通过选定的起始控制曲线，其截面形状为圆弧，由脊线来控制截面在 U 方向的形状，通过指定半径控制截面大小。

图 10-60 "圆形-相切"创建曲面

20. ⊘圆

如图 10-61 所示，该方法建立的截面沿引导线建立，并用一条方位线（截面形状为圆），由脊线来控制截面在 U 方向的形状，通过指定半径控制截面的大小。

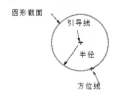

图 10-61 "圆"创建曲面

如图 10-41 所示的"截面"对话框的中下部有一些选项，包括：

1. 截面类型

控制截面在 U 方向（垂直脊线）的形状。它具有 3 个选项："二次"、"三次"和"五次"，分别代表曲面在 U 方向的阶次。

2. 拟合类型

控制曲面在 V 方向的阶次和形状，当 ⊘ 被激活时，系统提供了"三次"和"五次"两个方法去控制 V 方向的阶次和形状；当 ⊠ 被激活时，系统提供了 V 方向的阶次选择列表框；当 ⊠ 被激活时系统提供了 V 方向的阶次和曲面段数选择列表框。

【例 10-9】 通过已知曲线网格创建曲面

01 打开文件 section10\1008.prt，如图 10-62 所示。

图 10-62 已知的曲线

02 执行【插入】|【网格曲面】|【截面】命令，在弹出如图 10-41 所示的"截面"对话框后，选择 ⬀ 五点按钮，然后单击 确定 按钮，弹出如图 10-63 所示的对话框。

图 10-63 选择截面曲线

03 分别选择图 10-64 所示的曲线，即先选择开始边，单击鼠标中键（或单击如图 10-63 所示的 确定 按钮）；然后选择肩边，单击鼠标中键；再选择结束边，单击鼠标中键，再选择顶边，单击鼠标中键；最后选择肩边作为脊线，单击鼠标中键，回到如图 10-41 所示的对话框。

图 10-64 选择截面曲线

04 单击 确定 按钮创建曲面，如图 10-65 所示。

图 10-65 创建的曲面

10.2.7　通过桥接创建曲面

执行【插入】|【细节特征】|【桥接】命令，或选择曲面工具条上的图标 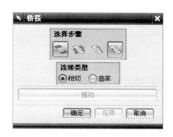，系统弹出如图 10-66 所示的"桥接"对话框。

图 10-66　"桥接"对话框

桥接片体用于在两个曲面之间建立过渡曲面,过渡曲面与两个曲面的连接可以采用相切连续或曲率连续的方法,其构造的曲面为 B-样条曲面,同时,为了进一步精确控制桥接片体的形状,可以选择另外两组曲面或曲线作为片体的侧面边界条件。使用该对话框应该首先选择桥接的连续类型,然后选择主曲面和侧边(面),如果不选择侧边(面)控制侧面的形状,也可以通过使用【Drag】按钮拖曳片体,来控制曲面形状。

1.　连接类型

桥接片体和已知片体的连接方式,有下面两种方式：

- 相切：表示曲面在连接处相切连接。
- 曲率：表示曲面在连接处以相等的曲率过渡连接。

【例 10-10】　桥接曲面练习

01 打开文件 section10\1009.prt，如图 10-67 所示。

○ 小技巧

箭头方向和位置的出现和选择曲面时,鼠标单击曲面的位置有关,箭头出现在离这一位置最近的曲面边,箭头起点为鼠标位置离边最近的一端。

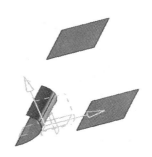

图 10-67　已知曲面

02 执行【插入】|【细节特征】|【桥接】命令，在弹出如图 10-66 所示的"桥接"对话框后，选择 UG NX 5.0 界面中的两个曲面（注意，选择第一个曲面后不要单击鼠标中键），如图 10-68 所示，选择曲面后，每个曲面上有一个箭头，箭头所在的边为两个曲面将要连接的边，箭头的方向表示边的终点方向，两个箭头相邻，方向一致，表示箭头所在的边将连接，桥接后曲面不扭曲。

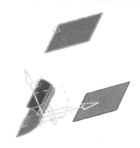

图 10-68　选择的曲面和箭头

03 单击 确定 按钮创建曲面，如图 10-69 所示。

图 10-69　创建的曲面

10
Chapter

10.1
10.2
10.3
10.4
10.5
10.6

04 选择 [拖动] 按
钮拖拉曲面如图 10-70 所示。

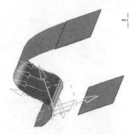

图 10-70 拖拉后的曲面

10.2.8 通过偏置创建曲面

执行【插入】|【偏置/缩放】|【偏置曲面】命令，或选择曲面工具条上的图标 ，系统弹出如图 10-71 所示的"偏置曲面"对话框。"偏置曲面"可以创建一个或多个现存曲面的偏置面，偏置面沿原曲面法向偏置一个偏置距离，下面介绍该对话框的主要选项功能。

> ○ **小技巧**
>
> 对于一个曲率不为零的曲面，沿着法线的偏置不仅偏置曲面和原曲面间有一个间距，而且曲面的大小也会发生改变。

图 10-71 "偏置曲面"对话框

1. 要偏置的面
用于选择将要偏置的曲面。

2. 偏置
用于设置曲面的偏置值，多个曲面可以设置多个值，负值表示反向。

3. 反向
用于反向曲面的偏置方向。

4. 列表
该列表框中为选中将要偏置的曲面。

5. 连接类型
该选项下有两个选择："相连面的一个特征"和"每个面的一个特征"。前者表示如果选择的曲面间是相互连接的，所设置的偏置值为一个，即所有曲面的偏置值相同；后者表面每一个曲面用不同的偏置值。

6. 设置
该选项用于指定偏置面是否采用近似逼近原曲面和偏置面到原曲面的间距公差，采用近似逼近可以保证更容易实现偏置。

【例 10-11】 偏置曲面练习

01 打开文件 section10\1009.prt，如图 10-72 所示。

02 执行【插入】|【偏置/缩放】|【偏置曲面】命令，在弹出如图 10-71 所示的"偏置曲面"对话框后，选择如图 10-72 所示的曲面，输入偏置距离为 10。

03 单击 [确定] 按钮创建曲面，如图 10-73 所示。

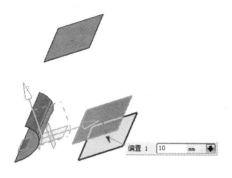

图 10-72　已知零件

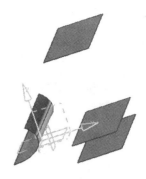

图 10-73　选择的曲面

10.2.9　缝合曲面

执行【插入】|【组合体】|【缝合】命令，或选择曲面工具条上的图标 ，系统弹出如图 10-74 所示的"缝合"对话框。【缝合】命令是把两个以上的片体连接成一个片体，如果连接后的片体封闭，将形成一个实体，要缝合的片体间的间距不能超过设置的允许公差。

图 10-74　"缝合"对话框

1. 类型

选项用于设置要缝合的对象是实体

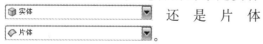

还是片体。

2. 目标

用于选择缝合的目标曲面或实体表面。

3. 刀具

用于选择缝合的工具曲面或实体表面。

【例 10-12】　缝合曲面练习

01 打开文件　section10\1010.prt，如图 10-75 所示。

图 10-75　已知零件

02 执行【插入】|【组合体】|【缝合】命令，在弹出如图 10-74 所示的"缝合"对话框后，选择曲面作为目标曲面，选择曲面 2 作为刀具曲面，如图 10-76 所示。

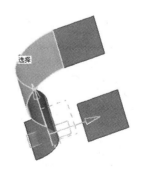

图 10-76　选择的曲面和起始曲线

03 单击 确定 按钮创建曲面，如图 10-77 所示，将两个曲面合成一个曲面。

图 10-77 缝合后的曲面

10.3 自由曲面的创建

在 UG NX 5.0 建模模块中，自由曲面的创建主要是指通过 N 边曲面、匹配边、等参数分割、修剪曲面、曲面变形等操作方法实现，下面我们将主要介绍这几种方法。

10.3.1 N 边曲面

N 边曲面方法使用由多个不限制数量并形成简单封闭环的曲线来建立一个表面，并在这些曲线处保持与外部表面之间的连续性。

执行【插入】|【网格曲面】|【N 边曲面】命令，或选择曲面工具条上的图标，系统弹出如图 10-78 所示的"N 边曲面"对话框，下面介绍主要选项的功能。

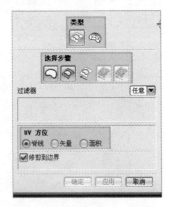

图 10-78 "N 边曲面"对话框

1．类型

创建 N 边区面的类型，有下面两种类型：

- 单个修剪体：在选定表面的封闭区域内建立覆盖整个区域的单个表面。
- 多个三角形片体：在选定表面的封闭区域内建立由多个三角形曲面构成的片体，每个曲面片都是由公共交点和一个侧边界组成的三角形区域。

2．选择步骤

- 选择边界曲线：即选择封闭曲线或实体边缘作为 N 边表面的边界。
- 选择边界表面：即选择与边界曲线相邻的表面，用于约束建立的 N 边表面，使建立的表面与选定的边界表面相切或曲率连续。

3．UV 方位

为建立的 N 边表面指定建立方向，只能用于表面类型为单个修剪体的情况，如果没有指定改选项，则系统自动生成 N 边表面，有三种指定 UV 方位的方法：

- 脊线：指定脊线作为 UV 方位。
- 矢量：指定矢量作为 UV 方位。
- 面积：指定区域作为 UV 方位。

> ○ **小技巧**
>
> 当进行"N 边曲面"操作时，如果选择的曲线不封闭，可以使用【曲线】中的【桥接】命令来连接不封闭的曲线组。

4．修剪到边界

对单个修剪片体类型，建立的 N 边曲面被修剪到指定的边界曲线。

5．匹配到边界面

对多个三角形曲面片体类型，系统自动将边界曲线的相切连续部分作为单个曲线段，为每一个相切连续的曲线段建立一个表面，从而减少曲面片的个数，否则，系统将为每一个曲线段建立一个曲面片。

【例 10-13】 创建 N 边曲面练习

10.3.2　匹配边

执行【编辑】|【曲面】|【匹配边】命令，或选择编辑曲面工具条上的图标 ，系统弹出如图 10-81 所示的"匹配边"对话框。【匹配边】命令用于编辑片体的边缘，可以使片体的边缘与曲线（或边缘）重合进行匹配，或者使片体的边缘位于一个平面内，还可以编辑边缘的法向、曲率和横向切线。

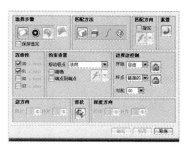

图 10-81　"匹配边"对话框

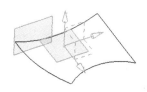

01　打开文件 section10\1011.prt，如图 10-79 所示。

图 10-79　封闭曲线

02　执行【插入】|【网格曲面】|【N 边曲面】命令，在弹出如图 10-78 所示的"N 边曲面"对话框后，选择各个曲线作为曲面边界。

03　单击 确定 按钮创建曲面，如图 10-80 所示。

图 10-80　封闭曲线创建的 N 边曲面

下面介绍图 10-81 所示的"匹配边"对话框中各个选项的功能。

1．选择步骤

- ：用于选择所要匹配的边缘曲线。
- ：用于选择要匹配到的目标体边缘曲线。
- ：预览匹配效果。

> ○ **小技巧**
>
> 修剪产生的片体和没有边缘的片体（如球面）无法选择和编辑。

2．匹配方法

- ：边到边，用于根据所选的实体的边缘位置和形状来改变片体边缘，使片体边缘与实体边缘完全匹配。

UG NX 5.0 中文版入门实战与提高

10
Chapter

10.1
10.2
10.3
10.4
10.5
10.6

- 🔲：边到面，用于将所选择的片体的边缘变形到一个指定的平面上。
- 🔲：边到曲线，用于将片体的边缘匹配到所选的曲线。
- 🔲：边到基准，用于将片体的边缘匹配到所选的基准面。

3. 匹配方向

用于指定到目标匹配的方向矢量。

4. 连续性

用于定义匹配的曲面是否光滑连续。

5. 约束设置

用于设置曲面开始匹配的方向。

6. 边界边控制

用于设置匹配曲面开始和结束边的边缘形式。

7. 边方向

用于设置边方向上的曲面阶次和补片数量。

8. 深度方向

用于设置深度方向上的曲面阶次和补片数量。

【例 10-14】 匹配边练习

01 打开文件 section10\1012.prt，如图 10-82 所示。

图 10-82　已知曲面

02 执行【编辑】|【曲面】|【匹配边】命令，在弹出如图 10-81 所示的对话框

后，选择如图 10-83 所示的曲面和边。

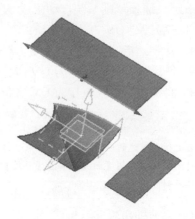

图 10-83　选择匹配边目标

03 单击 确定 按钮，生成如图 10-84 所示的曲面。

图 10-84　匹配边后曲面

04 通过选取不同的开始边缘，还可以生成如图 10-85 所示的曲面。

图 10-85　匹配边后曲面

10.3.3　分割修剪曲面

执行【编辑】|【曲面】|【等参数裁剪/分割】命令，或选择编辑曲面工具条上的图标 等参数裁剪/分割，系统弹出如图 10-86 所示的"修剪/分割"对话框。【等参数裁剪/分割】命令用于对所选曲面在 U 或 V 等参数方向，采用百分比参数方法修建或分割 B-样条，该命令不能用于多表面片体、偏置片体、修剪片体和解析片体。

图 10-86　"修剪/分割"对话框

当选择 等参数修剪 按钮后，弹出如图 10-87 所示的"等参数修剪"对话框，该对话框可以直接设置片体沿 U、V 参数方向的最大、最小百分比，或者用对角点定义一个矩形范围来设置片体 U、V 最大、最小值。移动所选择片体上在一个矩形范围内的极点，定义矩形范围，需要使用光标指定两个对角点。

图 10-87　"等参数修剪"对话框

图 10-87 所示的"等参数修剪"对话框各个选项说明如下：

1．U 最小值（%）

指定裁剪片体后的 U 最小值为未修改前的百分比。

2．U 最大值（%）

指定裁剪片体后的 U 最大值为未修改前的百分比。

3．V 最小值（%）

指定裁剪片体后的 V 最小值为未修改前的百分比。

4．V 最大值（%）

指定裁剪片体后的 V 最大值为未修改前的百分比。

5．使用对角点

用对角点定义一个矩形范围来设置片体 U、V 最大、最小值。

在图 10-86 所示的"修剪/分割"对话框中，当选择 等参数修剪 按钮后，弹出如图 10-88 所示的"等参数分割"对话框，该对话框设置沿 U 或 V 方向分割的百分比，或通过构造一点，根据该点在曲面 U、V 方向的百分比来分割曲面。

图 10-88　"等参数分割"对话框

图 10-88 所示的"等参数分割"对话框各个选项说明如下：

1．U 恒定

U 方向为常数，沿 V 方向分割。

2．常数 V

V 方向为常数，沿 U 方向分割。

3．分割值

指定沿 U 或 V 方向分割的位置，按照 V 或 U 方向长度的百分比给值。

4. 点构造器

创建一个点,用该点确定沿 U 或 V 方向分割的位置。

【例 10-15】 等参数修剪曲面

01 打开文件 section10\1012.prt,如图 10-89 所示。

图 10-89 修剪前曲面

02 执行【编辑】|【曲面】|【等参数裁剪/分割】命令,或选择编辑曲面工具条

上的图标,在弹出如图 10-86 所示的对话框后,选择 等参数修剪 按钮,弹出如图 10-87 所示的"等参数修剪"对话框。

03 设置"U 最小值%"为 20.00,"V 最小值%"为 20.00,"U 最大值%"为 100.00,"V 最大值%"为 100.00,单击 确定 按钮,生成如图 10-90 所示的曲面。

图 10-90 修剪后曲面

10.3.4 修剪曲面

修剪曲面是通过投影曲线、曲面或基准面的边界轮廓线来修剪片体。系统根据指定的投影方向,将一边界投影到目标片体,修剪出相应的轮廓形状,结果是关联的修剪片体。

执行【插入】|【修剪】|【修剪的片体】命令,或选择曲面工具条上的图标,系统弹出如图 10-91 所示的"修剪"对话框。【修剪的片体】命令可用于修剪多个片体,使用该方法时,先选择目标曲面,然后选择修剪边界,指定修剪边界的投影方向即可,下面举例说明。

1. 目标

用于选择被修剪的片体。

2. 边界对象

用于选择去修剪目标片体的工具边界。

图 10-91 "修剪的片体"对话框

3. 投影方向

用于选择边界对象投影到目标片体的方式:

- （垂直于面）：垂直于面。
- （垂直于曲线平面）：垂直于曲线平面。
- （沿矢量）：沿矢量。

4．区域

用于选择需要剪去或保留的区域。

【例 10-16】　修剪曲面练习

01 打开文件 section10\1013.prt，如图 10-92 所示。

方的圆曲线作为边界对象，设置"投影方向"为 （垂直于面），如图 10-93 所示。

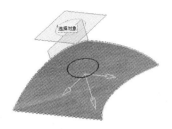

图 10-93　选择后的曲面

03 单击 确定 按钮，创建如图 10-94 所示的曲面。

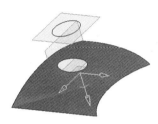

图 10-94　修剪后的曲面

图 10-92　已知曲面和曲线

02 执行【插入】|【修剪】|【修剪的片体】命令，在弹出如图 10-91 所示的"修剪的片体"对话框后，选择曲面，再选择上

10.3.5　曲面变形

执行【编辑】|【曲面】|【变形】命令，或选择自由曲面形状工具条上的图标 片体变形，系统弹出如图 10-95 所示的"使曲面变形"对话框。【曲面变形】命令可以通过拉伸、折弯、歪斜、扭转和位移方法动态修改 B 样条曲面，如同【移动定义点】命令，在弹出"使曲面变形"对话框之前，将会显示警告信息。

下面先介绍该对话框上主要选项的功能：

1．中心点控制

提供了"水平"、"竖直"、"V（U）-低"、"V（U）-高"、"V（U）-中间"5 种选择，分别控制 5 个方向的变形。

2．切换 H 和 V

切换对曲面的 V 或 U 方向变形。

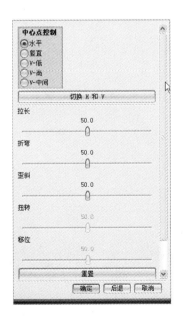

图 10-95　"使曲面变形"对话框

10
Chapter

10.1
10.2
10.3
10.4
10.5
10.6

3．拉长

按照"中心点控制"选择的方向进行拉伸。

4．折弯

按照"中心点控制"选择的方向进行折弯。

5．歪斜

按照"中心点控制"选择的方向进行歪斜。

6．扭转

按照"中心点控制"选择的方向进行扭转。

7．移位

按照"中心点控制"选择的方向进行移动。

8． 偏差检查

用于打开偏差检查对话框，动态生成图形和数字形式的偏差数据。

9． 截面分析

用于打开截面分析对话框，动态分析指定截面的曲率。

【例 10-17】 曲面变形

01 打开文件 section10\1014.prt，如图 10-96 所示。

图 10-96　已知曲面

02 执行【编辑】|【曲面】|【变形】命令，在弹出如图 10-95 所示的对话框后，选择曲面，然后单击 确定 按钮，在弹出警告对话框后，单击 确定 按钮，进入图 10-95 所示的对话框。

03 选择"中心点控制"方式为"水平"，拖动"拉长"控制条位为"70"，获得如图 10-97 所示的曲面图形。

图 10-97　变形结果

04 选择"中心点控制"方式为"V-高"，拖动"拉长"控制条位为"20"，获得如图 10-98 所示的曲面图形。

图 10-98　变形结果

10.4　曲面功能综合实例

UG NX 5.0

曲面的设计重点在于曲面的建立和编辑过程，我们将以一个鼠标曲面为例介绍自由曲面的创建和编辑的方法和过程。

本实例最终效果如图 10-99 所示。

○ **设计思路**

首先进行草图设计绘制，创建扫掠曲面，形成鼠标侧面，在鼠标中心面绘制轮廓，投影到鼠标侧面上，将生成的封闭曲线应用 N 边曲线命令生成鼠标上的表面，并在此基础上剪切多余曲面，最后缝合形成鼠标实体。

○ **练习要求**

练习创建扫掠曲面、拉伸曲面、修剪曲面、变换曲面、镜像曲面操作。

图 10-99　鼠标

制作流程预览

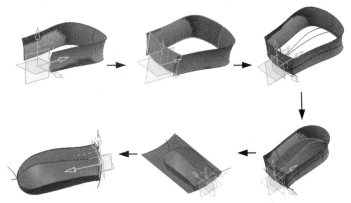

○ **制作重点**

1. 创建扫掠曲面。
2. 拉伸曲面。
3. 修剪曲面。
4. 投影曲线。
4. N 边曲面。
5. 镜像曲面。

01 新建一个模型，进入建模界面。

02 单击 按钮，选择 X-Y 平面为绘图平面，进入草绘，绘制如图 10-100 所示的曲线。

图 10-100　草图 1

03 单击 按钮，选择 Z-Y 平面为绘图平面，进入草绘，绘制如图 10-101 所示的曲线，注意这条曲线的一个端点和上面图 10-100 所示曲线的一个端点重合，结束草绘，也可直接打开文件 section10\mouse.prt。

○ **小技巧**

在进行曲面创建的过程中，尽量使用实体的对称性，采用镜像的方法，可以有效提高创建曲面的质量。

04 执行【插入】|【扫掠】|【扫掠】命令，在弹出如图 10-36 所示的对话框后，选择如图 10-101 所示为截面线，如图 10-100 所示为引导线，扫掠获得如图 10-102 所示的曲面。

05 执行【编辑】|【变换】命令，在弹出"类选择"对话框后，选择如图

10
Chapter

10.1
10.2
10.3
10.4
10.5
10.6

10-102 所示的曲面，单击 确定 按钮，然后弹出如图 10-103 所示的"变换"对话框后，选择 用平面做镜像 按钮，选择 Z-Y 平面为镜像平面，复制如图 10-102 所示的曲面，获得如图 10-104 所示的曲面。

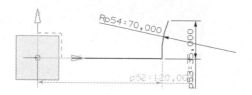

图 10-101　草图 2

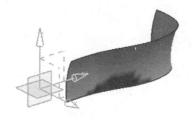

图 10-102　扫掠曲面

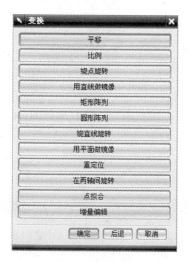

图 10-103　"变换"对话框

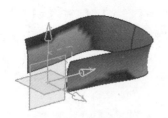

图 10-104　镜像曲面

06 单击【草绘】按钮，选择 X-Y 平面为绘图平面，进入草绘，绘制如图 10-105 所示的曲线。

图 10-105　草绘

07 退出草绘，单击【拉伸】按钮，选择如图 10-106 所示的曲线为截面，向 +Z 轴方向拉伸，高度为 35，获得如图 10-106 所示的曲面。

图 10-106　拉伸曲面

08 执行【插入】|【修剪】|【修剪的片体】命令，在弹出如图 10-91 所示的"修剪的片体"对话框后，分别选择如图 10-107 所示的曲面 1 为边界对象，曲面 2、3 为目标，修剪曲面 2、3；然后以曲面 2、3 为边界对象，曲面 1 为目标，修剪曲面 1，获得如图 10-108 所示的曲面。

图 10-107　选择曲面

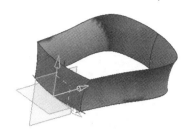

图 10-108　修剪曲面

09 单击按钮，选择 *Z-Y* 平面为绘图平面，进入草绘，绘制如图 10-109 所示的曲线，曲线的两个端点位于曲面模型的左右边界线上，结束草绘。

图 10-109　草绘曲线

10 单击按钮，选择 *Z-X* 平面为绘图平面，进入草绘，绘制如图 10-110 所示的曲线，曲线的左边端点和图 10-109 所示曲线的端点重合，曲线的右边端点位于曲面模型的右边边界线上。

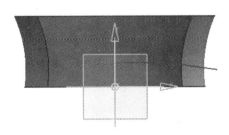

图 10-110　草绘曲线

11 执行【插入】|【来自曲线集的曲线】|【投影】命令，在弹出如图 10-111 所示的"投影曲线"对话框后，分别选择如图 10-112 所示的曲线为"要投影的曲线或点"，选择第七步创建的拉伸曲面作为"要投影的对象"，选择投影方向为+*X* 方向，获得投影曲线如图 10-112 所示。

图 10-111　"投影曲线"对话框

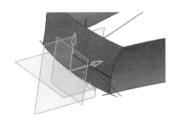

图 10-112　投影曲线

12 单击按钮，选择 *Z-Y* 平面为绘图平面，进入草绘，绘制如图 10-113 所示的曲线，曲线的右端点和图 10-109 所绘曲线的端点重合，曲线的左端点和图 10-112 所投影的曲线右端点重合。

图 10-113　草绘曲线

13 执行【插入】|【来自曲线集的曲线】|【投影】命令，在弹出如图 10-111 所示的"投影曲线"对话框后，分别选择图 10-113 所绘的曲线为"要投影的曲线或点"，选择曲面模型的一个侧边曲面作为"要投影的对象"，选择投影方向为+*Y* 方

UG NX 5.0 中文版入门实战与提高

10 Chapter

10.1
10.2
10.3
10.4
10.5
10.6

向，获得投影曲线如图 10-114 所示。

图 10-114 投影曲线

14 执行【插入】|【网格曲面】|【N 边曲面】命令，该命令是通过选择边界曲线来构造曲面，在弹出如图 10-78 所示的"N 边曲面"对话框后，分别选择如图 10-115 所示的曲面，单击 确定 按钮，创建如图 10-116 所示的曲面。

图 10-115 选择的曲线

图 10-116 构造曲面

15 执行【编辑】|【变换】命令，在弹出"类选择"对话框后，选择如图 10-116 所示的曲面，单击 确定 按钮，然后在弹出"变换"对话框后，选择 用平面做镜像 按钮，选择 Z-X 平面为镜像平面，复制图

10-117 所示的曲面。

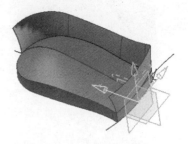

图 10-117 选择曲面

16 执行【插入】|【修剪】|【修剪的片体】命令，在弹出如图 10-91 所示的"修剪的片体"对话框后，修剪曲面，获得如图 10-118 所示的曲面。

图 10-118 修剪后的曲面

17 单击【拉伸】 按钮，选择图 10-118 所示的曲线为截面，向+X 轴方向拉伸，高度设置为 150，获得如图 10-119 所示的曲面。

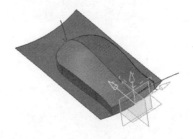

图 10-119 拉伸曲面

18 执行【插入】|【修剪】|【修剪的片体】命令，在弹出如图 10-91 所示的"修剪的片体"对话框后，选择如图 10-119 所示的拉伸曲面为目标，选择和拉伸曲面相连

接的曲面为边界对象，修剪拉伸曲面，获得如图 10-120 所示的曲面。

图 10-120　修剪曲面

19 执行【插入】|【组合体】|【缝合】命令，在弹出如图 10-121 所示的"缝合"对话框后，分别选择图 10-120 所示的曲面模型的各个曲面，将曲面模型缝合成一个实体，获得如图 10-122 所示的实体。

图 10-121　"缝合"对话框

图 10-122　缝合曲面后

10.5　本章技巧荟萃

UG NX 5.0

- 打开"曲面"工具条，可以在将光标放在 UG NX 5.0 界面上部工具条的空白处，单击鼠标右键，在弹出的快捷菜单中，把【曲面】前面打上"√"，即可在界面上显示"曲面"工具条。
- 通常，由通过点所生成的曲面与原始点不关联，是非参数化的，因此尽可能不使用"通过点"方法创建曲面。
- 在选择曲线时，注意曲线的方向，当选中的两条曲面的方向一致时，创建的曲面才不会扭曲。曲线的方向一般与选择曲线时鼠标的位置有关，起点为曲线上离鼠标选择曲线点最近的一端。
- 当进行"扫掠"操作时，用户可以应用 相切曲线 ↑↑↑↑ 来辅助进行曲线或曲面的选取，帮助修改不连续相切的曲线链。
- 箭头方向和位置的出现和选择曲面时，鼠标点击曲面的位置有关，箭头出现在离这一位置最近的曲面边，箭头起点为鼠标位置离边最近的一端。
- 对于一个曲率不为零的曲面，沿着法线的偏置不仅偏置曲面和原曲面间有一个间距，而且曲面的大小会发生改变。
- 当进行"N 边曲面"操作时，如果选择的曲线不封闭，可以使用【曲线】命令中的【桥接】命令来连接不封闭的曲线组。
- 在进行曲面创建的过程中，尽量使用实体的对称性，采用镜像的方法，可以有效提高创建曲面的质量。

10
Chapter

10.1

10.2

10.3

10.4

10.5

10.6

10.6 学习效果测试

1．概念题

（1）什么叫做行与列？

（2）什么叫做阶数？

（3）什么叫做补片？

（4）什么叫做直纹面？

2．操作题

（1）创建如图 10-123 所示的曲线，尺寸自定，练习以左端曲线为截面线扫掠生成曲面。

（2）创建如图 10-124 所示的曲线和曲面，并使用【修剪曲面】命令来修剪曲面。

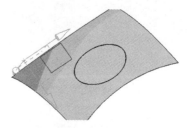

图 10-123　曲线组　　　　　　　　　　　图 10-124　修剪曲面

（3）使用【拉伸】、【修剪】、【边倒圆】等命令创建如图 10-125 所示的对象，尺寸自定。

图 10-125　修剪曲面

第11章 装配建模

学习要点

装配是 UG NX 5.0 中集成的一个应用模块，它方便了部件
装配的构造、装配关联中各部件的建模以及装配图纸的
零件明细表的生成。本章将介绍装配的基本概念、装配的基
本方法及装配中用到的几个重要工具，并通过装配练习强化
所学知识。

学习提要

- 装配综述
- 装配方法
- 自底向上装配
- 装配练习

11
Chapter

11.1

11.2

11.3

11.4

11.5

11.1 装配综述

UG NX 5.0 的装配模块可以实现使用零件和部件模型快速组合成更高级的部件或产品，或先建立产品装配模型，然后再建立各装配零件和部件细部模型。如果将零件和部件统称为组件，则 UG NX 5.0 的装配模块主要实现产品组件的装配和装配模型的分析与管理。

11.1.1 装配术语

要学习装配应用模块的使用，首先要掌握几个重要的装配术语。

1. 装配模式

装配模式一般分为两种，即多组件装配和虚拟装配。

（1）多组件装配

多组件装配是指在装配时复制所有部件或零件的数据到装配体中，装配体中的部件或零件与原部件或零件没有任何关联，当装配体中某部件被修改时，此修改不会反应到原部件中，反之亦然。因此，这种装配属于非智能装配，而且在装配体中部件或零件数量较大时，会占用较大的内存空间，影响装配工作的速度和质量。

（2）虚拟装配

虚拟装配是指使用部件链接关系建立装配，此时被装配部件的数据不会被复制到装配体中，因此该模式具有以下优点：

● 装配占用内存空间少，装配速度快。

● 装配中不需要编辑的下层部件可以简化显示，显示速度提高。

● 当被引用的装配部件被修改时，装配体中相应部件自动更新。

UG NX 5.0 系统采用的是第二种装配方式，即虚拟装配模式。

2. 单个零件

单个零件是指单独存在的一个零件模型，不包含下级组件，可以被添加到装配体中去。

3. 子装配

子装配是指拥有下级组件，在高一级装配中被用作组件的装配体，而且子装配是一个相对的概念，任何一个装配体可在更高一级的装配中被用作子装配。

4. 显示部件

当前显示在图形窗口中的部件。

5. 工作部件

在其中创建和编辑几何体的部件。工作部件可以是已显示的部件，或包含在已显示的装配部件中的所有组件文件，显示一个零件时，工作部件总与显示的部件相同。

6. 已加载的部件

当前打开的并加载内存的任意部件。部件是使用【文件】|【打开】选项显式加载的，而在打开的装配中使用的部件是隐式加载的。

7. 引用集

部件中已命名的几何体集合，可用于在较高级别的装配中简化组件部件的图形显示。

8. 序列

"装配序列"功能控制一个装配的装配和拆卸顺序。可以模拟和回放序列信息；可以通过一个步骤来装配或拆装组件，或者创建运动步骤来模拟组件的移动,一个装配可以存在多个序列。

9．装配部件

装配部件是由零件和子装配构成的部件。在 UG NX 5.0 中允许向任何一个 Part 文件中添加部件构成装配,因此任何一个 Part 文件都可以作为装配部件；在 UG NX 5.0 中,零件和部件不严格区分。

10．组件对象

组件对象是一个从装配部件链接到部件主模型的指针实体,一个组件对象记录的信息包括部件名称、层、颜色、线型、线宽、引用集和配对条件等。

11．组件

组件是指按特定位置和方向使用在装配中的部件。组件既可以是单个零件或部件,也可以是由其他较低级别的组件组成的子装配,装配中的每个组件仅包含一个指向其主几何体的指针。在修改组件的几何体时,会话中使用相同主几何体的所有其他组件将自动更新以反映此更改,需要注意的是,组件可以被装配体引用,而不是复制到装配体中,组件可以为:

（1）英制（English）或公制（Metric）两种不同的单位。

（2）组件的版本没有限制,可以是 UG NX 5.0 或 UG NX 5.0 以前的任何版本。

（3）组件的读写权限没有限制,可以是只有读权限的文件。

（4）组件的目录没有限制,可以是当前目录的,也可以不是,只要有读的权限就可以用来装配。

12．组件部件

装配中的组件指向的部件文件或主几何体,真正的几何体储存在组件部件中,并由装配所引用（不是复制）。

13．组件成员

组件部件显示在装配中的几何对象。如果使用引用集,则组件成员可以是组件部件中所有几何体的一个子集,也称为组件几何体。

14．关联设计

按照组件几何体在装配中的显示对它直接进行编辑的功能,可选择其他组件中的几何体来帮助建模,也称为就地编辑。

15．自顶向下装配

自顶向下装配是指在装配体中创建与其他部件相关的部件模型,然后拆成子装配体和单个可以直接用于加工的零件模型。自顶向下装配是在装配部件的顶级向下产生子装配和部件的装配方法,使用这种建模方式可在装配级工作时生成和编辑组件部件,在装配级进行的几何更改将立即自动反映在单个组件部件中。

16．自底向上装配

自底向上装配是先创建部件或零件几何模型,再将其组合成子装配,然后由子装配生成装配体的装配方法。其中组件部件的设计与编辑是与其在某些较高级别装配内的使用相脱离进行的,当打开使用该组件的所有装配以反映在该零件级别所做的几何编辑时,将会自动更新所有装配。

17．混合装配

混合装配是将自顶向下装配和自底向上装配结合在一起的装配方法。例如,可以在开始阶段以自底向上模式进行装配,随着装配的进行,可以在装配体中创建新的部件,从而转到自顶向下装配模式,两种装配模式可以任意转换。

18．主模型

主模型是供 UG NX 5.0 各模块共同引用的部件模型。同一个主模型,可以同时被工程图、装配、加工、机构分析和有限元分析等模块引用,当主模型修改时,相关应用模块自动更新。

UG NX 5.0 中文版入门实战与提高

11
Chapter

11.1
11.2
11.3
11.4
11.5

11.1.2 装配功能的特点

装配模块是 UG NX 5.0 应用模块中的一个模块,用于实现将已建立的零件或部件模型装配成一个最终的产品模型,或者从装配开始产品各零部件的设计,UG NX 5.0 装配功能具有以下主要特点:

(1)组件几何模型只是被装配部件引用,而不是直接复制到装配部件中。这样既避免了组件数据的重复,使装配模型文件及占用内存减小,也为装配模型的修改与自动更新提供了可能。

(2)混合装配方法的使用为 UG NX 5.0 装配模块提供了更大的灵活性。可以使用"自顶向下"和"自底向上"两种装配建模方法灵活实现产品装配建模与部件建模,在装配环境中可以直接对组件几何模型进行创建与编辑,从而使产品的总体设计与详细设计可以同步和穿插进行,部件之间的几何对象可以相互参照与引用,大大提高了设计效率与准确性。

(3)装配体中的部件可以自动更新。装配模型与被引用部件之间具有关联,保证装配模型自动更新以反映被引用部件的最新版本,不需要设计人员人工操作。

(4)可同时打开并编辑多个部件。

(5)可简化装配的图形表示而无须编辑基本几何体。不需要对装配所引用部件模型的几何对象进行编辑,就可以简化装配的图形表示,方便设计出多种方案的装配模型。

(6)通过制定组件之间的约束关系,在装配体中可使用配对条件来对各组件进行定位,而当组件模型发生改变时,也能保持这种定位关系不变。

(7)装配导航器提供了一种对装配结构的图形化显示,以便选择组件以及实现大多数装配操作,并允许选择和操控组件以用于其他功能。

(8)在 UG NX 5.0 的其他模块中同样可以使用装配模块,特别是在"平面工程图"和"数控加工"模块中,当装配模型发生变化时,相应的平面工程图和数控加工刀轨便可以自动更新。

11.1.3 装配预设置

在装配模块中进行装配之前,首先要进行相关设置,除了用户默认参数设置中可以设置一些装配参数外,装配预设置还主要包括部件加载设置和装配参数预设置。

1. 部件加载设置

装配部件是由若干部件和子装配按表面配对关系组合而成的。当打开一个装配部件时,需要加载装配中包含的各部件,UG NX 5.0 使用加载选项确定它如何查找和加载由该装配引用的任何组件部件,在 UG NX 5.0 装配中,部件加载有完全加载、部分加载和不加载 3 种方式。

(1)完全加载

如果部件所有信息加载至内存,则称为完全加载,实现完全加载有两种方法。

● 执行【文件】|【打开】命令打开一个部件文件。

● 使一个部件在装配中成为工作部件。

(2)部分加载

如果部件仅将要显示的信息加载到系统内存,则称为部分加载,在 UG NX 5.0 装配中主要采用部分加载,可以减少内存占有量。

（3）不加载

当打开装配时，部件完全在装配中关闭，即没有任何部件信息加载到内存，则称为不加载，不加载需要通过加载选项来实现。

2．装配加载设置

执行【文件】|【选项】|【装配加载选项】命令，弹出"装配加载选项"对话框，如图 11-1 所示。其中包括"部件版本"、"范围"、"加载行为"、"引用集"和"已保存加载选项"等 5 个选项，下面分别介绍各选项。

图 11-1　"装配加载选项"对话框

（1）"部件版本"选项

"部件版本"选项中的"加载"下拉列表框包括"按照保存的"、"从文件夹"

和"从搜索文件夹"3 个选项，分别表示从部件存储目录加载部件、从装配部件所在目录加载部件和从用户定义的搜索目录列表加载部件。

例如，一个装配中包含处于不同目录下的部件或子装配，则在打开该装配前，应将"加载"选项设置为"从搜索文件夹"，并将所有部件或子装配所在文件夹目录添加到搜索范围。

需要注意的是，如果装配保存在其他平台上，使用"按照保存的"选项可能无法加载装配，当前的平台可能无法识别将目录存储在原先的平台时使用的格式。

"显示当前会话文件夹"选项将在当前会话中加载的部件的路径名添加到列表框。该选项仅在路径名未出现于搜索列表时起作用，如果所有当前会话中的部件已出现于目录搜索列表中，则该选项被禁用。

列表框中列出了用于搜索的文件夹，而且搜索时会先搜索位置较高的文件夹。选中列表框中的一个选项后，单击 按钮可以将选定的文件夹向下移动一个位置，单击 按钮可以将选定的文件夹向上移动一个位置，单击 按钮可以将选定的文件夹从列表框中移除，单击 按钮可以将"将文件夹添加至搜索范围"文本框中的文件夹添加到该列表框顶部。

"将文件夹添加至搜索范围"文本框用于输入要搜索的文件夹，可以直接输入文件夹的完整路径，也可以使用 按钮。

【确认文件夹】按钮 显示包含部件的搜索目录中每个目录的列表，该报告显示目录中的各部件是否符合部件文件格式，如果符合，则显示哪个部件版本是最新的。需要注意的是，该选项只有在【用户默认设置】|【装配】|【本地标准】|【部件名版本】中进行设置后才可以使用。

（2）"范围"选项

"范围"选项包括"加载"下拉列表框、

"使用部分加载"复选框和"加载部件间数据"复选框。

"加载"下拉列表框包括"所有组件"、"仅限于结构"、"按照保存的"、"重新评估上一个组件组"和"指定组件组" 5 个可选项，控制将哪些组件检索到会话中。"所有组件"表示加载装配中的所有组件，"仅限于结构"表示只打开装配结构而不加载组件，"按照保存的"表示按照保存的组件集加载组件，"重新评估上一个组件组"表示返回上一个保存的组件组和按用户指定组件组进行加载。

"使用部分加载"复选框控制部件信息是完全加载还是部分加载，而"加载部件间数据"复选框选项控制装载配对部件或包含部件间表达式的部件以及带有 WAVE 数据的部件。"加载父项"下拉列表只有在选择了"加载部件间数据"复选框时才显示，具有"无"、"直接级别"和"所有级别" 3 个选项，指定在选择了加载部件间数据后，应与加载的部件同时加载哪些级别的父项。

（3）"加载行为"选项

"加载行为"选项中，"允许替换"复选框被选中时，使用内部标识符错误（但名称正确）的组件加载装配，即使它是一个完全不同的部件。在打开操作结束后，UG NX 5.0 将发布一个报告，表明该替换操作已完成；"生成缺少的部件族成员"复选框控制在加载时如果缺少一个部件族成员是否寻找新的部件族模板，并按此模板进行加载，"失败时取消加载"复选框用于指定加载失败时则取消加载。

（4）"引用集"选项

"引用集"选项主要用来定义打开装配时需要搜索的默认引用集，用户可以添加新引用集、删除已有引用集和调整引用集顺序，"应用于所有装配级"复选框指定使用引用集的搜索是否在所有装配级上进行。

（5）"已保存加载选项"选项

"已保存加载选项"选项主要用来设定和恢复默认装配加载方案，还可以将装配加载方案保存到用户默认值文件或打开已保存的装配加载方案。

3．装配参数预设置

通过设置装配首选项可以控制装配功能的特定参数。执行【首选项】|【装配】命令，弹出如图 11-2 所示的"装配首选项"对话框，其各选项说明如下。

图 11-2 "装配首选项"对话框

（1）工作部件

"强调"复选框选中时，用与其他装配不同的颜色显示工作部件。

"保持"复选框选中时，在更改显示的部件时保持以前的工作部件；若更改显示部件时未选中此复选框，则显示部件将成为工作部件。

"显示为整个部件"复选框选中时，当更改工作部件时，此选项临时将新工作部件的引用集更改为整个部件；如果系统操作引起工作部件发生变化，引用集则不发生变化；而部件不再是工作部件时，部件的引用集恢复到原先的引用集。

"自动更改时警告"复选框被选中时，工作部件自动更改时，显示通知。

（2）产品界面

"突出显示产品界面对象"复选框被选中时，在进行添加组件或 WAVE 几何链接器等操作中选择组件时，通过将所有非产品界面对象变暗来强调组件的产品界面。

（3）生成缺少的部件族成员

"检查模板部件的较新的版本"复选框是用来确定执行加载操作时，检查装配引用的部件族成员是否是由基于加载选项配置的该版本模板生成的。此选项与"装配加载选项"对话框上的"生成缺少的部件族成员"选项交互，如果这两选项都开启，则最新的模板将用于缺少的部件，检查模板部件较新版本的初始设置是由检查模板部件较新版本的用户默认设置来控制的。

（4）其他选项

"显示更新报告"复选框被选中时，当加载装配后将自动显示更新报告。

"拖放时警告"复选框选中时，在装配导航器中拖动组件时，将出现一条警告消息，此消息通知哪个子装配将接收组件，以及可能丢失一些关联性，并让接受或取消此操作。

"选择组件成员"复选框选中时，则可在该组件内选择一个组件成员（即几何体），如果清除此选项，则可以选择组件本身。

"添加组件时预览"复选框选中时，允许将组件添加到装配之前预览该组件，例如，组件预览功能可以确保选择正确的组件。

"真实形状过滤"复选框选中时，启用真实形状过滤，该选项的空间过滤效果比边框方法（备选方法）更好，对于那些规则边框可能异常大的不规则形状的组件（如缠绕装配的细缆线），此选项特别有用。

"展开时更新结构"复选框选中时，在装配导航器中展开组件后，基于组件的直属子组件来控制组件的结构是否更新。

（5）部件名称样式

"部件名称样式"下拉列表框用来指定赋予新部件的默认部件名类型，包括"文件名"、"描述"和"指定的属性"3个选项。

"属性"文本框只有在"部件名称样式"下拉列表框选择"指定的属性"时才可用，允许为属性命名。

（6）装配定位

"接受容错曲线"复选框选中时，指定建模距离公差内为圆弧的曲线或边可以选择为装配约束的圆弧。

"交互"下拉列表框用来指定哪些对话框可用来定位并移动组件。当选择"配对条件"选项时，"配对条件"和"重定位组件"对话框可用；当选择"定位约束"选项时，"装配约束"和"移动组件"对话框可用。

11.2 自底向上装配

UG NX 5.0

自底向上装配方法是指首先创建组件模型，然后将组件模型组合成更高级别组件装配模型或产品装配模型的装配方法。自底向上装配方法思路简单，操作快捷方便，被大多数设计人员理解和接受。

11.2.1　添加现有的组件

11

Chapter

11.1

11.2

11.3

11.4

11.5

添加已存在的组件到装配体中是自底向上装配方法中的一个重要步骤,是指通过逐个添加已存在的组件到工作组件中作为装配组件,从而构成整体装配体,此时,若组件文件发生了变化,所有引用该组件的装配体在打开时都将自动更新相应组件文件。

执行添加现有组件可以通过 3 种方式实现:

- 创建一个新的装配模型。
- 在装配应用模块中执行【装配】|【组件】|【添加组件】命令。
- 在"装配"工具条上单击 按钮。

这 3 种情况下,系统都可以弹出如图11-3 所示的"添加组件"对话框。

图 11-3　"添加组件"对话框

"添加组件"对话框中主要包括如下参数选项:

(1)"重复"选项中的"数量"文本编辑框:用于指定要添加的选定部件的实例数。

(2)"放置"选项中的"定位"下拉列表:指定所选组件放置到装配体中的定位方式,有 4 个选项:

- "绝对原点"选项:以系统坐标系原点作为导入组件的基准点。
- "选择原点"选项:以用户指定的点作为导入组件的基准点。
- "配对"选项:采用配对定位的方法定位导入组件。
- "重定位"选项:以用户指定的点作为导入组件基准点,并随后执行【重新定位组件】命令。

(3)"放置"选项中的"Scatter"(即"分散")复选框:选中时,导入的多个组件将以分散的方式进行定位,防止在添加多个实例(在数量框中指定的)时,它们出现在同一位置上。

(4)"复制"选项中的"多重添加"下拉列表:指定是否重复添加被选组件的多个实例,并指明多重添加方式,共 3 个选项:

- "无"选项:不多重添加所选组件,但不影响"重复"选项。
- "添加后重复"选项:在添加"数量"文本编辑框中所添数量的所选组件,并在添加完成后重复该添加操作,直到取消定位操作,但在"定位"下拉列表选项为"绝对原点"时不能选择此选项。
- "添加后排列"选项:添加所选组件,并按随后创建的排列方式排列该组件。选中该选项时"重复"选项中的"数量"文本编辑框变为不可编辑，并为默认数量 1。

（5）"设置"选项中的"名称"文本编辑框：定义所选组件在装配体中的名称，只适用于单选组件的情况下。

（6）"设置"选项中的"引用集"下拉列表：为要添加的组件指定引用集。

● "模型"选项：将添加所选组模型的引用集。

● "轻量化"选项：将添加所选组件轻量化引用集。

● "整个部件"选项：将添加所选组件所有几何数据。

● "空"选项：将不添加所选组件的任何几何参数。

11.2.2　配对组件

在装配体中添加或创建了所有组件后，各组件间还未确定装配关系，此时装配体还不能称为完全意义上的装配体，需要在组件间添加约束关系，以确定组件的装配位置。

首先介绍几个配对术语：

● 配对约束是指存在于装配中两个不同组件上的两个几何对象之间的配对关系，配对约束限制组件在装配中的自由度。

● 配对条件是指单个组件的约束集。尽管一个配对条件可以与多个其他组件存在关系，但装配中的每一组件只能有一个这样的配对条件。

● 配对组件是指具有强制配对条件的组件。配对的组件是关联的，它们反映对装配所做的更改以确保仍满足配对条件。

配对组件操作的主要功能是通过指定两个组件之间的约束关系，在装配中定位组件，主要通过"配对条件"对话框实现。在装配应用模块中，执行【装配】|【组件】|【配对组件】命令，或单击装配工具条上的

（7）"设置"选项中的"图层选项"下拉列表：该选项用于确定所选组件添加到哪一个图层中。

● "工作"选项：将所选组件放置到当前工作图层。

● "原先的"选项：将所选组件放置在该部件创建时所在的图层中。

● "按指定的"选项：将所选组件放置到"设置"选项中的"图层"文本编辑框所指定的图层中。

（8）"设置"选项中的"图层"文本编辑框：当图层选项是"按指定的"时，将图层设置为指定的图层。

按钮，系统弹出"配对条件"对话框，如图 11-4 所示，下面介绍"配对条件"对话框中各选项的含义。

图 11-4　"配对条件"对话框

1．配对条件树

"配对条件树"列表用树形结构表示装配中各组件的配对条件和约束关系。该树有 3 种类型的节点，分别是根节点、条件节点

UG NX 5.0 中文版入门实战与提高

11
Chapter

11.1
11.2
11.3
11.4
11.5

和约束节点,每个类型节点都有对应的弹出菜单,用于产生和编辑配对条件与配对约束。

（1）根节点

根节点由工作部件的名称组成,通常为装配体或子装配体的名称,而且由于工作部件的唯一性,根节点只有一个。

根节点的右键菜单如图 11-5 所示。

图 11-5　根节点的右键菜单

● 【创建配对条件】选项是产生一个空的配对条件,该配对条件可以修改。

● 【创建被抑制的配对条件】选项是产生一个空的并被控制的配对条件,有时用控制配对条件进行组件配对非常有用,可以延时更新约束。

（2）条件节点

条件节点是根节点的子节点,显示组件的配对条件,条件节点的右键菜单如图 11-6 所示。

图 11-6　条件节点的右键菜单

● 【高亮显示】选项:用于高亮度显示相配对象和方向矢量。有 4 个子菜单选项,分别是【从】、【至】、【不带方向】和【关】,分别表示高亮显示相配组件、高亮显示基础组件、不高亮显示方向矢量以及不高亮显示相配对象和方向矢量。

● 【移除自由度】/【显示自由度】选

项:在约束后显示或移去剩余自由度的符号。

● 【抑制所有约束】/【取消抑制所有约束】选项:控制所有约束条件的执行状态。

● 【抑制配对条件】/【取消抑制配对条件】选项:控制所选配对条件的执行状态。

● 【删除】选项:实现配对条件的删除。

● 【重命名】选项:更改配对条件名称。

● 【信息】选项:弹出"信息"窗口显示配对对象的位置信息。

● 【记住约束】选项:实现将配对约束保存在组件文件中,而不管该组件是否已经保存。

（3）约束节点

节点约束显示组成配对条件的约束,约束节点的右键菜单如图 11-7 所示。

图 11-7　约束节点的右键菜单

● 【备选解】选项:显示所选配对约束的备选方案。

● 【转换为】选项:将所选约束转换为其他约束类型。

● 【删除】选项:实现配对条件的删除。

● 【重命名】选项:更改配对条件名称。

● 【重置为系统名】选项:将所选约束名称恢复为系统默认名称。

2.　配对类型

UG NX 5.0 系统提供了 8 种配对类型。

（1）⏮ "配对"

该配对类型定位两个同类对象位置一致，对于不同对象类型，含义不同。

- 两个平面配对时，两平面对象共面且法线方向相反。
- 两个圆柱或圆锥表面配对时，若两圆柱直径相等、两圆锥表面锥度角相同，则两个表面重合，并且对齐轴线。
- 两个直线或边界线配对时，两个对象完全重合。

（2）▮▮ "对齐"

该配对类型对齐相配对象，对于不同配对对象，其含义不同。

- 两个平面对齐时，对象共面且法线方向相同。
- 两个圆柱、圆锥或圆环等对称实体对齐时，两个轴线一致。
- 两个直线或边界线对齐时，两个对象共线。

（3）▮▮ "角度"

该配对类型定义两个具有方向矢量的对象之间的夹角大小，使相配组件定位在正确的方位上，具有平面角度、三维角度和定位角度 3 个选项，允许配对不同类型的对象。

（4）▮▮ "平行"

该配对类型约束两个配对对象的方向矢量相互平行，可以进行平行装配操作的对象组合包括：直线与直线、直线与平面、轴线与平面、轴线与轴线、平面与平面等。

（5）▮▮ "垂直"

该配对类型约束两个配对对象的方向矢量相互垂直，可以进行平行装配操作的对象组合包括：直线与直线、直线与平面、轴线与平面、轴线与轴线、平面与平面等。

（6）▮▮ "中心"

该配对类型约束两个配对对象中心对齐，具有 1 对 1、1 对 2、2 对 1 和 2 对 2 这 4 种类型。

（7）▮▮ "距离"

该配对类型约束两个配对对象相距指定的三维距离，距离可以是正值也可以是负值，正负号还决定了配对对象在目标对象的哪一边。

（8）▮▮ "相切"

该配对类型约束两个配对对象在一点或一条直线上相切。

3．选择步骤

"选择步骤"选项是帮助用户在配对约束操作中选择几何对象，即选择用于配对约束的几何体是属于被配对的组件还是属于基本体。"选择步骤"选项共有 4 个选项，分别是 "从"、"到"、"第二个从"、"第二个到"，其中后两个选项只有在特定的配对约束中有效。各选项图标随操作的进行可自动激活，也可以直接单击各图标来选择相应选项，各选项说明如下。

（1）▮▮ "从"

当此图标被激活时，可选择相配组件上的第一个几何对象作为源。

（2）▮▮ "到"

当此图标被激活时，可选择基础组件上的第一个几何对象作为目标。

（3）▮▮ "第二个从"

当此图标被激活时，可选择相配组件上的第二个几何对象作为第二个源。

（4）▮▮ "第二个到"

当此图标被激活时，可选择基础组件上的第二个几何对象作为第二个目标。

4．备选解

当所选组件在指定配对类型下存在多种配对方式，即位置关系时，单击▮▮按钮可以查看其他配对方式，以选择理想的装配位置；当备选解选择不当时，将在添加其他约束时出现冲突错误。

5．过滤器

"过滤器"下拉列表如图 11-8 所示，用来限制所选对象的类型，以使用户能够快速选择组件上的几何对象进行配对约束，各选项含义说明如下。

图 11-8 "过滤器"下拉列表

- "任意"：可选择任意类型的几何对象。
- "面"：选择面对象。
- "边"：选择边对象。
- "基准平面"：选择基准平面。
- "基准轴"：选择基准轴。
- "点"：选择点。
- "直线"：选择直线。
- "曲线"：选择曲线。
- "CSYS"：选择坐标系。
- "分量"：选择组件。

6．其他选项

（1）"距离表达式/角度表达式"选项：如果配对类型为角度，则显示"角度表达式"；如果配对类型为距离，则显示"距离表达式"，帮助用户定义表示式，其下拉列表如图 11-9 所示。

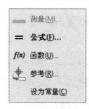

图 11-9 "角度表达式/距离表达式"下拉列表

11.2.3 组件阵列

组件阵列是一种在装配中用对应配对条件快速创建和编辑关联组件，从而生成多个组件阵列的方法。例如在法兰盘上欲装配多个均匀分布的多个螺栓，可用配对条件先装配其中一个，然后利用组件阵列直接完成其他螺栓的装配，而不必一个一个螺栓去装配，可以大大减少装配时间。

组件阵列主要有两种类型：

（2）"预览/取消预览"选项：单击 预览 按钮可以实现对配对效果进行预览，再单击 取消预览 按钮可恢复为约束前状态。

（3）"列出错误"选项：当定义的约束相互冲突，或选择的对象与配对类型不合适时，该按钮激活，单击 列出错误 按钮可以查看相关出错信息。

（4）"改变约束"选项：单击 改变约束 按钮弹出"改变约束"对话框，如图 11-10 所示，可对选定配对的约束进行更改。

图 11-10 "改变约束"对话框

需要注意的一点是，相配组件和基础组件是根据组件在装配过程中所扮演的角色决定的，如果一个组件在装配过程中绝对位置固定不动，其他组件变换位置与之匹配，则此组件称为基础组件，而位置变化了的组件称为相配组件。

- 基于特征的特征实例集阵列。
- 主组件阵列，又分为线性阵列和圆形阵列。

创建组件阵列的基本步骤如下：

01 在装配模块中，执行【装配】|【组件】|【创建阵列】命令，或在装配工具条上单击 按钮，弹出如图 11-11 所示的"类选择"对话框。

图 11-11 "类选择"对话框

02 选择需要阵列的对象，单击 确定 按钮，则弹出如图 11-12 所示的"创建组件阵列"对话框。

图 11-12 "创建组件阵列"对话框

03 在"阵列定义"选项中选择创建阵列类型——"从实例特征"单选按钮，在"组件阵列名"文本框中输入创建组件阵列名称，单击 确定 按钮，完成基于特征实例的组件阵列的创建；若所选阵列对象没有与有效的特征实例配对，则弹出如图 11-13 所示的"警告"对话框，无法创建组件阵列。

图 11-13 "警告"对话框

04 若在"阵列定义"选项中选择"线性"单选按钮，则弹出如图 11-14 所示的"创建线性阵列"对话框。在"方向定义"选项中选择线性阵列方向类型，然后在装配组件中选择与所选阵列方向类型匹配的特征，定义阵列中在 XC 和 YC 两个方向上的组件数及其偏置距离，单击 确定 按钮，完成线性组件阵列的创建。

图 11-14 "创建线性阵列"对话框

05 若在"阵列定义"选项中选择"圆的"单选按钮，则弹出如图 11-15 所示的"创建圆形阵列"对话框。在"轴定义"选项中选择圆形阵列轴类型，然后在装配组件中选择与所选阵列轴类型匹配的特征，定义阵列中的组件数及其角度，单击 确定 按钮，完成线性组件阵列的创建。

图 11-15 "创建圆形阵列"对话框

下面简要介绍组件阵列创建的 3 种方法及阵列编辑方法：

1．特征实例集阵列

创建特征实例集阵列是指创建特征实例集阵列（即基于特征实例阵列的阵列），在实例集中每个特征均有一个组件与之对

UG NX 5.0 中文版入门实战与提高

11
Chapter

11.1
11.2
11.3
11.4
11.5

应，而组件自动与相应的面配对。在创建特征实例集阵列时，必须首先通过配对条件定位组件，以便组件配对到实例集中的一个特征，默认情况下，首先配对的组件为模板组件。任何添加的新组件均共享模板的属性，无论何时将新的组件添加到阵列，均通过配对条件定位组件，系统从模板复制配对条件，并将其应用到相应的特征上。

○ 小技巧

不能配对到实例化特征中某个实体的边上，仅允许面配对（平面、圆柱面等）。

特征实例集阵列是关联的，如果放置阵列的基础组件发生变化，则配对到其上的组件也发生变化，例如在基础件上增加、删除特征的个数，改变特征的位置，都会影响到阵列组件的个数与位置。

2．线性阵列

创建线性阵列是指创建正交或非正交的主组件阵列。线性阵列分为一维阵列（又称线性阵列）和二维阵列（矩形阵列），在如图 11-14 所示的"创建线性阵列"对话框中选择一个"方向定义"类型后，若选择一个方向，则创建线性阵列，若选择两个方向，则创建矩形阵列。

如图 11-14 所示的对话框中"方向定义"共有 4 个选项，其含义分别如下：

- 面的法向：以所选择表面的法向为阵列的 X 和 Y 方向。
- 基准平面方向：以所选择的基准平面方向作为阵列的 X 和 Y 方向。
- 边：以所选择的、与放置面共面的边作为阵列的 X 和 Y 方向。
- 基准轴：以所选择的、与放置面共面的基准轴作为阵列的 X 和 Y 方向。

3．圆形阵列

创建圆形阵列是指从选定模板组件中创建主组件的圆形阵列。

在图 11-15 所示的对话框中"轴定义"共有 3 个选项，其含义分别如下：

- 圆柱面：以选定圆柱面的轴线作为圆形阵列的轴线。
- 边：以选定的边作为圆形阵列的轴线。
- 基准轴：以选定的基准轴作为圆形阵列的轴线。

4．编辑阵列

在装配模块中执行【装配】|【编辑组件阵列】命令，若此时不存在组件阵列，则会弹出如图 11-16 所示的"编辑组件阵列"警告对话框，提示工作部件中没有组件阵列存在，否则弹出如图 11-17 所示的"编辑组件阵列"对话框。

图 11-16 "编辑组件阵列"对话框

图 11-17 "编辑组件阵列"对话框

通过"编辑组件阵列"对话框可以实现组件阵列的编辑，包括组件阵列更名、更换模板、替换组件、编辑阵列参数、删除阵列和删除全部组件阵列等功能。

（1）编辑名称

重 命 名 组 件 阵 列 。 单 击

按钮，弹出如图 11-18 所示的"输入名称"对话框，可以在"名称"文本框中输入组件阵列名称，单击 确定 按钮，完成组件阵列命名。

图 11-18 "输入名称"对话框

（2）编辑模板

重新指定组件模板。单击 编辑模板 按钮，弹出如图 11-19 所示的"选择组件"对话框，在装配导航器中选择阵列组件，或通过在"组件名"文本框中输入阵列组件，然后单击 确定 按钮，完成模板的替换，若选择的组件不属于组件阵列，则弹出如图 11-20 所示的"警告"对话框，提示用户所选组件不是阵列成员。

图 11-19 "选择组件"对话框

图 11-20 "警告"对话框

（3）替换组件

将一个组件更换为另一个。单击 替换组件 按钮，弹出如图 11-21 所示的"替换阵列单元"对话框，选择欲被替换的阵列单元，单击 确定 按钮，弹出如图 11-22 所示的"替换组件"对话框。

图 11-21 "替换阵列单元"对话框

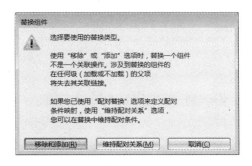

图 11-22 "替换组件"对话框

根据需要选择替换类型，单击 移除和添加(R) 按钮则表示替换一个组件不是一个关联操作，涉及到替换的组件在任何级的父项将失去其关联链接，若此时被替换组件为阵列主阵列，则弹出如图 11-23 所示的"警告"对话框，单击 维持配对关系(M) 按钮则表示替换时维持配对关系。

图 11-23 "警告"对话框

无论单击 移除和添加(R) 按钮还是单击 维持配对关系(M) 按钮，皆弹出如图 11-24 所示的"选择部件"对话框，选择替换文件，单击 确定 按钮，则弹出如图 11-25 所示的"替换组件"对话框，在选择合适的"引用集"选项和图层选项后单击 确定 按钮，完成组

11

Chapter

11.1
11.2
11.3
11.4
11.5

件的替换。

图 11-24 "选择部件"对话框

图 11-25 "替换组件"对话框

（4）编辑阵列参数

更改选定组件阵列的创建参数。单击

按钮，则会弹出与所选阵列类型相关的、与创建该类型对话框类似的对话框，例如，如图 11-26 所示的"编辑圆形阵列"对话框，可以通过该对话框对所选组件阵列参数进行编辑。

11.2.4 装配导航器

为了方便用户管理装配组件，UG NX 5.0 系统提供了装配导航器，如图 11-28 所示，装配导航器在一个单独的窗口中以图形的方式显示出显示部件的装配结构，并提供了在装配中操控组件的快捷方法。装配导航器以树状图形方式显示了装配结构，每个装

图 11-26 "编辑圆形阵列"对话框

（5）删除阵列

删除选定组件阵列。选定要删除的组件阵列，单击 <u>删除阵列</u> 按钮，则删除选定组件阵列。

（6）全部删除

删除选定组件阵列和阵列的组件。选定要 删 除 的 组 件 阵 列 ， 单 击 <u>全部删除</u> 按钮，则弹出如图 11-27 所示的"删除组件和阵列"对话框，提醒将删除阵列和阵列除模板以外的所有组件，单击 是(Y) 按钮，则完成选定组件阵列和阵列组件的删除，注意，原始模板组件无法删除。

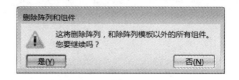

图 11-27 "删除组件和阵列"对话框

（7）抑制

"抑制"复选框被选中时，抑制任何对选定组件阵列所做的更改。

配组件为一个节点，用户可以对任何装配组件进行显示、隐藏、删除、编辑装配配对关系等操作，下面简要介绍装配导航器的显示、装配导航器主要选项与常用操作。

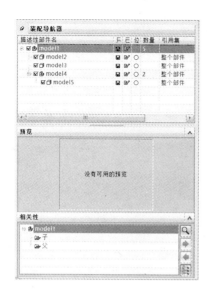

图 11-28　"装配导航器"对话框

1. 装配导航器的开关

装配导航器有 3 种显示状态。

（1）"装配导航器"对话框

单击系统左侧"资源条"选项卡中的 图标，则弹出"装配导航器"对话框，默认情况下，当鼠标离开"装配导航器"对话框后，该对话框会自动隐藏。可以单击"装配导航器"对话框上的 按钮，则该对话框固定显示，不再隐藏，且 按钮变为 状态，此时单击 按钮可以将窗口恢复为默认状态。

（2）"装配导航器"窗口

双击系统左侧"资源条"选项卡中的 图标，或在该图标上单击鼠标右键，在弹出的右键快捷菜单中选择【Undock】选项，则弹出"装配导航器"窗口，如图 11-29 所示，同时"资源条"选项卡上的 图标消失；单击 按钮，则"装配导航器"窗口又恢复为"资源条"选项卡上的 图标。

（3）"装配导航器"工具条

"装配导航器"窗口在靠近工作区边界时，会固定在该边界，如图 11-30 所示，单击 按钮"装配导航器"恢复为"资源条"选项卡上的 图标。

○ **小技巧**

在 UG NX 5.0 中打开装配导航器之前，装配导航器工具条不可用。打开导航器后，即使关闭装配导航器，该工具条仍然可用。

图 11-29　"装配导航器"窗口

图 11-30　"装配导航器"对话框

2. 装配导航器主要选项

（1）装配导航树

"装配导航树"文件列表的根节点表示装配体，其余各节点表示装配体组件。"装配导航树"显示出的信息包括：描述性部件名称、文件属性（如只读属性）、状态、位置、数量、引用集和警报等，每个节点前均有一个检查框 ，单击该图标可隐藏或重新显示该组件，隐藏时检查框为 。

在"装配导航树"中，通过双击组件，可使其成为当前"工作部件"，并以高亮颜色显示，如图 11-31 所示，此时可以对该组

UG NX 5.0 中文版入门实战与提高

11
Chapter

11.1
11.2
11.3
11.4
11.5

件进行编辑，编辑的结果将保存到该组件文件中，退出编辑组件状态的方法是双击第一个节点的基本装配部件。

图 11-31　高亮显示工作部件

为了方便对装配组件进行操作，UG NX 5.0 系统提供了一些快捷菜单和工具条。

● 装配体操作快捷菜单：在"装配导航树"根节点处单击鼠标右键，弹出如图 11-32 所示的装配体操作快捷菜单，可通过此菜单对装配体进行管理。

图 11-32　装配体操作快捷菜单

● 组件操作快捷菜单：在组件节点上单击鼠标右键，将弹出组件操作快捷菜单，如图 11-33 所示，使用该快捷菜单，可以方便地管理组件。

图 11-33　组件操作右键菜单

● 装配导航器快捷菜单：在装配导航器内的空白区域单击鼠标右键，将弹出装配导航器快捷菜单，如图 11-34 所示，使用该快捷菜单，用户可以对装配导航器进行管理。

图 11-34　装配导航器右键菜单

● 装配导航器工具条：在系统工具条空白位置单击鼠标右键，在弹出的工具条菜单中选择【装配导航器】命令，则弹出装配导航器工具条，如图 11-35 所示。

图 11-35　装配导航器工具条

（2）预览：
"预览"选项用来预览当前装配体。
（3）相关性：
"相关性"文件列表用来显示装配体中各组件之间的相互关系。

11.2.5 引用集

装配体中零部件及子装配在装配时并不是将其所有数据加载到内存,而是将装配中需要的数据引入,以减少内存占用和提高加载速度。引用集是用户组零部件中定义的部分几何对象,引用集允许控制从每个组件加载的以及在装配关联中查看的数据量,管理出色的引用集策略可以有以下优点:

- 加载时间更短。
- 使用的内存更少。
- 图形显示更整齐。

引用集为命名的对象集合,且可从另一个部件引用这些对象,例如,可以将引用集用于引用代表不同加工阶段的几何体。使用引用集可以急剧减少甚至完全消除部分装配的图形表示,而不用修改实际的装配结构或基本的几何体模型。任何部件都可以有许多引用集,引用集可包含的数据有:零部件的名称、原点、方向、几何体、坐标系、基准轴、基准平面等。

每个零部件都有两个默认的引用集:

- 整个部件:表示整个部件全部几何数据,包含模型、构造几何体、参考几何体和其他适当对象。
- 空:空引用集不包含对象。

这两个默认的引用集对于任何零部件都是始终存在的。

1. 创建引用集与引用集操作

01 在装配模块中,执行【格式】|【引用集】命令,弹出如图 11-36 所示的"引用集"对话框。

> ○ 小技巧
>
> 引用集的名称不能超过 30 个字符,中间不允许有空格。

02 单击□按钮,弹出如图 11-37 所示的"创建引用集"对话框,输入引用集

名称。通过打开或关闭"创建引用集 CSYS"复选框,指定是否要创建引用集 CSYS(坐标系)。

图 11-36 "引用集"对话框

图 11-37 "创建引用集"对话框

03 单击 确定 按钮,弹出"类选择"对话框,选择要添加到引用集中的对象,单击 确定 按钮返回"引用集"对话框,如图 11-38 所示,创建引用集完毕。

图 11-38 "引用集"对话框

下面简要介绍"引用集"对话框中各选

UG NX 5.0 中文版入门实战与提高

11
Chapter

11.1
11.2
11.3
11.4
11.5

项的含义。

- "工作部件"明细表框：列出现有引用集。
- 创建：创建引用集。
- ✕删除：要删除引用集，在"工作部件"列表框中选择引用集后按下此按钮，此选项不会删除任何与引用集相关的成员或几何体，仅删除引用集对象本身。
- 重命名：重命名一个现有引用集，通过从列表中选择或输入名称以指定要重命名的引用集，然后为引用集输入新名称。
- 编辑属性：单击按钮弹出如图11-39所示的"引用集属性"对话框，编辑引用集。

图 11-39 "引用集属性"对话框

- 信息：提供关于被选中引用集的信息。
- 设置为当前引用集：将被选中的引用集设置为当前引用集。

11.2.6 爆炸视图

装配爆炸图是在装配模型中将配对的

- ➕添加对象：允许为被选中的引用集添加对象。
- ➖移除对象：允许从被选中的引用集中移除对象。
- 编辑对象：允许从被选中的引用集中添加和移除对象，其工作方式类似"添加对象"和"移除对象"。

2．替换引用集

在装配过程中，添加到装配体中零部件的引用集并不是不可改变的，根据需要，在装配后可以用该部件的其他引用集替换当前引用集。

在装配模块中，替换应用集有两种执行方式：

- 执行【装配】|【组件】|【替换引用集】命令。
- 在装配工具条上单击按钮。

在选中组件的情况下，执行上述替换引用集命令，弹出如图11-40所示的"替换引用集"对话框，从列表中选择替换引用集，单击 确定 按钮，则以该引用集替换所选择对象原来的引用集，替换引用集操作还可以通过装配工具条上的 Entire Part 下拉列表框直接实现。

图 11-40 "替换引用集"对话框

组件沿指定的方向和距离偏移一定的距离，

以拆分指定组件的图形。爆炸图中的组件或子装配体被重新定位，按装配关系偏离原来的位置，但并不影响其在实际装配中的位置，使用装配爆炸图可以方便地了解装配体组成及其结构，一般用于产品说明书中。

在装配模块中选择【装配】|【爆炸图】命令，弹出如图 11-41 所示的【爆炸图】子菜单，"爆炸图"工具条如图 11-42 所示。

图 11-41　【爆炸图】子菜单

图 11-42　"爆炸图"工具条

下面简要介绍创建装配爆炸视图的步骤。

01 执行【装配】|【爆炸图】|【创建爆炸图】命令，或在"爆炸图"工具条中单击 按钮，弹出如图 11-43 所示的"创建爆炸图"对话框。

图 11-43　"创建爆炸图"对话框

02 在对话框中输入爆炸图的名称，或者使用默认名称，单击 确定 按钮。

03 建立爆炸图后，各组之间的显示没有任何变化，要生成真正的爆炸图需要对爆炸图进行编辑，爆炸方式分为两种，分别是自动爆炸组件和编辑爆炸图。

1. 自动爆炸组件执行步骤

01 执行【装配】|【爆炸图】|【自动爆炸组件】命令，或者在"爆炸图"工具条上单击 按钮，弹出"类选择"对话框。

02 选择要爆炸装配体或组件，单击 确定 按钮，弹出如图 11-44 所示的"爆炸距离"对话框。

图 11-44　"爆炸距离"对话框

03 在"距离"文本编辑框中输入自动爆炸的距离，单击 确定 按钮，完成自动爆炸操作。

2. 编辑爆炸图执行步骤：

01 执行【装配】|【爆炸图】|【编辑爆炸图】命令，或者在"爆炸图"工具条上单击 按钮，弹出"编辑爆炸图"对话框，如图 11-45 所示。

图 11-45　"编辑爆炸图"对话框

02 选中"选中对象"单选按钮，就可以选择对象装配体或组件。

UG NX 5.0 中文版入门实战与提高

11

Chapter

11.1

11.2

11.3

11.4

11.5

03 单击"移动对象"单选按钮或"只移动手柄"单选按钮，图形界面中出现如图 11-46 所示的移动手柄。

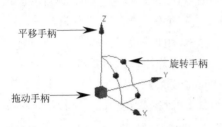

图 11-46　移动手柄

04 选择移动把手、旋转把手或原点把手，可以在图形界面中直接拖动和旋转所选组件及移动手柄，也可以通过输入距离或者角度来对组件及移动手柄进行定位，单击 确定 按钮，完成编辑爆炸图操作。

需要注意的是，在编辑爆炸图的第 4 步中，当单击"移动对象"单选按钮后，拖动手柄时被选组件和手柄一起移动，当单击"只移动手柄"单选按钮后，拖动手柄时只有手柄移动。

3．装配爆炸图的操作

装配爆炸图的操作除了上述的自动爆炸组件和编辑爆炸图以外，还包括取消爆炸组件、删除爆炸图、工作爆炸视图选择、从视图移除组件、恢复组件到视图以及创建追踪线等，下面分别加以介绍。

（1）取消爆炸组件

执行【装配】|【爆炸图】|【取消爆炸组件】命令，或单击"爆炸图"工具条上的 按钮，弹出"类选择"对话框，选定要取消的一个或多个组件，则选定的组件重置为装配体中的原始位置。

（2）删除爆炸图

执行【装配】|【爆炸图】|【删除爆炸图】命令，或单击"爆炸图"工具条上的 按钮，弹出【爆炸图】对话框，如图 11-47 所示。选定要删除的视图，单击 确定 按钮，

则删除选定的爆炸图，但不可以删除当前显示的爆炸图，只有将其关闭后，才可以实施删除操作。

图 11-47　"爆炸图"对话框

（3）工作爆炸视图选择

通过"爆炸图"工具条上的 Explosion 1 下拉列表可以选择欲激活的爆炸图，也可以选择"（无爆炸）"选项，不激活任何爆炸图。

（4）从视图移除组件

单击"爆炸图"工具条上的 按钮，弹出"类选择"对话框，选定要隐藏的一个或多个组件，则选定的组件在当前爆炸图中被隐藏。

（5）恢复组件到视图

单击"爆炸图"工具条上的 按钮，弹出"选择要显示的隐藏组件"对话框，如图 11-48 所示，选定要显示的一个或多个隐藏组件，则在当前爆炸图中重新显示选定的组件。

图 11-48　"选择要显示的隐藏组件"对话框

（6）创建追踪线

单击"爆炸图"工具条上的 按钮，弹出"创建追踪线"对话框，如图 11-49 所示，用来在爆炸图中创建追踪线，以定义爆炸时组件移动轨迹。

图 11-49 "创建追踪线"对话框

11.3 综合实例

在 介绍了装配建模的特点和功能之后，我们将用减速器输出轴装配实例来说明装配建模的过程，巩固所学的装配建模方法。

本实例最终效果如图 11-50 所示。

○ **设计思路**

先使用配对约束将键安装在轴上，然后使用配对约束和中心约束将齿轮安装在轴上，最后使用距离约束和中心约束来安装两个轴承，从而完成输出轴各零件的装配。

图 11-50　轴承座

○ **练习要求**

练习配对约束、中心约束、距离约束等配对类型，并熟练掌握装配爆炸视图的创建与编辑。

制作流程预览

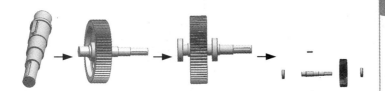

○ **制作重点**

1. 将键安装在轴上键槽中。
2. 齿轮的装配。
3. 轴承的装配。
4. 输出轴爆炸视图的创建与编辑。

UG NX 5.0 中文版入门实战与提高

11

Chapter

11.1

11.2

11.3

11.4

11.5

1. 新建装配文件

01 启动 UG NX 5.0，执行【文件】|【新建】命令，或者在标准工具条上单击⬜按钮，弹出"文件新建"对话框，如图 11-51 所示。

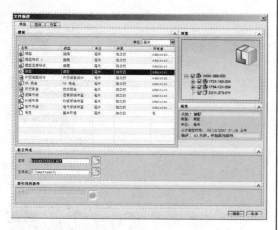

图 11-51 "文件新建"对话框

02 在"模板"选项中选择"装配"模板，在"新文件名"选项"名称"文本框中输入或选择创建文件名称"assemblyexer.prt"，在"文件夹"文本框中输入或选择新建文件保存目录"C:\section11\"，在"单位"下拉列表框中选择"毫米"选项，单击 确定 按钮，完成装配文件的创建，并弹出如图 11-3 所示的"添加组件"对话框。

2. 添加组件

01 在"添加组件"对话框中单击🗐按钮，弹出如图 11-52 所示的"部件名"对话框。

图 11-52 "部件名"对话框

02 选择要导入的文件名称分别为"chilun.prt"、"jian.prt"、"zhou.prt"和"zhoucheng.prt"的 4 个文件，单击 OK 按钮，返回如图 11-53 所示的"添加组件"对话框。

图 11-53 "添加组件"对话框

03 选择全部已加载文件，则显示如图 11-54 所示的"组件预览"窗口。在"放置"选项"定位"下拉列表框中选择"绝对原点"选项，并选中"Scatter"复选框，保持其他选项为默认设置，单击 确定 按钮，则添加了输出轴、齿轮、键和轴承 4 个组件，添加结果如图 11-55 所示。

图 11-54 "组件预览"窗口

图 11-55　添加组件结果

04 由于输出轴上共有两个轴承，所以还需要添加一个轴承组件。执行【装配】|【组件】|【添加组件】命令，或在装配应用模块中单击 按钮，弹出如图 11-53 所示的"添加组件"对话框，在"已加载的部件"列表框中选择"zhoucheng.prt"选项，"组件预览"窗口如图 11-56 所示。

图 11-56　"组件预览"窗口

05 在"放置"选项"定位"下拉列表中选择"选择原点"选项，并取消"Scatter"复选框，单击 确定 按钮，弹出如图 11-57 所示的"点"对话框，在工作窗口中合适的位置单击鼠标左键，完成轴承组件的添加，添加结果如图 11-58 所示。

图 11-57　"点"对话框

图 11-58　添加组件结果

3. 轴与键的装配

01 首先将轴与键重新定位到适合安装的位置。执行【装配】|【组件】|【重新定位组件】命令，或在装配工具条上单击 按钮，弹出如图 11-59 所示的"重新定位组件"对话框，使用"重新定位组件"对话框将键与轴定位为如图 11-60 所示的位置关系。

图 11-59　"重定位组件"对话框

图 11-60　定位组件结果

02 执行【装配】|【组件】|【贴合组件】命令，或单击"装配"工具条上的

11

Chapter

11.1

11.2

11.3

11.4

11.5

按钮，系统弹出"配对条件"对话框，如图 11-61 所示。

图 11-61 "配对条件"对话框

03 首先在"配对条件"对话框的"配对类型"选项中单击 ⤮ 按钮，然后选择相配组件，即键上的一个面，如图 11-62 所示。

图 11-62 选择相配组件上的面

04 再选择基础组件，即轴上键槽的一个端面，如图 11-63 所示。

图 11-63 选择基础组件上的面

05 此时，可以单击 预览 按钮来对配对结果进行预览，如图 11-64 所示，若【备选解】按钮 ⤮ 可用时，说明该配对选项还存在备选解，则单击 ⤮ 按钮可以预览备选解结果，如图 11-65 所示，选择合适的配对后，取消预览，继续下一个配对操作。

图 11-64 预览结果

图 11-65 备选解预览结果

06 在"配对类型"选项中的 ⤮ 按钮被选中的情况下，选择相配组件（键）下端面，如图 11-66 所示。

图 11-66 选择相配组件下端面

07 选择基础组件（轴）上键槽底面，如图 11-67 所示，完成第二个配对约束。

08 在"配对类型"选项中的 ⤮ 按钮被选中的情况下，选择相配组件（键）的侧端面，如图 11-68 所示。

图 11-67　选择基础组件上键槽底面

图 11-68　选择相配组件侧端面

09 选择基础组件（轴）上键槽侧面，如图 11-69 所示，完成第 3 个配对约束。

图 11-69　选择基础组件上键槽侧面

10 单击"配对条件"对话框的 ▢确定 按钮，完成键与轴的装配，其效果如图 11-70 所示。

图 11-70　键与轴装配结果

4．装配齿轮

01 首先将齿轮与轴子装配重新定位到适合安装的位置。执行【装配】|【组件】|【重新定位组件】命令，或在装配工具条上的单击▢按钮，弹出如图 11-58 所示的"重新定位组件"对话框，使用"重新定位组件"对话框将齿轮与轴子装配定位为如图 11-71 所示的位置关系。

图 11-71　重新定位组件结果

02 执行【装配】|【组件】|【贴合组件】命令，或单击"装配"工具条上的▣按钮，系统弹出"配对条件"对话框，如图 11-72 所示。

图 11-72　"配对条件"对话框

11
Chapter

11.1
11.2
11.3
11.4
11.5

03 首先在"配对条件"对话框的"配对类型"选项中单击 按钮，然后选择相配组件，即齿轮键槽上的一侧面，如图 11-73 所示。

图 11-73　选择相配组件上的面

04 再选择基础组件，即轴子装配上键的一个端面，如图 11-74 所示，单击 按钮，其预览结果如图 11-75 所示，此时，第一个配对约束建立完毕。

图 11-74　选择基础组件上的面

05 在"配对类型"选项中的 按钮被选中的情况下，选择相配组件（齿轮）端面，如图 11-76 所示。

图 11-75　预览结果

图 11-76　选择相配组件上的面

06 再选择基础组件，即轴子装配上轴肩的侧面，如图 11-77 所示，单击 按钮，其预览结果如图 11-78 所示，此时，第二个配对约束建立完毕。

图 11-77　选择基础组件上的面

图 11-78　预览结果

07 在"配对条件"对话框的"配对类型"选项中单击 按钮，然后选择相配组件，即齿轮轴孔，如图 11-79 所示。

图 11-79　选择相配组件上的面

08 再选择基础组件，即轴子装配上靠近轴肩的轴段，如图 11-80 所示，单击 按钮，其预览结果如图 11-81 所示。

图 11-80　选择基础组件上的面

图 11-81　预览结果图

09 单击"配对条件"对话框的 确定 按钮，完成齿轮与轴子装配的装配，其效果如图 11-82 所示。

图 11-82　齿轮与轴子装配装配结果

5．第一个轴承的装配

01 执行【装配】|【组件】|【重新定位组件】命令，或在装配工具条上单击 按钮，弹出如图 11-58 所示的"重新定位组件"对话框，使用"重新定位组件"对话框将齿轮与轴子装配定位为如图 11-83 所示的位置关系。

图 11-83　重新定位结果

02 执行【装配】|【组件】|【贴合组件】命令，或单击"装配"工具条上的 按钮，系统弹出"配对条件"对话框。

03 首先在"配对条件"对话框的"配对类型"选项中单击 按钮，然后选择相配组件（轴承）上的轴孔面，如图 11-84 所示。

图 11-84　选择相配组件上的面

04 再选择基础组件，即轴子装配上轴段面，如图 11-85 所示，单击 预览 按钮，其预览结果如图 11-86 所示，此时，第一个配对约束建立完毕。

图 11-85　选择基础组件上的面

图 11-86　预览结果

05 在"配对条件"对话框的"配对类型"选项中单击 按钮，并选择相配组件（轴承）内环端面，如图 11-87 所示。

图 11-87　选择相配组件上的面

11
Chapter

11.1

11.2

11.3

11.4

11.5

06 再选择基础组件，即轴子装配上轴间侧面，如图 11-88 所示。

图 11-88 选择基础组件上的面

07 在如图 11-89 所示的"配对条件"对话框的"距离表达式"选项中，首先选择表达式类型为"设为常量"，然后在"距离表达式"文本框中输入"16"，单击 按钮，其预览结果如图 11-90 所示，此时，第二个配对约束建立完毕。

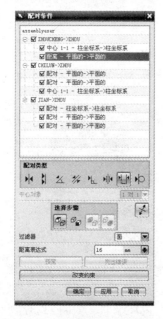

图 11-89 "配对条件"对话框

图 11-90 预览结果

08 单击"配对条件"对话框的 确定 按钮，完成轴承与轴子装配的装配，其效果如图 11-91 所示。

图 11-91 轴承与轴子装配装配结果

注意：此处轴承的安装与实际有所区别，在机械设计中是不允许此种情况出现的，因为此时轴承在轴向上没有定位，一般轴承与轴肩或者接触，或者用其他定位部件进行定位。而此处之所以这样处理，是为了练习"距离"配对约束。

6．第二个轴承的装配

第二个轴承的装配与第一个轴承的装配相类似，这里就不再重复描述其过程，只给出装配步骤结果，如图 11-92 至图 11-100 所示。

图 11-92 重新定位结果

图 11-93 选择相配组件上的面

图 11-94 选择基础组件上的面

图 11-95　预览结果

图 11-96　选择相配组件上的面

图 11-97　选择基础组件上的面

图 11-98　"配对条件"对话框

图 11-99　预览结果

图 11-100　输出轴装配结果

7. 减速器输出轴装配爆炸图创建

01 启动 UG NX 5.0，执行【文件】|【打开】命令，或者在标准工具条上单击 按钮，弹出"打开部件文件"对话框，如图 11-101 所示。

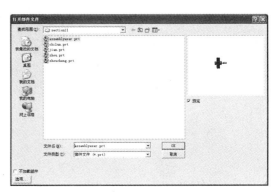

图 11-101　"打开部件文件"对话框

02 在"打开部件文件"对话框中选择文件名"assemblyexer.prt"，单击 OK 按钮，打开输出轴装配模型，如图 11-100 所示。

03 执行【装配】|【爆炸图】|【创建爆炸图】命令，或在"爆炸图"工具条中单击 按钮，弹出如图 11-102 所示的"创建爆炸图"对话框。

图 11-102 "创建爆炸图"对话框

04 使用默认名称，单击 确定 按钮。

05 执行【装配】|【爆炸图】|【自动爆炸组件】命令，或者在"爆炸图"工具条上单击 按钮，弹出"类选择"对话框，如图 11-103 所示。

图 11-103 "类选择"对话框

06 选择所有装配部件，如图 11-104 所示。单击 确定 按钮，弹出如图 11-105 所示的"爆炸距离"对话框。

图 11-104 选择装配组件

图 11-105 "爆炸距离"对话框

07 在"距离"文本框中输入爆炸距离"150"，单击 确定 按钮，完成自动

爆炸操作，其结果如图 11-106 所示。

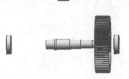

图 11-106 自动爆炸组件结果

08 在第 7 步中若选中"添加间隙"复选框，则其爆炸效果如图 11-107 所示。

图 11-107 添加间隙后自动爆炸组件结果

8．编辑爆炸视图

若自动爆炸效果并不理想，则可以通过编辑爆炸图来对自动爆炸结果进行编辑，下面通过编辑爆炸图操作来创建理想的爆炸视图。

01 执行【装配】|【爆炸图】|【编辑爆炸图】命令，或者在"爆炸图"工具条上单击 按钮，弹出"编辑爆炸图"对话框，如图 11-108 所示。

图 11-108 "编辑爆炸图"对话框

02 选中"选中对象"单选按钮，并选择齿轮和右边轴承，如图 11-109 所示。

03 在"编辑爆炸图"对话框中单击"移动对象"单选按钮，在工作界面中移动手柄，将所选组件移动到如图 11-110 所示的位置。

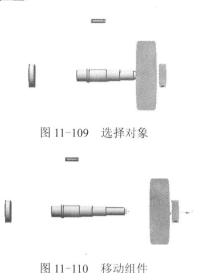

图 11-109　选择对象

图 11-110　移动组件

04 在"编辑爆炸图"对话框中单击"选中对象"单选按钮，并选择右边轴承，在工作界面中移动手柄，将所选组件移动到如图 11-111 所示的位置。

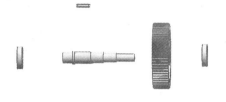

图 11-111　编辑爆炸图结果

11.4　本章技巧荟萃

UG NX 5.0

- 可以通过定义 UGII_LOAD_OPTIONS 环境变量来更改用户默认值文件的默认路径名位置。
- 当选择了圆的边用于"配对"或"对齐"约束时，系统会使用该圆的轴，如果不希望发生此行为，可选择面而不是边。
- 不能配对到实例化特征中某个实体的边上，仅允许面配对（平面、圆柱面等）。
- 在 UG NX 5.0 中打开装配导航器之前，装配导航器工具条不可用；打开导航器后，即使关闭装配导航器，该工具条仍然可用。
- 引用集的名称不能超过 30 个字符，中间不允许有空格。
- 还可以对爆炸图中的组件进行所有 UG 操作，如特征参数等，而且对爆炸图中组件的操作会影响到非爆炸图中的组件。

11.5　学习效果测试

UG NX 5.0

1．概念题

（1）"配对条件树"有几种类型的节点？

（2）UG NX 5.0 装配中，部件加载方式有哪几种？

（3）UG NX 5.0 系统提供了哪 8 种配对类型？

UG NX 5.0 中文版入门实战与提高

11
Chapter

11.1

11.2

11.3

11.4

11.5

2．操作题

（1）创建新的装配文件，在装配体中添加光盘中的轴（"section11/zhou.prt"）和两个键（"section11/jian.prt"），并将两个键装配到轴上键槽中，如图 11-112 所示。

图 11-112　键安装结果图

（2）创建第（1）题装配结果的爆炸视图，结果如图 11-113 所示。

图 11-113　键安装结果图

第 12 章　高级参数化建模技术

学习要点

参数化建模已成为 CAD 软件的一种建模标准，它通过对尺寸和参数进行驱动，快速修改设计模型，或衍生出相同几何形状，不同几何尺寸的同类模型。UG NX 5.0 提供了参数化建模的方法，包括表达式编辑器、可视化编辑器、WAVE 几何对象链接工具和电子表格等参数化建模工具。本章主要针对 UG NX 5.0 的特点，介绍参数化建模工具的使用方法，主要包括表达式、部件间关联表达式、电子表格以及部件族等。

学习提要

- 表达式
- 部件间关联表达式
- 电子表格

UG NX 5.0 中文版入门实战与提高

12
Chapter

12.1
12.2
12.3
12.4
12.5
12.6
12.7
12.8

12.1　表达式

表达式即为定义特性属性的算术或条件规则。表达式作为建模的一种有效工具，可以通过编辑该公式来编辑模型参数；可以使用表达式以参数化方式控制部件特征之间的关系或者装配部件间的关系，例如，可以用圆柱体直径描述圆柱体长度，如果圆柱体直径更改后，其长度自动更新；可以定义、控制模型的诸多尺寸，如特征或草图的尺寸；可以很容易地根据尺寸和局部参数创建各种类型的智能表达式。

12.1.1　表达式的基本概念

表达式是用于控制模型参数的数学表达式或条件语句。表达式既可以用于控制模型内部的尺寸与尺寸之间的关系，也可以控制装配件中零件之间的尺寸关系，因此在进行参数化设计的过程中，表达式具有非常实用的价值。

1．表达式的组成

表达式由两部分组成，左侧为变量名，右侧为组成表达式的字符串，表达式字符串经计算后将值赋给左侧的变量。所有的表达式都有一个唯一的名称，而且表达式名是可变的，公式字符串由变量、函数、数字、运算符和符号等组成，还可以插入其他表达式的公式字符串。

2．表达式的变量名

变量名是由字母与数字组成的字符串，且长度小于或等于 32 个字符，变量名必须以字母开始，可包含下划线"_"。

表达式名不区分大小写，以下情况除外：

● 如果表达式被设为"恒定的"，则表达式名区分大小写。

● 如果是 UG NX 5.0 以前版本创建的，则表达式名区分大小写。

如果表达式名区分大小写，则在其他表达式中使用时，必须准确地引用它们，如 X1 与 x1 代表不同的变量名。

3．表达式的类型

（1）算术表达式，如 A1＝1+2*cos45°。

（2）条件表达式：条件表达式是一种特殊的表达式，是指在是否满足指定条件的情况下，表达式有不同的计算结果。其一般形式为：表达式名=if （条件表达式）（结果表达式 1）else（结果表达式 2），例如 width＝if (leUGth<100)(60)(else(40)。

（3）几何表达式：用于定义曲线（或实体边）的长度、两点（或两个对象）之间的最小距离或两条直线（或圆弧）之间的角度，如 p3＝leUGth(3)。

（4）部件间相关表达式，如 part1::dia＝assm::dia。

12.1.2　表达式的建立与编辑

1．表达式建立方法

根据建立表达式对象的不同，表达式的

建立方法有两种：

（1）系统自动建立的表达式

在许多建模操作期间，都会自动创建系统表达式。

- 标注草图尺寸时，创建每个尺寸的表达式（即 p1=0.2）。
- 特征或草图定位时，创建每个定位尺寸的表达式。
- 特征创建时，创建各个特征参数表达式（如拉伸起始和终止限制）。
- 创建配对条件或装配约束时，每个条件定义一个表达式。

这些表达式的名字以小写字母 p 开始，依次为 p0、p1、p2…pn，一般来说，系统自动建立的表达式为简单的算术表达式，即表达式右侧为数值，如 p2=10。

（2）用户建立的表达式

一般在如下情况下用户可手动建立表达式：

- 在表达式对话框中输入表达式。
- 在表达式对话框中将一个已存在的表达式重命名。
- 在一个文本文件中输入表达式，并在表达式对话框中导入。

用户定义的表达式是由用户用"表达式"对话框创建的表达式，由于系统自动建立的表达式名字都是以小写 p 开始的，因此当表达式很多时，用户很难区分每个表达式所对应的尺寸。此时，用户可以在菜单栏中执行【工具】|【表达式】命令或者按快捷键【Ctrl＋E】，弹出如图 12-1 所示的"表达式"对话框，可以在其中修改表达式的名字，并可以使用该对话框建立较复杂的算术表达式、条件表达式、几何表达式和部件间相关表达式。

图 12-1　"表达式"对话框

表达式建立完后，可随所在文件一起保存；也可在"表达式"对话框中选择 🔳 图标将表达式用表达式文件（后缀为.exp）输出，以供其他文件使用；在"表达式"对话框中选择 🔳 图标，即可引用其他部件的表达式文件。

下面介绍"表达式"对话框中的各选项含义。

（1）"列出的表达式"选项

"类别"下拉列表框：按名称过滤 ▼ 用于选择类别以过滤列表窗口中显示的表达式，"类别"下拉列表如图 12-2 所示，可以从以下类型中选择：

图 12-2　"类别"下拉列表

- "用户定义"：只显示用户自己创建的表达式。
- "命名的"：只显示用户已创建的表达式以及未创建但已重命名的表达式。
- "未使用的表达式"：仅显示部件文件中任何对象都未使用过的表达式。

12

Chapter

12.1

12.2

12.3

12.4

12.5

12.6

12.7

12.8

● "对象参数"：仅显示针对图形窗口或部件导航器中选定的某一特征的表达式参数。

● "测量"：显示部件文件中的所有测量表达式。

● "按名称过滤"：与相邻的过滤框一起使用时，可用于输入或选择一串字符，以按名称显示表达式的子集。

● "按值过滤"：与相邻的过滤框一起使用时，可用于输入或选择一串字符，以按值显示表达式的子集。

● "按公式过滤"：与相邻的过滤框一起使用，可用于输入或选择一串字符，以按公式显示表达式的子集。

● "全部"：显示部件文件中的所有表达式。

"过滤"列表框：[*　　　　　▼]用于输入和选择曾经输入过的过滤字符串。当"类别"下拉列表框选择"按名称过滤"、"按值过滤"或"按公式过滤"选项时，"过滤"列表框可选，可以输入星号"*"通配符来过滤该列表。

（2）电子表格及导入导出按钮

【电子表格编辑】按钮：单击 按钮可以打开 Excel 程序，如图 12-3 所示，实现用于编辑表达式的 UG NX 5.0 电子表格功能，当打开电子表格时，UG NX 5.0 会闲置，直至从电子表格退出。

【从文件导入表达式】按钮：单击 按钮，弹出"导入表达式文件"对话框，如图 12-4 所示，将指定的包含表达式的文本文件读取到当前的部件文件中。有时会出现文本文件中表达式名与部件文件中现有的表达式名称相同的情况，当发生这种矛盾时，系统或者保持现有的表达式或者用文本文件中的表达式替换它，可以使用"替换现有的"、"保持现有的"和"删除导入的"3 个选项控制如何处理表达式名冲突。

图 12-4　"导入表达式文件"对话框

【导出表达式到文件】按钮：单击 按钮，弹出"导出表达式文件"对话框，如图 12-5 所示，允许将部件中的表达式写到文本文件中，可以选择"工作部件"、"所有在装配树中的"和"所有部件"3 个选项来选择要导出的表达式的内容。

图 12-5　"导出表达式文件"对话框

图 12-3　电子表格 Excel 界面

"表达式"列表框：该列表框详细显示部件文件中表达式的可排序列表。可以使用"列出的表达式"下拉菜单，然后在"过滤"列表框中输入过滤字符串，过滤出现在列表中的表达式。

（3）创建、编辑、特殊功能和控制表达式

使用"表达式"列表框下面的各选项可以实现创建、编辑和查询表达式。

"类型"下拉列表框：[数量▼]用来指定表达式数据类型，包括"数量"和"线串"选项。

- 当选择"数量"选项时，使用数字数据类型创建表达式。
- 当选择"线串"选项时，使用字符串数据类型创建表达式。字符串表达式返回字符串而非数字，并且是指带双引号的字符序列；字符串表达式的公式可以是常量（如"Hello"），或者是可以计算的；字符串表达式的公式可以包含函数调用、运算符或常量（对公式求值时，它们将生成一个字符串）的任意组合；可以使用字符串表达式表示部件的非数字值，如部件描述、供应商名称、颜色名称或其他字符串属性。

"维数"下拉列表框：[长度 　　▼]仅当"类型"设置为"数字"时才可用，用于指定新表达式要使用的尺寸种类，常用选择有"长度"、"距离"、"角度"和"恒定"（无量纲）几种选项。

"单位"下拉列表框：[mm 　　▼]与维数选项一起使用，用于指定选定维数的单位，并且仅当"类型"设置为"数字"时才可用，"单位"下拉列表框中的选项会随选定的"维数"不同而改变。

"名称"文本框：用于指定新表达式的名称、更改现有表达式的名称，以及高亮显示现有表达式以进行编辑。表达式名必须以字母字符开始，但可以由字母、数字和字符组成；表达式名可以包括内置下划线；表达式名中不可以使用任何其他特殊字符，如 -、?、* 或 !。

"公式"文本框：可编辑从列表中选取的表达式公式、输入新表达式的公式或创建部件间表达式的引用，可以通过以下方法编辑公式：

> ◌ **小技巧**
>
> 可以用科学计述法输入语句，输入的值必须含有正负号，如 2e+5 表示 200000。

- 使用键盘输入表达式公式。
- 从列表窗口选择一个表达式以显示其公式，然后单击鼠标右键，在弹出的右键快捷菜单中选择【插入公式】选项。
- 单击【函数】按钮[f(x)]以插入一个函数。
- 在"测量"下拉列表框中选择一个选项，从图形窗口指定一个对象测量，然后将它插入到一个表达式。
- 单击【创建部件间引用】按钮[⊕]，插入其他部件的表达式。

【接受编辑】按钮：单击[✓]按钮将接受创建或编辑更改，表达式及其值在"表达式"列表框中更新。

【拒绝编辑】按钮：单击[✗]按钮取消编辑或创建操作，并清除"名称"和"公式"框。

【更少选项】按钮：单击[▲]按钮，可减小"表达式"对话框的尺寸，并通过移除"表达式"列表框、"列出的表达式"、"电子表格编辑"、"从文件导入表达式"和"导出表达式到文件"选项将其简化。

【更多选项】按钮：单击[▼]按钮，显示整个表达式对话框，其中包括"表达式"列表框和所有选项，此选项只有在单击[▲]按钮后的"表达式"对话框中出现。

【函数】按钮：单击[f(x)]按钮，打开"插

UG NX 5.0 中文版入门实战与提高

12
Chapter

12.1
12.2
12.3
12.4
12.5
12.6
12.7
12.8

入函数"对话框。如图 12-6 所示，这是知识融合所使用的对话框。在"公式"文本框中的光标位置，可以将所选函数及其参数插入到表达式中。

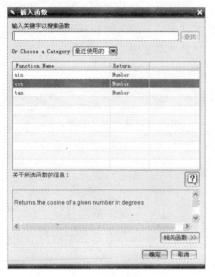

图 12-6　"插入函数"对话框

"测量"下拉列表框：使用可以从图形窗口中的对象上获取表达式所需的测量值，获得一个测量值后，就可创建其表达式，并被插入到正在编辑的表达式公式的光标位置，使用其余的表达式计算测量表达式。

- "测量距离"：使用分析距离函数可测量任意两个 UG NX 5.0 对象（如点、曲线、平面、体、边或面）之间的最小距离。系统计算三维距离和相对于 XC 和 YC 平面的二维距离，另外，它还返回每个对象上的最近点，以及在绝对坐标系和 WCS 中的距离增量值。
- "测量长度"：使用分析圆弧长度函数可测量曲线或直线的圆弧长度。
- "测量角度"：使用分析角度函数可显示两条曲线之间、两个平面对象（平面、基准平面或平的面）

之间或一条直线与一个平面对象之间的角度测量。

- "测量体"：使用分析测量体函数可获得实体的体积、质量、回转半径、质心和以及曲面面积。
- "测量面积"：使用分析测量面函数可计算实体的面积和周长值，系统为面积和周长创建了多个表达式。

【创建部件间的引用】按钮：单击按钮，弹出如图 12-7 所示的"选择部件"对话框，用于创建部件间的引用。该对话框列出会话中可用的部件，也可从该列表、图形屏幕选择部件，或使用"选择部件文件"选项，从磁盘选择部件。一旦选择了部件以后，便列出了该部件中的所有表达式，从列表选择表达式并单击按钮，可以将对表达式的引用插入到公式文本字段的光标位置，并使用"<部件>::<表达式>"语法。

图 12-7　"选择部件"对话框

【编辑部件间引用】按钮：单击按钮，弹出如图 12-8 所示的"编辑部件间引用"对话框，可以控制从一个部件文件到其他部件中表达式的外部引用，可以更改引用以引用新的部件、删除选定的引用或删除工作部件中的所有引用，选择该选项将显示包含所有部件列表的对话框，这些部件包含工作部件涉及到的表达式。

图 12-8　"编辑部件间引用"对话框

【打开被引用的部件】按钮：单击 按钮，弹出如图 12-9 所示的"加载部件"对话框，显示可以完全加载但部分加载的零件列表。因为在首次打开一个装配时，系统不会加载每个组件部件的完整部件文件，而是为了节省内存，仅加载显示组件部件所需的信息；当更改工作部件时，系统确保已载入完整的部件文件，以便对部件文件进行更改；当部件只是部分载入时，则不能更改其实体；当使用部件间表达式时，即使组件未完全载入，也有可能更改组件部件中控制实体模型的表达式。

图 12-9　"加载部件"对话框

"加载部件"对话框的"部件"下拉列表框用来定义列表框中列出的部件类型，共有两个选项：

● "所有已修改的"选项用来列出表达式被修改过的所有部分载入的部件。
● "所有被引用"选项用来列出表达式被工作部件引用的所有部分加载的部件。

可以从列表中选择单个部件，或使用

"加载表中所有部件"选项，载入列表框中的所有部件；也可以使用"装配导航器"，确保部件已完全载入；另外，可以在"载入选项"中调整设置，强制完全载入所有组件部件。

"需求"下拉列表框： 中包括"新建要求"和"选择现有要求"两个选项：

● "新建要求"：单击该按钮，弹出如图 12-10 所示的"需求定义"对话框，在该对话框中，可以创建用户要求。

图 12-10　"需求定义"对话框

● "选择现有要求"：单击该按钮，弹出如图 12-11 所示的"检查需求"对话框，可在现有要求下为表达式添加新检查。

图 12-11　"检查需求"对话框

【刷新来自外部电子表格的值】按钮：单击🖳按钮，更新在外部电子表格中设置的表达式的值。

【删除】按钮：单击✖按钮，可移除选定的用户定义的表达式。

2．运算符及其优先级

如表 12-1、表 12-2 和表 12-3 所示，分别为表达式中的算术运算符；关系、等式和逻辑运算符及其优先权和关联性表。

○ **小技巧**

不能删除正在使用的表达式，如特征、草图和配对条件等。而且软件会自动删除不再使用的任何表达式。

○ **小技巧**

模量运算符与 C 程序语言中的运算符相同，它的运算对象和输出都是整数，忽略小数位数。

表 12-1　算术运算符

+	加法	%	模量
–	减法和负号	^	指数
*	乘法	=	赋值
/	除法		

表 12-2　关系、等式和逻辑运算符

>	大于	!=	不等于
<	小于	!	非
>=	大于等于	& 或 &&	逻辑"与"
<=	小于等于		或 ||	逻辑"或"
==	等于		

表 12-3　优先权和关联性

运 算 符	关 联 性	运 算 符	关 联 性
^	从右至左	== !=	从左至右
-（负号）!	从右至左	&&	从左至右
* / %	从左至右	||	从左至右
+ -	从左至右	=	从右至左
> < >= <=	从左至右		

括号具有较高的优先级，在没有括号方程中使用具有相同优先权的运算符时，使用表中的从左到右或从右到左的规则。

12.2　部件间关联表达式

UG NX 5.0

装 配体中具有配对关系的两个零部件几何参数间往往具有相关性，若其中一个零部件结构参数发生变化，则与之相配的零件也一定要加以修改，以适应这种变化，如轴与轴承的配合中，轴径若发生更改，则与之相配合的轴承必然需要重新选择或设计。在 UG NX 5.0 中，可以通过定义部件间关联表达式来建立两个不同零部件参数间的关系，使一个零部件参数变化时，另一个零部件参数可以自动更新，而不必手动更改。部件间关联表达式可以实现不同部件之间的表达式相互引用，即可以使用一个部件中的某个表达式定义另一个部件中的某个表达式，因此通过部件间表达式可以实现同一个装配模型中不同部件的特定结构的关联性。

12.2.1　部件间关联表达式的创建

1．部件间关联表达式的基本形式

部件间表达式与普通表达式最大的区别，在于引用的表达式需要标明所属部件，即在部件间表达式的前面添加了部件名，其一般形式为：

<表达式1> =<部件名2>::<表达式2>

在上述表达式中，"表达式 1"是当前部件内的表达式名称，"部件名 2"是引用部件的名称，"表达式 1"是"部件名 2"内的表达式名称。

2．部件间表达式的创建

定义部件间表达式通过如图 12-1 所示的"表达式"对话框实现，定义的方式如下：

（1）直接定义

可以通过"表达式"对话框直接输入部件间表达式，但需要注意的是，必须保证被引用的部件已经打开。

（2）通过链接工具建立

通过直接定义的方式创建部件间表达式，需要准确记住被引用的部件文件名称以及该部件中被引用的表达式名称，比较麻烦，因此，通常通过链接工具建立，其过程可以分为以下几步：

01 执行【工具】|【表达式】命令，弹出如图 12-1 所示的"表达式"对话框。

02 在"名称"文本框中输入要建立的表达式名称，然后在"公式"文本框内单击鼠标，使光标出现在"公式"文本框内。

03 单击"表达式"对话框下方的"创建部件间引用"图标按钮，弹出如图 12-7 所示的"选择部件"对话框。

04 选择被引用部件，单击 确定 按钮，弹出如图 12-12 所示的"表达式列表"对话框。

图 12-12　"表达式列表"对话框

05 选择合适的表达式，然后单击 确定 按钮，返回"表达式"对话框。

06 单击 应用 按钮，则完成部件间表达式的建立。

12.2.2　部件间关联表达式的编辑

部件间表达式建立以后，可以使用"表达式"对话框像编辑普通表达式一样进行编辑，也可以通过编辑链接的方式进行编辑。

在"表达式"对话框的列表框中选择需要编辑的部件间表达式之后，单击对话框下方的"编辑部件间引用"图标按钮，将打开如图 12-8 所示的"编辑部件间引用"对话框，从列表中选择需要编辑的链接后，可以进行编辑操作。

1．更改引用部件

单击 更改引用的部件 按钮，打开"选择部件"对话框，使用该对话框可以重新选择引用的部件。

2．删除引用

单击 删除引用 按钮，可以删除所选择的表达式的部件引用，单击 删除所有引用 按钮则删除该部件表达式中的所有引用，删除引用后，部件间表达式被修改为普通表达式，不再与其他部件关联。

12.2.3　壳体部件间表达式应用范例

如图 12-13 所示的壳体组件包括下壳体和端盖两个部件，下面通过部件间关联表

UG NX 5.0 中文版入门实战与提高

12

Chapter

12.1
12.2
12.3
12.4
12.5
12.6
12.7
12.8

达式使端盖的 4 个安装孔与下壳体上相对应的 4 个螺纹孔相关联，以介绍部件间表达式的定义方法，具体步骤如下。

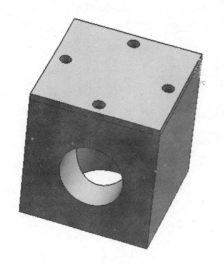

图 12-13　壳体组件

【例 12-1】　壳体部件间表达式应用范例

01 启动 UG NX 5.0，并设置载入选项。执行【文件】|【选项】|【加载选项】命令，在打开的对话框中选中"加载部件间关联数据"复选框，单击 确定 按钮关闭对话框。

02 打开部件文件。执行【文件】|【打开】命令，打开"打开部件文件"对话框，打开光盘文件"section12\ketizhuaUGpei.prt"，进入建模和装配应用模块。

03 选择工作部件。在右侧资源栏的装配导航器中选择"ketigai"，单击鼠标右键，在弹出的快捷菜单中选择【转为工作部件】命令，使端盖作为工作部件。

04 定义部件间表达式。执行【工具】|【表达式】命令，在"表达式"对话框的"列出的表达式"下拉列表中选择"命名的"选项，即仅在列表框中显示用户重新命名的表达式，如图 12-14 所示。

图 12-14　定义的表达式

05 选择名称为"hole_dia"的表达式，然后单击文本框下方的【创建部件间引用】图标按钮 ，在打开的"选择部件"对话框的列表框中选择部件"keti.prt"后，单击 确定 按钮，此时打开如图 12-15 所示的"表达式列表"对话框，该对话框列出部件"keti"（下壳体）中的所有表达式。

图 12-15　"表达式列表"对话框

06 在对话框中选择表达式"hole_dia=10"，单击 确定 按钮返回"表达式"对话框，则定义了部件间表达式，如图 12-16 所示。

图 12-16　定义的部件间表达式

07 在上述定义表达式"公式"内的文本后添加"+2"，如图 12-17 所示，单击 确定 按钮完成表达式定义。

图 12-17　编辑部件间表达式

08 使用上述方法，建立其余的部件间关联表达式，如图 12-18 所示。

图 12-18　创建其余部件间表达式

09 使用部件间关联表达式编辑部件。在图形编辑窗口中双击下壳体，将其转换为工作部件，打开"表达式"对话框，采用上述方法仅显示命名的表达式。将表达式 " hole_instance_number " 改 为 8，"hile_instance_aUGle"改为 45，单击 确定 按钮，则编辑后的壳体装配模型如图 12-19 所示。

图 12-19　编辑后壳体组件

12.3　电子表格

UG NX 5.0

在 UG NX 5.0 建模应用中，电子表格可以看做 UG NX 5.0 混合建模的高级表达式编辑器，为 UG NX 5.0 与 Excel 之间提供了一个集成接口，用于以表格驱动的方式实现关联设计，信息可以从部件抽取到电子表格，通过修改后更新部件。

UG NX 5.0 提供两种电子表格处理接口：Xess 和 Excel，其中 Xess 可适用于各种硬件平台，而 Excel 仅适用于 WindowsNT、Windows 2000 等 Windows 平台。

电子表格由 3 个主应用模块组成：

● 基本环境电子表格功能：可从主菜单条上的【工具】|【电子表格】获得。

● 建模电子表格功能：可从主菜单条上的【工具】|【电子表格】获得，"建模电子表格"扩展功能可能并不完全支持某些电子表格程序（如 Goalseek ）。

● 基本表达式编辑器：可以在建模应用模块主菜单上的【工具】|【表达式】中找到表达式编辑电子表格按钮 。

当激活电子表格功能时，可以使用电子表格的全部功能，也可以编辑和修改单元格、更改颜色、标题和文本，或者导入或导出 PC 上的原始电子表格。

12
Chapter

12.1
12.2
12.3
12.4
12.5
12.6
12.7
12.8

12.3.1 电子表格的基本应用

1. 表达式编辑电子表格

启动 UG NX 5.0 后，打开部件文件，进入建模应用模块。从【工具】菜单中选择【表达式】命令，在打开的"表达式"对话框中单击"电子表格编辑"图标按钮，打开电子表格，如图 12-3 所示。

○ 小技巧

在打开电子表格后，就无法对 UG NX 5.0 界面进行操作，直到关闭电子表格，返回 UG NX 5.0 界面。

在电子表格中，包含"Name"、"Formula"和"Value"3 列。"Name"列为表达式名称，若表达式为自动生成的，则电子表格中在表达式名称之前自动添加下划线；只有"Formula"列的内容可以修改，修改该列的内容之后，从 Excel 的【工具】菜单中选择【更新公式】命令，然后从【文件】菜单中选择退出命令，返回 UG NX 5.0，最后在"表达式"对话框中单击 应用 按钮，则图形窗口中的模型根据在电子表格中修改的参数值进行更新。

表达式编辑器中的电子表格是电子表格的一种特殊应用，只用于编辑 UG NX 5.0 中的表达式，并将结果反馈给 UG NX 5.0。由于可以使用电子表格自身的功能，因此可以直接用表达式编辑器来修改表达式，功能更强大，使用更方便，在以电子表格形式显示的表达式编辑器中，可以执行以下操作：

- 修改标为"公式"（Formula）列中

的值或公式。

- 引用当前表达式列表中已识别的部件间表达式。
- 将电子表格本身公式用作 UG NX 5.0 表达式的一部分。
- 引用作为 UG NX 5.0 表达式一部分的电子表格单元格。

而在表达式编辑器电子表格中不能修改表达式列表的格式（即不能修改单元格格式），也不能执行以下操作：

- 创建或引用新的部件间表达式名称。
- 从列表中添加或删除表达式。
- 修改表达式名称（第 1 列）。
- 更改部件间表达式的值。
- 用测量结果或特殊函数来编辑公式。

2. 建立电子表格

执行【工具】|【电子表格】命令，可以打开电子表格。当激活建模电子表格时，在电子表格下拉菜单上将显示附加选项，可以使用这些选项实现：

- 用电子表格中的表达式和属性更新 UG NX 5.0 中的部件。
- 将 UG NX 5.0 中的属性和/或表达式抽取到电子表格。
- 保存电子表格数据。
- 断开电子表格与 UG NX 5.0 的连接。

与表达式编辑电子表格相比，建模电子表格可以实现较多的功能，如提取和修改表达式、属性；使用目标搜索与分析方法求若干几何参数的最优解；使用部件族功能快速设计具有相同结构不同尺寸的系列零件。

12.3.2 电子表格的编辑范例

本范例通过使用电子表格编辑如图 12-20 所示的壳体盖来介绍建模电子表格的

应用，具体操作步骤如下。

图 12-20　壳体盖

【例 12-2】　电子表格的编辑范例

01 启动 UG NX 5.0，执行【文件】|【打开】命令，打开"打开部件文件"对话框，打开光盘文件"section12\ketigai.prt"，进入建模应用模块。

02 执行【工具】|【电子表格】命令，打开 Excel，此时电子表格不包含任何内容，如图 12-21 所示。

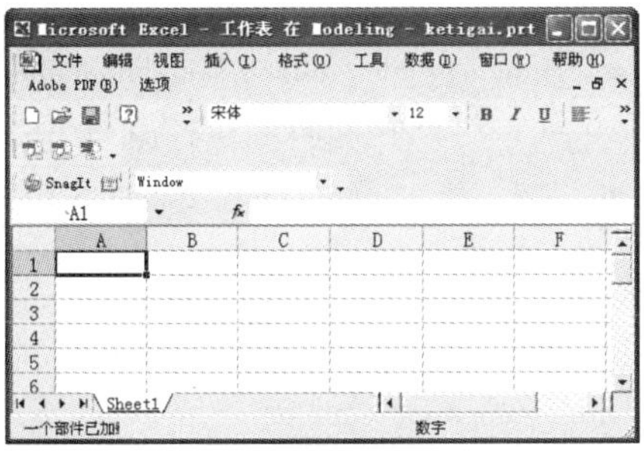

图 12-21　初始电子表格

03 在 Excel 中选择 A1 单元格，如图 12-21 所示，然后在 Excel 中执行【工具】|【抽取表达式】命令，模型中的表达式被抽取到电子表格中，如图 12-22 所示，双击 B2 单元格，输入字符串"Values"，如图 12-23 所示。

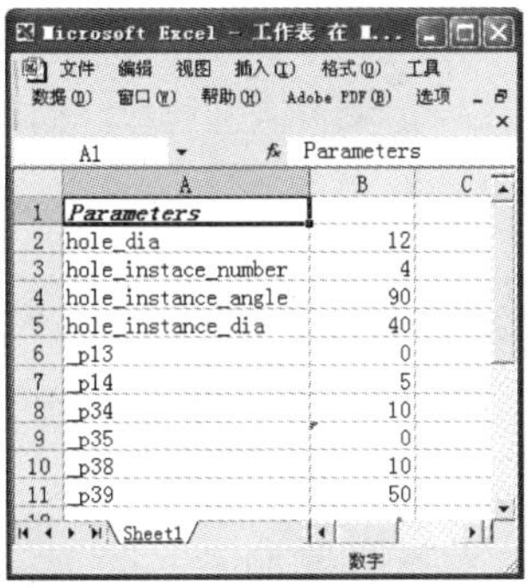

图 12-22　抽取表达式结果

图 12-23　编辑电子表格

04 使用电子表格编辑端盖。在 Excel 中单击单元格 B3，修改单元格内的数值为 8，即修改"hole_instace_number"表达式的参数值为 6，使用同样的方法修改"hole_dia"表达式的参数值为 14，修改"hole_instance_aUGle"表达式的参数值为 45，然后选择【工具】菜单中的【更新 UG 部件】命令，则 UG NX 5.0 中的模型根据电子表格中修改的参数进行更新。

05 退出电子表格。执行【文件】|【退出】命令，弹出如图 12-24 所示的"退出电子表格"对话框，单击　确定　按钮，退出 Excel，修改后的模型如图 12-25 所示。

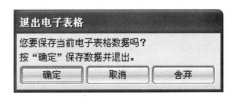

图 12-24　"退出电子表格"对话框

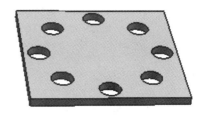

图 12-25　更新部件

12.4 部件族

UG NX 5.0

在机械产品设计加工中，不同程度地存在产品零部件标准化、系列化和通用化的要求，例如螺母和螺钉等。这些结构参数不同，形状相近的零部件的重复设计使企业很难缩短产品的设计周期，UG NX 5.0 软件的部件族功能有效地解决了这个问题。

在 UG NX 5.0 中，可以使用部件族功能建立一系列结构相同而部分参数不同的部件。部件族功能用于以一个部件（部件模板）为基础，通过 UG NX 5.0 的建模电子表格工具，快速建立一系列形状相同而某些参数不同的部件，而不是逐个建立各个部件，从而大大提高了建模的效率，部件族功能适用于标准件和通用件部件的建立。

首先介绍一些与部件族相关的术语。

● 模板部件：用这种方法构造的 UG NX 5.0 部件文件，可以基于它构建一个部件族。

● 族表格：在 UG NX 5.0 电子表格功能中，用模板部件创建的表格描述了模板部件的不同属性，用户可以在创建族成员时更改这些属性。

● 族成员：从模板部件和族表格中创建并与它们关联的只读部件文件。

● 部件族：模板部件、族表格和族成员部件。

12.4.1 部件族的创建与编辑

创建部件族时首先需要创建一个模板部件。所谓模板部件只是一个普通的部件，创建部件族时以该模板部件为基础，通过定义部件族中成员部件的不同参数而创建一系列部件。模板文件中需要指定需要变化的表达式，以此为基础，可以改变部件族成员参数，实现部件族的创建。

在建模应用模块中，执行【工具】|【部件族】命令，打开如图 12-26 所示的"部件族"对话框。该对话框中的"可用的列"下拉列表框，如图 12-27 所示，有以下 6 种创建部件族的选项。

（1）属性：指定部件属性为参数列，用于为部件族定义部件属性和它们可能拥有的值。

图 12-26　"部件族"对话框

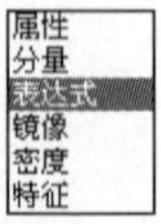

图 12-27　"可用的列"下拉列表

（2）组件：指定装配组件作为参数列，可以用不同的组件替换指定的组件，或者可以通过使电子表格条目保持为空来将它完全移除，只用于装配模板部件。

（3）表达式：指定表达式作为参数列，当创建族成员时可以提供表达式的值，通过为部件族成员指定某些表达式的不同参数值，而得到不同的形状和尺寸，只能使用常数表达式，变量表达式或那些在定义中包含其他表达式的表达式被禁用，并且不会在"可用的列"列表框中显示。

（4）镜像：指定镜像体作为参数列，在电子表格中通过设置"Yes"或者"No"以指定使用镜像体或基体创建部件族。可以通过在电子表格中输入值"Yes"来使用镜像体（如果文件中有该体），或者输入值"No"来使用基本体。

（5）密度：可以对部件中的每个被命名的实体指定一个密度。当创建族成员时，可以指定一个密度，所有使用这个名称的实体都可以应用该密度。

（6）特征：指定部件的特征为参数列，在电子表格中通过设置"Yes"或者"No"来选定特征在部件族成员中是被显示还是被抑制。

"部件族"对话框提供了以下几种与部件族的创建和编辑有关的操作：

- 创建：单击 创建 按钮，则打开电子表格编辑部件族参数创建部件族。
- 编辑：单击 编辑 按钮，可编辑已存部件族的电子表格。
- 删除：单击 删除 按钮，删除以存部件族的电子表格，并删除部件族本身。
- 恢复：单击 删除 按钮，当由电子表格返回 UG NX 5.0 后，单击该按钮，可以重新打开电子表格。
- 取消：取消电子表格为被保存的操作，并返回 UG NX 5.0。

12.4.2　部件族创建范例

本范例通过如图 12-28 所示的螺栓介绍部件族的创建方法，具体步骤如下。

【例12-3】　部件族创建范例

01 启动 UG NX 5.0，执行【文件】|【打开】命令，打开"打开部件文件"对话框，打开光盘文件 "section12\luodiUG.prt"，进入建模应用模块。

02 执行【工具】|【部件族】命令，打开如图 12-26 所示的"部件族"对话框。

03 在"可用的列"下拉列表框中选择"表达式"选项 表达式▼，在列表框中双击"head_height"，将其添加到"选定的列"列表框中；用同样的方法将如图 12-29 所示的表达式添加到"选定的列"列表框中，其中，DB_PART_NO 和 OS_PART_NAME 为系统默认添加的列。各列的意义为：

head_height 为螺栓头部高度，head_dia 为头部圆柱直径，cyliUGder_height 为螺栓的长度，cyliUGder_dia 为螺纹外径，thread_min_dia 为螺纹内径，treads_lenth 为螺纹长度，pitch 为螺距。

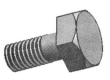

图 12-28　螺栓

```
DB_PART_NO
OS_PART_NAME
cylinder_dia
cylinder_height
head_dia
head_height
thread_min_dia
threads_lenth
pitch
```

图 12-29　添加列

UG NX 5.0 中文版入门实战与提高

12

Chapter

12.1
12.2
12.3
12.4
12.5
12.6
12.7
12.8

图 12-30　部件族电子表格

04 选择 3、4、5 三行表格的参数设置单元，如图 12-31 所示的线框内的灰色部分，在 Excel 中执行【部件族】|【创建部件】命令，UG NX 5.0 创建部件族，并弹出如图 12-32 所示的"信息"窗口显示部件族的创建信息。

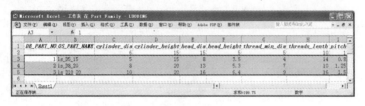

图 12-31　填写部件族成员的名称和参数

图 12-32　"信息"窗口

05 在 Excel 中，执行【文件】|【退出】命令，关闭 Excel 并返回 UG NX 5.0，在"部件族"对话框中单击【取消】按钮，然后单击 确定 按钮关闭对话框。

06 检查部件族，依次在指定的部件族的保存目录下打开三个螺栓，可看到根据设置的参数，所创建的三个螺栓，如图

12-33 所示。所建立的部件族为只读部件，修改成员部件必须修改部件族的模板部件或部件族的电子表格。

图 12-33　创建的螺栓部件族

12.5　可视化编辑器

UG NX 5.0

在 UG NX 5.0 进行建模的过程中，如果需要编辑已有的模型，可通过在"表达式"对话框中修改表达式的值，或者在需要编辑的特征上使用右键快捷菜单的相关命令进行编辑，但是某些情况下上述编辑方法有一定的困难。

可视化编辑器为模型的静态图形表达提供了相应的尺寸和表达式，用户可以参考图片来选择需要编辑的表达式，并更新模型以反映所做的更改，实现了参数编辑的可视化，以简化对象参数的编辑，从而提高了模型编辑的效率和准确性，充分体现了 UG NX 5.0 参数化建模的优势，但在可视化编辑器中只能修改模型中已经存在的表达式，

不能建立新的表达式。

可视化编辑器需要在建模模块中才能启动，在建模模块中执行【工具】|【可视化编辑器】命令，弹出如图 12-34 所示的"可视参数编辑器"对话框。若主菜单上的【工具】级联菜单中没有【可视化编辑器】命令，则可根据第 1 章 1.3.2 小节内容对主菜单和工具条进行定制，将【可视化编辑器】命令添加到主菜单【工具】级联菜单中。

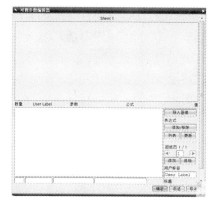

图 12-34　"可视参数编辑器"对话框

12.5.1　可视化编辑器应用范例一

本范例通过如图 12-34 所示的底座，介绍将草图及尺寸添加到可视化编辑器的方法，具体操作步骤如下。

图 12-35　轴承盖

【例 12-4】　底座

01 启动 UG NX 5.0，执行【文件】|【打开】命令，打开"打开部件文件"对话框，打开光盘中文件"section12\zhoucheUGgai.prt"，然后进入建模应用模块。

02 隐藏轴承盖实体。在轴承盖实体上单击鼠标右键，弹出如图 12-36 所示的右键快捷菜单，选择【隐藏体】选项，则轴承盖实体被隐藏。

03 显示草图。打开部件导航器，如图 12-37 所示，在主面板中"模块历史记录"节点下的"SKETCH_000"基节点上单击鼠标右键，弹出如图 12-38 所示的右键快捷菜单，在其中选择【显示】选项，则工作窗口中显示部件草图，如图 12-39 所示。

图 12-36　模型实体右键快捷菜单

图 12-37　部件导航器

图 12-38　部件导航器中"SKETCH_000"右键菜单

04 显示草图尺寸。双击部件草图，或在草图上单击鼠标右键，在弹出的右键菜单中选择【编辑】选项，进入草图环境；在草

UG NX 5.0 中文版入门实战与提高

12 Chapter

12.1
12.2
12.3
12.4
12.5
12.6
12.7
12.8

图环境中,执行【首选项】|【草图】命令,在打开的"草图首选项"对话框中选中"保留尺寸"复选框,单击 确定 按钮关闭对话框;在"草图生成器"工具条上单击 完成草图 按钮,返回建模应用模块,选择视图方向为正等侧视图,得到的显示结果如图 12-40 所示。

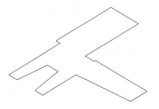

图 12-39　隐藏轴承盖实体显示草图结果

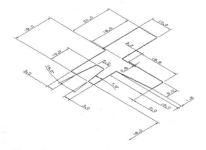

图 12-40　显示草图尺寸结果

05 将草图曲线及尺寸添加到可视化参数编辑器。执行【工具】|【可视化编辑器】命令,打开"可视参数编辑器"对话框,单击【导入图像】按钮 导入图像 ,则草图被添加到对话框中, 如图 12-41 所示。

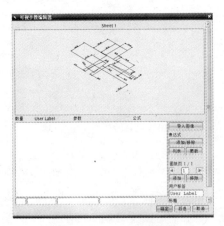

图 12-41　导入图像结果

06 添加表达式。单击【添加/移除】按钮 添加/移除 ,打开如图 12-42 所示的"添加/移除表达式"对话框。在左侧的"部件表达式"列表中选择所有表达式,单击【添加】按钮 添加 ,将表达式添加到右侧的"图表表达式"列表框中,单击 确定 按钮关闭对话框,可以看到全部表达式被添加到"可视化编辑器"对话框的列表框中,如图 12-43 所示。

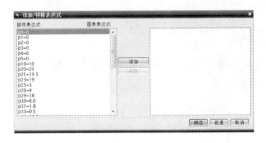

图 12-42　"添加/移除表达式"对话框

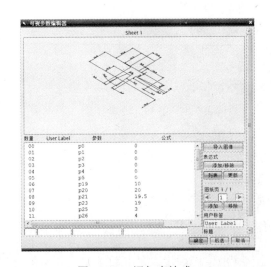

图 12-43　添加表达式

07 重新显示轴承盖实体。打开部件导航器,在主面板中"模块历史记录"节点下的任意部件特征节点上单击鼠标右键,在弹出的右键快捷菜单中选择【显示】选项,则工作窗口中重新显示部件;然后在"SKETCH_000"节点上单击鼠标右键,在弹出的右键快捷菜单中选择【隐藏】选项,则草图被隐藏。

08 使用可视化编辑器编辑模型。在"可视参数编辑器"列表框中的"图层的设置"列表中选择"p30"表达式，然后在列表框下方的文本框中将表达式的值"6"改为"12"，单击 确定 按钮，在弹出的更新提示对话框中单击 是(Y) 按钮，则轴承盖根据修改的参数值进行更新，得到的模型如图 12-44 所示。

图 12-44　编辑后的轴承盖

12.5.2　可视化编辑器应用范例二

本范例通过如图 12-35 所示的轴承盖，介绍将包含尺寸标注的图纸添加到可视化编辑器的方法，具体步骤如下。

【例 12-5】　轴承盖

01 在进入 UG NX 5.0 之前，需要设置环境变量。在系统默认的情况下，在制图应用环境不能编辑表达式，如果需要在制图环境中对表达式进行编辑，必须设置必要的环境变量。启动 UG NX 5.0 之前，从 UG NX 5.0 的安装目录中打开环境设置文件"UGII\Ugii_env.dat"，将该文件中的环境变量"UGII_DRAFT_EXPRESSIONS_OK"设置为 1，并将该变量前的符号"#"删除（否则设置无效），保存并关闭该文件。

02 启动 UG NX 5.0，执行【文件】|【打开】命令，打开"打开部件文件"对话框，打开光盘目录下"section12\zhoucheUGgai.prt"，然后进入制图应用模块，建立轴承盖视图及标注的尺寸，如图 12-45 所示。

03 编辑尺寸标注。如图 12-45 所示的尺寸不包含表达式名，为提高在可视化参数编辑器中编辑参数的直观性，需要在尺寸前添加表达式名称，并使名称与"表达式"对话框中相应的参数表达式相对应。执行【工具】|【表达式】命令，在打开的"表达式"对话框的"列出表达式"下拉列表框中选择"命名的"选项 命名的 ▼，则在列表框中列出的表达式，如图 12-46 所示。

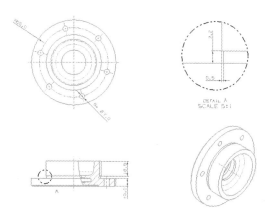

图 12-45　轴承盖的视图及尺寸标注

图 12-46　"表达式"对话框

04 在主视图中选择螺栓孔中心半径尺寸"R45.0"，双击该尺寸，弹出"编辑尺

UG NX 5.0 中文版入门实战与提高

12
Chapter

12.1
12.2
12.3
12.4
12.5
12.6
12.7
12.8

寸"对话框，在该尺寸上单击鼠标右键，弹出如图 12-47 所示的右键菜单，在弹出的快捷菜单中选择【附加文本】级联菜单中的【在前面】选项，则弹出"附加文本"文本框，在其中输入 "hole_cR="，然后按【Enter】键，则该尺寸变为 "hole_cR=R45"，调整尺寸位置，其结果如图 12-48 所示；使用同样的方法，将视图中的尺寸按照图 12-48 所示进行编辑。

图 12-47 尺寸右键快捷菜单

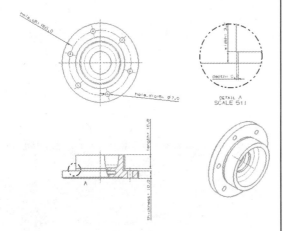

图 12-48 编辑尺寸结果

05 将视图添加到可视化参数编辑器。执行【工具】|【可视化编辑器】命令，在打开的"可视参数编辑器"对话框中，单击 导入图像 按钮将视图添加到可视化参数编辑器中，如图 12-49 所示。

06 添加表达式。在"可视参数编辑器"对话框中单击 添加/移除 按钮，弹

出"添加/移除表达式"对话框，将图 12-49 中显示的 6 个表达式添加到可视化参数编辑器中，单击 确定 按钮，关闭对话框。

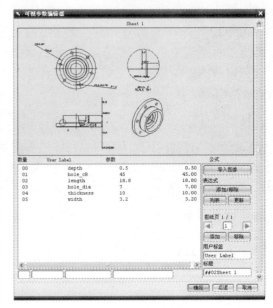

图 12-49 导入图像

07 编辑轴承盖的尺寸。切换到建模应用模块，执行【工具】|【可视化编辑器】命令，打开"可视参数编辑器"，将 "thickness"的参数值改为"16"，单击 确定 按钮，在随后打开的提示对话框中单击【是】按钮，更新后的轴承盖如图 12-50 所示。

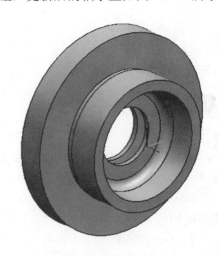

图 12-50 编辑尺寸后结果

12.6 综合实例

UG NX 5.0

本实例将通过建立壳体组件间的关联表达式，来学习部件间表达式的应用，并通过可视化编辑器改变壳体组件尺寸来验证壳体尺寸间具有的这种关联。

本实例最终效果如图 12-51 所示。

○ 设计思路

在壳体组件中壳体端盖上创建中心孔，并建立中心孔直径与壳体中心孔直径，端盖长与宽和壳体长与宽的尺寸关联，最后使用可视化编辑器对该组件进行编辑。

○ 练习要求

熟练掌握部件间关联表达式和可视化编辑器的应用。

图 12-51 壳体组件编辑后结果

制作流程预览

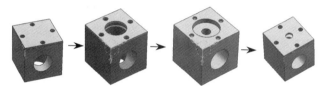

○ 制作重点

1. 在壳体盖上创建中心孔。
2. 建立壳体盖上中心孔与壳体中心孔部件间的关联表达式。
3. 在可视化编辑器中编辑壳体尺寸。
4. 验证部件间关联表达式的作用。

01 启动 UG NX 5.0，执行【文件】|【打开】命令，打开"打开部件文件"对话框，打开光盘文件"section12\ketizhuaUG pei.prt"，进入建模应用模块，此时壳体组件模型如图 12-52 所示。

图 12-52 壳体组件模型

02 在装配导航器上选择"ketigai"节点，单击鼠标右键，在弹出的右键快捷菜单中选择【转为工作部件】选项，使壳体端盖成为当前工作部件。

03 在"特征操作"工具条上单击 ■ 按钮，弹出如图 12-53 所示的"孔"对话框，单击"直径"对话框中的 ■ 按钮，在弹出的下拉菜单中选择"公式"选项，弹出如图 12-54 所示的"表达式"对话框。

UG NX 5.0 中文版入门实战与提高

12
Chapter

12.1

12.2

12.3

12.4

12.5

12.6

12.7

12.8

图 12-56　"表达式列表"对话框

05 在其中选择"p4=50"选项，单击 确定 按钮，返回"表达式"对话框，单击 确定 按钮，返回"孔"对话框。

06 在"深度"文本框中输入"5"，在"顶锥角"文本框中输入"0"，在工作界面中选择壳体盖上表面，如图 12-57 所示，在"孔"对话框中单击 确定 按钮，关闭"孔"对话框，弹出如图 12-58 所示的"定位"对话框。

图 12-57　孔放置面选择　图 12-58　"定位"对话框

07 单击 按钮，然后分别选择壳体端盖上表面两个相互垂直的边，并在"当前表达式"数值文本框中输入"50"，单击 应用 按钮，定义所创建孔的位置，单击 确定 按钮，完成孔的创建，结果如图 12-59 所示。

图 12-53　"孔"对话框

图 12-54　"表达式"对话框

04 在其中单击【创建部件间引用】按钮 ，弹出如图 12-55 所示的"选择部件"对话框，在该对话框"选择已加载的部件"列表中选择"keti.prt"选项，弹出如图 12-56 所示的"表达式列表"对话框。

图 12-59　中心孔创建结果

08 在装配导航器上双击"keti"节点，使壳体成为当前工作部件，并单击"ketigai"选项前面的"√"，使其隐藏，执

图 12-55　"选择部件"对话框

行【工具】|【可视化编辑器】命令，弹出"可视参数编辑器"对话框。

09 单击 [导入图像] 按钮，导入壳体模型图形，然后单击 [添加/移除] 按钮，弹出如图 12-60 所示的"添加/移除表达式"对话框，在"部件表达式"列表中选择"p24=50"选项，然后单击 [添加] 按钮，将其添加到右边列表框内，单击 [确定] 按钮，返回"可视参数编辑器"对话框，如图 12-61 所示。

10 选中该公式，在"公式"文本框内输入"20"，单击 [确定] 按钮，完成壳体中心孔尺寸的编辑，效果如图 12-62 所示。

11 在装配导航器上单击"ketigai"选项前面的"√"，使其重新显示，壳体盖中心孔尺寸已经发生改变，说明部件间表达式已发挥作用，结果如图 12-63 所示。

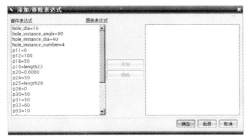

图 12-60　"添加/移除表达式"对话框

图 12-62　壳体中心孔编辑结果

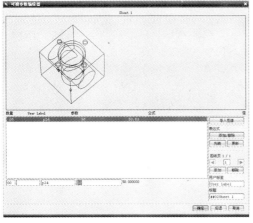

图 12-61　"可视参数编辑器"对话框

图 12-63　壳体盖中心孔效果

12.7　本章技巧荟萃

- 可以重命名系统表达式。
- 可以用科学计数法输入语句，输入的值必须含有正负号，如 2e+5 表示 200000。
- 不能删除正在使用的表达式，如特征、草图和配对条件等，而且软件会自动删除不再使用的任何表达式。
- 模量运算符与 C 程序语言中的运算符相同，它的运算对象和输出都是整数，忽略小数位数。

- 在打开电子表格后，就无法对 UG NX 5.0 界面进行操作，直到关闭电子表格，返回 UG NX 5.0 界面。

12.8 思考与练习

1. 概念题

（1）部件间表达式与普通表达式的区别是什么？请写出普通表达式与部件间表达式的基本形式。

（2）什么是模板部件，有何用途？

2. 操作题

使用电子表格同时实现对端盖尺寸的编辑，结果如图 12-64 所示。

图 12-64　编辑效果图

第 13 章　高级装配建模技术

学习要点

前面我们介绍了装配建模的基本概念、方法和操作，读者已经能够运用这些知识建立简单的装配模型，而 UG NX 5.0 的装配功能不仅限于这些简单的装配功能。下面，将介绍 UG NX 5.0 的高级装配技术，包括替换和定位等组件操作、克隆装配、装配顺序创建以及 WAVE 技术，应用这些技术，读者可以更方便、快捷、高效地完成复杂产品的装配。

学习提要

- 学习组件替换和组件定位等组件操作方法
- 掌握克隆装配的概念及其实现方法
- 熟悉装配顺序创建的一般过程
- 了解 WAVE 技术并学会应用 WAVE 工具

13.1 组件操作

UG NX 5.0

在产品装配模型建立过程中，必然需要对组成装配体的组件进行如添加、删除、配对、替换以及重新定位等操作，前面章节已经介绍了添加组件、删除组件、配对组件等组件操作，本章主要介绍替换组件和重新定位组件两个操作。

13.1.1 替换组件

替换组件操作用来移去装配体中现有组件，并按与原始组件完全相同的方向和位置添加其他组件。使用此操作可以快速完成具有细微差别的组件或者原组件新版本的更换，以形成新的装配模型。

替换组件操作可以通过以下 3 种方式来执行：

- 执行【装配】|【组件】|【替换组件】命令。
- 在如图 13-1 所示的"装配"工具条上单击 按钮。
- 选择欲替换的组件，然后在其上单击鼠标右键，在弹出的如图 13-2 所示的右键快捷菜单中选择【替换】选项。

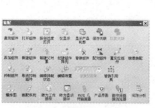

图 13-1 "装配"工具条

图 13-2 右键快捷菜单

实现替换操作的基本步骤如下：

（1）选择要替换的组件。

（2）执行【装配】|【组件】|【替换组件】命令，弹出如图 13-3 所示的"替换组件"对话框。

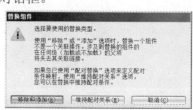

图 13-3 "替换组件"对话框

（3）单击 移除和添加(R) 按钮或 维持配对关系(B) 按钮，弹出如图 13-4 所示的"选择部件"对话框；若单击 移除和添加(R) 按钮，则实际是删除被替换组件，再重新添加了一个新组件，引用被替换组件的任何级别的任何父对象（已加载或未加载）都将失去其关联链接；若单击 维持配对关系(B) 按钮，则可以保留被替换组件的配对条件，并将其应用于新组件。

图 13-4 "选择部件"对话框

（4）选择已加载的部件或单击 选择部件文件 按钮加载已存在部件，如果希望重命名组件，在"部件名"文本框中输入新的组件名，单击【确定】按钮，弹出如图 13-5 所示的"替换组件"对话框。

图 13-5 "替换组件"对话框

（5）设置引用集选项为"保持"或"使用整个部件"。如果选择了"保持"，且替换的部件已定义了当前引用集，则 NX 保持该引用集不变，否则，将使用整个部件。

（6）指定替换组件几何体将要放置在工作部件的哪一图层。要指定工作图层，则从"图层选项"下拉菜单中选择"工作的"；要指定原始图层，则选择"原先的"； 要指定其他图层，则选择"按指定的"选项，并在图层中输入所需的图层号。

（7）选择【确定】按钮，替换组件操作完成。

下面通过如图 13-6 所示的安装座实例来具体说明替换组件操作过程。

图 13-6 安装座三位模型

【例 13-1】 安装座组件替换范例

01 启动 UG NX 5.0，执行【文件】|【打开】命令，弹出"打开部件文件"对话框，打开光盘目录下文件 "section13\anzhuangzuo \anzhuangzuo.prt"，进入装配应用模块。

02 选择如图 13-6 所示的方形法兰，执行【装配】|【组件】|【替换组件】命令，弹出如图 13-3 所示的"替换组件"对话框。

03 在如图 13-3 所示的"替换组件"对话框中，单击 维持配对关系(M) 按钮，弹出如图 13-4 所示的"选择部件"对话框。

04 在如图 13-4 所示的"选择部件"对话框中，单击 选择部件文件 按钮，在弹出的"部件名"对话框中找到光盘目录中的文件"section13\13-1\yuanfalan.prt"，单击 OK 按钮，弹出如图 13-5 所示的"替换组件"对话框。

05 在如图 13-5 所示的"替换组件"对话框中，保持所有选项为默认设置，单击 确定 按钮，完成组件的替换，效果如图 13-7 所示。

图 13-7 组件替换结果

13.1.2 重新定位组件

组件添加到装配体中后，有时需要将组件重新定位，以方便装配或显示，重新定位组件是用来改变一个或几个组件在工作界面中相对于其他组件的位置和方位的操作。

● 执行重新定位操作有以下 4 种方法：

● 选择欲定位组件后，执行【装配】|【组件】|【重新定位组件】操作。

13
Chapter

13.1
13.2
13.3
13.4
13.5
13.6
13.7

- 选择欲定义组件后，在"装配"|工具条上单击 按钮。
- 在装配导航器组件节点上单击鼠标右键，在弹出的右键快捷菜单上选择【重定位】选项。
- 在工作界面中欲定位的组件上单击鼠标右键，在弹出的右键快捷菜单中选择【重定位】选项。

执行上述任一操作，弹出如图 13-8 所示的"重新定位组件"对话框，同时在选中的组件上出现拖动手柄。可以通过拖动手柄上的平移手柄、旋转手柄或原点手柄直接定位组件，还可以通过"重新定位组件"对话框实现重新定位组件操作。

图 13-8 "重新定位组件"对话框

"重新定位组件"对话框中的各选项说明如下：

1. 重新定位方法选项

在重新定位方法选项中共有 7 种重新定位方法：

（1） "点到点"

通过指定两点来移动选定的组件。

（2） "平移"

通过定义选定组件移动的距离量来平行移动组件，平移增量距离是在拖动手柄方向内实现的，而不是在 WCS 内。

（3） "绕点旋转"

绕选中的点旋转组件。

（4） "绕直线旋转"

通过将拖动手柄移到定义的点，且将拖动手柄与定义的直线对齐，就可以将选定的组件绕该直线旋转组件到指定的角度。

（5） "重定位"

通过移动坐标系来重定位选定的组件，也就是将选定组件从当前位置和方位重新定位到指定的坐标系。

（6） "在轴之间旋转"

在选定的轴之间旋转选定的组件，也就是将选定组件从指定轴线方向旋转到另一个指定轴线方向，两指定轴线的叉积矢量为旋转轴，两指定轴线之间的夹角为旋转角。

（7） "在点之间旋转"

在选定的点之间旋转选定的组件，也就是将选定组件以指定的第一个点为旋转中心，从指定的第二个点旋转到指定的第三个点。

2. 其他选项

（1） "移动对象"和"只移动手柄"单选按钮

"移动对象"和"只移动手柄"单选按钮是用来定义是否希望对象沿着手柄移动。当"移动对象"单选按钮被选中时，则同时移动选定对象和拖动手柄；当"只移动手柄"单选按钮被选中时，则仅移动拖动手柄而组件不随之移动。

（2） "角度"或"距离"文本框

用来定义组件移动的距离或角度。当选择旋转手柄（即球形手柄）后，此文本框为"角度"文本框；当选择平移手柄后，此文本框为"距离"文本框。

（3） "捕捉增量"复选框

用来在拖动手柄时捕捉复选框后面文本框所添倍数的距离。

（4） "矢量"工具

当选择平移手柄时可以使用这些选项，可以定义一个矢量方向（例如，通过选择一个边），使选定的拖动手柄和该矢量对齐。

（5）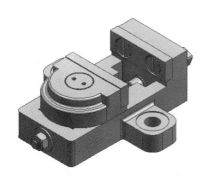【捕捉手柄至 WCS】按钮

将拖动手柄移到 WCS 位置，此选项只影响手柄，而不移动任何对象。

（6）"运动动画"滑块

指定所定义的运动动画在播放时的精细程度。

3."动态间隙"选项

"碰撞动作"下拉列表 无 ▼：指定如果发生碰撞系统将如何操作，包括以下 3 个选项：

● 无 ▼：系统不做任何操作。

● 高亮显示碰撞 ▼：可以继续移动组件，且系统高亮显示发生碰撞的区域。

● 在碰撞前停止 ▼：系统将在发生碰撞前停止运动，运动停止后组件之间的距离取决于运动动画滑块的设置——滑块越靠近"精细"，距离越短。

认可碰撞 ：如果运动因为碰撞而停止，此按钮允许运动继续通过发生冲突的项目。当然，也可以放开鼠标左键，然后开始一个新的拖动，将组件从碰撞的对象中移走，而不必认可此碰撞。

"碰撞检查模式"选项：指定在重定位期间对哪些类型的对象检查间隙，包括"小平面/实体"和"快速小平面"两个单选按钮。

下面，通过平口钳组件重新定位范例来介绍组件重新定位的一般过程，平口钳三维模型如图 13-9 所示。

【例 13-2】 平口钳组件重新定位范例

（1）平移活动钳口

01 启动 UG NX 5.0，执行【文件】|【打开】命令，弹出"打开部件文件"对话框，打开光盘目录下文件" section13\pingkouqian\pingkouqianzhuangpei.prt"，进入装配应用模块。

02 选择如图 13-10 所示的活动钳口，执行【装配】|【组件】|【贴合组件】命令，或在"装配"工具条上单击 🔣 按钮，弹出如图 13-11 所示的"配对条件"对话框。

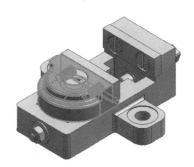

图 13-10 选择活动钳口结果

图 13-11 "配对条件"对话框

图 13-9 平口钳三维模型

UG NX 5.0 中文版入门实战与提高

13
Chapter

13.1
13.2
13.3
13.4
13.5
13.6
13.7

03 在"配对条件"对话框条件列表框中，取消如图 13-11 所示的"距离-平面的->平面的"选项，即单击该选项前面复选框中的"√"，单击 应用 按钮，然后单击 确定 按钮，退出该对话框，此时，活动钳口在螺杆轴线方向上无约束。

04 重新选中活动钳口，如图 13-10 所示，执行【装配】|【组件】|【重新定位组件】命令，或在"装配"工具栏上单击 按钮，弹出"重新定位组件"对话框。

05 在"重新定位组件"对话框中单击 按钮，则弹出如图 13-12 所示的"变换"对话框，此时，可以通过原点手柄直接拖动活动钳口，在平行于螺杆轴线方向上平移，但无法准确定位，可以通过"平移"方法来实现活动钳口的准确重新定位。

图 13-12 "变换"对话框

06 在"变换"对话框的"DY"文本框中输入"-40"，即设定活动钳口平移距离，单击 确定 按钮，返回"重新定位组件"对话框，再单击 确定 按钮，关闭该对话框，完成活动钳口的平移操作，平移操作结果如图 13-13 所示。

图 13-13 活动钳口平移结果

（2）旋转螺母

01 选择如图 13-14 所示的螺母，在该螺母上单击鼠标右键，在弹出的右键快捷菜单中选择【重定位】选项，弹出"重新定位组件"对话框，同时，拖动手柄出现在螺母上。此时，可以通过拖动手柄上的旋转手柄直接手动旋转螺母，但无法精确把握旋转角度。下面，通过绕直线旋转方法来实现螺母的精确旋转。

图 13-14 选择螺母结果

02 在"重新定位组件"对话框中单击 按钮，则弹出"点"对话框。

03 "点"对话框中各选项保持其默认值，在工作界面中选择螺杆端面中心点，单击 确定 按钮，弹出"矢量"对话框，如图 13-15 所示。

图 13-15 "矢量"对话框

04 在"矢量"对话框中其他选项保持默认的情况下,单击  按钮,然后单击 确定 按钮,则返回"重新定位组件"对话框。

05 在"重新定位组件"对话框的角度文本框中输入"30",单击 确定 按钮,螺母旋转完成,其结果如图 13-16 所示。

图 13-16 旋转螺母结果

13.2 克隆装配

UG NX 5.0

克隆装配是在现有装配模型的基础上,创建一个新的装配模型的操作。克隆用于在一次单独操作中创建一个新装配或一组相关装配(例如 WAVE 控制及产品装配),这些相关装配共享类似的装配结构,并与已存在的装配模型相关,但是具有不同的组件引用。例如,可以使用一组核心公用组件创建一个装配的不同版本,同时,在保持核心组件不变的情况下修改或替换其他组件。

克隆装配保持零部件相互关系不变,如配对条件、组件交叉表达式等,应用克隆装配技术可以快速开发装配结构和部件相似的系列产品。

克隆操作不能对图样文件引用进行编辑,这意味着原始装配和组件中的任何图样文件引用在其克隆的版本中是相同的。

13.2.1 克隆装配的创建与编辑

克隆装配的创建与编辑是通过如图 13-17 所示的菜单栏【装配】|【克隆】的级联菜单来实现的,UG NX 5.0 系统软件默认情况下,【装配】下拉菜单中没有【克隆】选项,可通过执行【工具】|【定制】命令将该级联菜单添加到【装配】下拉菜单中。

1. 克隆装配的创建

执行【装配】|【克隆】|【创建克隆装配】命令,弹出如图 13-18 所示的"克隆装配"对话框,通过该对话框,可以实现克隆装配操作。

"克隆装配"对话框共有 4 个选项卡,分别为"主界面"、"加载选项"、"命名"和"日志文件"选项卡,如图 13-18 至图 13-21 所示。

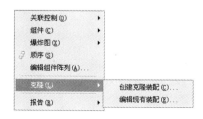

图 13-17 【克隆】的级联菜单

UG NX 5.0 中文版入门实战与提高

13
Chapter

13.1
13.2
13.3
13.4
13.5
13.6
13.7

图 13-18 "主界面"
选项卡

图 13-19 "加载选项"
选项卡

图 13-20 "命名"选
项卡

图 13-21 "日志文件"
选项卡

（1）"主界面"选项卡

包括与选择要克隆的项目、生成报告和执行克隆操作有关的选项。

添加装配：单击 添加装配 按钮，弹出如图 13-22 所示的"将装配加入克隆操作"对话框，来选择欲克隆的装配，所有组件都包括在克隆操作中，而且可以选择多个装配以同时操作它们。

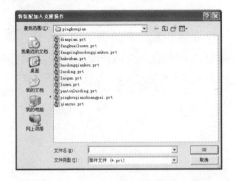

图 13-22 "将装配加入克隆操作"对话框

添加部件：单击 添加部件 按钮，弹出如图 13-23 所示的"将部件加入克隆操作"对话框，来选择欲克隆的部件。

图 13-23 "将部件加入克隆操作"对话框

克隆 ▼："默认克隆操作"下拉列表框用来指定组件的默认操作是克隆（引用种子组件的一个克隆）还是保留（引用原始组件）。

异常：调出如图 13-24 所示的"操作异常"对话框，在其中可以指定默认克隆操作的异常情况，并应用于选定的组件。

图 13-24 "操作异常"对话框

仅根部件 ▼：指定 报告到信息窗口 选项的报告类型，包括：

● "仅根部件"选项：报告操作中加载的所有顶级装配，报告中不包括组件。
● "简洁"：只报告以输入名称排序的输入及输出名称。

- ● "完整"：生成一个完整报告，包括对每个种子部件进行何种操作以及在克隆的装配中新部件的名称是什么。

报告到信息窗口：生成在 仅根部件 ▼ 选项中指定的报告类型，并显示在"信息"窗口中。

设置默认值：将默认设置应用于所有未指定异常的组件，此选项不执行克隆操作，但将对克隆定义进行评估，以确保已指定所有需要的数据。

重置默认值：清除所有使用 设置默认值 的设置。

执行：执行克隆操作，然后显示如图13-25 所示的"输出名称"对话框，在其中显示仍然存在的克隆操作的数据，但输出名称重置为空，这对于将同一装配多次克隆为不同的输出装配很有用。

图 13-25 "输出名称"对话框

"空运行"复选框：当选中此选项时，单击 执行 按钮所进行的克隆操作将为空运行，不真正执行克隆操作。

清除：清除所有与克隆操作关联的数据，从而可以再次开始操作或执行新的克隆操作。

（2）"加载选项"选项卡

此选项用来设置与加载有关的选项。

"加载方式"选项指定系统如何搜索要加载的文件，添加部件 和 添加装配 与"主界面"选项卡上相应按钮作用相同。

（3）"命名"选项卡

○ **小技巧**

执行【文件】|【选项】|【装配加载选项】命令，打开"装配加载选项"对话框，可以设置装配加载选项，这些选项不但应用于其他装配加载操作，还影响克隆装配操作。

该选项卡用来指定如何命名克隆的组件。

用户名 ▼ ："克隆命名"选项指定默认命名是由用户定义还是应用命名规则，命名规则可在执行 定义命名规则 后使用。

异常：调出"命名异常"对话框，在其中可以指定使用 定义命名规则 选项定义的命名规则的例外情况，异常将应用于选定的组件。

定义命名规则：单击 定义命名规则 按钮，弹出如图 13-26 所示的"命名规则"对话框，用于定义克隆的组件默认命名。

图 13-26 "命名规则"对话框

"默认输出目录"文本框：用于指定输出文件（例如日志文件）的默认目录。

（4）"日志文件"选项卡

指定输出日志文件：用于指定一个克隆日志文件以记录克隆操作的映射。

加载并应用现有日志文件：加载以前的克隆日志文件，其映射将在克隆操作中重复。

2．克隆装配的编辑

执行【装配】|【克隆】|【编辑克隆装配】命令，弹出"编辑装配"对话框，通过该对话框，编辑克隆装配操作，克隆装配的编辑方法与克隆装配的创建方法相同。

13

Chapter

13.1

13.2

13.3

13.4

13.5

13.6

13.7

13.2.2　平口钳装配克隆创建范例

　　下面将通过平口钳装配克隆创建范例来介绍克隆装配创建的一般过程。

　　【例 13-3】　平口钳装配克隆创建范例

01　启动 UG NX 5.0，执行【文件】|【打开】命令，弹出"打开部件文件"对话框，打开光盘目录下文件"section13\pingkouqian\pingkouqianzhuangpei.prt"，进入装配应用模块。

02　执行【装配】|【克隆】|【创建克隆装配】命令，弹出如图 13-18 所示的"克隆装配"对话框。

03　在"克隆装配"对话框"主界面"选项卡中单击 添加装配 按钮，弹出如图 13-22 所示的"将装配加入克隆操作"对话框，在其中找到光盘文件"section13\pingkouqian\pingkouqianzhuangpei.prt"，单击 OK 按钮，返回"克隆装配"对话框。

04　在"克隆装配"对话框"命名"选项卡中单击 定义命名规则 按钮，弹出如图 13-26 所示的"命名规则"对话框，选择"加前缀"单选按钮，在"添加/替换/重命名线串"文本框中输入"New_"单击 确定 按钮，关闭"命名规则"对话框。

05　在"克隆装配"对话框"命名"选项卡中单击 浏览 按钮，在弹出的"选择默认输出目录"对话框中，选择输出目录，或在合适的位置（如"c:/"）建立新的输出目录"output"，然后选择该目录，单击 确定 按钮，返回"克隆装配"对话框。

06　在"克隆装配"对话框"主界面"选项卡中单击 设置默认值 按钮，若无命名异常提示，则在工作界面提示栏中提示"默认应用成功完成"，否则需要重新定义命名规则。

07　在"克隆装配"对话框"主界面"选项卡中单击 异常 按钮，弹出如图 13-27 所示的"命名异常"对话框。

图 13-27　"命名异常"对话框

08　在该对话框中可以查看、编辑输出克隆装配和组件的名称，如果想更改输出克隆装配的名称，则在列表框中选择"pingkouqianzhuangpei（默认）New_pingkouqianzhuangpei"选项，然后单击 应用 按钮，弹出"输出名称"对话框，如图 13-28 所示。在"查找范围"选项中找到"c:\output"，在"文件名"文本框中输入"newpingkouqianzhuangpei"，单击 OK 按钮，返回"克隆装配"对话框，此时原选项名称改为"pingkouqianzhuangpei（用户名）newpingkouqianzhuangpei"，单击 取消 按钮，关闭"命名异常"对话框。

图 13-28　"输出名称"对话框

09　在"克隆装配"对话框"主界面"选项卡中单击 执行 按钮，系统弹出"信息"窗口显示克隆装配日志，克隆操作完成，可以在目录"c:\output"中找到生成的克隆装配及其组件。

13.2.3　平口钳克隆装配编辑范例

下面将通过平口钳装配克隆编辑范例来介绍克隆装配编辑的一般过程。

【例13-4】　平口钳装配克隆编辑范例

01 拷贝光盘上的文件"section13\ fangxing huodongqiankou.prt"到"c:\output"目录中。

02 启动 UG NX 5.0，执行【文件】|【打开】命令，弹出"打开部件文件"对话框，打开文件"c:\output \newpingkouqian zhuangpei.prt"，进入装配应用模块。

03 执行【装配】|【克隆】|【编辑克隆装配】命令，弹出"编辑装配"对话框。

04 在"克隆装配"对话框"主界面"选项卡中单击 添加装配 按钮，弹出如图13-29 所示的"已加载的部件将不更新"警告对话框，单击 确定 按钮，返回"克隆装配"对话框。

图 13-29　"已加载的部件将不更新"对话框

05 在"克隆装配"对话框"主界面"选项卡中单击 异常 按钮，弹出"操作异常"对话框。

06 在"操作异常"对话框中的"新的操作"下拉列表中选择 替换 选项，在列表框中选择"new_huodongqiankou（默认）"选项，单击 应用 按钮，弹出"替换部件"对话框，在其中选择"fangxinghuodongqiankou.prt"文件，单击 OK 按钮，则列表框中所选名称变为"new_huodongqiankou（替换）fangxinghuodongqiankou"，单击 取消 按钮，返回"编辑装配"对话框。

07 在"克隆装配"对话框"主界面"选项卡中单击 执行 按钮，弹出"信息"对话框，单击 关闭 按钮，完成克隆装配的编辑操作。

08 执行【文件】|【关闭】|【所有部件】命令，然后重新打开"c:\output \newpingkouqianzhuangpei.prt"文件，则发现活动钳口已经替换为如图13-30 所示。

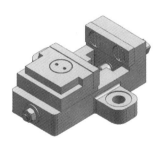

图 13-30　编辑克隆结果

13.3　装配顺序

装配顺序功能用来控制一个装配的装配和拆卸顺序，可以通过创建动画，模拟和回放序列信息。

在装配应用模块中，执行【装配】|【顺序】命令，或在"装配"工具条上单击 按钮，进入装配顺序任务环境，同时显示如图 13-31 所示的"装配次序和运动"工具条和如图 13-32 所示的"装配次序回放"工具条。

13
Chapter

13.1

13.2

13.3

13.4

13.5

13.6

13.7

图 13-31 "装配次序和运动"工具条

图 13-32 "装配次序回放"工具条

13.3.1 减速器输出轴装配安装顺序创建范例

安装顺序用来表示组成装配模型的各组件的装配过程，下面通过第 11 章中创建的减速器输出轴装配来介绍安装顺序的创建过程。

【例 13-5】 减速器输出轴装配安装顺序创建范例

01 启动 UG NX 5.0，执行【文件】|【打开】命令，弹出"打开部件文件"对话框，打开光盘目录下文件"section13\shuchuzhouzhuangpei \ shuchuzhouzhuangpei.prt"，进入装配应用模块。

○ **小技巧**

可以应用快捷键【Ctrl】+【N】实现文件"新建序列"操作。

02 执行【装配】|【顺序】命令，或在"装配"工具条上单击 按钮，进入装配顺序任务环境。

03 在"装配次序和运动"工具条或"标准"工具条上单击 按钮，创建名称为"序列_1"的新装配序列，此时资源栏中的序列导航器如图 13-33 所示。

建立装配顺序就是建立一个装配模型的安装与拆卸过程，可以使用"装配顺序"工具条或装配顺序任务环境菜单的各项功能来完成这一过程，也可以使用装配顺序导航器来完成某些操作。

下面将使用减速器输出轴装配模型，来分别介绍安装顺序与拆卸顺序的创建过程。

图 13-33 序列导航器

04 在序列导航器中展开"已预装"节点，并选择所有该节点下的基本节点（按住【Ctrl】键，然后选择各个节点，或先选择第一个节点，按住【Shift】键，选择最后一个节点），然后在这些节点上单击鼠标右键，在弹出的快捷菜单中选择【移除】选项，则所选组件被移动到新建的"未处理的"节点下，如图 13-34 所示。

图 13-34　执行【移除】命令后序列导航器

05 在序列导航器中的"未处理"节点下选择"zhou"子节点，单击鼠标右键，在弹出的快捷菜单中选择【装配】选项，则该选项被添加到"已预装"节点下，该节点前面图标 ↓ 表示该步已经完成回放，图标 表示该步为一个安装步，该节点在"步进"列中的数值为"10"，表示该步所用的时间，此时输出轴模型出现在工作界面。

06 重复上一步骤，依次安装"jian"（键）和"chilun"（齿轮）。

07 在序列导航器中的"未处理"节点下同时选择两个"zhoucheng"（轴承）子节点，在其上单击鼠标右键，在弹出的右键快捷菜单中选择【一起装配】选项，

则所选两个轴承作为一个序列组安装在模型中。此时在序列导航器的"已预装"节点下添加了"序列组 1"安装步，减速器输出轴装配顺序创建完毕，序列导航器如图 13-35 所示。

图 13-35　创建装配序列结果序列导航器

○ 小技巧

序列动作只有在包含序列的部件是显示部件时才可以执行。

08 创建完装配序列后，可以通过如图 13-32 所示的"装配次序回放"工具栏实现装配顺序回放演示。

13.3.2　减速器输出轴装配拆卸顺序创建范例

拆卸顺序用来演示产品的拆卸过程，是安装顺序的逆过程，下面通过创建减速器输出轴装配顺序，来介绍拆卸顺序创建的一般过程。

【例 13-6】　减速器输出轴装配拆卸顺序创建范例

01 启动 UG NX 5.0，执行【文件】|【打开】命令，弹出"打开部件文件"对

话框，打开光盘目录下文件 "section13\shuchuzhouzhuangpei\shuchuzhouzhuangpei.prt"，进入装配应用模块。

02 执行【装配】|【顺序】命令，或在"装配"工具条上单击 按钮，进入装配顺序任务环境。

03 在"装配次序和运动"工具条上或"标准"工具条上，单击 按钮，创建

UG NX 5.0 中文版入门实战与提高

13
Chapter

13.1

13.2

13.3

13.4

13.5

13.6

13.7

名称为"序列_1"的新装配序列。

04 在序列导航器中展开"已预装"节点，并选择所有该节点下两个"zhoucheng"（轴承）基本节点，然后在其上单击鼠标右键，在弹出的快捷菜单中选择【一起拆卸】选项，则添加名为"序列组 1"的安装步。

05 重复上一步骤，依次拆卸 "chilun"（齿轮）、"jian"（键）和"zhou"（轴），减速器输出轴拆卸顺序创建完毕。

06 创建完拆卸序列后，可以通过如图 13-32 所示的"装配次序回放"工具栏实现装配顺序回放演示。

13.4　WAVE 技术

UG NX 5.0

WAVE（What-if Alternative Value Engineering）技术是一种基于装配建模的相关性参数化设计技术，使用它可以在不同部件之间建立参数相关关系，即"部件间关联"，实现部件之间几何对象的相互关联。而且这种相互关联不是简单的复制关系，当一个部件发生变化时，与之相关的另一个部件特征会相应的发生变化，二者同步进行，其作用与部件间关联表达式类似。

WAVE 提供的基本功能包括：

● 将几何体从一个部件关联地复制到另一个部件，通常在装配内使用。
● 在某些部件或所有部件中延迟链接几何体的更新。
● 查询和了解部件间关系。

WAVE 技术主要应用于以下 3 个方面：

● 相关的部件间建模（Inter-part Modeling）：是 WAVE 的最基本用法。
● 自顶向下设计（Top-Down Design）：用总体概念设计控制细节的结构设计。
● 系统工程（System Engineering）：采用控制结构方法实现系统建模。

利用 WAVE 技术可以减少设计修改成本和时间，并保持设计的一致性，最适合于复杂产品的几何界面相关性、产品系列化和变型产品的快速设计。

WAVE 技术主要通过【装配】|【WAVE】级联菜单来实现，如图 13-36 所示。

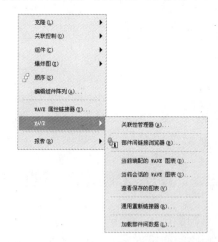

图 13-36　【WAVE】级联菜单

13.4.1　WAVE 几何链接器

WAVE 几何链接器用来将几何体从装配中的其他部件复制到工作部件，副本可以是关联的，也可以是非关联的。

要打开 WAVE 几何链接器，有以下

两种方式：

- 单击装配工具条上的 WAVE 几何链接器 。
- 执行【插入】|【关联复制】|【WAVE 几何链接器】命令。

执行上述任一操作，弹出如图 13-37 所示的"WAVE 几何链接器"对话框。

图 13-37　"WAVE 几何链接器"对话框

下面先介绍该对话框中的各选项。

1．类型

该选项用于选择链接几何体的类型，"类型"下拉列表如图 13-38 所示，有以下选项：

图 13-38　"类型"下拉列表

（1）复合曲线

链接当前装配模型中的一个部件的一条或多条曲线（包括实体的边）到当前工作部件。

（2）点

链接当前装配模型中的一个部件的一个或多个点（包括 Curve/Edge 控制点）到当前工作部件。

（3）基准

链接当前装配模型中的一个部件的基准轴或基准面到当前工作部件。

（4）面

链接当前装配模型中的一个部件的一个或多个面到当前工作部件。

（5）面区域

链接当前装配模型中的一个部件的一个或多个表面区域到当前工作部件。

（6）体

链接当前装配模型中的一个或多个实体或片体到当前工作部件。

（7）镜像体

链接当前装配模型中的一个部件的部件实体或片体镜像到当前工作部件。

（8）管线布置对象

链接当前装配模型中的一个部件的管路对象到当前工作部件。

2．设置

该选项用于设置链接关系，有下面几个选项："关联"、"隐藏原先的"、"固定于当前时间戳记"和"允许自相交"复选框等。

相对于类型选择的不同，以下各选项有所不同。

（1）关联

将链接特征关联到父几何体，使其在父几何体更改时随之更新。

（2）隐藏原先的

隐藏原始几何体，在关联性复制几何体后，将原几何体隐藏。

（3）固定于当前时间戳记

该选项打开时（默认的状态是关闭：OFF），使所关联性复制的几何体保持此状态，后加的特征不会对复制的几何体产生作用。

（4）允许自相交

允许选择自相交的曲线。

一般来讲,关联性复制几何体可以在任意两个组件之间进行,可以是同级组件,也可以是上下级组件之间,使用 WAVE 几何链接器的步骤如下:

（1）在装配应用模块中,确认欲复制的原组件处于显示状态。

（2）新建目标组件到装配体中,并成为工作部件。

（3）打开"WAVE 几何链接器"对话框,选择一种链接几何体的类型。

（4）在图形窗口选择要复制的几何体。

（5）对复制几何体进行操作,编辑目标组件。

13.4.2 WAVE 关联性管理器

WAVE 关联性管理器用来控制部件之间相关对象,如装配配对条件、部件间表达式和部件间链接的更新操作,控制部件间对象何时更新,可用于更新延迟更新的部件或更新选定的过时部件及对部件冻结状态的修改。

执行【装配】|【WAVE】|【WAVE 关联性管理器】命令,弹出如图 13-39 所示的"关联性管理器"对话框。

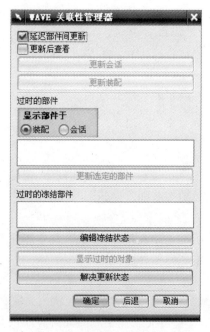

图 13-39 "关联性管理器"对话框

"关联性管理器"对话框部分选项说明如下。

（1）"延迟部件间更新"复选框：延迟所有部件间对象的更新。

（2）"更新后查看"复选框：允许同时查看更新之前和更新之后的实体。

（3）更新会话：开始对所有已加载的过时部件进行更新。

（4）更新装配：开始对仅在显示装配中的过时部件进行更新。

（5）"过时的部件"选项：控制此选项下的列表框是显示会话中的所有过时部件,还是仅显示当前装配中的所有过时部件。

（6）更新选定的部件：开始对"过时的部件"列表中选定的部件进行更新,与更新会话不同,该选项将更新部分加载的部件。

（7）编辑冻结状态：用来指定选中的部件是未冻结的、仅冻结于当前会话,还是永久冻结。

（8）显示过时的对象：列出关于选定部件的过时部件间对象的信息,该选中部件可从"过时的部件"列表或"过时的冻结部件"列表中选择,此信息包括部件为何过时、涉及的父部件和哪位用户更改了哪些父部件,而使部件过时的详细信息。

（9）解决更新状态：打开一个对话框,其中的选项可用于更新非冻结部件和加载其父部件。

13.4.3　WAVE 部件间链接浏览器

部件间链接浏览器用于查看有关链接对象的信息（对象选项）、链接特征（特征选项）以及包含链接的部件之间的相关性（部件选项）。

执行【装配】|【WAVE】|【部件间链接浏览器】命令，或在"装配"工具条上单击 按钮，弹出如图 13-40 所示的"部件间链接浏览器"对话框。根据"要检查的链接"选项的不同，该对话框中的选项也不同，当选中"特征"单选按钮时，如图 13-41 所示；当选中"部件"单选按钮时，如图 13-42 所示。

图 13-40　"部件间链接浏览器"对话框

图 13-41　"部件间链接浏览器"对话框

图 13-42　"部件间链接浏览器"对话框

1．部件间链接浏览器中的对象

当在"要检查的链接"选项中选中"对象"单选按钮时，可查看与选定的链接对象（几何体或部件间表达式）链接的所有对象；"对象"选项还提供用于分析和操作链接对象的功能，如断开和编辑链接。

2．部件间链接浏览器中的特征

当在"要检查的链接"选项中选中"特征"单选按钮时，可查看从选定部件到其他部件的所有链接特征和表达式。

3．部件间链接浏览器中的部件

当在"要检查的链接"选项中选中"部件"单选按钮时，可查看在选定部件之间（通过 WAVE 链接几何体或部件间表达式）链接的所有部件。

UG NX 5.0 中文版入门实战与提高

13
Chapter

13.1

13.2

13.3

13.4

13.5

13.6

13.7

13.4.4 WAVE 几何链接器应用范例

现在通过 WAVE 几何链接器来创建如图 13-43 所示的壳体端盖，以介绍 WAVE 几何链接器的应用方法与过程。

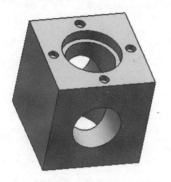

图 13-43 下壳体三维模型

【例 13-7】 WAVE 几何链接器应用范例

01 启动 UG NX 5.0，执行【文件】|【打开】命令，弹出"打开部件文件"对话框，打开光盘目录下文件"section13\ketizhuangpei \ketizhuangpei.prt"，进入装配应用模块。

02 执行【装配】|【组件】|【新建】命令，在弹出的"类选择"对话框中直接单击 确定 按钮，弹出"新建组件"对话框。

03 在"新建组件"对话框中选择"模型"模板，并在"新文件名"选项"名称"文本框中输入"ketigai.prt"，单击 确定 按钮，弹出"新建组件"放置对话框，保持默认设置，单击 确定 按钮，添加新组件完成。

04 在装配导航器中选择"ketigai"部件，在其上单击鼠标右键，在弹出的右键快捷菜单中选择【转为工作部件】选项，此时壳体变灰，说明其此时只是显示部件。

05 执行【插入】|【关联复制】|【WAVE 几何链接器】命令，弹出如图 13-37

所示的"WAVE 几何链接器"对话框。

06 在"WAVE 几何链接器"对话框类型选项中选择 面 ，然后选择如图 13-44 所示的壳体上端面，选中"固定于当前时间戳记"复选框，单击 确定 按钮，返回工作界面，此时建立了两部件间的链接。

图 13-44 壳体端面选择

07 单击"特征"工具条上的 按钮，弹出"拉伸"对话框，选择刚创建的壳体上端面的链接面，进入草图工作环境。

08 在"草图"工具条上单击【投影曲线】按钮 ，弹出"投影曲线"对话框，选择链接面，则投影出如图 13-45 所示的草图。单击"投影曲线"上的 确定 按钮，然后单击"草图生成器"上的 完成草图 按钮，退出草图工作环境。

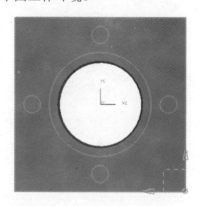

图 13-45 投影曲线结果

09 在"拉伸"对话框"限制"选项"距离"文本框中输入"5"，单击 确定 按钮，建立壳体端盖，结果如图 13-46 所示。

图 13-46　壳体端盖创建结果

10 现在验证壳体端盖与壳体中间的关联性。在装配导航器中双击"keti"节点，使其成为工作部件，并单击"ketigai"节点前的√，使其隐藏。

11 用鼠标左键双击壳体上端面上任意螺纹孔，弹出"编辑参数"对话框，单击 实例阵列对话框 按钮，弹出实例阵列"编辑参数对话框"，在"数量"文本框中输入"6"，在"角度"文本框中输入"60"，单击 确定 按钮，返回"编辑参数"对话框，单击 确定 按钮，完成螺纹孔阵列的修改，修改结果如图 13-47 所示。

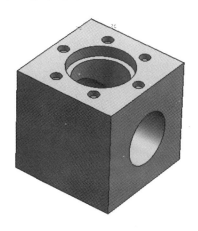

图 13-47　壳体编辑结果

12 单击"ketigai"节点前的√，使其重新显示，然后用鼠标左键双击装配节点"ketizhuangpei"，使整个装配体成为当前工作部件，此时，壳体端盖并未变化。

13 执行【装配】|【WAVE】|【通用重新链接器】命令，弹出如图 13-48 所示的"通用重新链接器"对话框，在"重新链接"选项中单击【重新链接】按钮 ，刷新当前装配体中的 WAVE 链接，单击 确定 按钮，返回工作界面，壳体端盖得到更新，结果如图 13-49 所示。

图 13-48　"通用重新链接器"对话框

图 13-49　壳体端盖更新结果

13

Chapter

13.1

13.2

13.3

13.4

13.5

13.6

13.7

13.5 综合实例

本实例将使用平口钳装配来演示组件替换和装配顺序的创建,以使读者巩固本章所学知识。

本实例最终效果如图 13-50 所示。

○ **设计思路**

先将平口钳装配中的活动钳口替换为方形活动钳口,然后创建该平口钳装配的安装顺序和拆卸顺序。

○ **练习要求**

练习替换组件操作,熟练掌握安装顺序和拆卸顺序的创建方法与过程。

制作流程预览

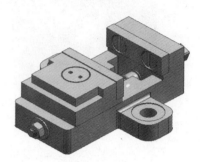

图 13-50 平口钳

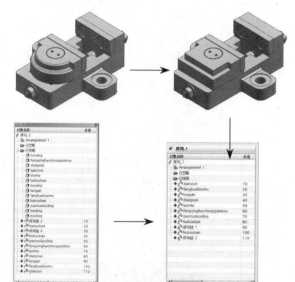

○ **制作重点**

1. 替换组件操作。
2. 平口钳安装顺序创建。
3. 平口钳拆卸顺序创建。

01 启动 UG NX 5.0,执行【文件】|【打开】命令,弹出"打开部件文件"对话框,打开光盘目录下文件"section13\pingkouqian \pingkouqianzhuangpei.prt",进入装配应用模块,平口钳三维模型如图 13-51 所示。

图 13-51 平口钳三维模型

02 选择如图 13-52 所示的活动钳口，执行【装配】|【组件】|【替换组件】命令，弹出"替换组件"对话框。

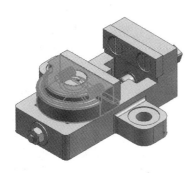

图 13-52　选择活动钳口

03 在"替换组件"对话框中单击 维持配对关系(M) 按钮，弹出"选择部件"对话框。

04 在"选择部件"对话框中单击 选择部件文件 按钮，在弹出的"部件名"对话框中找到光盘目录中的文件"section13\pingkouqian\fangxinghuodongqiankou.prt"，单击 OK 按钮，弹出"替换组件"对话框。

05 保持所有选项为默认设置，单击 确定 按钮，完成组件的替换，效果如图 13-53 所示。

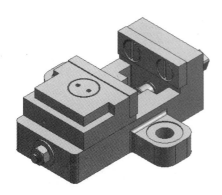

图 13-53　替换结果

06 执行【装配】|【顺序】命令，或在"装配"工具条上单击 按钮，进入装配顺序任务环境。

07 在"装配次序和运动"工具条或"标准"工具条上单击 按钮，创建名称为"序列_1"的新装配序列，此时资源栏中序列导航器如图 13-54 所示。

图 13-54　初始序列导航器

08 在序列导航器中展开"已预装"节点，并选择所有该节点下的基本节点（按住【Ctrl】键，然后选择各个节点，或先选择第一个节点，按住【Shift】键，选择最后一个节点），然后在这些节点上单击鼠标右键，在弹出的快捷菜单中选择【移除】选项，则所选组件被移动到新建的"未处理的"节点下，如图 13-55 所示。

图 13-55　删除预装配组件后的序列导航器

UG NX 5.0 中文版入门实战与提高

13 Chapter

13.1
13.2
13.3
13.4
13.5
13.6
13.7

09 在序列导航器中的"未处理"节点下选择"qianzuo"子节点，单击鼠标右键，在弹出的快捷菜单中选择【装配】选项，则该选项被添加到"已预装"节点下。该节点前面图标 ⬇ 表示该步已经完成回放，图标 ⬈ 表示该步为一个安装步，该节点在"步进"列中的数值为"10"，表示该步所用的时间，此时平口钳模型出现在工作界面。

10 重复上一步骤，依次安装"fangkuailuomu"、"luogan"、"dianpian"、"luomu"、"fangxinghuodongqiankou"、"pantouluoding"和"houkouban"。

11 在序列导航器中的"未处理"节点下同时选择两个与刚刚安装的"houkouban"对应的"luoding"子节点，在其上单击鼠标右键，在弹出的右键快捷菜单中选择【一起装配】选项，则所选两个螺钉作为一个序列组安装在模型中，此时在序列导航器的"已预装"节点下添加了"序列组1"安装步；同样添加另一个"houkouban"及对应的"luoding"。创建完毕，此时序列导航器如图13-56所示，单击"标准"工具栏上的按钮，完成平口钳组件安装序列"序列_1"的创建。

图 13-56　安装后序列导航器

12 执行【装配】|【顺序】命令，或在"装配"工具条上单击 🔧 按钮，进入装配顺序任务环境。

13 在【装配次序和运动】工具条或"标准"工具条上单击 🔧 按钮，创建名称为"序列_2"的新装配序列。

14 在序列导航器中展开"已预装"节点，并选择所有该节点下两个"luoding"基本节点，然后在其上单击鼠标右键，在弹出的快捷菜单中选择【一起拆卸】选项，则添加名为"序列组1"的安装步。

15 重复上一步骤，依次拆卸与之对应的"houkouban""、另两个"luoding"和与之对应的"houkouban""、"pantouluoding"、"fangxinghuodongqiankou"、"luomu"、"dianpian"、"luogan"和"fangkuailuomu"，单击"标准"工具栏上的按钮，完成平口钳组件拆卸"序列_2"的创建，结果如图13-57所示。

图 13-57　拆卸序列导航器

16 创建完拆卸序列后，可以通过"装配次序回放"工具栏实现装配顺序回放演示。

13.6 本章技巧荟萃

UG NX 5.0

● 执行【文件】|【选项】|【装配加载选项】命令，打开"装配加载选项"对话框，可以设置装配加载选项，这些选项不但应用于其他装配加载操作，还影响克隆装配操作。
● 可以应用【Ctrl＋N】快捷键实现文件"新建序列"操作。
● 序列动作只有在包含序列的部件是显示部件时才可以执行。

13.7 思考与练习

UG NX 5.0

1．概念题

（1）什么是克隆装配？克隆装配的技术特点是什么？

（2）什么是 WAVE 技术？WAVE 技术与部件间表达式有何区别？

2．操作题

使用例 13-7 的结果，拉伸壳体端盖上阵列孔直径，使其值为 12mm，并能够随下壳体阵列孔的变化而变化，结果如图 13-58 所示（提示：使用"偏置曲线编辑"拉伸草图，创建一个圆，然后拉伸一个孔，再阵列该孔，阵列时需要使用部件间表达式建立与下壳体阵列孔的相关性）。

图 13-58　拉伸壳体端盖阵列孔直径结果

读书笔记

第14章 工程制图

学习要点

创建平面工程图是产品从模型设计到生产的一个重要环节,而 UG NX 5.0 创建的零件和装配模型可以引用到工程制图模块中。UG NX 5.0 的制图模块基于三维实体模型,提供了绘制和管理工程图的完整过程与工具,用户可以实现图纸的确定、创建视图、尺寸标注、文字标注、公差标注和各种符号标注等功能。读者通过本章的学习,可熟练掌握 UG NX 5.0 工程制图的基本概念和基本过程,实现符合工程应用的二维工程图纸的快速生成。

学习提要

- 了解平面工程图的建立流程和管理
- 工程制图模块的参数设置
- 创建、添加一般视图的方法
- 剖视图的创建和编辑方法
- 熟悉制作、输出平面工程图的操作方法

14
Chapter

14.1
14.2
14.3
14.4
14.5
14.6
14.7
14.8
14.9

14.1 工程图概述

在 在 UG NX 5.0 系统中，使用工程制图模块可以将已经建立的零件或装配三维模型投影生成二维工程图，而且创建的工程图与三维模型相关，一般不能随意修改二维图，以防破坏三维模型与二维工程图的关联。

除了关联性这一特点外，工程制图模块还有许多其他特点，包括：

- 直观的、简单易用的图形用户界面，可以快速方便地创建图纸。
- "在图纸上"工作的画图板模式，此方法类似于制图人员在画图板上工作的方式，可以极大地提高生产效率。
- 支持新的装配体系结构和并行工程，允许制图人员在设计人员对模型进行处理的同时制作图纸。
- 具有对自动隐藏线渲染和剖面线创建完全关联的横截面视图的功能。

- 自动使正交视图对齐，可以快速地将视图放置到图纸上，而不必考虑其是否对齐。
- 图纸视图的自动隐藏线渲染。
- 具有从图形窗口编辑大多数制图对象（如尺寸、符号等）的功能，可以创建制图对象并立即对其进行更改。
- 制图期间屏幕上的反馈可减少返工和编辑工作。
- 用于对图纸进行更新的用户控件提高了用户的生产效率。

由于这些特点，在 UG NX 5.0 系统里可以非常方便、快捷地完成工程图。

14.1.1 工程图绘制的一般过程

执行【开始】|【制图】命令，或单击应用模块工具条上的 ✎ 按钮，可进入制图模块，在制图模块中创建工程图的步骤如下：

（1）设定图纸：设置图纸的尺寸、绘图比例和投影方式等参数。

（2）添加基本视图：添加主视图、俯视图、左视图等基本视图。

（3）添加其他视图：添加投影视图、局部放大图、剖视图等辅助视图。

（4）视图布局：视图移动、复制、对齐、删除以及定义视图边界。

（5）视图编辑：添加曲线、擦除曲线、修改剖视符号、自定义剖面线等。

（6）插入制图符号：插入各种中心线、偏置点、交叉符号等。

（7）图纸标注：标注尺寸、公差、表面粗糙度、文字注释、建立明细栏和标题栏。

（8）输出工程图：输出工程图纸。

14.1.2 图纸管理

一个零件模型或装配模型可以用不同的投影方法、不同的图样尺寸和不同的比

例建立多张二维工程图，图纸管理包括新建工程图、打开工程图、删除工程图和编

辑工程图等。

1. 新建工程图

创建图纸的第一步是制作一张新图纸页。对于以前没有创建图纸的部件，可执行【开始】|【制图】命令，或单击应用模块工具条上的 按钮，可弹出如图 14-1 所示的"图纸页"对话框；若在制图模块中，则执行【插入】|【图纸页】命令，或单击 按钮，则同样弹出如图 14-1 所示的"图纸页"对话框。可通过定义图纸名并指定图纸参数（如"大小"、"比例"、"测量单位"和"投影角度"）来创建新图纸页，在设置了所有图纸参数之后，单击 确定 按钮会将当前的显示替换为新图纸的显示，如果单击 应用 按钮而不是 确定 按钮，软件将创建图纸页，但将禁止自动启动基本视图功能（即使它已启用）。

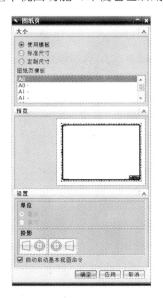

图 14-1 "图纸页"对话框

下面介绍"图纸页"对话框中各选项含义：

（1）大小

"大小"选项包括"使用模板"、"标准尺寸"、"定制尺寸"3 个单选按钮及其他选项。

● "使用模板"单选按扭

选择该选项，"图纸页"对话框如图

14-1 所示。通过"图纸页模板"下拉列表框，使"图纸页模板"列表框可用，如图 14-2 所示，可选择预定义的 A0、A1、A2、A3 和 A4 等 5 种型号公制和英制图纸模板来新建图纸。这些模板虽然带有图框和标题栏，但仅作为一个图形对象，因此不会明显增加部件文件的字节大小，但会影响显示速度。

图 14-2 "图纸页模板"列表框

● "标准尺寸"单选按扭

选择该选项，"图纸页"对话框如图 14-3 所示，使"大小"和"比例"列表框可用。通过如图 14-4 所示的"大小"下拉列表框，可选择 A0、A1、A2、A3 和 A4 等 5 种型号图纸的尺寸作为新建图纸的尺寸，通过如图 14-5 所示的"比例"下拉列表框可以选择所创建图纸的默认比例，可以使用选择列表框中给出的比例，也可以通过"定制比例"选项来定制符合要求比例的图纸。

图 14-3 "图纸页"对话框

UG NX 5.0中文版入门实战与提高

14

Chapter

14.1

14.2

14.3

14.4

14.5

14.6

14.7

14.8

14.9

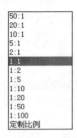

图14-4　"大小"下拉列表框

图14-5　"比例"下拉列表框

● "定制尺寸"单选按扭

选择该选项，"图纸页"对话框如图14-6所示，允许指定图纸页的高度和长度，此时显示"高度"和"长度"文本框以及"比例"下拉列表框。用户可通过在"高度"和"长度"对应的文本框中输入高度和长度值来自定义图纸的尺寸，也可以通过"比例"下拉列表框选择所创建图纸的默认比例。

图14-6　"图纸页"对话框

（2）预览

"预览"选项仅在选择了"使用模板"后可用，显示选定图纸页模板的预览，如图14-1所示。

（3）名称

"名称"选项仅对"标准尺寸"和"定制尺寸"选项可用，如图14-3和图14-6所示。其中"图纸中的图纸页"列表框中列出部件文件中的所有图纸页，可以在其中选择欲定义名称的图纸，"图纸页名称"文本框用来设置图纸页的名称，可为名称输入最多30个字符，默认的图纸页名称是Sheet 1。

（4）设置

"设置"选项只有在"大小"选项中选择了"标准尺寸"和"定制尺寸"单选按钮时才可见，如图14-3和图14-6所示。"设置"选项用来设置所创建图纸的基本设置，包括"单位"和"投影"两个选项。

● "单位"选项用来指定图纸所用单位为 "英寸"或"毫米"。

● "投影"选项用来指定图纸第一象限角投影或第三象限角投影。系统根据各个国家所使用的绘图标准不同提供了两种投影方式可供选择，如果使用中国国家标准，则比较常用的是第1象限角度投影方式；若使用美国绘图标准，则一般使用第3象限角度投影方式。

（5）其他

除了上述选项外，"图纸页"对话框中还有"自动启动基本视图命令"复选框，用来控制在创建图纸页后是否自动显示"基本视图"工具条，如图14-7所示。

图14-7　"基本视图"工具条

2．打开工程图

对于一个零件或装配模型，如果拥有多个不同投影方法、不同图纸比例和图纸尺寸的多个二维工程图，当欲编辑其中一个工程图时，必须先打开该工程图，"打开图纸"

允许用户从先前创建的图纸列表中选择以打开一个现有的图纸。

在部件导航器上"Drawing"节点下选择要打开的工程视图名称所在的节点，然后在该节点上单击鼠标右键，弹出如图 14-8 所示的右键菜单，选择【打开】选项，则使该工程图变为工作状态，注意，选中的节点不能是当前工作工程图。

图 14-8 "部件导航器"图纸右键快捷菜单

3. 删除工程图

在部件导航器上"Drawing"节点下选择要删除的工程视图名称所在的节点，然后在该节点上单击鼠标右键，弹出如图 14-8 所示的右键菜单，选择【删除】选项，则删除选中的工程图纸，注意，不能删除当前工程图纸。

4. 修改工程图

对已经建立的工程图中不符合要求的参数进行修改和编辑。在部件导航器上"Drawing"节点下选择要编辑的工程视图名称所在的节点，然后在该节点上单击鼠标右键，弹出如图 14-8 所示的右键菜单，选择【编辑图纸页】选项，则弹出如图 14-9 所示的"图纸页"对话框，可以修改工程图名称、单位、尺寸和投影等参数设置，其中投影的设置只能在没有创建视图的情况下才可使用。

图 14-9 "图纸页"对话框

14.2 制图预设置
UG NX 5.0

在添加视图前，应预先设置工程图的有关参数，以符合用户习惯和工程制图需要，下面主要介绍视图背景、视图边界、制图栅格的预设置以及制图首选项。

14.2.1 视图背景的预设置

工程图纸视图背景默认颜色为灰色，用户可以对视图背景进行定制。执行【首选项】|【可视化】命令，或在可视化工具条上单击 按钮，弹出如图 14-10 所示的"可视化首选项"对话框。在"颜色设置"选项卡的"图纸部件设置"选项中，选中"单色显示"复选框，然后单击背景选项前的颜色设置框，弹出如图 14-11 所示的"颜色"对话框。选择喜欢的背景颜色，然后单击 确定 按钮，返回"可视化首选项"对话框，单击 确定 按钮，视图背景颜色被设置成所选颜色。

UG NX 5.0 中文版入门实战与提高

14
Chapter

14.1
14.2
14.3
14.4
14.5
14.6
14.7
14.8
14.9

图 14-10 "可视化首选项"对话框的
"颜色设置"选项卡

图 14-11 "颜色"对话框

14.2.2 视图边界的预设置

UG NX 5.0 系统制图模块默认情况下，在图纸中添加视图时，视图是带边界的。若在制图模块中设置视图边界，执行【首选项】|【制图】命令，弹出如图 14-12 所示的"制图首选项"对话框，在"制图首选项"对话框中选择"视图"选项卡，取消"边界"选项中"显示边界"复选框，单击 确定 按钮，则图纸中所有视图边界都不再显示。

图 14-12 "制图首选项"对话框

14.2.3 制图栅格的预设置

UG NX 5.0 系统制图模块默认情况下，在制图背景中显示栅格。栅格就是一系列用于对齐的屏幕位置，用户使用栅格可以以特定栅格比例尺引用或生成对象，栅格设计提供可视化反馈并自动显示比例，便于阅读，用户还可以利用栅格来安排视图和整个图纸布局，可以根据喜好和工作需要设置栅格的消隐和栅格的格式。

在制图应用模块中，执行【首选项】|【工作平面】命令，弹出如图 14-13 所示的"工作平面首选项"对话框。"工作平面首选项"对话框用来设置"图形窗口"栅格和"突出工作平面"模式的参数，其主要的选项介绍如下：

图 14-13 "制图首选项"对话框

（1）栅格类型

栅格类型主要包括矩形和极坐标两种类型，其中矩形包括均匀和非均匀两类，可以通过如图 14-14 所示的"类型"下拉列表来选择栅格类型，分别为矩形均匀、极坐标和矩形非均匀，均匀的栅格在 X 和 Y 方向的间隔相等，不均匀的栅格在 X 和 Y 方向的间隔不等。

图 14-14 "类型"下拉列表

● 矩形均匀：设置栅格为均匀的矩形栅格。
● 矩形非均匀：设置栅格在 XC 和 YC 两个方向间隔不一致。
● 极坐标：设置栅格为极坐标栅格。

不同栅格类型会影响以下各选项。

（2）栅格间距

"栅格间距"选项用来设置栅格线之间的距离，而且随栅格类型不同栅格间距参数也不相同，如图 14-13、图 14-15 和图 14-16 所示，用户可以通过定制栅格类型参数来定制栅格线间距。

○ 小技巧

栅格间距为栅格单位和栅格间隔的乘积。

图 14-15 "制图首选项"对话框

图 14-16 "制图首选项"对话框

（3）栅格设置

"栅格颜色"选项用来从调色板上选择、设定栅格的颜色，单击颜色设置框

UG NX 5.0 中文版入门实战与提高

14
Chapter

14.1
14.2
14.3
14.4
14.5
14.6
14.7
14.8
14.9

，弹出如图 14-11 所示的"颜色"对话框，设置栅格颜色。

- "显示排样"复选框用来控制是否显示图形窗口中的栅格图样。
- "显示着重线"复选框用来控制显示或隐藏栅格着重线。
- "显示标签"复选框用来控制显示或隐藏栅格标签。

14.2.4 制图首选项

制图首选项主要控制以下内容：

- 视图和注释的版本。
- 剖切线是作为单独符号创建的还是带剖视图创建的。
- 在创建期间显示成员视图的预览式样。
- 抽取的边缘面、小平面视图和视图边界的显示。
- 保留注释的显示。

执行【首选项】|【制图】命令，弹出如图 14-17 所示的"制图首选项"对话框，此对话框包括 4 个选项卡，分别是"常规"、"预览"、"视图"和"注释"，下面分别介绍各选项卡内容。

图 14-17 "制图首选项"对话框

- "捕捉到栅格"用来启用捕捉（将显示的屏幕位置指针移动到最近的栅格点），即使在"显示栅格"关闭时，捕捉点也可以捕捉到栅格。

（4）对象不在工作平面上

该选项可以取消突出或"变暗"突出工作平面组内所有未在工作平面上的对象。

1. "常规"选项卡

使用"常规"选项卡可以控制版本。

（1）"版式控制"选项

"保持更新对象版次"复选框控制制图对象（成员视图和注释）的版本。当此选项被选中时，对象的版本在更新时不更改，而且对象根据各自的版本被更新；当此选项被取消时，对象的版本在更新时被忽略，而且对象根据最新的 NX 版本被更新，此选项需要注意两点：

- 该切换开关不是活动按钮，它不强制对象更改或更新；可以取消此选项，然后可更新一个或多个版本升级的制图对象，再选择该选项以防止更新时版本被进一步升级。
- "延迟视图更新"复选框在默认情况下是被选中的，它抑制图纸成员视图在系统发起图纸更新时被更新，可以执行【编辑】|【视图】|【更新视图】命令来手工更新选定视图的版本。
- 【升级所有制图对象和成员视图的版次】按钮用来实现在禁用版本升级时更新所有制图对象和成员视图，使它们的版本重新升级到当前版本。单击 [升级所有制图对象和成员视图的版次] 按钮，弹出如图 14-18 所示的"升级所有对象的版次"警告对话框。

图 14-18　"升级所有对象的版次"警告对话框

【升级选定制图对象和成员视图的版次】按钮用来实现在禁用版本升级时更新选定的制图对象和成员视图，使它们的版本重新升级到当前版本。单击 升级选定制图对象和成员视图的版次 按钮，弹出"类选择"对话框来选择要重新升级其版本的制图对象或成员视图，并且仅重新升级和更新选定项的版本。

（2）"图纸工作流"选项

● "自动启动插入图纸页命令"复选框被选中时，如果部件中没有图纸页，则在进入制图应用模块时启动【插入】|【图纸页】命令。

● "自动启动基本视图命令"复选框被选中时，在插入没有视图的图纸页后，启动【插入】|【视图】|【基本视图】命令。

● "自动启动投影视图命令"复选框被选中时，在插入模型视图后，启动【插入】|【视图】|【投影视图】命令。

（3）"图纸设置"选项

● "使用图纸模板中的设置"单选按钮被选中时，使用图纸模板中的设置。

● "使用标准使用设置"单选按钮被选中时，使用用户默认设置中存储的制图标准的设置。

2. "预览"选项卡

"预览"选项卡如图 14-19 所示，预览设置可以实现：

● 预览的样式用来在创建期间预显示某个成员视图。

● 光标跟踪是打开还是关闭。

● 显示注释的样式。

● 使用这些设置可以在放置视图时增加视觉帮助。

图 14-19　"制图首选项"对话框的"预览"选项卡

（1）"视图"选项

"样式"下拉列表用来选择预览样式类型，"样式"下拉列表如图 14-20 所示，预览样式包括：

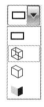

图 14-20　"样式"下拉列表框

● 边界：显示视图边界框。

● 线框：用单色显示线框，有轮廓线和隐藏线。

● 隐藏线框：用单色显示线框，且无轮廓线和隐藏线。

● 着色：显示一个没有背景和高级渲染功能（雾化、纹理等）的彩色着色预览。

UG

NX 5.0 中文版入门实战与提高

14

Chapter

14.1

14.2

14.3

14.4

14.5

14.6

14.7

14.8

14.9

○ 小技巧

通过输入图纸的 *XY* 坐标到 *XC* 和 *YC* 坐标框中（在视图创建图标选项下面），然后按【Enter】键来放置视图，也可以在"偏置"框中输入一个值。

"光标跟踪"复选框被选中时，使用 *XC/YC* 坐标或偏置距离来放置视图。坐标和偏置值在动态输入框中显示，偏置是相对于视图中心的。当光标在图形窗口中移动时，系统会跟踪它在图纸坐标中的位置，并将其显示在图纸的 *XY* 坐标框和偏置框中。

（2）"注释"选项

"样式"下拉列表用来确定在注释放置期间对注释以橡皮筋模式拖动时，控制渲染文本方式的显示方式，"注释"下拉列表如图 14-21 所示，其选项如下：

图 14-21　"注释"下拉列表框

- 文本窗口和指引线：在以橡皮筋模式拖动期间，将文本显示为一个框。
- 详细：在以橡皮筋模式拖动期间，显示实际文本和几何体。

"动态对齐"复选框用来确定打开或关闭显示与注释对象对齐的帮助虚线。

3. "视图"选项卡

"制图首选项"对话框的"视图"选项卡如图 14-12 所示，可以实现：

- 视图何时更新。
- 是否显示视图边界以及用什么颜色显示。
- 如何显示抽取的边缘面。
- 何时显示组件的小平面视图。

（2）"更新"选项

- "延迟视图更新"复选框用来在系统开始图纸更新期间，抑制图纸成员视图更新。
- "创建时延迟更新"复选框被选中时即使在视图更新延迟时，也让新创建的视图立即更新，"延迟视图更新"被取消时，视图总是在创建时更新。

（3）"边界"选项

"显示边界"复选框用来控制是否显示环绕制图视图的边界，用鼠标左键单击"边界颜色"后面的颜色选取块，可以设置边界颜色。

（4）"抽取的边缘面显示"选项

"显示和突出"单选按钮被选中时，用户可以在已抽取边缘的视图中选择面和体，需要创建中心线和形位公差符号（需要与面或实体相关联）之类的对象时，此设置非常有用。需要注意的是，当此选项处于打开状态时，不可选择的实体（即尚未加载或自上次更新视图后尚未修改的实体）将变灰。

"仅显示"单选按钮被选中时，仅选择抽取的边缘视图中的曲线。

（5）"加载组件"选项

- "加载组件"选项可以实现自动加载装配组件，并且达到提取几何数据所必须的程度。该选项被选中时可部分加载实体引用集（如果可用），否则需要完整地加载实体组件。
- "小平面视图上的选择"复选框选中时加载装配组件，以进行多种操作，例如，标注尺寸或将小平面表示视图用作创建剖视图的父视图。
- "小平面视图上的更新"复选框被选中时，加载图纸视图小平面表示的装配组件，以便执行像更新图纸上的剖视图这样的操作。

（6）"视觉"选项

- "透明度"复选框选中时，将使用

透明度设置来绘制在图纸的每个成员视图中的所有着色对象，该设置是使用"视图相关编辑"对话框（或"编辑对象显示"对话框）指定的，取消该选项后，在图纸的每个成员视图中的所有着色对象将显示为不透明的，而不考虑其透明度设置。

- "直线反锯齿"复选框被选中后，将以更平滑的方式绘制直线、曲线和边缘。
- "显示小平面的边"复选框被选中后，将显示为着色面所渲染的三角形小平面的边或轮廓。

（7）【定义渲染集】按钮

- 【定义渲染集】按钮用来选择实体或组件集，并应用以下选项："隐藏线"、"边隐藏边"、"隐藏线颜色"、"线型"、"宽度"以及"可见线颜色"、"线型"和"宽度"，单击

  定义渲染集

  按钮，弹出"定义渲染集"对话框，如图 14-22 所示。

图 14-22　"定义渲染集"对话框

"定义渲染集"对话框中的各选项说明如下：

- "渲染集"列表框列出了所有渲染集。
- "当前集"文本框让用户输入渲染集名称，以创建或显示从渲染集列表框中选择的当前渲染集的名称。
- 【创建】按钮让用户创建新渲染集。在"当前集"文本框中输入一个名称字段，并单击 创建 按钮，则创建以输入名称命名的新渲染集，并将小写名称转换为大写名称，渲染集包括创建渲染集之前选择（高亮显示）的任何实体或组件集。
- 【更新】按钮用来修改渲染集后对该渲染集进行更新，单击 更新 按钮执行与 应用 按钮相同的功能。
- 【删除】按钮用来删除渲染集。如果一个或多个视图正在使用某个渲染集，就会显示一个警告对话框，询问是否仍然要删除该渲染集。
- 【重命名】按钮用来对"渲染集"列表框中的渲染集进行重命名。
- 【组件集】列表框允许用户从列表框中选择组件集。一旦选择了某个组件集，就会高亮显示属于此组件集的实体；如果取消选择某个组件集，也就不再高亮显示其实体。
- 【选择实体】按钮让用户在图纸成员视图中选择实体对象。单击

  选择实体

  按钮，弹出"类选择"对话框，并允许按过滤器（类型、颜色、图层等）进行选择。
- 【取消选择所有对象】按钮让用户不选为当前渲染集选择的所有对象。
- 【隐藏线】按钮允许针对渲染集中的对象控制隐藏线颜色、线型和宽度等设置选项。
- 【可见线】按钮允许针对渲染集中

UG NX 5.0 中文版入门实战与提高

14

Chapter

14.1
14.2
14.3
14.4
14.5
14.6
14.7
14.8
14.9

的对象控制可见线颜色、线型和宽度。

- "隐藏线"复选框允许针对渲染集中的对象控制隐藏线选项的可访问性。选择了该选项之后，可以在打开或关闭隐藏线之间进行切换；当"隐藏线"复选框被选中时，颜色、线型、宽度、"仅参考边"、"边隐藏边"以及"边被自身实体隐藏"这些选项均可用。
- "颜色/线型/线宽"选项允许设置隐藏线和可见线颜色、线型和宽度。
- "仅参考边"复选框控制使用注释来渲染隐藏边。当此选项被选中时，只渲染参考注释的隐藏边，不渲染不被注释参考的隐藏边。
- "边隐藏边"复选框控制被其他重叠边隐藏的那些边的显示。如果此选项被选中，则被其他边隐藏的那些边被修改为在【首选项】|【视图显示】中指定的颜色、线型和宽度；如果此选项被取消，则擦除被其他边隐藏的那些边，并使其不可见且不可选，此功能在以下两方面非常有用：
- 在绘图时，如果"边隐藏边"选项被选中，则绘图仪不会在一条曲线之上绘制两条曲线。当两条边为不同颜色时，这项特别有用，因为这样可以防止后面的边透过前面的边显示出来，还可以防止将在实线曲线之上绘制的虚线曲线看成是实线曲线。
- 对于可能有被其他边隐藏的边的部件（如弹簧），可以通过选中该选项来获得增强的隐藏线性能。
- "边被自身实体隐藏"复选框用所选的隐藏线的颜色、线型和宽度设置来渲染被其自身实体隐藏的边。

当该选中该选项时，隐藏线进程仅处理被其他实体隐藏的线；当该选项被取消时，不显示被其自身实体隐藏的边。

4. "注释"选项卡

"注释"选项卡如图 14-23 所示，该选项卡用来控制注释是被保留还是删除，以及保留时显示它们的颜色。

图 14-23　"制图首选项"对话框的"注释"选项卡

- "保留的注释"复选框控制对模型进行更改时是否自动删除相关的制图对象。用户可以使用颜色选取框来设置保留注释的颜色，单击 ████████ 按钮将弹出颜色对话框来设置颜色。
- "线型"下拉列表如图 14-24 所示，用户可以使用其设置保留注释的线型。

图 14-24　"线型"下拉列表

● "线宽"下拉列表如图 14-25 所示，用户可以使用其设置保留注释的线宽。

图 14-25 "线宽"下拉列表

【删除保留的注释】按钮用来实现删除当前布局中所有保留的制图对象，这些制图

对象目前处于"保留"状态，单击  按钮将弹出如图 14-26 所示的"删除留下的对象"警告对话框。

图 14-26 "删除留下的对象"警告对话框

14.3 视图创建

UG NX 5.0

创 建好图纸以后，就需要为其添加视图，以更好地表达建立的三维实体模型，常用视图有基本视图、辅助视图和轴视图等。基本视图包括主视图、俯视图、左视图、仰视图、右视图和后视图，辅助视图包括斜视图、剖视图和局部放大图，而轴视图包括正等测视图和正二轴测视图，下面介绍基本视图、剖视图和局部放大视图。

14.3.1 基本视图

基本视图的创建分为两个部分，首先创建主视图，然后根据主视图衍生出其他投影视图，下面分步介绍基本视图的创建过程。

1. 主视图的创建

在制图应用模块中建立图纸页后，下面两种方法均可创建主视图：

● 执行【插入】|【视图】|【基本视图】命令。

● 在"图纸布局"工具栏内单击 📖 图标。

弹出如图 14-27 所示的"基本视图"工具栏，使用该工具栏可将三维模型的各种视图添加到当前图纸的指定位置，下面具体介绍工具条中各选项的含义。

图 14-27 "基本视图"工具栏

（1）"部件"选项

"部件"选项用来创建来自其他部件或组件的视图，单击 ⊞ 按钮，弹出如图 14-28 所示的"选择部件"对话框。所选定的文件必须是 NX 部件文件 (.prt)，不能选择当前的部件文件（即含有图纸页的文件，在图纸页上将放置该部件的视图），也不能选择引用当前部件文件的部件文件。

UG NX 5.0 中文版入门实战与提高

14

Chapter

14.1

14.2

14.3

14.4

14.5

14.6

14.7

14.8

14.9

○ 小技巧

如果装配有一个单独的子部件，则视图列表也会列出该部件中的视图，这些视图以星号开头。如果选择其中一个视图，则相当于从部件中添加一个视图。

图 14-28　"选择部件"对话框

（2）"视图"选项"视图类型"下拉列表

单击工具栏中的"视图类型"下拉列表框，如图 14-29 所示，在其中可选择要添加的视图，包括俯视图、前视图、右视图、后视图、仰视图、左视图、正等侧视图和正二侧视图等 8 种视图。

图 14-29　"视图"下拉列表

（3）比例和表达式

这两个选项用于设置要添加视图的比例，如图 14-30 所示，在默认情况下，该比例与新建图纸时设置的比例相同，用户可以在比例下拉列表框中选择合适的比例，也可使用表达式来设置视图的比例。

图 14-30　比例和表达式

（4）设置

在"基本视图"工具栏中单击 按钮，弹出如图 14-31 所示的"视图样式"对话框，"视图样式"对话框用来在视图被放置之前设置各个视图的参数或者编辑视图参数。

图 14-31　"视图样式"对话框

2．投影视图的创建

正投影视图是创建平面工程图的第一个视图，可将其作为父视图，以其为基础可根据投影关系衍生出其他平面视图。在建立主视图后，执行【插入】|【视图】|【投影视图】命令，或在"图纸布局"工具栏上单击 按钮，弹出如图 14-32 所示的"投影视图"对

话框，系统将自动以主视图为投影父视图，并跟随鼠标生成投影视图，在图纸页合适位置单击鼠标左键，则生成投影视图。

图 14-32 "投影视图"工具条

在生成第一个投影视图后，"投影视图"对话框如图 14-33 所示，即添加了【基本视图】按钮，用户可以通过单击 按钮来选择投影视图的父视图（基本视图）。

图 14-33 "投影视图"对话框

下面通过一个具体的例子来演示创建基本视图的方法。

【例 14-1】 建立零件的正投影视图

01 启动 UG NX 5.0 系统，打开光盘目录 "section14\jigai.prt"，零件模型如图 14-34 所示。

图 14-34 机盖三维模型

02 在应用模块工具栏上单击 按扭，或在标准工具栏上执行【开始】|【制图】命令，进入制图模块。

03 执行【插入】|【图纸页】命令，或在"图纸布局"工具栏内单击 按钮，弹出"图纸页"对话框，如图 14-1 所示。

04 保持"图纸页"对话框中的各选项为默认设置，单击 确定 按钮。

05 系统自动弹出"基本视图"工具栏，同时在视图区出现随鼠标移动的模型，如图 14-35 所示。

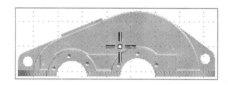

图 14-35 移动的模型

06 选择合适的位置，单击鼠标左键生成正投影视图（俯视图），结果如图 14-36 所示。

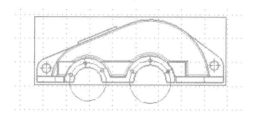

图 14-36 主视图添加结果

07 此时，跟随鼠标的投影视图如图 14-37 所示。

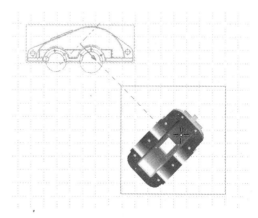

图 14-37 鼠标跟随投影视图

14
Chapter

14.1
14.2
14.3
14.4
14.5
14.6
14.7
14.8
14.9

08 以刚生成的俯视图为父视图，在水平和垂直方向上移动光标到合适位置，单击可依次建立左视图和俯视图，结果如图14-38 所示。

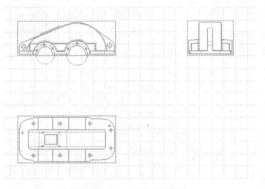

图 14-38   正投影视图

14.3.2   剖视图

剖视图包括全剖视图、半剖视图、旋转剖视图以及局部剖视图，现介绍各个剖视图的创建方法。

1.全剖视图

在全剖视图中可以查看部件的内部。全剖视图是通过使用单个剖切平面将该部件分开而创建的，在建立基本视图后，可以选用下面几种方法之一来创建全剖视图：

● 执行【插入】|【视图】|【剖视图】命令。

● 在如图 14-40 所示的"图纸布局"工具条上的"剖视图"下拉列表框中选择"剖视图"选项。

图 14-40   "剖视图"下拉列表框

● 在选定的父视图上单击鼠标右键，在弹出的右键菜单中选择【添加剖视图】选项，如图 14-41 所示。

09 在"投影视图"对话框中单击 按钮，选择俯视图，建立以俯视图为父视图的左视图，如图 14-39 所示。

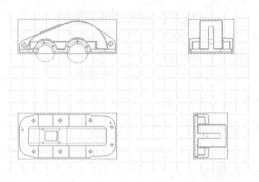

图 14-39   鼠标跟随投影视图

图 14-41   视图右键菜单

● 在"图纸导航器"中的父视图上单击鼠标右键，并选择【添加剖视图】命令。

建立全剖视图的其他步骤简单描述如下：

○ **小技巧**

打开或关闭捕捉点方法有助于在视图几何体上拾取一个点。

（1）执行【插入】|【视图】|【剖视图】命令。

（2）在希望要剖切的基本视图上单击鼠标左键。

（3）将动态剖切线移至所希望的剖切位置点。

（4）单击鼠标左键以放置剖切线。

（5）将光标移出视图并移动到所希望的视图通道。

（6）单击鼠标左键以放置剖视图。

下面用具体实例来介绍全剖视图的建立方法。

【例14-2】 使用主视图建立全剖视图

01 打开前例中的部件文件"section14\jigai.prt"，并按例14-1建立机盖的主视图。

02 单击"图纸布局"工具栏内的 ![] · 按扭，系统弹出"剖视图"工具栏，如图14-42所示，并提示选择父视图。

图14-42 "剖视图"工具栏

03 选择刚创建的俯视图作为父视图，此时"剖视图"工具栏按钮自动激活，工具栏变成如图14-43所示。

图14-43 激活后的"剖视图"工具栏

04 按图14-44所示移动鼠标选择剖面线切割位置，单击鼠标左键，定义剖面线。

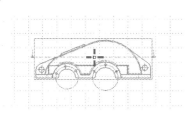

图14-44 定义剖面线

05 移动鼠标选择剖面图的中心，单击鼠标左键建立剖面图，如图14-45所示。

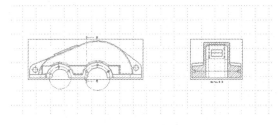

图14-45 生成剖面图

2．半剖视图

半剖视图是一个部件的一半被剖切，而另一半未被剖切的视图，可以通过下列方法执行半剖视图的创建：

● 执行【插入】|【视图】|【剖视图】命令。

● 在"图纸布局"工具条上单击半剖视图 ![] · 按钮。

● 在选定的父视图上右键单击并选择【添加半剖视图】命令。

● 在"图纸导航器"中的父视图上单击鼠标右键，并在弹出的右键菜单中选择【添加半剖视图】命令。

○ **小技巧**

不能通过选择轮廓线来指出剖切位置。

创建半剖视图的基本步骤如下：

（1）执行【插入】|【视图】|【半剖视图】命令。

（2）选择要剖切的父视图。

（3）选择放置剖切线的捕捉点位置（圆弧中心）。

（4）选择放置折弯的另一个点。

（5）将光标拖动至希望的位置，然后单击鼠标左键以放置视图。

下面用具体实例来介绍半剖视图的建立方法。

UG NX 5.0 中文版入门实战与提高

14

Chapter

14.1
14.2
14.3
14.4
14.5
14.6
14.7
14.8
14.9

【例 14-3】 使用主视图建立半剖视图

01 打 开 光 盘 中 的 部 件 文 件 "section14\zhouchenggai.prt"，并按例 14-1 的步骤建立轴承盖的主视图，其三维模型如图 14-46 所示，已建立的主视图如图 14-47 所示。

图 14-46 轴承盖三维模型

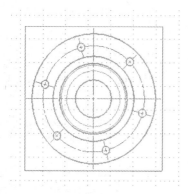

图 14-47 轴承盖主视图

02 单击"图纸布局"工具栏内的 按钮，并选择"半剖视图"选项，系统弹出"剖视图"工具栏，如图 14-48 所示，并提示选择父视图。

图 14-48 "半剖视图"工具栏

03 选择刚创建的主视图作为父视图，此时"半剖视图"工具栏按钮自动激活，工具栏变成如图 14-49 所示。

图 14-49 激活后的"半剖视图"工具栏

04 按图 14-50 所示定义剖面线切割位置，因为所选点为多个圆弧的中心，系统会弹出如图 14-51 所示的"快速拾取"对话框，以便选择所选点的所属对象，选择任意一选项，则开始定义剖面线折弯位置。

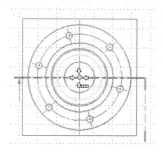

图 14-50 定义剖面线位置

图 14-51 "快速拾取"对话框

05 按图 14-52 所示定义剖面线的折弯位置。

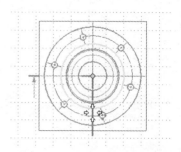

图 14-52 定义剖面线折弯位置

06 移动鼠标选择剖面图的中心，单击建立剖面图，如图 14-53 所示。

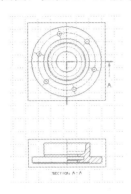

图 14-53 生成半剖视图结果

3. 旋转剖视图

旋转剖视图是指围绕轴旋转的剖视图，可以将围绕一个轴，成一定角度的剖面旋转到一个公共剖视图内。旋转剖视图可以包含一个旋转剖面，也可以包含阶梯以形成多个剖切面，在任一情况下，所有剖面都旋转到一个公共面中。

创建旋转剖视图有以下几种方法：

- 选择【插入】|【视图】|【剖视图】命令。
- 在"图纸布局"工具条上单击 按钮。
- 在选定的父视图上单击鼠标右键，并选择【添加旋转剖视图】选项。
- 在图纸导航器中的父视图上单击鼠标右键，并选择【添加旋转剖视图】选项。

创建旋转剖视图的步骤如下：

（1）在"图纸布局"工具条上单击 按钮。

（2）选择要剖切的父视图。

（3）选择一个旋转点以放置剖切线，此点是两个剖切线的交点，同时也是其旋转轴。

（4）为第一段选择一个点，即确定第一个线段的位置。

（5）选择第二段的点，即确定第二个线段的位置。

（6）将视图拖动至希望的位置，单击以放置视图。

下面用实例来说明旋转剖视图的创建。

【例 14-4】 使用主视图建立旋转剖视图

01 打开光盘中的部件文件"section14\zhouchenggai.prt"，并按例 14-1 的步骤建立轴承盖的主视图，其三维模型如图 14-46 所示，已建立的主视图如图 14-47 所示。

02 单击"图纸布局"工具栏内的 按扭，系统弹出"旋转剖视图"工具栏，如图 14-54 所示，并提示选择父视图。

图 14-54 "旋转剖视图"工具栏

03 选择刚创建的主视图作为父视图，此时"旋转剖视图"工具栏按钮自动激活，工具栏变成如图 14-55 所示。

图 14-55 "旋转剖视图"工具栏

04 按图 14-56 所示定义剖面线旋转中心。

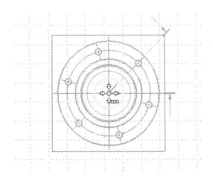

图 14-56 定义剖面线旋转中心

UG NX 5.0 中文版入门实战与提高

14

Chapter

14.1

14.2

14.3

14.4

14.5

14.6

14.7

14.8

14.9

05 按图 14-57 所示定义第一段剖面线的切割位置。

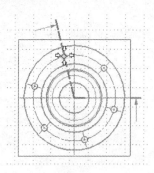

图 14-57　定义第一段剖面线

06 按图 14-58 所示定义第二段剖面线的切割位置。

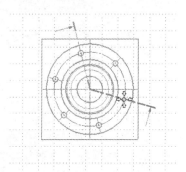

图 14-58　定义第二段剖面线

07 移动鼠标选择剖面图的中心，单击建立剖面图，其结果如图 14-59 所示。

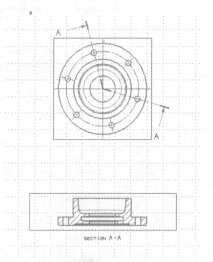

SECTION A-A

图 14-59　生成旋转剖面线结果

4．建立局部剖视图

局部剖通过移除部件的某个局部区域来查看部件内部，该区域由闭环的局部剖曲线来定义，局部剖可应用于正交视图和轴测图。

创建局部剖视图时还有几点需要注意：

- 只有局部剖的平面剖切面才可以加上剖面线。
- 不能选择根据适合方法创建的样条作为局部剖边界区域（可以选择由"通过点"或"根据极点"创建的样条）。
- 用于定义基本点的曲线不能用做边界曲线。
- 不能选择旋转视图作为局部剖视图的候选对象。

在制图应用模块中创建了基本视图后，可以通过以下几种方法创建局部剖视图：

- 执行【插入】|【视图】|【局部剖】命令。
- 在"图纸布局"工具条上，选择"局部剖"。
- 在选定了视图后，在图纸导航器中单击右键，在弹出的右键快捷菜单中选择【局部剖】选项。

创建局部剖视图步骤可以简单描述如下：

（1）选择一个已建立的视图。

（2）创建一个几何图形作为一条封闭的局部剖曲线。可在成员视图中创建封闭曲线（执行【视图】|【操作】|【扩展】命令，进入成员视图工作状态，在其中用曲线在欲挖切部位创建局部挖切边界线），或者先在成员视图中创建一条开放曲线，然后在"局部剖"对话框的"修改边界点"交互步骤中封闭该曲线。

○ **小技巧**

> 基点不能选择局部挖切视图中的点，需要选择其他视图中的点。

（3）退出成员视图，即执行【视图】|【操作】|【扩展】命令。

（4）执行【插入】|【视图】|【局部剖】命令，弹出如图 14-60 所示的"局部剖"对话框。

图 14-60　"局部剖"对话框

（5）选择已添加了局部剖曲线的视图，则"局部剖"对话框自动激活为如图 14-61 所示。

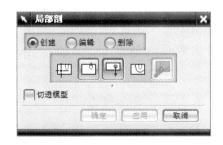

图 14-61　选择基点时"局部剖"对话框

（6）选择基点，基点是指定剖切位置的点。在与局部挖切视图相关的其他视图上，选择一个基点。

○ **小技巧**

与其他剖视图不同，局部剖视图是在已存在的视图中产生，而不产生新视图。

（7）指出拉伸矢量。指定基点后投影方向图标被激活，此时"局部剖"对话框如图 14-62 所示，可以利用该对话框实现投影方向选择。

图 14-62　指出拉伸矢量时的"局部剖"对话框

（8）选择边界，边界是局部挖切剖视图中剖切的边界。在定义了基点和投影方向后，"选择边界"图标被激活，如图 14-63 所示，此时，可以在剖切视图中选择剖切边界；若选取错误，可以通过单击 取消选择上一个 按钮取消上一次选择。

图 14-63　选择边界时的"局部剖"对话框

（9）编辑局部剖视图边界点。选择合适的边界后，"修改边界曲线"图标被激活，如图 14-64 所示，如果选择的边界不理想，此时，可以对其进行修改。打开"捕捉构造线"复选框，则在编辑时自动捕捉构造线。

图 14-64　编辑边界时"局部剖"对话框

（10）在"局部剖"对话框上单击【应用】按钮，完成选定视图的局部剖视图。

选择"局部剖"对话框中的"编辑"单选按钮时,如图 14-65 所示,可以编辑已经建立的局部剖视图中的基点、投影方向和边界等参数。该对话框中的图标与选中"创建"单选按钮时相同,可以选择相应的图标对相应的内容进行编辑。

图 14-65　"局部剖"对话框的"编辑"单选按钮

选择"局部剖"对话框中的"删除"单选按钮时,如图 14-66 所示,可以删除选择的局部剖视图。若此时"删除断开曲线"复选框被选中,则在删除局部剖视图的同时,局部剖视图的边界也将一起被删除。

图 14-66　"局部剖"对话框的"删除"单选按钮

下面用实例来介绍局部剖视图的创建。

【例 14-5】　使用主视图建立局部剖视图

01 打开光盘中的部件文件"section14\zhouchenggai.prt",并按例 14-1 的步骤建立轴承盖的主视图和俯视图,其结果如图 14-67 所示。

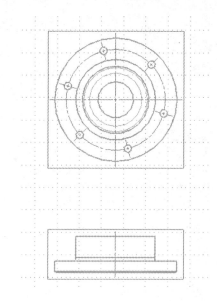

图 14-67　轴承盖主视图与俯视图

02 选中俯视图,执行【视图】|【操作】|【扩展】命令,或在俯视图上单击鼠标右键,在弹出的右键菜单中选择【扩展视图】选项,进入成员视图工作状态。

03 单击"曲线"工具栏上的 按钮,打开"基本曲线"对话框,如图 14-68 所示,单击 按钮,在工作界面内创建圆,使其包围如图 14-69 所示的区域。

图 14-68　"基本曲线"对话框

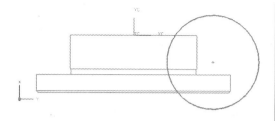

图 14-69　边界曲线的创建

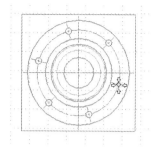

图 14-71　选择基点

04 执行【视图】|【操作】|【扩展】命令，退出成员视图编辑状态，返回图纸页，此时轴承盖主视图与俯视图如图 14-70 所示。

08 单击鼠标中键，接受默认拉伸矢量方向，其结果如图 14-72 所示，此时【选择曲线】按钮被激活。

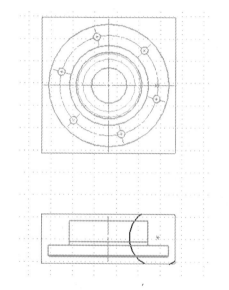

图 14-70　添加边界后的主视图与俯视图

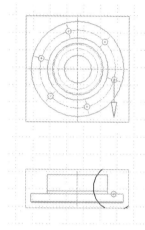

图 14-72　拉伸矢量方向选择结果

05 执行【插入】|【视图】|【局部剖视图】命令，或单击"图纸布局"工具栏内的按扭，系统弹出"局部剖"对话框，如图 14-60 所示。

09 选择创建的边界线，则【修改边界曲线】按钮被激活。

06 选中俯视图作为要生成局部剖的视图，"局部剖"对话框变成如图 14-61 所示。

10 单击该按钮，完成局部剖视图的创建，其结果如图 14-73 所示。

07 在主视图上选择如图 14-71 所示的孔的圆心作为基点，此时【指出拉伸矢量】按钮被激活。

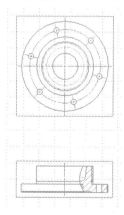

图 14-73　局部剖视图创建结果

14
Chapter

14.1

14.2

14.3

14.4

14.5

14.6

14.7

14.8

14.9

14.3.3　局部放大图

局部放大图用于表达视图的细小结构，是包含现有图纸视图的放大部分的视图。放大的局部放大图显示在原视图中不明显的细节，可以用圆形、矩形或用户定义的曲线边界来创建局部放大图。

○ **小技巧**

> 如果将某个剖视图从图纸中移除，则会同时移除以该剖视图为父视图创建的所有局部放大图。但是，在移除父视图时，不会从图纸中移除从其他类型的视图（如正交视图和辅助视图）创建的局部放大图。

创建局部放大图有以下几种方法：

● 在图纸页中执行【插入】|【视图】|【局部放大图】。

● 在"图纸布局"工具条中单击 按钮。

● 在选定了视图后，使用鼠标右键单击并选择【添加局部放大图】选项。

● 在选定了图纸后，在图纸导航器中右键单击并选择【添加局部放大图】选项。

在制图模块中，创建局部放大图可以分为以下几个步骤：

（1）执行【插入】|【视图】|【局部放大图】命令，弹出如图 14-74 所示的"局部放大图"对话框。

图 14-74　"局部放大图"对话框

（2）在"局部放大图"对话框中单击【圆形边界】 按钮。

（3）在父视图中选择作为局部放大图中心的点，使用"捕捉点"选项有助于选择所需的点。

（4）指定第二个点以定义局部放大图的半径，直径大小应以能将欲放大部分包括在内为宜。

（5）将光标拖动到合适的位置，单击鼠标左键以放置视图，完成局部放大图的创建。

下面将用实例来说明具有圆形边界的局部放大视图的创建，而具有矩形边界的局部放大视图的创建与此过程基本相同。

【例 14-6】　使用俯视图建立局部放大视图

01　打开光盘中的部件文件 "section14\zhouchenggai.prt"，并按例 14-1 的步骤建立轴承盖的主视图和俯视图，其结果如图 14-67 所示。

02　执行【插入】|【视图】|【局部放大图】命令，弹出如图 14-74 所示的"局部放大图"对话框。

03　在"局部放大图"对话框中单击【圆形边界】 按钮。

04　在俯视图中选择作为局部放大图中心的点，如图 14-75 所示。

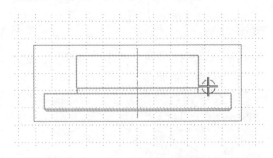

图 14-75　选择局部放大图中心

05　拖动鼠标，选择局部放大图范围，单击鼠标左键，确定所选范围，结果如图 14-76 所示。

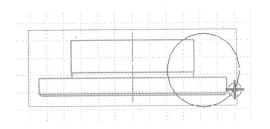

图 14-76　选择局部放大图范围

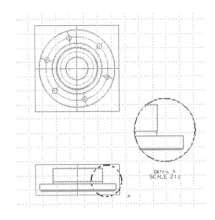

06 在图纸合适位置单击鼠标左键，放置局部放大图，完成局部放大图的创建，结果如图 14-77 所示。

图 14-77　局部放大视图创建结果

14.4　图纸标注

在 添加图纸和视图后，所建立的图纸还不是符合要求的工程图纸，还需要添加图纸标注，图纸标注包括符号标注、尺寸标注、形位公差标注以及文本标注等。

14.4.1　尺寸标注

由于工程图纸与三维模型是相关联的，因此在工程图纸中标注的尺寸一般直接引用自三维模型，当三维模型数据改变时，工程图纸中相应尺寸会自动更新，保证三维模型与工程图纸的一致性。

在制图模块中创建尺寸标注有以下二种方法：

● 通过【插入】|【尺寸】级联菜单，如图 14-78 所示。
● 通过"尺寸"工具栏，如图 14-79 所示。

图 14-78　【尺寸】级联菜单

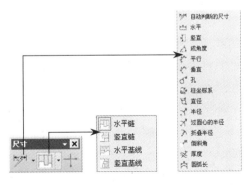

图 14-79　"尺寸"工具条及其下拉列表

UG NX 5.0 中文版入门实战与提高

14
Chapter

14.1
14.2
14.3
14.4
14.5
14.6
14.7
14.8
14.9

1．尺寸标注类型

（1）▦"自动判断"：使用系统功能创建尺寸，可以根据用户选取的对象以及光标位置智能地判断标注尺寸类型。

（2）▦"水平"：在两个选定点之间创建一个水平尺寸。

（3）▦"竖直"：在两个选定点之间创建一个竖直尺寸。

（4）▦"平行"：在两个选定点之间创建一个平行尺寸。

（5）▦"垂直"：在一条直线或中心线与一个定义的点之间创建一个垂直尺寸，即定义点到直线的距离。

（6）▦"角度"：创建一个定义两条非平行线之间的角度尺寸，角度尺寸沿逆时针方向测量。

（7）▦"圆柱"：创建圆柱直径尺寸。

（8）▦"孔"：用单一指引线创建具有任何圆形特征的直径尺寸。

（9）▦"直径"：标注圆或圆弧的直径尺寸。

（10）▦"倒斜角"：创建倒斜角尺寸。

（11）▦"半径"：创建圆或圆弧的半径尺寸，此半径尺寸使用一个从尺寸值到圆弧的短箭头。

（12）▦"通过圆心的半径"：创建一个圆或圆弧的半径尺寸，此半径尺寸从圆弧的中心绘制一条延伸线。

（13）▦"折叠半径"：为中心不在图形区的特大型半径圆弧创建半径尺寸。标注时首先要构造一个点，作为尺寸线的起点，再标注尺寸，且先选择圆弧，然后选择构造的点和折弯位置，最后选择放置位置。

（14）▦"厚度"：创建厚度尺寸，该尺寸测量两个圆弧或两个样条之间的距离。

（15）▦"圆弧长"：创建一段圆弧长的圆弧长尺寸。

（16）▦"坐标尺寸"：创建一个坐标尺寸，标注从一个特定点沿坐标基线到选定点之间的两个距离。

（17）▦"水平链"：标注连续的一组水平尺寸，其中每个尺寸都与相邻尺寸共享其端点，标注时，依次选择需要标准尺寸的多个对象，然后选择合适的位置放置尺寸。

（18）▦"竖直链"：标注连续的一组垂直尺寸，其中每个尺寸都与相邻尺寸共享其端点，标注方法与水平链标注方法相同。

（19）▦"水平基线"：创建一组水平尺寸，其中每个尺寸都共享一条公共基线，标注时以选择的第一个对象作为基线。

（20）▦"竖直基线"：创建一组竖直尺寸，其中每个尺寸都共享一条公共基线，标注时以选择的第一个对象作为基线。

尺寸各类型示例如图 14-80 所示。

2．标注尺寸选项

在制图模块中，执行【首选项】|【注释】命令，弹出如图 14-81 所示的"注释首选项"对话框，选择"尺寸"选项卡，可以对尺寸标注选项进行设定，以满足工程标注的需要和符合国家标准。

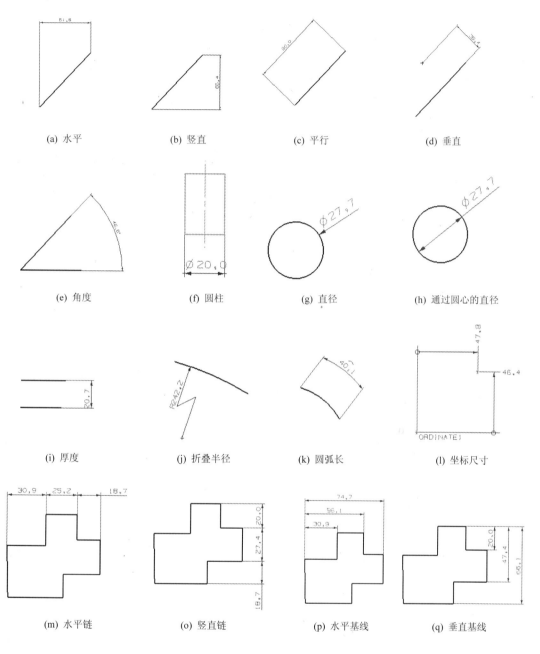

(a) 水平　　　　(b) 竖直　　　　(c) 平行　　　　(d) 垂直

(e) 角度　　　　(f) 圆柱　　　　(g) 直径　　　　(h) 通过圆心的直径

(i) 厚度　　　　(j) 折叠半径　　　(k) 圆弧长　　　(l) 坐标尺寸

(m) 水平链　　　(o) 竖直链　　　(p) 水平基线　　　(q) 垂直基线

图 14-80　尺寸类型示例

"尺寸标注"选项卡各选项说明及其设置如下：

（1）尺寸放置方式：

● 第 1 边延伸线按钮　：当此按钮被选中时，显示第 1 边的延伸线。

● 第 1 边箭头按钮　：当此按钮被选中时，显示第 1 边的箭头。

14
Chapter

14.1

14.2

14.3

14.4

14.5

14.6

14.7

14.8

14.9

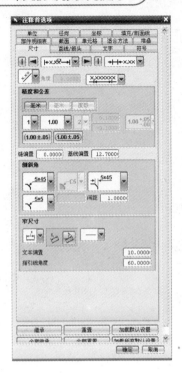

图 14-81 "注释首选项"对话框

● "尺寸放置"下拉列表框 ：
包括"自动放置" 、"手工
放置，箭头在外" 和"手
工放置，箭头在内" 3 个
选项，如图 14-82 所示，当选择"自
动放置"选项时，尺寸文本根据设
置的文本位置自动放置，并自动选
择箭头在外、在内以及箭头之间是
否有线。

图 14-82 "尺寸放置"下拉列表框

● 第 2 边箭头按钮 ：当此按钮被选
中时，显示第 2 边的箭头。

● 第 2 边延伸线按钮 ：当此按钮被
选中时，显示第 2 边延伸线。

● "箭头之间线"下拉列表框
：包括"箭头之间没有线"
和"箭头之间有线"两个选项，如

图 14-83 所示，此选项与尺寸放置
选项一起作用。

图 14-83 "箭头之间线"下拉列表框

（2）尺寸文本放置方式

"尺寸文本方位"下拉列表框 ：
"尺寸文本方位"选项（针对尺寸文本、附
加文本等）用来确定尺寸文本方位。此功能
可以在以下文本方位类型之间进行选择，如
图 14-84 所示，以便设置后面的选项。

图 14-84 "尺寸文本方位"下拉列表框

● "水平"：可以将文本对齐类
型设置为水平。

● "对齐"：可以将尺寸文本设
置为与尺寸线对齐。

● "文本在尺寸线上方"：可以
将尺寸文本设置为与尺寸线对齐，
并将文本放在尺寸线的上方。

● "垂直"：可将尺寸文本放置
为与尺寸线垂直。

● "成角度的文本"：将尺寸文
本与"角度"文本框 0.0000 一起使
用时，可以控制尺寸文本的角度，
要创建或编辑尺寸文本角度，请选
择此选项，并在角度文本框中输入
一个新值。

尺寸线控制选项 ：控制当尺寸
文本穿过两条尺寸延伸线时，尺寸线如何显
示，如图 14-85 所示，有两种选项：

图 14-85 "尺寸线控制"下拉列表框

● ⟨x.xxxxxx⟩ "修剪尺寸线"：当尺寸文本穿过两条尺寸延伸线时，尺寸线修剪，以适应尺寸线延伸线。

● ⟨x.xxxxxx⟩ "不修剪尺寸线"：当尺寸文本穿过两条尺寸延伸线时，尺寸线不做修剪。

（3）精度和公差

允许设置名义尺寸精度、上下限公差值以及为单位对话框中指定的单位设置公差精度。

"名义尺寸精度"下拉列表框 ⟨1▾⟩：定义名义尺寸的精度。具有如图 14-86 所示的 7 个选项，分别表示小数点后具有 0、1、2、3、4、5、6 和 7 位小数。

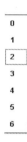

图 14-86　"名义尺寸精度"下拉列表框

"公差类型"下拉列表框 ⟨1.00 ▾⟩：控制公差值的显示方式。共有如图 14-87 所示的 13 种公差类型，其意义分别如下：

图 14-87　"公差类型"下拉列表框

● ⟨1.00⟩ "无公差"：显示无公差值的尺寸，忽略公差值。

● ⟨1.00±.05⟩ "双向公差，等值"：将尺寸的双向公差值显示在一行上，只使用上公差值，而忽略下公差值。

● ⟨1.00 +.05 -.02⟩ "双向公差"：分两行显示尺寸的双向公差值，上公差值显示在上方，下公差值显示在下方。

● ⟨1.00 +.05 -.00⟩ "+单向公差"：将尺寸值显示在一行，单向公差值显示在两行，正的上公差值显示一个数值，负的下公差值（.000）显示为零。

● ⟨1.00 +.00 -.02⟩ "-单向公差"：将尺寸值显示在一行，单向公差值显示在两行，负的下公差值显示一个数值，正的上公差值（+.000）显示为零。

● ⟨1.05 .98⟩ "极限值分两行，大值在上"：通过将公差字段中的值添加到名义尺寸来创建上限值和下限值，上限值和下限值分两行显示，其中上限值显示在下限值之上。

● ⟨.98 1.05⟩ "极限值分两行，小值在上"：通过将公差字段中的值添加到名义尺寸来创建上限值和下限值，上限值和下限值分两行显示，其中上限值显示在下限值之下。

● ⟨1.05 - .98⟩ "上限值和下限值在一行，大值在左"：通过将公差字段中的值添加到名义尺寸来创建上限值和下限值，上限值和下限值都显示在一行，上限值显示在下限值的左侧。

● ⟨.98 - 1.05⟩ "上限值和下限值在一行，大值在右"：通过将公差字段中的值添加到名义尺寸来创建上限值和下限值，上限值和下限值都显示在一行，上限值显示在下限值的右侧。

● ⟨1.00⟩ "基本尺寸"：创建基本尺寸，基本尺寸显示为一个放在矩形框中

UG NX 5.0 中文版入门实战与提高

14
Chapter

14.1
14.2
14.3
14.4
14.5
14.6
14.7
14.8
14.9

的数值，不显示公差。

- (1.00) "参考"：创建参考尺寸，参考尺寸显示为一个带圆括号的数值，不显示公差值。

- (∅ 1.00) "直径参考尺寸"：创建直径参考尺寸，直径/半径符号和尺寸值都显示在括号中，这适用于半径、直径和圆柱尺寸，但半径/直径符号必须位于尺寸之前，不显示公差值。

- 1.00 "不可缩放的尺寸"：显示带下划线的尺寸，不显示公差值。

"公差精度" 2▼： 设置公差的精度，即小数点后保留位数，也具有如图 14-86 所示的 7 种精度。

"上限公差" 文本框 0.1000：可以在其中输入上限公差值。

"下限公差" 文本框 -0.1000：可以在其中输入下限公差值。

【参考尺寸（包括公差）】按钮 (1.00 ±.05)：显示带括圆弧的尺寸，适用于所有尺寸类型，并可用于除参考和直径公差类型之外的所有公差类型。

【检查】按钮 (1.00 ±.05)：在圆角框中显示尺寸，适用于所有尺寸类型（线性、圆形等），并可用于除基本公差类型之外的所有尺寸公差类型。

（4）"链偏置" 文本框 0.0000： 设置链尺寸的连续尺寸之间的距离。

（5）"基线偏置" 文本框 12.7000： 设置基线尺寸的连续尺寸之间的距离。

（6）倒斜角设置

设置倒斜角尺寸类型与显示，有以下选项：

"倒斜角形式" 下拉列表框 5×45▼：为倒斜角尺寸显示提供如图 14-88 所示的 4 个选项：

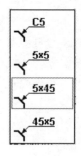

图 14-88 "倒斜角形式"下拉列表框

- "符号"：以 "C+数字"的格式表示倒斜角，如 C5，该符号的文本大小与倒斜角尺寸值的文本大小相同，选择此选项将不允许更改"倒斜角符号名称"。

- "大小"：以"数字 x 数字"的格式表示倒斜角，如 5 x 5。

- "大小和角度"：以"大小 x 角度"的格式表示倒斜角，如 5 x 45。

- "角度和大小"：以"角度 x 大小"的格式表示倒斜角，如 45 x 5。

"倒斜角尺寸短划线类型"下拉列表框 ：为倒斜角尺寸上的尺寸文本提供位置选项。尺寸文本包括所有文本，如附加文本、公差或双文本，共有如图 14-89 所示的 4 种选项，其意义如下：

图 14-89 "倒斜角尺寸短划线类型"下拉列表框

- ：指引线上的文本，无短划线。
- ：指引线后的文本，无短划线。
- ：文本在短划线之上。
- ：文本在短划线之后。

"倒斜角尺寸指引线类型"下拉列表框 ：设置尺寸指引线垂直于倒斜角还是平行于倒斜角。倒斜角尺寸短划线类型不可用

于线倒斜角尺寸，共有如图 14-90 所示的 3
种类型，其含义如下：

图 14-90　"倒斜角尺寸指引线类型"下拉列表框

● ：指引线垂直于倒斜角。

● ：指引线平行于倒斜角。

● ：线倒斜角尺寸。

"倒斜角尺寸符号类型"下拉列表框

：指定是否有前缀文本或后缀特殊
文本作为倒斜角尺寸部分，共有如图 14-91
所示 3 种类型，其含义如下：

图 14-91　"倒斜角尺寸符号类型"下拉列表框

● "无符号"：尺寸文本中只
包含倒斜角值和 x 字符，例如 5x5。

● "前缀符号"：尺寸文本中只
包含倒斜角值和 x 字符以及其前面
的"符号名称"，例如 C5。

● "后缀符号"：尺寸文本中只
包含倒斜角值和 x 字符以及其后的
"符号名称"，例如 3x3 CHAM。

"倒斜角符号名称"文本框：指定"倒
斜角尺寸符号类型"为"前缀"或"后缀"
时要使用的前缀字符或后缀字符。

"间距"文本框：将文本字符或符号之
间的间距设置为字符大小的因子。

（7）窄尺寸

"窄尺寸显示类型"下拉列表框：
控制在链尺寸中自动创建窄尺寸，以及将正
常线性尺寸更改为窄尺寸时所用的首选项，

共有如图 14-92 所示的 5 种类型，其含义如
下：

图 14-92　"窄尺寸显示类型"下拉列表框

● ：无。
● ：没有指引线。
● ：带有指引线。
● ：文本在短划线之上。
● ：文本在短划线之后。

【水平】按钮和【平行】按钮：
当"尺寸文本方位"为"文本在尺寸线之上"，
而且"窄尺寸显示类型"为"带有指引线"、
"文本在短划线之上"或"文本在短划线之
后"时，该选项变为可用选项。

● 水平指与 WCS 的 X 轴平行。

● 平行指与尺寸线平行。

"箭头类型"下拉列表框：只有
在箭头出现重叠的链尺寸上自动创建时，才
使用此选项。如果出现重叠，就使用指定的
箭头类型；如果未出现重叠，则软件使用在
【首选项】|【注释】|【直线/箭头】中指定
的箭头类型，箭头类型如图 14-93 所示。

图 14-93　"箭头类型"下拉列表框

14
Chapter

14.1
14.2
14.3
14.4
14.5
14.6
14.7
14.8
14.9

14.4.2 形位公差标注

形位公差是工程图纸的重要内容,要绘制符合工程需要的图纸,必须在图纸中标注形位公差。在制图模块中,执行【插入】|【特征控制框】命令,或在"制图注释"工具条上单击 按钮,可以弹出如图 14-94 所示的"特征控制框"对话框。

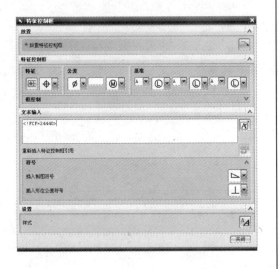

图 14-94 "特征控制框"对话框

"特征控制框"对话框中的各选项含义说明如下。

1. 放置/注释

"放置特征控制框"选项 :用来放置特征控制框,并只在行为公差或符号创建时显示, 如图 14-94 所示。

"选择注释选项" :当对已建立的特征控制框进行编辑时,则"特征控制框"对话框此时如图 14-95 所示,其中"放置"选项变为"注释"选项,"放置特征控制框"选项 变为"选择注释"选项 ,可以使用此选项选择欲编辑的特征控制框,且此选项只有在编辑行为公差或符号时显示。

图 14-95 编辑特征控制框时的"特征控制框"对话框

2. 特征控制框

（1）特征

● 【复合框】按钮 :选中该设置后,另显示一个包含输入区域的行, 允许创建一个复合框。

● "特征符号"下拉列表框 :可指定直线度、平面度、圆度等形位公差符号类型,"特征符号"下拉列表如图 14-96 所示。

图 14-96 "特征符号"下拉列表框

（2）公差

● "形状"下拉列表框 ：可指定公差区域形状的直径或球形符号，如图 14-97 所示。

图 14-97　"形状"下拉列表框

● 文本框⬚：可输入公差区域值。

● "修饰符"下拉列表框 ：可指定公差修饰符，如图 14-98 所示。

图 14-98　"修饰符"下拉列表框

（3）基准

● ：指定第一、第二、第三基准参考字母，如图 14-99 所示。

图 14-99　"基准参考字母"下拉列表框

● ：指定公差修饰符，如图 14-100 所示。

图 14-100　"公差修饰符"下拉列表框

（4）框控制

● "当前"计数器选项 2：更新输入区域中的信息以反映当前框，可以通过递增计数来添加其他框，直到输入区域空为止。

● 【删除当前框】按钮：删除由"当前"计数器指示的当前框，当只有一个框时此选项不可用。

● 【上移框】按钮：将框在多行框中上移一行，当框是单行框或者当前行是第一行时此选项不可用。

● 【下移框】按钮：将框在多行框中下移一行，当框是单行框或者当前行是最后一行时此选项不可用。

3．文本输入

● 文本框：提供文本框输入区域。该文本框显示当前框的控制代码，例如，可以看到类似如下的一个控制代码：<!FCF=24243>；可以使用文本框将附加文本添加到一个特征控制框注释中，在添加文本之前标的位置决定了附加文本的类型。

● 【编辑文本】按钮：启动完整的"文本编辑器"对话框，如图 14-101 所示，可以对欲插入文本进行编辑。

图 14-101　"文本编辑器"对话框

4．【重新插入特征控制框引用】按钮

在文本框的光标位置插入当前特征控制框控制字符。例如，特征控制框是 <!FCF=24379>，如果在其中输入了其他字符，变为 <!FCF=uuuuu24379>，此时光标位于最后一个字母"u"之后，重新插入可生成：<!FCF=uuuuu<!FCF=24379>24379>。

○ 小技巧

　　当【编辑文本】按钮不可用或当文本框中已经存在一个有效的特征控制框控制代码时，重新插入就不可用。

5. 符号

● "插入制图符号"下拉列表框 <kbd>▽▾</kbd>：将制图符号控制代码添加到文本框，如图 14-102 所示。

图 14-102　"插入制图符号"下拉列表框

● "插入形位公差符号"下拉列表框 <kbd>⊥▾</kbd>：将形位公差符号控制代码添加到文本框，如图 14-103 所示。

图 14-103　"插入形位公差符号"下拉列表框

6. 设置

　　"样式"选项 <kbd>A4</kbd>：启动"注释样式"对话框，如图 14-104 所示，对注释中的各项参数加以设定。

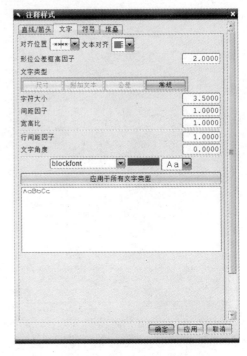

图 14-104　"注释样式"对话框

　　通过"特征控制框"对话框可以构建形位公差特征控制框注释，特征控制框对话框可以实现以下功能：

● 创建并编辑包含一行的特征控制框，而不管有没有指引线。

● 创建并编辑包含多行的公差框，而不管有没有指引线。

● 创建并编辑复合特征控制框，而不管有没有指引线。

● 创建并编辑其下包含一个或多个其他公差框的复合特征控制框（复合特征控制框始终位于顶部），而不管有没有指引线。

● 将特征控制框（上述任何一种）附加到现有尺寸上，包含现有的原点功能。

14.4.3 插入符号

为了在工程图纸中清楚表达视图含义和便于标注尺寸，在绘制工程图过程中，要向工程图纸中插入一些符号，如实用符号、自定义符号和焊接符号等。UG NX 5.0 提供了专门的插入符号工具，包括插入实用符号、自定义符号和焊接符号等，既可以通过如图 14-105 所示的【符号】级联菜单，也可以通过如图 14-106 所示的"制图注释"工具栏来插入符号，下面主要介绍插入实用符号、表面粗糙度、自定义符号和 ID 符号。

图 14-105 　【符号】级联菜单

图 14-106 　"制图注释"工具栏

1. 实用符号

在 UG NX 5.0 系统制图应用模块中提供了多种中心线和交点的标注功能。执行【插入】|【符号】|【实用符号】命令，或者在"制图注释"工具栏上单击 按钮，弹出如图 14-107 所示的"实用符号"对话框。通过实用符号对话框创建各种实用符号，如中心线、偏置中心点、目标点和相交符号，使用此对话框还可以控制每个符号的显示。

图 14-107 　"实用符号"对话框

下面介绍各种符号的标注：

（1）线性中心线

在"实用符号"对话框"类型"选项中，单击【线性中心】按钮 ，可以创建通过点或圆弧的中心线，如图 14-108 所示。

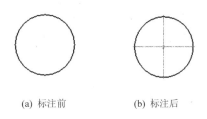

(a) 标注前　　　　(b) 标注后

图 14-108 　标注线性中心线

"实用符号"对话框中的相关选项说明如下：

● "放置"选项中"选择位置"下拉列表框 ：用来选择放置线性中心线的位置，共有如图 14-109 所示的 5 种选项，分别表示控制点、交点、圆弧中心、圆柱面和屏幕位置（仅适用于圆柱中心线）。

UG NX 5.0 中文版入门实战与提高

14

Chapter

14.1

14.2

14.3

14.4

14.5

14.6

14.7

14.8

14.9

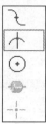
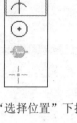

图 14-109　"选择位置"下拉列表框

- "放置"选项中的"多条中心线"复选框：要创建多条中心线时，可以将"多条中心线"复选框选中。此时不必在选择每个中心线位置后单击 应用 按钮，可以节省时间，而且在此选项未被选中时，标注的是连续中心线，而不是多个中心线，如图 14-110 所示。

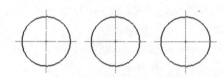

(a) 未选中"多条中心线"选项　　　　　　　　　　(b) 选中"多条中心线"选项

图 14-110　标注多个对象线性中心线

- "符号"选项中的"A"、"B"和"C"文本框：通过更改实用符号的参数来控制其显示，符号参数根据选择要创建的实用符号的不同而不同。

- "从视图继承角度"复选框：选择此选项时，系统将忽略中心线角度字段中的角度，并使用铰链线的角度作为辅助视图的中心线；此角度不是关联的，所以，如果铰链线

角度更改了，中心线也不会反映这个新角度。

- 【继承】按钮 ：使用该按钮可以将制图首选项设置为现有制图对象所使用的设置。单击此按钮时，软件将提示选择一个制图对象，当选择制图对象时，软件将读取该对象的相应设置并用相同的设置创建新的实用符号，使用【继承】按钮编辑结果如图 14-111 所示。

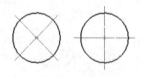

(a) 编辑前　　　　　　　　　　　　　　(b) 编辑后

图 14-111　【继承】按钮使用结果

（2）完整螺栓圆/不完整螺栓圆

在"实用符号"对话框的"类型"选项中，单击【完整螺栓圆】按钮 或单击【不

完整螺栓圆】按钮 ，"实用符号"对话框显示如图 14-112 所示，应用该对话框可以通过点或圆弧创建完整螺栓圆和不完整螺

纹圆，如图 14-113 和图 14-114 所示。

○ 小技巧

螺栓圆符号是通过按逆时针方向选择圆弧来定义的。

图 14-112　"实用符号"对话框

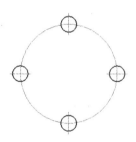

图 14-113　完整螺纹孔

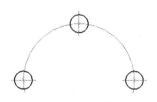

图 14-114　不完整螺纹孔

用户可以通过在对话框的"A"、"B"和"C"文本框中输入值来控制完整螺栓圆或不完整螺栓圆的显示。

"放置"选项中的"方法"下拉列表框用来确定创建完整螺栓圆或不完整螺栓圆的方法，包括"通过 3 点"和"中心点"两个选项。

（3）圆柱中心线

在"实用符号"对话框的"类型"选项中，单击【圆柱中心】按钮，"实用符号"对话框显示为如图 14-115 所示，使用该对话框可以创建符合标准的圆柱中心线。圆柱中心线与用来定义它们的两个点相关联，屏幕位置选项除外。

图 14-115　"实用符号"对话框

创建圆柱中心线的过程可以简单描述为：

● 在"实用符号"对话框的"类型"选项中单击【圆柱中心】按钮。

● 从"放置"选项的"选择位置"下拉列表中选择"控制点"选项。

● 标出位于圆柱两个端面的拾取位置。

● 单击 应用 按钮，完成圆柱中心线

UG

NX 5.0 中文版入门实战与提高

14
Chapter

14.1
14.2
14.3
14.4
14.5
14.6
14.7
14.8
14.9

的创建，如图 14-116 所示。

图 14-116　创建圆柱中心线结果

（4）不完整的圆形中心线/完整的圆形中心线

在"实用符号"对话框的"类型"选项中，单击【完整圆形中心线】按钮○，或单击【完整圆形中心线】按钮⌒，"实用符号"对话框显示如图 14-117 所示，以通过点或圆弧创建完整圆形中心线。

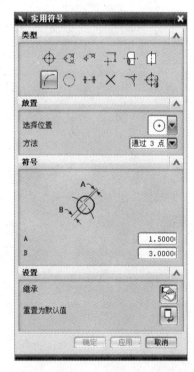

图 14-117　"实用符号"对话框

不完整圆形中心线和完整圆形中心线的创建，与完整螺栓圆和不完整螺栓圆的创建过程相类似，这里就不详细介绍，具体请参看完整螺栓圆和不完整螺栓圆的创建。

（5）对称中心线

在"实用符号"对话框"类型"选项中，单击【对称中心线】按钮╫，"实用符号"对话框显示为如图 14-118 所示。使用该对话框可以在图纸上创建对称中心线，以指明几何体中的对称位置。这样便节省了必须绘制对称几何体另一半的时间。对称中心线的创建方法与圆柱中心线的创建方法相类似，其创建结果如图 14-119 所示。

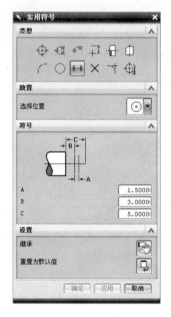

图 14-118　"实用符号"对话框

图 14-119　创建对称中心线结果

（6）自动中心线

在"实用符号"对话框的"类型"选项中，单击【自动中心线】按钮，"实用符号"对话框显示为如图 14-120 所示，可以自动在任何现有的视图（孔或销轴与图纸视图的平面垂直或平行）中创建中心线，如果螺栓圆孔不是圆形实例集,则将为每个孔创建一条线性中心线。

图 14-120　"实用符号"对话框

不支持以下视图:

● 小平面表示视图
● 展开剖视图
● 旋转剖视图

2．表面粗糙度

在默认的 UG NX 5.0 界面中,不显示"表面粗糙度"选项。在启动 UG NX 5.0 之前,在 UG NX 5.0 安装目录的"UGII"子目录中,使用记事本打开"ugii_env.dat"文件,找到"UGII_SURFACE_FINISH=OFF",将其更改为"UGII_SURFACE_FINISH=ON",存盘退出,再次启动 UG NX 5.0 时,可以在【插入】|【符号】级联菜单中找到【表面粗糙度符号】命令,执行该命令,弹出如图 14-121 所示的"表面粗糙度符号"对话框。在对话框中有 9 个可用的"表面粗糙度符号"图标,每个图标都代表了可以创建的不同类型的粗糙度符号,当选择一个符号图标时,对话框中的"输入区域"就会随着相应符号的显示而更新。

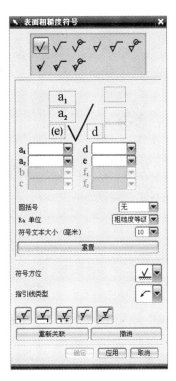

图 14-121　"表面粗糙度符号"对话框

表面粗糙度符号标注步骤如下:

（1）执行【插入】|【符号】|【表面粗糙度符号】命令,弹出如图 14-121 所示的"表面粗糙度符号"对话框。

（2）在"粗糙度符号"类型中选择合适的粗糙度类型。

（3）在"Ra 单位"下拉列表中选择"微米"选项微米　　　。

（4）在参数设置栏"a_1"、"a_2"、"d"和"e"等文本框中输入需要的参数值。

（5）通过"符号文本大小（毫米）"下拉列表框10　定义字符大小。

（6）通过"符号方位"下拉列表框选择表面粗糙度符号方向。

（7）通过"指引线类型"下拉列表框选择引出线类型。

（8）从"指引线类型"选项下的一排按钮中选择需要的标注方式。

（9）选择对象,标注表面粗糙度。

14

Chapter

14.1

14.2

14.3

14.4

14.5

14.6

14.7

14.8

14.9

14.5 边框和标题栏

绘制视图和尺寸、形位公差标注完成后，需要将视图放入图纸边框中，以形成完整的工程图，添加图框包括添加边框和标题栏。

14.5.1 绘制边框和标题栏

绘制边框与标题栏之前，首先要明确当前图纸的尺寸，然后选择合适的国家标准图框尺寸进行绘制。

1. 绘制边框

下面以绘制长为 400mm，宽为 277mm 的边框为例，说明绘制边框的基本过程。

（1）单击"曲线"工具栏上的 ⁄ 按钮，弹出"直线"对话框，如图 14-122 所示。

图 14-122 "直线"对话框

（2）在"起点"选项中选择"起点选项"为"点" +点 。

（3）在"起点"选项中，单击"选择点"选项中的【点构造器】按钮 ，弹出"点"对话框，如图 14-123 所示。

图 14-123 "点"对话框

（4）在"X"、"Y"和"Z"文本框中分别输入"10"、"10"和"0"，单击 确定 按钮，则绘制了直线的第一个点。

（5）在图纸上水平移动鼠标，在跟随光标的 长度 520 mm 对话框中输入直线长"400"，按【Enter】键，并单击"直线"对话框中的 应用 按钮，完成第一条直线的绘制。

（6）依次捕捉上述直线的两个端点，按上一步的方法绘制两条向上的垂直线，长度为 277mm。

> ○ **小技巧**
>
> 边框与标题栏外框的直线宽度为"正常宽度"，而标题栏内部直线宽度为"细线宽度"。

（7）用直线连接上述两垂直线的端点，完成图框的绘制。

2．绘制标题栏

标题栏的绘制方法与边框的绘制方法相同，只是需要有标准的尺寸，图 14-124 给出了标题栏样式及其尺寸。

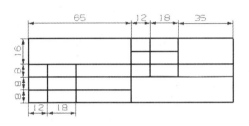

图 14-124 标题栏样式及其尺寸

14.5.2 图纸模板

图纸模板包含了图幅、边框、标题栏和视图位置等各种图纸信息，应用图纸模板能够快速创建图纸。UG NX 5.0 系统已经定义了 A0、A1、A2、A3 和 A4 5 种公制图纸模板，A、B、C、D 和 E 5 种英制图纸模板。

图纸模板一般包含以下内容：

（1）图纸边框、标题栏和装配图明细栏。

（2）基本视图、剖视图位置及剖切线位置。

（3）图幅、比例、单位和投影角。

（4）中心线、注释和 ID 符号的位置。

下面介绍系统预定义模板和用户自定义模板的应用。

1．图纸模板的加载

图纸模板默认情况下是不存在于资源板上的，需要手动添加。启动 UG NX 5.0，执行【首选项】|【资源板】命令，弹出如图 14-126 所示的"资源板"对话框；单击"资源板"对话框上的【打开资源板文件】

边框和标题栏绘制结果如图 14-125 所示。

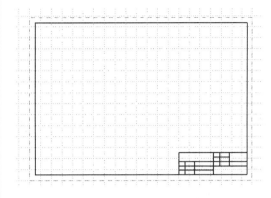

图 14-125 边框和标题栏绘制结果

按钮 ，弹出如图 14-127 所示的"打开资源板"对话框，单击【浏览】按钮，选择 UG NX 5.0 安装目录下的文件"UGS\NX 5.0\UGII\html_files\metric_drawing_templates.pax"，然后单击 确定 按钮，返回"资源板"对话框，其中列表框中增加了名称为"Drawing Templates (Metric)"的行；单击 关闭 按钮关闭对话框，在资源栏中单击【图纸模板】按钮，弹出"图纸模板"资源栏，如图 14-128 所示，其中列出了系统预定义的图纸模板。

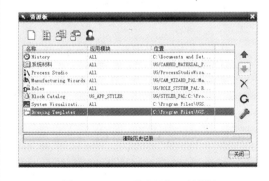

图 14-126 "资源板"对话框

NX 5.0 中文版入门实战与提高

14
Chapter

14.1
14.2
14.3
14.4
14.5
14.6
14.7
14.8
14.9

图 14-127　"打开资源板"对话框

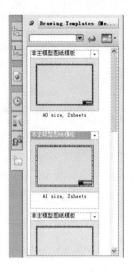

图 14-128　"图纸模板"资源栏

2．应用图纸模板创建图纸

应用系统定义的模板创建图纸可以分为以下几个步骤：

（1）打开文件

启动 UG NX 5.0，执行【文件】|【打开】命令，弹出"打开部件文件"对话框，使用该对话框打开光盘中的文件"section14\zhouchenggai.prt"。

（2）创建图纸

在"标准"工具栏上执行【开始】|【制图】命令，进入制图应用模块，系统将自动打开"插入图纸页"对话框，单击 取消 按钮，退出该对话框。在打开的"图纸模板"资源栏中选择如图 14-129 所示的 A3 图纸模板，并将其拖动到工作界面，则建立如图 14-130 所示的图纸。

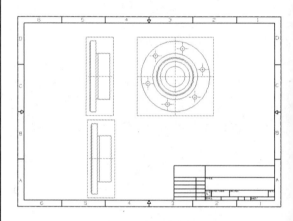

图 14-129　A3 图纸模板

图 14-130　使用模板创建图纸结果

14.6　打印输出

在完成工程图的绘制后，一般需要打印输出后才可进行零部件的生产与加工，还可以通过打印输出的工程图纸对创建的图纸进行校核，以便更正。工程图纸的打印输出主要有两种形式，分别是输出到打印机和输出到绘图仪。

14.6.1　输出到打印机

执行【文件】|【打印】命令，弹出如图 14-131 所示的"打印"对话框，使用该对话框可以打印显示于图形窗口的图像。

○ **小技巧**

要打印图像，该图像必须显示于图形窗口中。

图 14-131　"打印"对话框

其中各选项含义说明如下：

（1）打印机

"名称"下拉列表框：该列表框列出了系统现有的所有打印机，用户可以通过此列表框选择打印输出的目标打印机。

【属性】按钮：单击【属性】按钮可弹出"打印机属性"对话框，可以在其中设置打印机属性。

（2）打印选项

"仅黑线"复选框：选中该复选框时，允许用户在打印线框图像时仅用黑线。清除该复选框可以打印灰阶或彩色线条；如果用户图形窗口中的图像不是线框图像，"仅黑线"复选框将变灰，不可选。

"打印着色图像"复选框：如果图形窗口的图像是着色或部分着色（而不是线框）图像，选定"打印着色图像"复选框，就会打印一幅着色图像。要打印图形窗口中显示的着色或部分着色图像的线框图像，需要清除"打印着色图像"复选框；如果用户图形窗口中的图像不是着色或部分着色（而是线框）图像，"打印着色图像"复选框将变灰，不可选。

"白色背景"复选框：以白色背景打印图形窗口中的着色图像（而不是线框图像）。如果清除该复选框，则系统将以显示于图形窗口中的背景来打印该图像；如果用户图形窗口中的图像是线框图像，该复选框将变灰，不可选。

（3）份数

"份数"计数器：用来指定打印份数。

14.6.2　输出到绘图仪

在制图应用模块中，执行【文件】|【绘图】命令，系统弹出如图 14-132 所示的"绘图"对话框，使用该对话框可以指定绘图内容选项来定义绘图作业。

该对话框中的各选项说明如下：

（1）"类型"下拉列表框：用来选择绘图类型，包括"标准"和"采用布局绘图"两个选项。

（2）"源"列表框：列出了当前显示、图纸页和绘图布局等内容，用户可以选择要输出的源类型。

（3）"绘图仪"选项：用来设置打印机CGM 文件被生成用于绘图时，系统将所设置的颜色与宽带应用于记录在该文件中的几

的输出格式、图像保存位置和打印配置。

（4）"横幅"选项：用来修改某些横幅文本选项（包括横幅消息），并确定其位置。

（5）"操作"选项：用来选择绘图的操作类型，包括【另存为 CGM】和【高级绘图】两个按钮，分别来实现保存 CGM 文件和输出到绘图仪两个操作。当单击 按钮时，弹出如图 14-133 所示的"SDI 打印控制-提交"对话框，来设置打印格式和在绘图仪上输出工程图纸。

（6）"颜色与宽度"选项：指定用于绘图的、CGM 文件中记录的颜色与宽度。当何体。

（7）"设置"选项：设置绘图的份数、

UG NX 5.0 中文版入门实战与提高

14
Chapter

14.1
14.2
14.3
14.4
14.5
14.6
14.7
14.8
14.9

作业的名称、绘图的公差值以及图纸页格式等选项。

工程图输出到绘图仪的基本过程为：

（1）在制图应用模块中，执行【文件】|【绘图】命令，系统弹出如图 14-132 所示的"绘图"对话框。

图 14-132　"绘图"对话框

（2）设置绘图的基本参数，在"操作"选项中单击 按钮，弹出如图 14-133 所示的"SDI 打印控制-提交"对话框。

图 14-133　"SDI 打印控制-提交"对话框

（3）设定打印格式，选择打印机及其配置，单击 打印 按钮，则工程图在指定绘图仪上输出。

14.7　综合实例

现通过壳体组件工程图纸的绘制来说明本章所学内容。

本实例最终效果如图 14-134 所示。

○ 设计思路

创建新图纸，然后添加壳体组件的基本视图、半剖视图和全剖视图，预设置图纸格式，并标注尺寸，从而完成壳体组件工程图纸的创建。

○ 练习要求

练习创建图纸、添加视图、标注尺寸、设置图纸格式等操作。

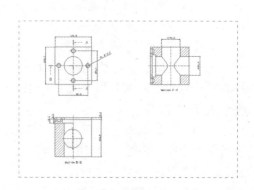

图 14-134　壳体组件工程图

制作流程预览

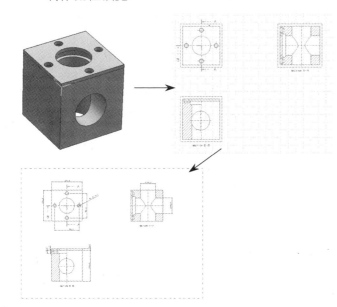

01 启动 UG NX 5.0 系统，打开光盘目录中的文件"section14\ketizhuangpei.prt"，壳体组件三维模型如图 14-135 所示，进入装配应用模块。

图 14-135 壳体组件三维模型

02 在"标准"工具条上单击 ⊘开始· 按钮，在弹出的下拉菜单中选择"制图"选项，进入制图工作环境。

03 执行【插入】|【图纸页】命令，或在"图纸布局"工具栏内单击 🗋 按钮，弹出"图纸页"对话框。在"大小"下拉列表中选择 A3 - 297 x 420 ▼ 选项，保持其他各选项为默认设置，单击 确定 按钮，弹出"基本视图"工具条，同时在视图区出现随鼠标移动的模型。

04 在"基本视图"工具条的"视图"下拉列表中选择"前视图"选项，在工作界面选择合适的位置，单击鼠标左键生成正投影视图（前视图），结果如图 14-136 所示，同时弹出"投影视图"工具条，关闭该工具条。

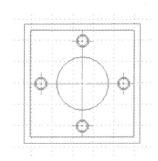

图 14-136 主视图创建结果

05 单击"图纸布局"工具栏的 🔘· 按扭，系统弹出"剖视图"工具栏，并提示选择父视图，选择刚创建的主视图作为父视图，此时"剖视图"工具栏按钮被自动激活。

UG NX 5.0 中文版入门实战与提高

14
Chapter

14.1
14.2
14.3
14.4
14.5
14.6
14.7
14.8
14.9

06 按图 14-137 所示移动鼠标选择剖面线切割位置，单击鼠标左键，定义剖面线。

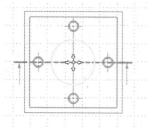

图 14-137　剖面线位置选择

07 移动鼠标选择剖面图的中心，单击鼠标左键建立剖面图，如图 14-138 所示。

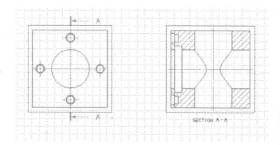

图 14-138　剖面图创建结果

08 单击"图纸布局"工具栏内的 按扭，系统弹出"剖视图"工具栏，并提示选择父视图，选择刚创建的俯视图作为父视图，此时"剖视图"工具栏按钮被自动激活。

09 按图 14-139 所示移动鼠标选择剖面线切割位置，单击鼠标左键，定义剖面线，如图 14-140 所示。

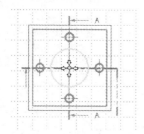

图 14-139　剖面线位置选择

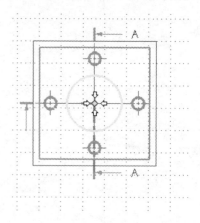

图 14-140　定义剖面线折弯位置

10 移动鼠标选择剖面图的中心，单击鼠标左键建立剖面图，如图 14-141 所示。

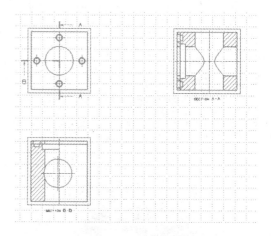

图 14-141　半剖视图创建结果

11 执行【首选项】|【制图】命令，弹出"制图首选项"对话框，在"视图"选项卡的"边界"选项中取消"显示边界"复选按钮，单击 确定 按钮，返回工作界面，此时不显示各视图边界。

12 执行【首选项】|【工作平面】命令，弹出"工作平面首选项"对话框，在"栅格设置"选项中取消"显示排样"复选按钮，单击 确定 按钮，返回工作界面，此时不显示栅格，图纸效果如图 14-142 所示。

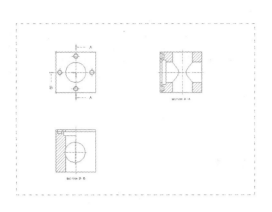

图 14-142　预设置后的图纸效果

13 在"尺寸工具条"上单击 按钮，

弹出"自动判断的尺寸"工具条，为各视图标注尺寸，从而完成课题组件图纸的创建，结果如图 14-143 所示。

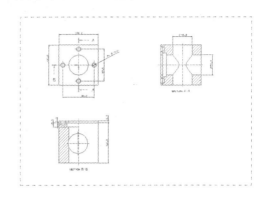

图 14-143　尺寸标注结果

14.8　本章技巧荟萃

UG NX 5.0

- 栅格间距为栅格单位和栅格间隔的乘积。
- 通过输入图纸的 *XY* 坐标到 *XC* 和 *YC* 坐标框中（在视图创建图标选项下面），然后按【Enter】键来放置视图，也可以在"偏置"框中输入一个值。
- 如果装配有一个单独的子部件，则视图列表也会列出该部件中的视图，这些视图以星号开头；如果选择其中一个视图，则相当于从部件中添加一个视图。
- 打开或关闭捕捉点方法有助于在视图几何体上拾取一个点。
- 不能通过选择轮廓线来指出剖切位置。
- 基点不能选择局部挖切视图中的点，需要选择其他视图中的点。
- 与其他剖视图不同，局部剖视图是在已存在的视图中产生，而不产生新视图。
- 如果将某个剖视图从图纸中移除，则会同时移除以该剖视图为父视图创建的所有局部放大图，但是，在移除父视图时，不会从图纸中移除从其他类型的视图（如正交视图和辅助视图）创建的局部放大图。
- 当【编辑文本】按钮不可用或当文本框中已经存在一个有效的特征控制框控制代码时，重新插入就不可用。
- 螺栓圆符号是通过按逆时针方向选择圆弧来定义的。
- 边框与标题栏外框的直线宽度为"正常宽度"，而标题栏内部直线宽度为"细线宽度"。
- 要打印图像，该图像必须显示于图形窗口中。

14.9 学习效果测试

1．概念题

（1）工程图纸中的视图有哪几类？

（2）UG NX 5.0 提供了几种图纸模板？

2．操作题

打开光盘中的文件"section14\jigai.prt"，创建一个新的"A0"图纸，然后添加 6 个基本视图和一个正等侧视图，结果如图 14-144 所示。

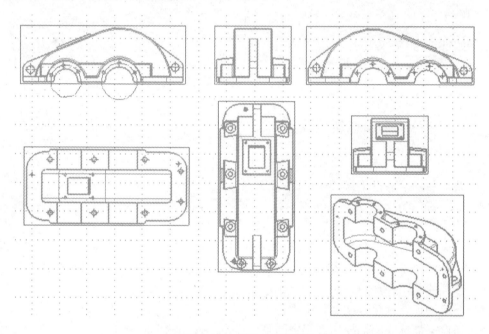

图 14-144　添加视图结果

第 15 章　日常产品设计

学习要点

本章通过日常生活中常见的建模，演示应用 UG NX 5.0 进行一般曲面和自由曲面操作的常用方法，认真按照此章叙述的步骤进行练习，对前面章节介绍的命令能够更好地理解。

学习提要

- 手机建模设计
- 电熨斗建模设计

15.1 直板手机建模设计

/ UG NX 5.0

熟悉了基本实体特征建立技术和基本的曲面操作后，下面将通过一个直板手机建模实例来进一步掌握曲面建模过程。

本实例最终效果如图 15-1 所示。

设计思路

直板手机建模设计时，首先绘制手机外形轮廓，采用拉伸方式建立轮廓实体，然后分别应用顶部形状曲面和底部形状曲面修剪手机实体，最后将各个面边缘圆角化处理。

图 15-1 直板手机

练习要求

手机的顶部和底部形状曲面是生成手机外部形状的关键，要注意理解其生成的方法和修剪的方法。

制作流程预览

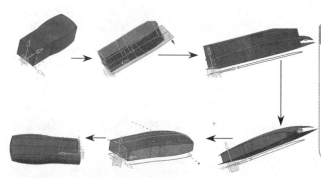

制作重点

1. 手机的顶部和底部形状曲线是用于修剪实体的，要保证尺寸准确，端点重合。

2. 手机边缘圆角化后，将把已经修剪的曲面又露出一部分，应当应用修剪曲面命令修剪掉这部分。

01 新建一个模型，进入建模界面中。

02 单击 按钮，选择 X-Y 平面为绘图平面，进入草绘，绘制如图 15-2 所示的曲线作为整个手机外部形状曲线，也可直接打开文件 section15\mobile.prt。

图 15-2 草图 1

03 完成草图后，执行【拉伸】命令或单击 按钮，选择如图 15-2 所示的曲线，拉伸方向设置为 *Z* 轴，起点设置为 0，距离为 50，单击 确定 按钮，生成如图 15-3 所示的实体。

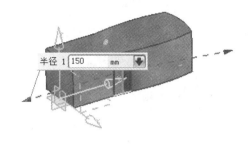

图 15-5　边倒选择

图 15-3　拉伸后

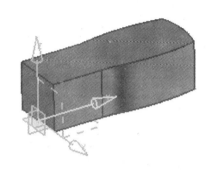

图 15-6　边倒圆后

04
05 执行【边倒圆】命令或单击 按钮，在弹出的如图 15-4 所示的"边倒圆"对话框中，选择如图 15-5 所示侧面中部的曲线为倒圆边，设置倒圆半径为 150，单击 确定 按钮，生成如图 15-6 所示的边倒圆后实体。重复第 4 步操作，将另一侧面的相同边处也进行边倒圆。

06 单击 按钮，选择 Z-Y 平面为绘图平面，进入草绘，绘制如图 15-7 所示的曲线，作为手机底部形状轮廓线。

图 15-4　"边倒圆"对话框

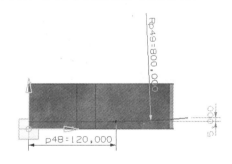

图 15-7　手机底部形状草图

07 完成草图后，执行【拉伸】命令或单击 按钮，选择如图 15-7 所示的曲线，拉伸方向设置为 *X* 轴，起点设置为-60，终点设置为 60，单击 确定 按钮，生成如图 15-8 所示的曲面，该曲面将用来修剪手机实体。

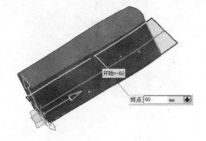

图 15-8　拉伸后生成的曲面

08 执行【修剪体】命令或单击 ▭ 按钮，选择修剪的实体为手机，"工具选项"设置为 面或平面 ▼，选择如图 15-8 所示生成的拉伸面为修剪面，修剪手机形状如图 15-9所示，修剪后的手机形状如图 15-10 所示。

图 15-9　手机底部形状草图

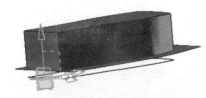

图 15-10　底部修剪后

09 单击 ▦ 按钮，选择 Z-Y 平面为绘图平面，进入草绘，绘制如图 15-11 所示的曲线，作为手机顶部形状曲面的导引线。

图 15-11　手机顶部形状草图

10 单击 ▦ 按钮，选择 Z-X 平面为绘图平面，进入草绘，绘制如图 15-12 所示的曲线，作为手机顶部形状曲面的截面线，并且要保证如图 15-12 所示曲线的顶端要与如图 15-11 所示曲线的左端点重合。

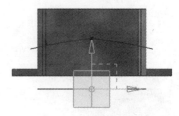

图 15-12　手机顶部形状草图

11 执行【扫掠】命令或单击 ◈ 按钮，选择如图 15-12 所示的曲线为截面线，选择如图 15-10 所示的曲线为导引线，生成曲面如图 15-13 所示。

图 15-13　扫掠后生成的曲面

12 执行【修剪体】命令或单击 ▭ 按钮，选择修剪的实体为手机，"具选项"设置为 面或平面 ▼，选择如图 15-13 所示生成的曲面为修剪面，修剪后的手机形状如图 15-14 所示。

图 15-14　修剪后手机

13 执行【修剪的片体】命令或单击 ◈ 按钮，选择修剪的曲面为手机顶部形状表面，边界设置为各个手机侧面，单击 确定 按钮，生成如图 15-15 所示的手机实体。

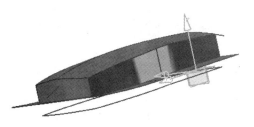

图 15-15　修剪面后

14 执行【修剪的片体】命令或单击 按钮，选择修剪的曲面为手机底部形状表面，边界设置为各个手机侧面，单击 确定 按钮，生成如图 15-16 所示的手机实体。

图 15-16　修剪后手机

15 执行【边倒圆】命令或单击 按钮，在弹出的如图 15-4 所示的"边倒圆"对话框中，选择图 15-17 所示顶面中部的曲线为倒圆边，设置倒圆半径为 140，单击 确定 按钮，重复操作设置其他边缘圆角半径为 8，最后生成的手机如图 15-18 所示。

图 15-17　边缘修改

图 15-18　手机

15.2　电熨斗建模设计

UG NX 5.0

熟 悉了基本实体特征建立技术和基本的曲面操作后，下面将通过一个电熨斗建模设计过程来进一步掌握建模工具。

本实例最终效果如图 15-19 所示。

○ **设计思路**

电熨斗设计过程中，首先设计底部轮廓，通过扫掠方法生成曲面，建立上部轮廓线应用 N 边曲面的方法生成上部曲面，然后通过曲线投影和曲线组方法生成中部曲面形状，使用各类拉伸截面修剪电熨斗曲面，最后缝合各个曲面，并将边缘圆角处理。

○ **练习要求**

电熨斗的曲面建立和修剪稍微复杂，设计过程应注意尺寸的重合和各个曲面的对应关系，顶部曲面形状的建立和中部挖孔的处理过程尤其要注意方法。

图 12-19　壳体组件编辑后的结果

制作流程预览

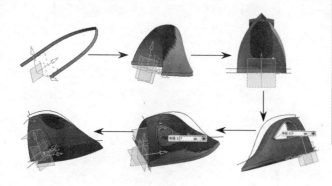

○ **制作重点**

1. 电熨斗的顶部曲面形状的建立。

2. 电熨斗的中部挖孔的处理过程是先建立形状曲线，然后投影到侧面上，通过曲线组建立曲面，并使用该曲面修剪形成的。

3. 在电熨斗的曲面修剪过程中，对于有些部位可以应用辅助面进行。

01 新建或打开一个模型，进入建模界面中，并将其命名为 hot.prt。

02 单击 🔲 按钮，选择 X-Y 平面为绘图平面，进入草绘，绘制如图 15-20 所示的曲线作为电熨斗底面轮廓线。

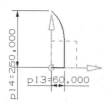

图 15-20　草图 1

03 完成草图，然后单击 🔲 按钮，选择 Z-Y 平面为绘图平面，进入草绘，绘制如图 15-21 所示的曲线，该曲线作为电熨斗底部形状。注意，要保证这条曲线的一个端点和上图 15-20 所示曲线的一个端点重合，结束草绘，也可以直接打开文件 section15\hot.prt。

图 15-21　草图 2

04 执行【扫掠】命令或单击 🔷 按钮，选择如图 15-21 所示的曲线为截面线，选择如图 15-20 所示的曲线为导引线，生成曲面如图 15-22 所示。

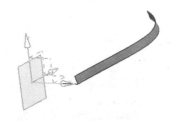

图 15-22　扫掠后生成曲面

05 执行【变换】命令或单击 🖉 按钮，选择扫掠生成的曲面，执行【用平面做镜像】命令，以 Z-Y 平面为对称面，执行【复制】命令，生成曲面如图 15-23 所示。

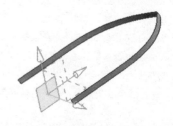

图 15-23　平面变换后生成曲面

06 单击 🔲 按钮，选择 Z-Y 平面为绘图平面，进入草绘，绘制如图 15-24 所示的红色曲线，该曲线作为电熨斗顶部形状线，绘制如图 15-24 所示的绿色曲线，该曲线将作为电熨斗顶部截面的导引线。注意，要保证红色曲线的右端点和如图 15-21 所示曲线的上端点重合，结束草绘。

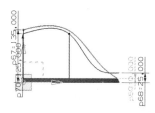

图 15-24　草图

07 单击 按钮，选择 Z-X 平面为绘图平面，进入草绘，绘制如图 15-25 所示曲线，该曲线作为电熨斗形状线。注意，要保证曲线的左端点和如图 15-24 所示曲线的左端点重合，结束草绘。

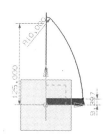

图 15-25　草图

08 完成草图后，执行【N 边曲面】命令，选择图 15-24 和图 15-25 所绘制的曲线和前面扫掠生成的曲面上的边缘作为曲线链，生成曲面如图 15-26 所示。

图 15-26　N 边曲面创建的曲面

09 执行【变换】命令或单击 按钮，选择【N 边曲面】生成的曲面，执行【用平面做镜像】命令，以 Z-Y 平面为对称面，执行【复制】命令，生成曲面如图 15-27 所示。

图 15-27　变换后曲面

10 单击 按钮，选择 Z-Y 平面为绘图平面，进入草绘，绘制如图 15-28 所示的曲线，该曲线将作为电熨斗顶部截面的导引线。

图 15-28　草图

11 单击 按钮，选择 Z-X 平面为绘图平面，进入草绘，绘制如图 15-29 所示的曲线，该曲线作为电熨斗顶部截面线。注意，要保证曲线的上端和如图 15-28 所示曲线的左端点重合。

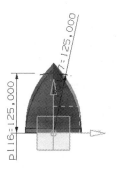

图 15-29　草图

12 执行【扫掠】命令或单击 按钮，选择如图 15-29 所示的曲线为截面线，选择如图 15-28 所示的曲线为导引线，生成曲面如图 15-30 所示。

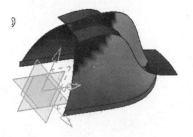

图 15-30　扫掠后曲面

13 单击 按钮，选择 Z-X 平面为绘图平面，进入草绘，绘制如图 15-31 所示的直线，这两条直线将作为电熨斗底板的两个截面线，通过拉伸的方法生成两个底面。

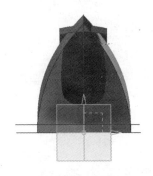

图 15-31　草图

14 执行【拉伸】命令或单击 按钮，分别选择图 15-31 所绘制的两条直线，设置拉伸距离为 200，沿 Y 轴方向拉伸，生成曲面如图 15-32 所示。

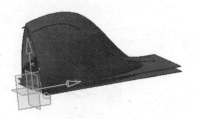

图 15-32　拉伸生成的两个底面

15 执行【修剪的片体】命令或单击 按钮，选择修剪的曲面为电熨斗底部表面，边界设置为各个电熨斗侧面，如图 15-33 所示，单击 确定 按钮，生成如图 15-34 所示的手机实体。

图 15-33　底部修剪选择

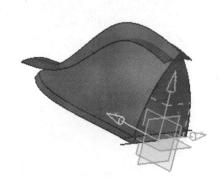

图 15-34　底面修剪后

16 执行【修剪的片体】命令或单击 按钮，选择修剪的曲面为电熨斗顶部表面，边界设置为各个电熨斗侧面，如图 15-35 所示，单击 确定 按钮，生成如图 15-36 所示的手机实体

图 15-35　顶部修剪选择

图 15-36 顶面修剪后

17 执行【修剪的片体】命令或单击 按钮，选择修剪的曲面为电熨斗顶部形状表面，边界设置为各个电熨斗侧面，如图 15-37 所示，单击 确定 按钮，生成如图 15-38 所示的修剪后的电熨斗。

图 15-37 顶部修剪选择

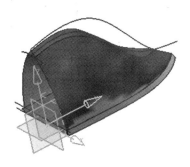

图 15-38 顶面修剪后

18 单击 按钮，选择 Z-X 平面为绘图平面，进入草绘，绘制如图 15-39 所示的曲线，该曲线作为电熨中部挖空的截面线。

图 15-39 中间形状轮廓线

19 执行【来自曲线集的曲线】|【投影】命令，选择图 15-39 所绘制的曲线，投影方向分别向 Y 轴两侧垂直方向，投影面为电熨斗两个侧面，生成曲线如图 15-39 所示。

20 执行【曲面】|【通过曲线组】命令或单击 按钮，选择如图 15-39 所示的三条曲线，单击 确定 按钮，生成如图 15-40 所示的曲面。

图 15-40 曲线组生成曲面

21 执行【修剪的片体】命令或单击 按钮，选择修剪的曲面为电熨斗侧面，边界设置为上面【通过曲线组】生成的曲面，如图 15-41 所示，单击 确定 按钮，分别修剪两个侧面，生成如图 15-42 所示的修剪后的电熨斗。

图 15-41 修剪选择

图 15-42　曲线组生成曲面

22 执行【缝合】命令或单击 按钮，选择曲面为电熨斗侧面、顶面和中部的截面等，分别进行曲面的缝合操作。

23 执行【边倒圆】命令或单击 按钮，在弹出的如图 15-4 所示的"边倒圆"对话框中，选择如图 15-43 所示侧面中部的曲线为倒圆边，设置倒圆半径为 4，单击 确定 按钮，将面的边缘分别进行倒圆处理，如图 15-44 所示。

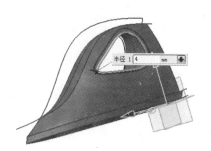

图 15-43　修剪选择

图 15-44　边倒圆后

24 单击 按钮，在平行于 X-Y 平面建立绘图平面，进入草绘，绘制如图 15-45 所示的曲线，该曲线作为电熨斗中部按钮的凸台轮廓线。

图 15-45　草图

25 执行【拉伸】命令或单击 按钮，分别选择图 15-45 所绘制的圆，设置拉伸距离为 20，沿 Z 轴方向向下拉伸，设置体类型为实体，如图 15-46 所示。

图 15-46　拉伸生成凸台

26 执行【边倒圆】命令或单击 按钮，在弹出的如图 15-4 所示的"边倒圆"对话框中，选择凸台边缘曲线为倒圆边，设置倒圆半径为 3，单击 确定 按钮，如图 15-47 所示。

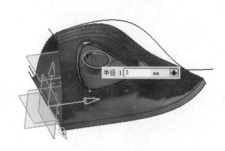

图 15 47　凸台倒角

27 执行【拉伸】命令或单击▥按钮，选择如图 15-48 所示的最下部直线，设置拉伸距离为 150，沿定义矢量方向拉伸，矢量方向为与 Z 轴偏离 10°，如图 15-46 所示。

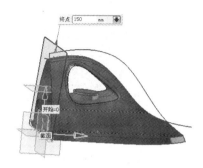

图 15-48　拉伸生成修剪面

28 单击 确定 按钮，生成截面如图 15-49 所示。

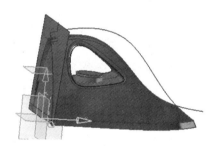

图 15-49　拉伸后

29 执行【修剪的片体】命令或单击🔧按钮，选择修剪的曲面如图 15-50 所示，单击 确定 按钮，生成如图 15-51 所示的修剪后的电熨斗。

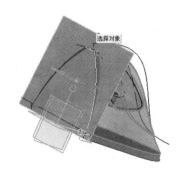

图 15-50　修剪选择

图 15-51　修剪后

30 继续执行【修剪的片体】命令或单击🔧按钮，修剪后生成如图 15-52 所示的修剪后的电熨斗。

图 15-52　修剪后

31 单击🗔按钮，选择 Z-Y 平面为绘图平面，进入草绘，绘制如图 15-53 所示的曲线，该直线将作为修剪电熨底部的截面线。注意，要保证直线的上端和曲面重合。

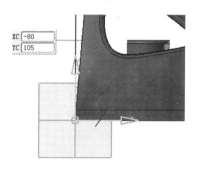

图 15-53　草图

32 执行【拉伸】命令或单击▥按钮，选择图 15-53 所绘制的直线，设置拉伸开始距离为 100，结束距离为-100，沿 X 轴方向拉伸，如图 15-54 所示，单击 确定 按钮，生成如图 15-55 所示的曲面。

图 15-54　拉伸设置

图 15-55　拉伸后

33 执行【修剪的片体】命令或单击 按钮，选择修剪的曲面如图 15-56 所示，单击 确定 按钮，执行修剪命令。

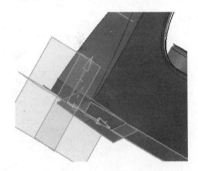

图 15-56　修剪选择

34 继续执行【修剪的片体】命令或单击 按钮，修剪电熨斗底部各个曲面，生成如图 15-57 所示的修剪后的电熨斗，最后生成的电熨斗如图 15-58 所示。

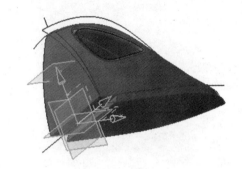

图 15-57　修剪后

图 15-58　电熨斗

读书笔记

反侵权盗版声明

电子工业出版社依法对本作品享有专有出版权。任何未经权利人书面许可，复制、销售或通过信息网络传播本作品的行为；歪曲、篡改、剽窃本作品的行为，均违反《中华人民共和国著作权法》，其行为人应承担相应的民事责任和行政责任，构成犯罪的，将被依法追究刑事责任。

为了维护市场秩序，保护权利人的合法权益，我社将依法查处和打击侵权盗版的单位和个人。欢迎社会各界人士积极举报侵权盗版行为，本社将奖励举报有功人员，并保证举报人的信息不被泄露。

举报电话：(010) 88254396；(010) 88258888

传　　真：(010) 88254397

E-mail：dbqq@phei.com.cn

通信地址：北京市万寿路 173 信箱

　　　　　电子工业出版社总编办公室

邮　　编：100036